国家级一流本科专业建设成果教材

典型工业生产与污染控制

DIANXING GONGYE SHENGCHAN
YU WURAN KONGZHI

杨爱江　胡霞　李清　徐鹏　等编

化学工业出版社

·北京·

内容简介

本书基于作者团队二十多年来在工业生产污染控制方面科研、工程以及管理等方面的经验和实践总结。筛选了与国民经济和污染防治关系密切的八类典型工业行业,基于源头控制、过程管理、末端治理相结合的全过程污染防治原则,重点阐明主流生产的原理、工艺、产污节点、特征污染物及主要控制技术,并结合重点行业案例,分析实际工业企业生产中全过程污染防治措施。

全书注重理论与实践相结合,有较强的实用性和指导性。本书可作为环境工程等相关专业本科生和研究生的教材,也可供环境保护技术应用及管理等部门相关工作人员参考使用。

图书在版编目(CIP)数据

典型工业生产与污染控制/杨爱江等编. —北京:
化学工业出版社,2023.12
国家级一流本科专业建设成果教材
ISBN 978-7-122-44922-1

Ⅰ.①典… Ⅱ.①杨… Ⅲ.①工业生产-污染控制-
中国-高等学校-教材 Ⅳ.①X7

中国国家版本馆 CIP 数据核字(2023)第 237544 号

责任编辑:赵卫娟　　　　　文字编辑:郭丽芹
责任校对:李雨晴　　　　　装帧设计:王晓宇

出版发行:化学工业出版社
　　　　　(北京市东城区青年湖南街 13 号　邮政编码 100011)
印　　装:涿州市般润文化传播有限公司
787mm×1092mm　1/16　印张 19¾　字数 542 千字
2024 年 9 月北京第 1 版第 1 次印刷

购书咨询:010-64518888　　　售后服务:010-64518899
网　　址:http://www.cip.com.cn
凡购买本书,如有缺损质量问题,本社销售中心负责调换。

定　　价:68.00 元　　　　　　　　版权所有　违者必究

前言
PREFACE

目前，随着经济高质量快速发展，各行各业欣欣向荣，工业企业的生产建设和发展突飞猛进，同时也带来了一系列环境问题。如工业生产废水、废气、噪声和固体废物的处置以及环境风险等，若处置不当，不仅会影响生态环境质量，还与人民福祉和生活息息相关。而解决这些问题的关键在于对工业生产的充分学习和了解，方能对具体生产污染问题提出具体防控措施。

为此，本书针对矿产资源开发、冶金、化工、医药、轻工类、建材、机电、火力发电等八大行业的典型工业类型，从工业生产原理、工艺、产排污节点分析、污染防控措施等方面进行系统的理论分析和介绍。同时，本书结合实际生产案例分析，针对具体工业企业生产产生的污染问题，提出切实有效的防控措施。全书共8章，第1章为矿产资源开发与污染控制，包括地质学、成矿、矿产资源概况、采矿、选矿等方面基础理论以及矿山工业污染及其防控；第2章为冶金生产与污染控制，包括铝冶金、铁冶金和炼钢生产的污染防控；第3章为化工生产与污染控制，包括煤化工和磷化工；第4章为医药制造（制药）与污染控制，包括中药、化学合成药、发酵与生物技术类制药等工业；第5章为轻工业生产与污染控制，包括白酒、屠宰、造纸和纺织印染等工业；第6章为建材生产与污染控制，包括水泥和陶瓷工业；第7章为机电工业与污染控制，包括表面处理与电镀方面理论知识及电子工业生产的污染防控；第8章为火力发电与污染控制，包括燃煤发电、燃气发电、垃圾焚烧发电。

本书可作为环境工程专业本科和研究生的学习用书及其他人员的参考书，通过本书的学习，使学生充分了解典型工业生产的理论和方法，学习并掌握解决典型工业生产污染防控的相关技术、方法，有效解决工业生产污染问题，提升生态环境质量。同时也为后续各类材料专业课程学习提供必要的理论和技术支撑，也可进一步培养学生解决实际问题的创新观念和创新思维。

参加本书编写的有杨爱江（第2章、第5章）、胡霞（第6章、第8章）、李清（第3章、第4章）、徐鹏（第1章、第7章）。参编人员有贵州贵达元亨环保科技有限公司曾曦、李永梅、朱桓毅、王其、鲍胜炜、卯燕军、张青青、吴巧玉。此外，感谢顾尚义、卯松、黄润、王海峰、颜婷珪、李焱、王雪郦、程金科、何彪、钱进等教授和专家为教材提出的宝贵意见。同时也感谢贵州大学研究生院教材建设项目资助（项目编号：YJC202306）。同时也感谢提供案例资料的工程设计单位。

由于作者理论知识和实际水平有限，书中不足之处敬请读者批评指正。

杨爱江

2024 年 3 月于贵州大学

目录
CONTENTS

第 1 章

矿产资源开发与污染控制

1.1 地质学基础知识

1.1.1 矿物与岩石

1.1.1.1 矿物

（1）矿物的概念

矿物是由地质作用所形成的，具有一定的化学成分和内部结构，在一定的物理化学条件下相对稳定的天然结晶态的单质或化合物，是岩石和矿石的基本单位。

（2）矿物的形态

矿物大部分呈结晶形态，各种组成元素规律排列形成晶格。受到诸多条件和因素控制，岩石中的矿物结晶时会有不同的结合形态，分为单体形态和集合体形态。单体形态指矿物单个晶体的外形；集合体形态指由同种矿物的多个单体聚集在一起的整体，大多数矿物以此形态存在。

（3）矿物的分类

矿物可根据化学成分分为单质矿物、不含水化合物和含水化合物。单质矿物指由一种元素构成的矿物，如金刚石、金属金等；不含水化合物是由两种或两种以上的元素组成的不含结晶水矿物，如方铅矿、方解石等；含水化合物指含有 H_2O、H^+、H_3O^+、OH^- 的化合物，如石膏、高岭石（土）等。

1.1.1.2 岩石

（1）岩石的概念

岩石是天然产出的、具有一定结构构造的矿物和玻璃、胶体、生物遗骸的集合体，是构成地壳和上地幔的固态部分，是地质作用的产物。

（2）岩石的分类

岩石按其成因可分为岩浆岩（火成岩）、沉积岩（水成岩）和变质岩三大类。

岩浆岩（火成岩）是指由熔岩或岩浆冷却后凝固而成的岩石。按成因可分为火山岩和侵入岩。火山岩由岩浆喷出到地表冷凝形成；侵入岩由岩浆侵入地壳内部缓慢冷凝而形成。火山岩形成过程中，由于温度和压力迅速降低，导致其来不及结晶或结晶较差，代表类型有浮岩和玄武岩。侵入岩据侵入深度不同，分为浅成岩与深成岩。浅成岩是岩浆侵入到距离地表 3km 之内，结晶较细小；深成岩则是岩浆侵入到距离地表大于 3 km 的地壳深处，由于温度、压力高，结晶良好，典型的侵入岩有辉长岩、花岗岩等。

沉积岩（水成岩）是指在地表常温、常压条件下，由风化物质、火山碎屑、有机物质经搬运、沉积和成岩作用形成的层状岩石。沉积岩是由颗粒物质和胶结物质（碳酸钙、氧化硅、氧化铁及黏土质等）组成。常见的沉积岩有砂岩、砾岩、黏土岩、页岩、石灰岩、白云岩、硅质岩、铁质岩、磷质岩等。沉积岩仅占地壳体积的 7.9%，但在地壳表层分布甚广，约占陆地面积的 75%，而海底几乎全部被沉积物所覆盖。

变质岩是原来基本保持固态的岩石，在环境条件改变下，矿物成分、化学成分及结构构造发生变化而形成的。根据成因分为正变质岩和副变质岩，正变质岩是由岩浆岩经变质作用形成的变质岩，副变质岩是由沉积岩经变质作用形成的变质岩。根据变质形成条件又可分为热接触变质岩、区域变质岩和动力变质岩。变质岩在世界各地分布很广，占地壳体积的 27.4%，常见的变质岩有糜棱岩、碎裂岩、角岩、板岩、千枚岩、片岩、片麻岩、大理岩、石英岩、角闪岩、榴辉岩、混合岩等。

岩浆岩、沉积岩、变质岩三者可以互相转化。岩浆岩经沉积作用成为沉积岩，经变质作用成为变质岩。变质岩也可再次成为新的沉积岩，沉积岩经变质作用成为变质岩，沉积岩、变质岩可被熔化，再次成为岩浆岩。

1.1.2 地层划分与岩层产状

（1）地层划分

地层是一切成层岩石的总称，是一层或一组具有某种统一的特征和属性的并和上下层有着明显区别的岩层。地层可以是固结的岩石，也可以是未固结的沉积物。地层之间可以由明显层面或沉积间断面分开，也可以由岩性、所含化石、矿物成分或化学成分、物理性质等不十分明显的特征界限分开。地层划分是指对一个地区的地层剖面中的岩层进行划分，建立地层层序的工作。一般对一个地区的地层剖面，首先根据岩性、岩相特征进行岩石地层划分，然后根据系统采集的化石进行生物地层划分，进而建立年代地层顺序。地层主要分为岩石地层、生物地层和年代地层三大类。岩石地层是指由岩性、岩相或变质程度均一的岩石构成的地层体；生物地层是指以所含化石或生物特征的一致性作为依据划分的地层单位；年代地层是指特定的地质时间间隔中形成的所有成层或非成层的综合岩石体。地层详细划分见表 1-1。

表 1-1 地层划分表

地层	地层单位	划分依据
岩石地层	群	由两个或两个以上经常伴随在一起而又具有某些统一的岩石学特点的组联合构成
	组	岩性、岩相和变质程度一致的岩层
	段	组内比组低一级的岩石地层单位
	层	最小的岩石单位。具有两种类型：一是岩性或结构相同或相近的岩层组合，可以用于剖面研究时的分层；二是岩性特殊、标志明显的岩层或矿层
生物地层	组合带	具有一定特征的化石组合的一段地层
	延限带	任一生物分类单位在其整体延续范围之内所占据的一段地层
	顶峰带	某些化石种、属或其他分类单位最繁盛的一段地层
	间隔带	指上、下两个明显的生物带之间的一段地层
年代地层	宇	最大的年代地层单位，是一个宙的时期内形成的地层，自老至新为太古宇、元古宇和显生宇
	界	一个代的时间内形成的地层，如古生界、中生界、新生界
	系	一个纪的时间内形成的地层，如寒武系、侏罗系

地层	地层单位	划分依据
年代地层	统	一个世的时间内形成的地层，如上白垩统和下白垩统
	阶	一个期的时间内形成的地层，是年代地层单位中最基本的单位。阶的应用范围取决于建阶所选的生物类别，如奥陶系、志留系以笔石建的阶、中生代以菊石建的阶
	带	在某个指定的地层单位或特定地质特征的时间跨度内在世界任何地区所形成的岩石体

（2）岩层产状

岩层产状是以岩层的空间位置来确定的，通常用岩层层面的走向、倾向和倾角三个岩层产状要素来表示。走向是指走向线两端的延伸方向，而走向线描述为岩层面与水平面的交线。倾向是指岩层的倾斜线的水平投影线所指的方向，而岩层的倾斜线描述为垂直于走向线，沿岩层面向下倾斜方向所引的直线。岩层的倾角是指倾斜线与其水平投影之间的夹角。

1.1.3 地质构造

地质构造是指在地球的内、外应力作用下，岩层或岩体发生变形或位移而遗留下来的形态。在层状岩石分布地区最为显著。在岩浆岩、变质岩地区也有存在。具体表现为岩石的褶皱、断裂、劈理以及其他面状、线状构造。地质构造分为褶皱构造和断裂构造。

（1）褶皱构造

褶皱是指岩石中的各种面（如层面、面理等）在地应力的作用下改变原始产状，使岩层发生倾斜，形成的弯曲。褶皱构造分为背斜和向斜。背斜是指中部岩层向上弯曲，两侧岩层向外倾斜，中心部为时代较老岩层，向两边渐变为时代较新岩层，且两边对称出现。向斜是指中部岩层向下弯曲，两侧岩层多向内倾斜，外部岩层时代较老，向两边渐变为时代较新岩层，且同背斜一样两边对称。

（2）断裂构造

断裂构造是指岩层在地应力的作用下发生破裂变形而形成的构造。断裂构造可根据破裂两侧岩层是否产生明显位移分为节理（也称为裂隙）和断层。节理是指岩体中产生的无明显位移的裂缝；断层是指有明显位移的裂缝。节理按力学性质，可分为张节理和剪切节理。此外，对于形态微细，分布密集且平行排列的构造节理称为劈理。张节理是由张应力作用形成的节理，往往发生在褶皱轴部等张应力集中的地方，平面上呈中间宽，向两端逐渐变浅的透镜状，破裂面较粗糙。剪切节理是由剪应力作用产生的节理，多成对交叉出现，也被称为"X"节理，剪切节理较平直，延长较远，破裂面较光滑，张开较小，多呈闭合状。劈理实质上是密集的构造节理，间距在几毫米甚至几厘米，将岩层切割为薄片状或薄板状，常出现在构造运动强烈且应力集中的地段。

断层是岩层受力发生断裂，两侧岩层发生明显位移的裂隙构造，是地壳中常见的构造形态。根据断层形态可分为正断层、逆断层和平推断层。正断层是指断层面以上的岩体相对下降，断层面以下的岩体相对上升的断层；逆断层是指断层面以上的岩体相对上升，断层面以下的岩体相对下降的断层；平推断层是指断层两边岩体沿断层面走向在水平方向上发生相对位移，而无明显上下位移的断层。此外，根据断层的力学性质，可将断层分为压性断层、张性断层和扭性断层。压性断层由压应力作用形成，走向垂直于主压力方向，多呈逆断层形式，断层面为舒缓波状，断裂面较大；张性断层由张应力作用形成，走向垂直于张应力方向，常呈正断层形式，断层面粗糙，多呈锯齿状；扭性断层由剪应力作用形成，常成对出现，断层面平直光滑，伴有大量擦痕。

1.1.4 地形地貌

地形地貌是地球表面各种形态的总称。地表形态是多种多样的，成因也不尽相同，是内、外力地质作用对地壳综合作用的结果。内力地质作用造成了地表的起伏，控制了海陆分布的轮廓及山地、高原、盆地和平原的地域配置，决定了地貌的构造格架。外力（流水、风力、太阳辐射能、大气和生物的生长和活动）地质作用对地壳表层物质不断进行风化、剥蚀、搬运和堆积，从而形成了各种地貌形态。自然界中地貌形态有大型、中型、小型或微型等，地貌成因是相当复杂的。按地形地貌形成原因可分为构造地貌、气候地貌、剥蚀地貌和堆积地貌，见表1-2。

表1-2　地貌成因类型

地貌类型	形成原因	种类
构造地貌	由岩石圈构造运动造成的地表形态，作用力主要是地球内力，故也称内营力地貌	可分为三个等级：一级为全球构造地貌，分为陆地和海洋；二级为区域构造地貌，包括山地、平原、高原及盆地等；三级为地质构造地貌，包括褶皱、断层、火山等形成的地貌单元
气候地貌	不同气候条件下形成的地貌组合，地貌形成的外力作用（风化、流水、冰川和风等）在很大程度上受气候条件控制	气候地貌具有地带性和区域性，一般可分为冰雪（冻融、冰川地貌）、温湿（流水、地下喀斯特地貌等）、热湿（流水、峰林地貌等）和干旱（风沙地貌）等
剥蚀地貌	由地面流水、地下水、冰川、湖水、海水和风的运动所引起剥蚀作用塑造形成的地貌	不同的动力产生不同的剥蚀作用，并形成不同的地貌类型，如河蚀、湖蚀、海蚀、溶蚀、冻蚀和风蚀地貌
堆积地貌	在外动力地质作用中由流水、风、冰、湖水、海水等各种搬运介质搬运的物质，在一定条件下沉积形成的地貌	根据沉积环境可分为冲积地貌（冲积平原、冲积扇和三角洲等）、洪积地貌（洪积扇）、冰碛地貌（终碛堤、侧碛堤和冰水扇等）和风积地貌（沙丘）、湖积或海积地貌

1.1.5 水文地质

水文地质主要研究地下水在与岩石圈、地幔、水圈、大气圈、生物圈和人类活动相互作用下，其水量与水质在时间和空间上的变化。地下水是指赋存并运移于地下岩土空隙中的水。含水岩土分为两个带，上部是包气带，即非饱和带，包含水与气体；下部为饱水带，即饱和带，饱水带岩土中的空隙充满水。

1.1.5.1 岩石的水文地质性质

岩石的水文地质性质是决定地下水存在状况与运动条件的重要特性，主要包含以下四个方面。

（1）孔隙度

在松散沉积物或岩石里，颗粒间的孔隙总体积与整个岩石体积之比，即单位体积岩石中的孔隙总体积。一般说来，孔隙度越多，含水量越多，水运动时所受的阻力也就越小；孔隙度越小，含水量越少，水运动时所受的阻力也就越大。

（2）裂隙度

裂隙度是指单位体积岩石中的裂隙体积。坚硬的岩石由于构造力的作用，形成了许多构造裂隙，或在成岩过程中由于收缩作用而形成许多成岩裂隙，或当岩石出露地表后，在外力作用下又可形成风化裂隙，裂隙中分布着一定量的地下水。

（3）持水性和给水性

持水性是指土壤和岩石中能容纳和保持一定水量的性能。给水性是指在重力作用下，重力水由饱水岩石或土壤流出的性能。根据持水性的大小，岩石可分为持水的泥炭、黏土和亚黏土；

弱持水的黏土质砂、黄土、泥灰岩和黏土质砂岩；不持水的砂、砾石、岩浆岩和坚硬的沉积岩。

（4）透水性

透水性是指水透过土壤或岩石的一种性能。透水程度取决于岩石中孔隙、裂隙的性质与连通性。孔隙与裂隙连通性越好，水就越易透过岩石。反之，则不易透过岩石。按透水性，岩石可分为透水的砾石、卵石、砂等，半透水的黏土质砂、亚砂土、中亚砂土、黄土等和不透水的（隔水的）结晶和沉积的无裂隙的岩石等。

1.1.5.2 地下水类型

（1）根据地下水埋藏条件分类

可将地下水分为包气带水、潜水和承压水。

① 包气带水。埋藏在离地表不深、潜水位以上，未饱和的岩层中的水。一般分布不广，呈季节性变化，雨季出现，干旱季节消失，其动态变化与气候、水文因素的变化密切相关。

② 潜水。埋藏在地表以下和第一个稳定隔水层以上且具有自由水面的重力水。

③ 承压水。埋藏并充满两个稳定隔水层之间的含水层中的重力水。

（2）根据含水层性质分类

可将地下水分为孔隙水、裂隙水、岩溶水。

① 孔隙水。疏松岩石孔隙中的水。孔隙水是储存于第四系松散沉积物及第三系少数胶结不良的沉积物孔隙中的地下水。沉积物形成时期的沉积环境对于沉积物的特征影响很大，使其空间几何形态、物质成分、粒度以及分选程度等均具有不同的特点。

② 裂隙水。赋存于坚硬和半坚硬基岩裂隙中的重力水。裂隙水的埋藏和分布具有不均一性和一定的方向性。含水层的形态多种多样，明显受地质构造等因素的控制，其水动力条件比较复杂。

③ 岩溶水。岩溶水又称喀斯特水，是赋存于岩溶空隙中的水。水量丰富而且分布不均一，含水系统中多重含水介质并存，既具有统一水位面的含水网络，又具有相对孤立的管道流。水质水量动态受岩溶发育程度的控制，在岩溶强烈发育区，动态变化大，对大气降水或地表水的补给响应快。

1.1.5.3 地下水的补给与排泄

地下水补给、排泄与径流决定着地下水水量和水质的时空分布。根据地下水循环位置，可分为补给区、径流区和排泄区。

（1）地下水补给

补给是指含水层或含水系统从外界获得水量的过程。地下水补给主要来自大气降水、地表水、凝结水、相邻含水层之间的补给以及人工补给等。补给区是含水层出露或接近地表接受大气降水和地表水等入渗补给的地区。

① 降水入渗补给量。降水落到地面，一部分蒸发返回大气层，一部分形成地表径流，另一部分渗入地下后一部分滞留于包气带中，构成土壤水，其余部分下渗补给含水层，成为补给地下水的入渗补给量（G）。

$$G = P - R - E - \Delta S \tag{1-1}$$
$$\alpha = G/P, \beta = R/P \tag{1-2}$$

式中　G——年降水入渗补给含水层的水量，亦称降水入渗补给量，mm；

　　　P——年降水量，mm；

　　　R——年地表径流量，mm；

　　　E——年蒸发量，mm；

ΔS——水量变化量，包括地表水蓄水量、包气带水分滞留量（水分亏损量），mm；

α——降水入渗系数，指补给地下水的那部分水量与相应降水量的比值，一般为 0.1～0.4，岩溶地区可达 0.3～0.7；

β——地表径流系数。

② 地表水补给地下水量如下表示：

$$Q = KAIT\sin\theta \tag{1-3}$$

式中　Q——地表水补给地下水量；

K——渗透系数；

A——过水断面面积；

I——水力梯度；

T——补给时间；

θ——河流流向与地下水流向之间的夹角。

（2）地下水排泄

地下水的排泄是指含水层或含水层系统失去水量的过程。排泄方式有点状、线状和面状，包括泉、向江河泄流、蒸发、蒸腾及人工开采（井、渠、坑等），排泄区是含水层中的地下水向外部排泄的范围。泉是地下水的天然露头，按含水层性质可分为上升泉和下降泉，按露出原因可分为侵蚀泉、接触泉和溢流泉；泄流是指河流切割含水层时地下水沿河呈带状向河流排泄的现象；地下水蒸发是潜水以气体形式通过包气带向大气排泄水量的过程。

（3）地下水径流

地下水径流是地下水由补给区向排泄区流动的过程。径流是连接补给与排泄的中间环节，通过径流，地下水的水量和盐量由补给区传送到排泄区，达到重新分配。地下水径流的指标有方向、强度和径流量。

① 径流方向。地下水的径流方向总趋势是由补给区流向排泄区，即由高水位流向低水位。其间由于受到局部地貌和含水层的非均一性影响，具体的方向和路径往往复杂。

② 径流强度。含水层的径流强度，即地下水的流动速度，其大小与含水层的透水性，补给区与排泄区之间的水位差成正比，与补给区到排泄区之间的距离成反比。对承压水层来说，取决于蓄水储水构造的开与封闭程度。

③ 地下径流量。地下径流量可以用地下径流模数（或称地下径流率）和地下径流系数来表示，地下径流模数（M）表示每平方公里含水层面积上的径流量，地下径流系数是指同一地区同一时期内的径流深度与形成该时期径流的降水量之比。其值介于 0～1 之间（在干旱地区，径流系数较小，甚至接近于 0，在湿润地区则较大）。

1.1.5.4　水文地质单元

水文地质单元是根据水文地质结构、岩石性质、含水层和不透水层的产状、分布及其在地表的出露情况、地形地貌、气象和水文因素等划分，具有一定边界和统一补给、径流和排泄条件的地下水分析区域。汇集于某一排泄区的全部地下水流，构成一个地下水流系统，该系统内地下水的集水范围称作地下水域，它是以地下隔水边界和不同水域间的分水岭为界的立体空间。一个水文地质单元，可以是一个地下水域，也可以是一个蓄水构造，这里一个蓄水构造含着两个地下水域。一个完整的独立的水文地质单元，虽然可大可小，但都要由四个基本要素组成，即含水层、相对隔水层、补给区和排泄区。水文地质单元的大小、范围、几何形状，以及封闭程度等空间形式，都由各种水文地质边界来确定。

（1）按岩石水文地质性质分类

按岩石水文地质性质分类可分为透水边界和隔水边界两类。透水边界由透水岩石构成，地下水起补给或排泄作用。透水边界依据其分布的位置不同，又可分为位于地下水补给区上游边界的补给边界（如地下水的分水岭、地表水体渗漏补给段等）和地下水排泄区的起始界面，即排泄边界（泉溢出带、排泄地下水的河段、矿井排水地段的抽水孔壁，以及煤矿的井巷范围等都是排泄边界）。隔水边界是指隔水层（带），如含水层（带）与隔水层（带）的分界面、阻水断层和阻水岩体等。

（2）按水文地质边界的表现形式分类

按水文地质边界的表现形式分类可分为以下四类。

① 地形边界。地下水分水岭与地表水分水岭一致时，地形分水岭就是水文地质单元的地表边界，如山前倾斜平原与山麓的交界线是前者接受基岩地下水补给的边界。

② 地质边界。可分为垂直边界和侧向边界。首先是地层岩性边界，如含水层（带）与顶、底板隔水层（带）的分界面为垂直边界；其次是地质构造边界，如含水地层中的隔水断层，岩体接触带为侧向边界。

③ 水文边界。如与地下水有水力联系的河流、湖泊，以及泉的溢出带等。

④ 人工边界。如抽水井、排水井巷等。

1.1.6　土壤形成与类型

土壤是组成自然地理环境的要素，是一种多孔隙的分散体。自然土壤是在风化作用与成土作用的综合影响下形成的。岩石经过风化过程形成母质，在母质的基础上，经过生物引起的成土过程形成土壤。

1.1.6.1　土壤形成因素

土壤是母质、气候、生物、地形和时间综合作用下的产物。

① 母质。土壤形成的物质基础，构成土壤的原始材料，其组成和理化性质对土壤的形成和肥力大小有重要影响。

② 气候。气候可直接影响成土过程，以气温和降水为主，如影响岩石风化和成土过程、土壤中有机物的分解及其产物的迁移、土壤的水热状况等。

③ 生物。生物是土壤形成的主导因素，如通过绿色植物选择性吸收的方式，将分散的、深层的营养元素集中于地表并积累，促进土壤的肥力发生和发展。

④ 地形。地形主要起再分配作用，能够使水热条件重新分配，从而使地表物质再分配。不同地形形成的土壤类型不同，其性质和肥力不同。

⑤ 时间。决定土壤形成发展的程度和阶段，影响土壤中物质的淋溶和聚积。

1.1.6.2　土壤类型

根据土粒的直径不同，将土壤分为砾石土、砂土、粉土、黏土、亚砂土和亚黏土等。

① 砾石土。砾石土的粒径大于2mm，是岩石经风化留下来的碎屑沉积物，形状不定，但具有一定的磨圆度，成分主要是原生矿物，颗粒粗大，粒间孔隙很大，无毛细管作用，排水快，蓄水难。

② 砂土。砂土粒径以2～0.05mm为主，是岩石风化后的碎屑物质经河湖和海浪等搬运沉积下来，形状近于圆形，主要成分为石英，颗粒粗大，孔隙度大。砂土排水易而蓄水难，易遭受干旱，且广泛分布于河岸、海滩、湖滩与沙漠地区。

③ 粉土。粉土粒径为0.05～0.005mm，主要成分是石英，具有黏性和可塑性，潮湿时呈复粒，干旱时表面硬，水多时分散呈泥泞状态并发生流动，易被冲刷，排水难，我国北方的黄土属于粉土。

④ 黏土。黏土粒径小于 0.005mm，具有多种颜色，如白、黄、黑、红、褐等。土壤颗粒细小，且多呈复粒，孔隙细小且多，有明显的毛细性，持水性强，吸水时易变软，体积膨胀，有很大的黏性与塑性。

⑤ 亚砂土与亚黏土。亚砂土粒径小于砂土，故又称为砂壤土。亚黏土粒径很小，故又称为壤土，性质接近黏土，具有黏性，但塑性小。

1.2 成矿作用、矿床成因和分类

1.2.1 成矿作用

矿物的形成作用是多方面的，按作用的性质和能量的来源可以分为内生成矿作用、外生成矿作用和变质成矿作用。

（1）内生成矿作用

主要是指由地球内部能量，包括热能、动能、化学能等，导致形成矿床的各种地质作用。除了到达地表因火山成矿作用形成矿床外，其他各种内生成矿作用都是在地壳内部，即在较高温度和较大压力条件下进行的。内生成矿作用包括岩浆成矿作用和热液成矿作用两大类。

（2）外生成矿作用

在地壳表层，主要是在太阳能影响下，在岩石、水、空气和生物等的相互作用过程中，使成矿物质富集的各种地质作用。外生成矿基本上是在地表的温度和压力下进行的。外生成矿作用主要包括风化成矿作用和沉积成矿作用两大类。

（3）变质成矿作用

变质成矿作用是指在接触变质和区域变质过程中所发生的成矿作用或使原有矿床发生变质改造的作用。按照成矿的地质环境和成矿方式，变质成矿作用可进一步分为接触变质成矿作用、区域变质成矿作用和混合岩化成矿作用。

1.2.2 矿床成因和分类

矿床是指在地壳中由地质作用形成的，其所含有用矿物资源的数量和质量，在一定的经济技术条件下能被开采利用的综合地质体。矿床的概念包括地质、经济技术及环境方面的三种属性。从地质意义来说，矿床是地质作用的产物，矿床的形成服从地质规律；从经济技术意义来看，矿床的质和量是符合一定的经济技术条件、可被开发利用的；从环境意义来说，当矿体自然暴露、接近地表或被开采时，一些有害物质渗入土壤、空气和水体中，污染环境，对各类生物造成直接或间接损害，即矿床的存在和开发对周围生态环境的影响程度。地质属性是矿床的基本属性，经济技术属性是界定矿与非矿的主要标志，而环境属性则指在保护环境的条件下开发矿产资源。因此，这三种属性是相互关联、互相制约的。

矿床形成受成矿物质及其来源、成矿环境和成矿作用的影响。这三个因素在矿床形成过程中是密切联系的，成矿物质及其来源是成矿的基础和前提，成矿环境是外界条件，而成矿作用则是成矿物质在一定的环境下富集而形成矿床的机制和过程。成矿作用是划分矿床成因类型的主要依据，因此以成矿作用作为分类的主要依据，适当考虑成矿地质环境，同时在分类中还尽可能地反映成矿物质来源这一主要因素。

矿床的一级划分是与三大类地质作用相对应的，即分为内生矿床、外生矿床、变质矿床和叠生矿床四大类；二级划分是按照在一定地质环境下的主要成矿作用系列来划分的，如内生矿床分为岩浆矿床、伟晶岩矿床、接触交代矿床、热液矿床等；三级划分则因各类矿床形成环境的复杂性和成矿方式的多样性，很难采用一种统一的标志；四级划分一般均按矿石建造来划分。

1.3　矿产资源

1.3.1　矿产资源特点

矿产资源是指经过漫长的地质年代，在地壳中形成的可供人类利用的自然原料。矿产资源包括金属矿产资源、非金属矿产资源和可燃性矿产资源。与其他自然资源相比，矿产资源有其显著特点。

（1）矿产资源的不可再生性

矿产资源是在漫长的历史过程中通过地质作用形成的，难以再生。随着人类对矿产资源的不断开发和消耗，矿产资源会越来越少，直至枯竭。

（2）矿产资源分布的空间不均衡性

成矿活动的差异、成矿物质在地壳内的分布不均以及成矿地质条件的制约，使得矿产资源分布的不均衡性十分突出。如南非金、铬铁矿等 5 种矿产储量占世界总储量的 1/2 以上；中国的钨和锑占世界总储量的一半以上，稀土资源占世界总储量的 90％以上；煤主要集中在中国、美国和俄罗斯，约占世界总储量的 70％以上。

（3）矿产资源概念的可变性

矿产资源以各种形态地质体（矿床或矿体）的形式存在，只有在技术经济条件适合的情况下，矿床才能被开发利用，否则得不偿失。随着技术经济条件的变化，矿床的概念也会发生变化。很多原来被认为不是矿床的地质体正逐渐成为可供人类开发利用的矿床。由于界定矿床的技术经济条件在不断变化，矿产资源在数量上总是处在动态变化之中。

（4）矿产资源赋存状态的复杂多样性

矿产资源除少数表露者外，绝大多数都埋藏在地下，而且赋存状态又很复杂，矿体形态、产状及与围岩的关系等因素千变万化，不可以简单概括。寻找、探明常需大量的地质调查和矿产勘查工作，开采过程中也经常发生预想不到的变化。

（5）矿产资源具有多组分共生的特点

矿产资源主要以矿床形式存在于地壳中。由于不少成矿元素化学性质的近似性和地壳构造运动、成矿活动的复杂多期性，自然界单组分的矿床很少，绝大多数矿床具有多种可利用组分共生和伴生在一起的特点。

1.3.2　我国矿产资源分布特点

当前，我国已经进入工业化快速增长时期，许多矿产资源的消费速度正在接近或超过国民经济的发展速度。矿产资源的供需矛盾日益尖锐，表现为储量增长赶不上产量增长，产量增长赶不上消费增长，一些重要矿产进口量激增，现有矿产储量的保证度急剧下降。我国矿产资源主要有以下特点：

① 矿产资源总量丰富，但人均占有量偏低。我国是世界上少有的几个资源总量大、矿种配套程度较高的资源大国。我国已经发现 171 种矿产，探明储量的矿产有 156 种，矿产资源总量约占世界的 12％，居世界第 3 位，但我国人口基数大，人均拥有量仅为世界人均资源量的 58％。对科技、国防十分重要的有色金属人均占有量也只有世界人均占有量的 52％。我国大部分支柱产业性矿产的人均占有量都很低，所以说我国是一个资源相对贫乏的国家。

② 用量较少的矿产资源丰富，而大支柱性矿产资源相对不足或短缺。我国经济建设用量不大的部分矿产，如钨、锡、钼、锑、稀土等的探明储量居世界前列，在世界上具有较强竞争力。如我国钨矿保有储量是国外钨矿总储量的 3 倍左右；稀土资源更丰富，仅内蒙古白云鄂博的储量

就相当于国外稀土储量的 4 倍。然而我国需求量大的铁、铜和铝土矿的保有储量占世界总量的比例则很低，分别只有 8%、4.9% 和 1.4%；铅、锌、镍等其他有色金属的人均拥有量，也明显低于世界人均拥有量。

③ 贫矿多，富矿少，开发利用难度大。我国铁矿的探明储量为 200 多亿吨，但 97% 的铁矿品位仅为 33%，能直接入高炉的富铁矿只有 2.5%；我国铜矿储量居世界第 6 位，但平均品位只有 0.8%，其中品位在 1% 以上和 2% 以上的铜矿，分别占铜矿总资源储量的 35.9% 和 4%，而大于 200 万吨的大型铜矿床的品位基本上都低于 1%；铝土矿几乎全部为难选冶的一水硬铝石型。

④ 中小型矿床多，超大型矿床少，矿山规模偏小。我国储量大于 10 亿吨的特大型铁矿床只有 9 处，而小于 1 亿吨的有 500 多处；有色金属矿床的规模也都偏小，我国迄今发现的铜矿产地 900 多处，其中大型矿床仅占 2.7%，中型矿床达 8.9%，小型矿床达 88.4%。我国目前已开采的 320 个铜矿区累计年产铜精矿（含铜量）只有 43.6 万吨。在总体上，我国小型地下矿山多，大型露天矿山少。

⑤ 共生伴生矿多，单矿种矿床少，利用成本高。我国 80 多种金属和非金属矿产中，都有共生和伴生有用元素，其中以铝、铜、铅等有色金属矿产较多。我国铜矿床中，单一型占 27.1%，综合型占 72.9%；以共（伴）生矿产出的汞、锑和钼资源储量，分别占到各自总资源储量的 20%~33%；我国有 1/3 的铁矿床含有共（伴）生组分，主要有钛、钒、铜、铅、锌、钨、锡、钼、金、钴、镍和稀土等 30 余种。虽然共（伴）生元素多，可以提高矿山经济效益，但矿石组分复杂，选矿难度大，也加大了矿山的建设投资和生产成本。

⑥ 金属矿产资源的区域分布相对不均。铁矿主要分布在辽、川、鄂、冀和蒙等地，占全国储量 60% 以上；铜矿主要分布在赣、皖、滇、晋、鄂、甘和藏等地，合计占全国储量 80% 以上；铝土矿主要分布在晋、贵、豫和桂四省，占全国储量 90% 以上；铅、锌主要分布在粤、甘、滇、湘、桂等省区，占全国储量 65% 左右；钨主要分布在赣、湘以及粤、桂等省区，合计占全国储量 80% 以上；锡等优势矿产主要分布在赣、湘、桂、滇等南方省区。

1.3.3 矿产储量

矿产储量是指矿产在地下的埋藏量，矿产储量计算是根据各种探矿工程和技术手段所得到的信息，通过一定的方法计算矿产的地下埋藏数量的过程。对一个生产矿山，由于矿石的不断采出、生产勘探的持续进行以及后续选冶工艺水平的变化，都会使矿山的矿产地质储量和生产矿量处于变动状态之中。为了保证矿山建设和生产的计划性，就必须进行经常性的矿石储量计算、管理、平衡工作。

1.3.3.1 矿产资源储量分类

根据地质可靠程度将固体矿产资源储量分为探明的、控制的、推断的和预测的，分别对应于勘探、详查、普查和预查四个勘探阶段。

① 探明的。矿床的地质特征、赋存规律（矿体的形态、产状、规模、矿石质量、品位及开采技术条件）、矿体连续性依照勘探精度要求已经确定，可信度高。

② 控制的。矿床的地质特征、赋存规律（矿体的形态、产状、规模、矿石质量、品位及开采技术条件）、矿体连续性依照详探精度要求已基本确定，可信度较高。

③ 推断的。对普查区按照普查的精度，大致查明了矿产的地质特征以及矿体（点）的展布特征、品位和质量，也包括由地质可靠程度较高的基础储量或资源量外推部分，矿体（点）的连续性是推断的，可信度低。

④ 预测的。对具有矿化潜力较大地区经过预查得出的结果，可信度最低。

对矿产资源进行普查、详查和勘探都要进行相应的可行性评价工作。矿产资源可行性评价研究是固体矿产普查、详查和勘探工作的重要组成部分，可行性评价工作结果对矿业项目是否开展进一步的勘查开发、矿产资源的资产评估、矿业权评估及是否进行下一步投融资等工作具有非常重要的参考价值。根据可行性评价分为概略研究、预可行性研究和可行性研究三个阶段。

储量是指经过探明资源量和（或）控制资源量中可经济采出的部分，是经过预可行性研究、可行性研究或与之相当的技术经济评价，充分考虑了可能的矿石损失和贫化，合理使用转换因素后估算的，满足开采的技术可行性和经济合理性。储量包括可信储量和证实储量。

① 可信储量。经过预可行性研究、可行性研究或与之相当的技术经济评价，基于控制资源量估算的储量；或某些转换因素尚存在不确定性时，基于探明资源量而估算的储量。

② 证实储量。经过预可行性研究、可行性研究或与之相当的技术经济评价，基于探明资源量而估算的储量。

1.3.3.2 矿产资源储量估算

资源储量计算首先要圈定矿体边界线，矿体边界线的种类有以下几种：

① 零点边界线，是在矿体的水平或垂直投影图上，将矿体厚度或矿石品位可视为零的各基点连接起来的边界线，即矿体尖灭点所圈定的矿体界线。

② 可采边界线，即根据矿体的最低可采厚度，或最低可采品位，或最低工业米百分值（最低工业米百分值简称米百分率，也称米克吨值，是指最低可采厚度与最低工业品位的乘积值，是对工业利用价值比较高的矿产提出的一项综合指标）所确定的工业矿体边界基点的连线。

③ 矿石的类型、品质边界线，即在可采边界线以内，根据矿石的不同类型或不同工业品级所圈定的边界线。

④ 储量类边界线，根据不同储量类别或矿山生产过程中的三级矿量所圈定的边界线。

当矿体边界线圈定好之后，便可正式着手进行资源储量估算工作。固体矿产资源储量估算的方法虽然很多，但实质上可归结为几何图形法和地质统计学法。

① 几何图形法。是将矿体空间形态分割成较简单的几何形态，将矿石组分均一化，估算矿体的体积、平均品位、矿石量、金属量等。这种方法对于形态简单、矿化均一的矿体还是很有效的。

② 地质统计学法。是以区域化变量理论作为基础，以变异函数作为主要工具，对既具有随机性、又具有结构性的变量进行统计学研究，估算时能充分考虑品位的空间变异性和矿化强度在空间的分布特征，使估算结果更加符合地质规律，置信度高，但需有较多的样本个体为基础。勘查过程中，针对矿床的地质特征，运用这种方法，还能制定或检验合理的勘探工程间距。

1.4 采矿

矿山开采是指用人工或机械对有利用价值的天然矿物资源的开采。根据矿床埋藏深度的不同和技术经济合理性的要求，矿山开采分为露天开采和地下开采两种方式。接近地表和埋藏较浅的部分采用露天开采，深部采用地下开采。对于一个矿体，是采用露天开采还是地下开采，取决于矿体的赋存状态。若采用露天开采，则存在一个深度界线问题，深度界线的确定主要取决于经济效益。一般来说，境界剥采比如少于或等于经济合理剥采比的，可采用露天开采，否则就采用地下开采方法。

1.4.1　露天开采

露天开采是指移走矿体上覆的岩石及覆盖物，使矿石敞露地表而进行开采。其中移去土岩的过程称为剥离，采出矿石的过程称为采矿。露天采矿通常将矿田划分为若干水平分层，自上而下逐层开采，在空间上形成阶梯状。

（1）露天采场构成要素

① 露天工作帮：由正在进行采掘工作的台阶组成。

② 工作帮剖面：通过工作帮最上和最下一个台阶的坡底线所做的假象平面。

③ 工作帮坡角：工作帮剖面与水平面的夹角。

④ 最终边坡线：最上一个非工作台阶坡顶线与最下一个非工作台阶坡底线的边线。

⑤ 最终边坡角：最终边坡线与水平面的夹角。

⑥ 上部最终境界线：开采结束时，非工作帮剖面与地表相交的闭合线。

⑦ 下部最终境界线：开采结束时，非工作帮剖面与露天矿底平面相交的闭合线。

（2）露天开采境界的确定

确定露天开采境界就是要合理地确定露天开采深度、露天底部边界和最终边坡组成要素。在露天矿境界设计中，需要控制的剥采比有经济合理剥采比、平均剥采比、境界剥采比及生产剥采比。

① 经济合理剥采比，是指露天开采在经济上最大允许的剥采比。它是一个理论上的极限值，是确定露天矿最终境界的重要经济指标的依据。

② 平均剥采比，是指露天开采境界内岩石总量与矿石总量之比值。

③ 境界剥采比，是指露天开采境界每增加一个分层深度所引起岩石增量与矿石增量之比值。

④ 生产剥采比，是指露天矿某一时期内所剥离的岩石量与所采出的矿石量之比值。

（3）露天开采步骤

① 地面准备阶段：排除障碍物，如砍树、房屋拆迁、河流、道路改造等。

② 矿床疏干与防水：排除开采范围内的地下水，用截水沟隔绝地表水流入露天采场。

③ 矿山基建：包括供配电建筑、工业场地建筑、初破碎场地及设施、排土场建设、运输系统建设、基建剥离及开沟工程。

④ 正常生产：在垂直延伸方向上是准备新水平，在水平方向上是由开段沟向两侧（或一侧）扩帮。主要生产过程包括穿孔爆破、采装、运输和排土。

⑤ 生态恢复：对采矿引起退化的矿区生态系统，通过重整地形和表土，采取植被和其他适宜的土地利用方式恢复其生态平衡的过程。

（4）露天开采工艺

① 间断式开采工艺。间断开采工艺是指从采装、运输到排卸作业中，物料的输送是间断进行的。一般分为单斗挖掘机-卡车运输、单斗挖掘机-铁路运输。间断开采工艺适用于各种硬度和赋存条件的矿产开采，目前使用较广泛。

② 连续式开采工艺。连续开采工艺是指从采装、运输到排卸作业中，物料的输送是连续进行的。一般采用轮斗挖掘机-带式输送机-排土机组合工艺。连续式开采工艺生产能力高，是开采工艺的发展方向，但对岩性有严格要求，一般适用于开采松软土岩。

③ 半连续式开采工艺。半连续开采工艺是指在整个生产工艺中，一部分生产环节是间断式的，另一部分生产环节是连续式的。半连续开采工艺是介于间断式和连续式工艺之间的一种方式，具有两种工艺的优点，在采深大及矿岩运输远的露天矿中有较大的发展前途。

1.4.2　地下开采

地下开采亦称井工开采，是指从地下矿床的矿块里采出矿石的过程，分为矿床开拓、矿块的采准、切割和回采 4 个步骤。

（1）矿床开拓

根据矿床的赋存条件与矿体的产状选用不同的矿床开拓方式从地表掘进一系列通道到达矿体，形成提升、运输、通风、排水和动力供应等完整的生产系统。矿床开拓方式主要是指井筒的形式，按照井筒的倾角不同分为立井开拓、斜井开拓、平硐开拓以及综合开拓四种方式。

① 立井开拓方式。利用垂直井巷作为主、副井的一类开拓方式。一般以一对立井（主、副井）进行开拓，装备两个井筒，井筒断面根据提升容器尺寸、井筒内装备及通风要求确定。提升设备一般主井采用箕斗、副井采用罐笼，主井提升矿石，副井提升矸石、人员及完成其他辅助作业。

② 斜井开拓方式。利用倾斜巷道作为主要井筒的一类开拓方式。斜井开拓分为集中斜井和片盘斜井两大类。集中斜井是将井田划分为阶段或盘区，建立较稳定的开采水平，实行集中生产的斜井；片盘斜井一般用于小型矿井。大型矿井的主斜井宜装备带式输送机输送原煤，副井一般采用双钩串车提升。

③ 平硐开拓方式。在地形为山岭的矿区，利用水平巷道作为主要井筒的一类开拓方式称为平硐开拓方式。平硐开拓是最简单最有利的开拓方式，运输能力大，一般以一条主平硐开拓井田，承担运煤、出矸、运料、行人、排水、进风、敷设管缆等任务。平硐运输普遍采用矿车轨道运输和带式输送机运输。

④ 综合开拓方式。综合开拓方式是指采用平硐、斜井、立井三种方式中任何两种方式组合作为主、副井的开拓方式。

（2）采准

矿块的采准工作是指按照预定的计划和图纸，在已经开拓的阶段掘进一系列巷道，将阶段划分为矿块，并在矿块内为行人、通风、运料、凿石和放矿等创造条件的采矿准备工作。

（3）切割

矿块切割工在采准工作的基础上，为回采矿石开辟自由面和落矿空间，从而为矿块回采创造爆破和放矿等必要的工作条件。

（4）回采

回采是从已经采切完毕的矿块里采出矿石的过程，是采矿的核心。回采通常包括落矿、出矿及地压管理。①落矿是将矿石以合适的块度从矿体上采落下来的作业。②出矿是将采下的矿石从落矿工作面运到阶段运输水平的作业。③地压管理包括用矿柱、充填体和各种支架维护采空区。

1.5　选矿

1.5.1　选矿目的和原理

自然界直接开采出来的矿石，品位不够高，不能满足冶金工业的技术经济要求；矿产的开发使矿产资源呈现大幅度减少的趋势；在储藏的矿石中，富矿和优质矿越来越少，而贫矿和混（复）合矿、难处理矿越来越多，不少矿石甚至面临着枯竭的危险。因此，为了降低生产成本，合理开发利用矿物资源，满足冶金工业的要求，需要对品位不高的原矿进行选矿处理。

1.5.1.1 选矿的目的

① 通过选矿分离，去除原矿中的脉石矿物，富集和提高矿石中有用矿物的含量；②将共生的、伴生的其他有用矿物或有价元素分选出来，以便实现矿石中有用矿物或有价元素的综合利用；③充分降低尾矿中有害矿物或有价金属含量，提高资源利用率，减少可能的环境污染。一般而言，选矿作业不会改变矿石中有用矿物的成分，只是改变其中各种矿物成分的相对含量。通常选矿是提高有用矿物或有价金属品位、改善矿物性质、去除脉石杂质和分离共生矿物的经济、有效的方法之一。

1.5.1.2 选矿的原理

选矿是根据矿石中不同矿物的物理、化学或物理化学性质，采用不同的方法，将有用矿物与脉石矿物分开，并使各种共生的有用矿物尽可能相互分离，除去或降低有害杂质含量，以获得冶炼或其他工业所需原料的分选过程。选矿是一个连续的生产过程，由一系列连续的作业组成，通常是由选矿前的准备作业、选别作业和选后的脱水作业组成。

（1）选前的准备作业

包括矿石的破碎与筛分、磨矿与分级。其目的是使矿石中的有用矿物和脉石矿物或不同的有用矿物实现单体解离，使物料的粒度满足选别作业的要求，为选别作业做准备。

（2）选别作业

根据矿物的不同性质常采用一种或多种选矿方法，使已解离的有用矿物与脉石矿物（或不同的有用矿物）实现分离的作业。

（3）选后的脱水作业

主要包括精矿脱水和尾矿处理。精矿脱水通常由浓缩、过滤和干燥三个阶段组成，目的是脱除精矿中的水分，以便于贮存、运输和出售。尾矿处理通常包括尾矿脱水处理和尾矿贮存。

1.5.2 选矿方法

根据矿石颗粒的物理性质和化学性质，如粒度、密度、磁性、导电性、表面性质及摩擦性等，选矿方法有重力分选（简称"重选"）、浮游分选（简称"浮选"）、磁力分选（简称"磁选"）、电力分选、光电分选、摩擦分选、弹跳分选及人工手选等，其中，目前工业上最常用的方法是重选、浮选和磁选三种选矿方法。

1.5.2.1 重选

重选是根据矿物颗粒之间的密度、粒度差异进行分选的方法。在特定运动介质中，密度不同的矿物颗粒在重力、浮力和介质阻力的综合作用下，会表现出不同的沉降性能，并按密度、粒度大小在介质和重选装置中松散、分层、分离。重选需要满足三个条件：分选矿物颗粒之间存在密度差异、分选矿物颗粒间存在粒度差异、分选颗粒需在运动介质中进行，不同密度、粒度的矿物颗粒能够分层和分离。常用的重选有分级选矿、跳汰选矿、溜槽选矿、摇床选矿和重介质选矿等方法。

（1）分级选矿

碎散物料在空气或水中沉降时，不同粒度和形状的颗粒由于所受介质阻力不同而具有不同的沉降速度，此时可按粒度分离，这种重选作业叫作分级。可分为水力分级和风力分级。

① 水力分级是根据矿粒在水中沉降速度不同而将宽级别的颗粒群分成两个或多个粒度相近的较窄级别的过程。在水力分级过程中，水介质大致有垂直的、接近水平的和回转的三种运动方

式。在垂直水流运动中，水流往往是逆着颗粒的沉降方向而向上运动，不同粒度的颗粒沉降速度和运动方向不同，沉降速度小于上升水流速度的细粒向上运动，最终成为"溢流"；沉降速度大于上升水流速度的粗粒向下沉降，最终成为沉砂或底流，从而实现了分级。

② 风力分级主要用于干式闭路磨矿、干式选别前的细粒的分级、干式集尘等。风力选矿因空气介质密度小，所以分选效果不高。

（2）跳汰选矿

跳汰选矿是利用强烈振动造成的垂直交变介质（通常是水或空气）流，使矿粒按相对密度分层并通过适当方法分别收取轻重矿物，以达到分选目的的重力选矿过程，是处理密度差较大的粗粒矿石最有效的重选方法之一，大量地用于分选钨矿、锡矿、金矿及某些稀有金属矿石，此外，还用于分选铁矿石和非金属矿石。

（3）溜槽选矿

溜槽选矿是利用沿斜面流动的水流进行选矿的方法。简单的溜槽是一个长方形的槽子，矿浆从槽中流过，矿粒受水流作用松散并按密度分层，上层轻矿物迅速排出槽外，下层重矿物或沉积在槽底，周期性排出；或沿槽底以低速移动，自下部排出，被广泛用于处理金、铂、锡、铁矿及钨等稀有金属矿，尤其是在处理低品位的砂矿中应用最广。

（4）摇床选矿

摇床选矿是利用机械振动和水流冲洗联合作用使矿粒按密度分离的过程，是选别细粒物料应用最广泛的重选法之一。

（5）重介质选矿

重介质选矿是利用密度介于两种矿石密度之间的重介质来选别物料的过程，适用于预选别从原矿或破碎产品中排弃部分脉石或采矿时混入的围岩，分选精度高、可选物料粒度范围宽、生产费用低，但回收过程较复杂。

1.5.2.2　浮选

浮选即浮游分选，又称泡沫浮选法，一般而言，从水的浮游液中（称矿物和水的悬浮液为矿浆）浮出固体的过程称为浮选，是最重要的选矿方法之一。浮选是根据矿物颗粒之间的表面物理化学性质差异进行分选矿物的选矿方法，其实质是有选择性地使微小气泡附着在具有疏水性表面的目的矿物颗粒上，并在气泡带动下使目的矿物颗粒向上浮游，从而实现目的矿物颗粒与其他颗粒的选别分离。矿物颗粒可浮性取决于矿物颗粒表面的疏水性或亲气性大小。矿物颗粒表面的疏水性越小、亲气性越大，则该矿物颗粒的可浮性也就越好。据不完全统计，90%的有色金属矿是用浮选处理。影响浮选的因素主要有矿石性质、矿浆浓度、矿浆 pH 值、药剂制度、调浆和浮选时间、浮选机的搅拌强度和充气量等。矿石的选别效果往往随着这些因素的变化而变化。因此，大部分矿山在开发前及投产后需进行浮选试验研究，以指导工业生产。

1.5.2.3　磁选

磁选是利用矿物颗粒磁性差异在磁选机不均匀磁场中进行分选的方法，也是一种应用十分广泛的基本分选技术。特别是随着高梯度磁选、磁流体分选、超导体强磁场磁选等新技术的不断发明，磁选技术的应用已从黑色金属矿、有色金属矿和部分非金属矿的选别处理扩大到环境污染治理、医药和化学工业等领域。

在磁选过程中，当物料由加料口进入磁选机的磁场时，非磁性的矿物颗粒不受磁场的作用或所受作用力很小，在自身重力、水流冲击力、离心力的作用下，由出料口排出。以筒式磁选机为例，磁性矿物颗粒在磁场的作用下，被吸引到圆筒上，并随着圆筒转动而运动，当这些磁性矿物颗粒到达磁选机的排料端（圆筒内磁极的外端）时，由于所受磁场作用力大大减小而排出，成为磁性精矿。矿物颗粒能否进行磁选，取决于磁选机和磁性颗粒之间作用力的大小。磁性矿粒所受到的磁力大于该矿物颗粒所受的与磁场作用力方向相反的机械力的合力，是用磁选法分选的必要条件。在磁选中，通常根据矿物比磁化系数的大小将矿物划分为强磁性矿物、弱磁性矿物和非磁性矿物。在实际磁选过程中，通常要求磁选机和磁性颗粒之间的作用力控制在一定范围，所以分选强磁性矿物颗粒时，应使用弱磁场磁选机，而分选弱磁性矿物颗粒时，应选用强磁场磁选机。

1.6 矿山环境污染

矿山环境是指由人类采矿活动产生的矿建系统及选冶系统等人为环境与矿山自然环境的统称。它以人类采矿活动为主体，与矿山及周边一定区域内的各种环境要素相互作用。矿山环境污染是指矿山开采和选矿过程中，多种因素对环境造成的影响和危害。主要是矿坑排水、矿石及废石堆所产生的淋滤水、矿山工业和生活废水、矿石粉尘、燃煤排放的烟尘和 SO_2 以及放射性物质的辐射等，其中含大量有害物质，严重危害矿山环境和人体健康。

1.6.1 矿山采选对大气的污染与防治

矿区大气污染物主要来源于露天开采和井巷开采的爆破、运输及固体废物无序堆放。包括露天开采的扬尘，大爆破生成的有毒气体、粉尘，汽油、柴油设备产生的废气，采选的固体堆积物氧化、水解产生的有害气体和由矿井排出的废气。另外，在矿山采选过程中，由于使用各种大型移动式机械设备、大爆破及矿石的风化和氧化、选矿破碎和粉磨等过程产生的粉尘、有害有毒气体和放射性气溶胶等进入矿区大气，经过足够的时间，达到足够的浓度时会使矿区大气质量发生恶化。

1.6.1.1 矿山采选大气污染物的分类及其性质

矿区大气污染物按其性质可分为气态污染物和气溶胶污染物两大类。

（1）气态污染物

气态污染物系指矿山在采选过程中产生的在常温常压下呈气态的污染物，它们以分子状态分散在空气中，并向空间的各个方向扩散。密度大于空气者下沉，密度小于空气者向上飘浮。它们可分为：以 SO_2 为主的含硫氧化物；以 NO 和 NO_2 为主的含氮氧化物；以 CO 为主的含碳氧化物；硫化氢以及氨气等。矿区常见的气态污染物见表1-3。矿山采选过程中矿石的氧化和水解、破碎洗选、爆破作业、瓦斯抽放、硫化物自燃及内燃机尾气等，会产生大量的气态污染物，对环境造成影响。

表 1-3 矿区常见的气态污染物

名称	毒害作用
一氧化碳（CO）	阻止红细胞吸氧，造成人体组织缺氧，引起中枢系统损坏
氮氧化物（NO_x）	对眼、鼻、呼吸道及肺部有强烈腐蚀作用
二氧化硫（SO_2）	对眼和呼吸系统有强烈的刺激作用
硫化氢（H_2S）	具有强烈毒性，对眼、鼻、喉的黏膜有强烈刺激作用
二氧化碳（CO_2）	易溶于水，生成碳酸，对人的眼、鼻、喉有刺激作用，浓度过高导致窒息
氨气（NH_3）	极毒，刺激皮肤与上呼吸道，引起咳嗽、头晕甚至心力衰竭

（2）气溶胶状态污染物

气溶胶系指沉降速度可以忽略的固体粒子、液体粒子或固体和液体粒子在气体介质中的悬浮体。按照其性质，属于气溶胶的物质有粉尘、烟尘、液滴、轻雾及雾等。矿区气溶胶成分极其复杂，含有数十种有害物质。

① 粉尘。矿区粉尘污染来自生产过程中产生的粉尘及风蚀粉尘等，穿孔、爆破、破碎、铲装、运输等生产过程及废石堆场均能产生大量粉尘。按矿物和化学成分，可分为含铅、汞、铬、锰、砷、锑等重金属的有毒性粉尘及煤尘、矿尘、硅酸盐粉尘、矽尘等无毒性粉尘。

② 烟尘。在冶炼和燃烧过程中矿物高温升华、蒸馏及焙烧时产生的固体粒子，属于固态凝聚性气溶胶；或指常温下是固体物质，因加热熔融产生蒸气，并逸散到空气中，当被氧化后或遇冷时凝聚成极小的固体颗粒分散悬浮于空气中。例如，在熔铅过程中，有氟化铅烟尘产生；电焊时有锰烟尘及氧化锰烟尘产生；黄铜和青铜中含有锌，当锌被熔化时，则有锌蒸气逸到空气，继而氧化成氧化锌烟尘等。这些微细的气溶胶颗粒，都具有规则的结晶形态，并且其颗粒比一般粉尘小。

③ 液滴。在常温常压下是液体的物质，能在静止条件下沉降，在紊流条件下保持悬浮状态，粒径范围在 $200\,\mu m$ 以下的液体粒子。

④ 雾。在常温常压下能悬浮于气体中的微小液体，是在蒸气的凝结、液体雾化和化学反应等过程中形成的，属于液态凝聚性气溶胶，如酸雾、碱雾、水雾等。

⑤ 放射性气溶胶。对于开采含铀、钍伴生金属矿床等有放射性矿物存在的矿山，其放射性元素及其气体可吸附于粉尘表面而形成放射性气溶胶。

1.6.1.2　矿区大气污染的影响因素

（1）地质条件和采矿技术

矿山的地质条件是确定剥离矿体上覆岩层和开采技术方案的依据，影响露天矿大气污染的主要因素有当地主导风向、开采方向、阶段高度和边坡角等。被揭露矿层（如煤层）的瓦斯及有毒气体的逸散也会污染露天矿大气环境。岩（土）和矿石的硬度、湿度等都影响着大气中的空气含尘量。在其他条件相同时，露天矿的大气污染程度随阶段高度和开采深度的增加而增加。

（2）气象条件

气象条件如风向、风速和气温等是影响大气污染的重要因素。例如长时间无风或微风，特别是大气逆温现象，会造成大气成分发生严重恶化。风速和日照辐射强度是确定露天矿自然通风方案的主要气象资料。为了评价它们对大气污染的影响，应当研究露天矿区常年风向、风速和气温的变化。

（3）地形和地貌

露天矿区的地形和地貌对露天矿区通风效果有着重要影响。例如山坡上开发的露天矿区，地形对通风有利，而且送入露天矿区的自然风流的风速几乎相等，即使发生风向转变和天气突变，冷空气也照常沿露天斜面和山坡流向谷地，并把露天矿区内粉尘和毒气带走。相反，如果露天矿区地处盆地，四周有山丘围阻，则露天矿区越向下开发，所造成深凹越大，这不仅使常年平均风速降低，而且会造成露天矿区深部通风量不足，不利于大气扩散，容易引起大气污染。

1.6.1.3　矿区大气污染防治措施

（1）粉尘

采矿作业中应选择合理的爆破参数，减少二次爆破量。对于矿井、运输路面和选矿厂破碎车间的扬尘，一般选用通风、湿式作业、密封抽尘、净化等防治措施。

矿井通风系统一般有中央对角式、对角式、分区通风式和折返式四种类型，可根据实际情况，选用不同的通风方式，如压入式、抽出式或混合式等。选矿厂厂房的通风目前以风管或排风扇的直接抽出或压入的方式为主。凿岩、铲运、放矿、出矿、卸矿和运输（机车、汽车和皮带）等工序大都采用湿式作业来抑制粉尘的飞扬。凿岩时通过针杆的旁侧或中心注入高压水，使炮孔内的粉尘润湿，变成泥浆流出孔口。用水预湿爆堆或借助压力将水雾化成 $40 \sim 200 \ \mu m$ 的细小颗粒喷雾可降低铲运、放矿、出矿、卸矿和运输等工序的产尘。对于疏水性粉尘，应在水中加入 $0.005\% \sim 0.1\%$ 的湿润剂，以增加水的润湿能力，从而可提高降尘效率 $20\% \sim 79\%$。矿岩提升、机车运输、地面汽车运输和选矿厂皮带输送工序，常用水清洗或喷洒巷道壁、皮带正反面和路面来达到降尘的目的。另外，使用乳液抑尘剂可大大减少运输路面和井巷的扬尘量，延长防尘时间。矿山的溜井卸矿系统、露天穿孔系统和选矿厂的破碎系统及皮带运输系统均可采用密闭抽尘及净化措施来控制扬尘。常用的有旋风除尘器、布袋除尘器、文丘里管、泡沫除尘器等。尾矿库或排土场沙尘防治方法主要有：覆土植被、圈围和表面固定三类。选矿过程产生的粉尘的净化方法主要有：在各产尘点设集气罩，常用旋风除尘器、布袋除尘器、湿式除尘器等净化收集含尘气体。

（2）柴油机尾气控制

目前柴油机的有害尾气一般以机内净化、机外净化和乳化柴油及通风的方式加以控制。机内净化是通过改变柴油机燃烧室形状、推迟喷油定时、改善雾化器和调整空气燃料比来实现的。当柴油机尾气中有害物质含量较高时，需加强机外催化净化。乳化柴油是在柴油中加入 15% 左右的水和少量的乳化剂，在一定条件下制备成油包水型的乳状液。在柴油机全负荷条件下，可降低排烟量 $31\% \sim 75\%$，降低 NO_x $19\% \sim 34\%$。通风也可稀释和排出井下柴油机的废气。

1.6.2 矿山采选对水环境的污染与防治

矿山水环境污染原因有两种，一是自然因素，如雨水对各种矿石的侵蚀溶解作用产生的废水进入周围水体造成水质恶化；二是人为因素，如未经处理的采矿、选矿工业废水、矿山生活污水及其他废水进入周围水体，造成水质恶化。矿山废水排放量大、影响范围大、持续性强，不同矿山废水中分别含有重金属离子、酸和碱、固体悬浮物、选矿药剂，在个别矿山废水中甚至还含有放射性物质等，成分复杂，浓度不稳定。

1.6.2.1 矿山废水

在矿山开采的过程中，会产生大量矿山废水，如矿坑水、矿山工业用水、废石场淋滤水、选矿厂废水及尾矿坝废水等，其中矿坑水、矿山工业用水（包括选矿水等）是矿山废水的主要来源。

（1）露天矿坑废水

① 雨水，雨水是露天矿坑废水的主要来源，它们会将大气中的污染物质（SO_2、烟尘）以及矿坑中的矿物微粒带入水体而造成污染。

② 降水淋滤与渗流污染，主要为露天矿石堆和废石场淋滤水。露天矿石堆和废石场在雨水冲刷下会发生风化、分解、溶滤等不同程度的理化反应。如从含硫矿石和废石堆中就会渗流出酸性水，污染地表水体。

③ 废水渗透与渗透污染。矿山废水或选矿废水排入尾矿库后，通过土壤及岩石层的裂隙渗透而进入含水层，对地下水和地表水造成污染。

（2）地下矿坑废水

地下矿坑废水亦称矿井水，通过大气降水、地表水及地下水等多种方式涌入矿坑及巷道中；矿坑水污染可分为矿物污染、有机物污染及细菌污染，在某些矿山中还存在放射性物质污染和热污染。矿物污染有沙泥颗粒、矿物杂质、粉尘、溶解盐、酸、碱等。有机污染物有煤炭颗粒、油脂、生物代谢产物、木材及其他物质氧化分解产物。矿井水的细菌污染主要是霉菌、大肠菌群等微生物污染。

（3）选矿废水

洗矿、破碎、选矿生产中形成的废水，水量大，通常含有矿石、金属微粒或各种选矿药剂，污染严重。

1.6.2.2　酸性矿山废水

在金属矿山中，由于矿物岩石中含有硫化矿物，在氧气、水以及微生物作用下经氧化、分解溶于矿坑水中，从而形成酸性废水。尤其是在地下开采的坑道里，渗入的地下水和良好的通风条件为硫化矿的氧化分解创造了较好的环境。酸性矿山废水的 pH 值一般为 $4.5 \sim 6.5$，但某些黄铁矿含量较高的矿山，pH 值可低至 $2.0 \sim 3.0$。

（1）酸性矿山废水形成机制

在潮湿的环境中，黄铁矿氧化生成硫酸：

$$2FeS_2 + 2H_2O + 7O_2 =\!=\!= 2FeSO_4 + 2H_2SO_4$$

硫酸亚铁在硫酸和氧的作用下生成硫酸铁，在此过程中微生物的作用会大大加速反应进程：

$$4FeSO_4 + 2H_2SO_4 + O_2 =\!=\!= 2Fe_2(SO_4)_3 + 2H_2O$$

生成的三价铁溶液与水作用生成氢氧化铁沉淀：

$$2Fe^{3+} + 6H_2O =\!=\!= 2Fe(OH)_3 + 6H^+$$

由上述反应可知：硫化矿物在 O_2 和 H_2O 的作用下生成含有硫酸盐及各种重金属的酸性废水，特别是矿山废水中存在氧化铁硫杆菌、氧化亚铁硫杆菌等微生物时，微生物会加速硫化矿物的氧化过程和酸性废水形成的速率，矿山废水水质的酸化倾向亦更加严重。

（2）微生物作用机理

直接作用：如氧化亚铁硫杆菌（T. f 菌）通过酶促作用吸附在矿物质表面，溶解矿物中部分重金属。在细菌附着矿物的过程中，产生的胞外聚合物为细菌浸矿提供反应场所。细菌直接作用于硫化矿物时，吸附在矿物表面的细菌接收来自矿物表面的电子，进行呼吸作用，同时矿物失去电子而被氧化。

间接作用：指在浸矿过程中，细菌和矿物并没有直接接触，而是作为"催化剂"维持反应体系中的酸性环境和氧化剂 Fe^{3+} 浓度。间接作用机理中，细菌将 Fe^{2+} 氧化成 Fe^{3+}，Fe^{3+} 与黄铁矿作用生成 Fe^{2+} 和 S，随后 S 被 T. f 菌氧化成硫酸盐。

氧化亚铁硫杆菌具有胞外电子传递的能力，电子从 Fe^{2+} 传递到 O_2 的过程主要包括：Fe^{2+}—亚铁氧化还原酶—铁系兰素—细胞色素 C—a1 型细胞色素氧化酶—O_2。强酸环境下，胞外 Fe^{2+} 被氧化成 Fe^{3+}；胞内的电子传递过程激发二磷酸腺苷转化成腺嘌呤核苷三磷酸，细菌获取能量维持代谢，而 O_2 则作为最终的电子受体。氧化亚铁硫杆菌的氧化矿物过程中，硫代硫酸盐途径和多聚硫酸盐途径是主要的硫氧化过程。硫代硫酸盐溶解途径是指细菌浸矿时产生的 Fe^{3+} 作为初始氧化剂攻击酸不溶性金属硫化物，在此过程中产生的硫代硫酸盐起主要媒介作用，最后通过化学或生物反应生成硫酸盐产物，从而使金属溶解出来。多聚硫酸盐溶解途径则在低 pH 值条件下，酸溶性金属硫化物中的部分硫主要被氧化为单质硫，而其中硫代谢过程通过位于不同细胞区室中的不同硫氧化酶来实现。微生物的硫代硫酸盐途径和多聚硫酸盐途径的初步反应差异是硫代硫酸盐途径生成硫代硫酸盐，而多聚硫酸盐途径生成 H_2Sn^+。此外，胞外聚合物（EPS）在浸矿过程中起着重要作用。其可以提高菌株的生物侵蚀能力，并提高生物浸出效率，主要表现在络合 Fe^{3+}、氧化矿物和重金属、介导细胞与矿物质的附着、改变矿物表面的亲疏水性、介导生物浸出过程中矿物质表面发生的电化学反应等方面。

1.6.2.3　矿山废水主要污染物及其危害

（1）有机污染物

矿山废水池和尾矿池中植物的腐烂，可能使废水中有机成分含量增高，选矿厂、洗煤厂、分析化验室排放的废水中含有酚、甲酚、萘酚等有害有机物。

（2）油类污染物

油类污染物是矿山中较为普遍的污染物，含油废水浸入孔隙内形成油膜，破坏土壤结构，阻碍大气中的氧向水体转移。

（3）无机无毒物

无机无毒物指酸、碱及一般无机盐和氮、磷等植物营养物质。酸碱污染是水体污染中存在的普遍现象，酸碱废水排入水体后，使水体 pH 值发生变化，抑制细菌和微生物的生长，妨碍水体自净还可腐蚀船舶和水工建筑物；氮、磷超标会使水体富营养化，藻类过度繁殖，破坏正常的生态循环。

（4）氰化物

矿山含氰废水主要产生于金属矿石浮选时采用的含氰络合剂，氰化物是剧毒物，服用超过 0.01g 氰化钠或氰化钾均会造成死亡，水体中 CN^- 的浓度达 0.3～0.5mg/L 时即可导致鱼类死亡。

（5）重金属污染

矿山废水中主要有汞、铬、镉、铅、铜、锌、镍、钴、锰、铁、砷❶等，特别是前几种危害更大。重金属不易被微生物降解，只能在各种形态中相互转化、分散，毒性以离子态存在时最严重，可被生物富集于体内，既危害生物，还可通过食物链危害人体。

1.6.2.4　矿山废水源强核算

矿山废水污染物核算的方法主要有实测法及产排污系数法、物料衡算法、资料复用法、类比法等。

（1）实测法

核算时段内污染物排放量计算公式如下：

$$D = \frac{\sum_{i=1}^{n}(\rho_i q_i)}{n} \times d \times 10^{-6}$$

式中　D——核算时段内污染物排放量，t；

　　　ρ_i——第 i 日排放质量浓度，mg/L；

　　　q_i——第 i 日排放流量，m^3/d；

　　　n——核算时段内有效监测数据数量；

　　　d——核算时段内污染物排放时间，d。

矿井涌水量：矿井涌水量是指从矿山开拓到回采过程中单位时间内流入矿坑包括井、巷和巷道系统的水量，包括正常涌水量及最大涌水量。矿井涌水量的测定包括容积法、浮标法、堰测法（三角堰、梯形堰、矩形堰）等。

① 容积法（适用于涌水量较小时）

$$Q = \frac{V}{T}$$

---

❶　由于砷元素对环境污染的形式、毒害人体的病理及毒性特性、中毒后的救治方式等与重金属元素相似，且其常与重金属元素矿物伴生，故在环境领域常将砷元素归入重金属一类，以便系统性地描述其污染形式、毒性和防治措施。本文其他地方不再赘述此分类理由。

式中　Q——矿井涌水量，m³/min；

　　　V——容器容积，m³；

　　　T——水充满容器的时间，min。

② 浮标法

$$Q=0.8F\frac{L}{T}$$

式中　Q——矿井涌水量，m³/min；

　　　F——排水沟过水断面平均值，m²；

　　　L——上下游断面间的距离，m；

　　　T——浮标从上游断面游到下游断面所需的时间，min。

③ 堰测法

a. 三角堰［适合用于涌水量较小（<0.01m³/s）的情况］

$$Q=0.014h^2\sqrt{h}$$

式中　Q——过堰流量，L/s；

　　　h——过堰水深，cm。

b. 梯形堰［适合用于涌水量较大（0.01~0.3m³/s）的情况］

$$Q=0.0186Bh\sqrt{h}$$

式中　B——堰底宽度，cm。

c. 矩形堰［适合用于涌水量最大（>0.3m³/s）的情况］

无缩流时：$Q=0.01838Bh\sqrt{h}$

有缩流时：$Q=0.0186(B-0.2h)\sqrt{h}$

正常涌水量：开拓或开采系统达到某一标高（水平或中段）时，正常状态下（指有变化的充水因素，不包含井巷突水、地表水倒灌等）矿井涌水量的正常值。

最大涌水量：矿井开采系统正常开采时雨季期间的最大涌水量。

（2）产排污系数法

污染物产生量＝污染物对应的产污系数×产品产量（原料用量）

$$G=PM$$

式中　G——某污染物的平均产生量；

　　　P——某污染物对应的产污系数；

　　　M——产品总量（原料总量）。

污染物去除量＝污染物产生量× 污染物去除率＝污染物产生量×治理技术平均去除率×治理设施实际运行率

$$R=G\eta K$$

式中　R——某污染物的去除量；

　　　η——某污染物采用的末端治理技术的平均去除率；

　　　K——某污染物采用的末端治理设施的实际运行率。

污染物排放量＝污染物产生量－污染物去除量

$$E=G-R=\sum(G_i-R_i)$$
$$=\sum[PM_i(1-\eta K)]$$

式中　E——污染物排放量；

　　　G_i——第 i 种污染物的产生量；

R_i——第 i 种污染物的去除量；

M_i——第 i 种产品总量或者原料总量。

其中污染物对应的产污系数 P 及末端治理技术的平均去除率 η 可查询《第二次全国污染源普查产排污系数手册》。

矿井涌水量预测：新建矿井与生产矿井的地质、水文地质条件基本相似，生产矿井有长期的观测资料，可类比计算矿区的涌水量，可采用富水系数法来计算。

富水系数法：在一定时期内，某些矿山正常生产条件下，从矿坑中排出的水量与同一时期开采出的矿石质量之比为一常数，称为富水系数（k_p），即

$$k_p = \frac{Q_0}{P_0}$$

式中　k_p——富水系数，m^3/t；

Q_0——矿坑排水量，m^3/a；

P_0——矿坑的矿石开采量，t/a。

在地质、水文地质条件和开采条件相同或相似的新开采地段，矿坑的总涌水量（Q）为

$$Q = k_p P$$

式中　P——新开采矿坑的设计矿石开采量，t/a。

（3）物料衡算法

$$\sum G_1 = \sum G_2 + \sum G_3 + \sum G_4$$

式中　$\sum G_1$——投入系统的物料总量；

$\sum G_2$——产出产品总量；

$\sum G_3$——物料流失总量；

$\sum G_4$——回收物料总量。

在开采方案设计中采用物料衡算计算方法确定正常涌水量和最大涌水量，成为矿井抽水设计和污染治理设计的依据。

1.6.2.5　矿区废水污染防治措施

对于采选废水的防治和处理，首先在工艺和技术上采取措施减少矿山废水的产生；其次采取有效的物理、化学方法进行必要的治理使其达标排放；最后在可能的条件下对废水开展综合利用。相关防治与处理措施见表 1-4。

表 1-4　矿区废水污染防治措施

防治措施		具体方法
控制矿山废水的措施	截流减源	采取拦截地表水、矿坑封闭、流经河流改道或河床加高加固、密封废石堆及开采前将矿区含水层和矿区水源排放疏干等措施尽可能地减少通过各种途径进入矿山水体的水源，以减少矿山水量和尽可能减少矿物岩石与空气的接触面积及时间，是预防矿山水体污染的关键措施
	减少排水量	设立专门的排水系统，集中处理酸性废水，避免污染
	改进工艺	改进工艺，以最大限度地降低污染物的排放量或浓度是防治水污染的根本途径。如采用尽量不用或少用水的工艺流程；尽量不用或少用易产生污染的原料、设备及生产工艺；采用无毒药剂代替有毒药剂；选用高效、高选择性的药剂以减少药剂的投放量和减少金属在废水中的损失；选择产生污染少的选矿方法等
	循环和综合利用	矿山采、选生产供排系统，尽可能采用循环用水及重复用水系统，或实现排放为零的闭路循环，不但可以降低污染物的排放浓度和排放量，而且可以节约水资源和回收部分有用矿物

防治措施		具体方法
采矿废水处理技术与方法	采矿工艺废水处理	采矿工艺废水主要是设备冷却水，如矿山空压机冷却水。废水经过自然冷却后可回用。凿岩除尘废水主要含固体悬浮物，一般经过混凝沉淀过滤后回用或外排
	矿山酸性废水处理	在一定条件下，酸性水中的硫酸可与钙质岩石或其他碱性矿物发生中和反应而降低酸度，具有系统简单、可靠、费用低的特点。通常利用石灰（CaO）、石灰乳［Ca(OH)$_2$］、白云石（MgCO$_3$·CaCO$_3$）、纯碱（Na$_2$CO$_3$）、氢氧化钠（NaOH）或者碱性废液、废水、电石渣和其他碱性废渣作为中和剂与酸性废水中和
		生物化学中和的原理是利用氧化亚铁硫杆菌在酸性条件下将水中 Fe^{2+} 转化成 Fe^{3+}，然后用石灰石进行中和，以同时实现对酸性矿井水的除铁以及中和处理
		湿地法是利用自然湿地生态系统中物理、化学、生物的协同作用，通过沉淀、吸附、阻隔、微生物同化分解、硝化、反硝化以及植物吸收等途径去除悬浮物、有机物、N、P 和重金属等
选矿废水污染防治措施	自然净化法	自然净化法是最为普遍的一种方法，其构筑物主要是各矿山因地制宜修建的各类沉淀池和尾矿库。其净化作用有： a. 稀释作用：天然降雨和库区溪水的稀释净化作用 b. 水解作用：黄药和氰化物在库水中极易水解，其自净率达 57% 以上 c. 沉淀作用：废水排入尾矿库后，按密度和固体颗粒大小做规律性运动，尾矿水在库内停留时间愈长，其沉淀效率愈高。 d. 生化作用：尾矿库既是一个沉淀池，又是一个自然曝气氧化塘。不仅能氧化降解废水中的各种有机物，还能吸收并浓缩废水中的有害重金属元素
	混凝法	混凝法是常用的一种物理化学方法，泛指有机或无机絮凝剂使分散体系聚结脱稳的方法。该法不仅适用于含悬浮物质、胶体物质及可溶性污染物的废水处理，也适用于毒性较大的重金属离子废水的处理
	中和法和氧化法	中和法和氧化法是常用的两种化学净化方法。 中和法是采用适当的中和剂，调整 pH 值，使酸性或碱性废水达到排放标准或回用水指标；或者，将 pH 值调至适合范围，使溶解在废水中的金属离子形成氢氧化物沉淀而除去的方法。中和法的关键是严格控制 pH 值。常用的中和剂为石灰。该法不仅价格低廉，而且具有沉降速度快的特点。 氧化法是用以处理金银矿、铜矿、铅锌矿选矿废水中含氰化物的一种方法。在氧化法中碱性氯化法是最常用的方法。氧化剂有次氯酸钠、液氯等

1.6.3 矿山采选噪声污染与防治

矿山噪声主要产生于露天开采、地下开采、选矿等生产工艺过程中，特别是随着机械化水平的不断提高，使用的大型、高效大功率设备，带来的噪声污染日益严重。矿山采选噪声源包括采矿生产过程中的钻眼、爆破、通风、装载、运输、排水，选矿过程中的碎矿、皮带传输、球磨和筛分等过程，且具有声级高、强度大和干扰时间长等特点。

露天矿山噪声以非稳态噪声和脉冲噪声居多，如钻机、挖掘机、装载运输机和推土机等。井下开采中，风动凿岩机最普遍，同时也是噪声级最高的移动设备。装载机械和运输机械是井下移动声源，以机械噪声为主，通风器械和压气设备属于固定声源，以气流噪声为主。选矿设备多数为稳态噪声，大于 85dB（A）以上，甚至有的高达 115dB（A），且为机械噪声。

1.6.3.1　矿山噪声的特点与危害

（1）矿山噪声的特点

① 矿山企业机械设备多，产生的噪声源多，稳态声源多。

② 频率高、频带宽、频谱复杂。采矿及选矿厂机械设备噪声中心频率在 $31.5\sim8000\mathrm{Hz}$ 的频带范围内，噪声能量集中在 $63\sim2000\mathrm{Hz}$，且中高频占的比重更大。

③ 声源量大且分散，超标严重。矿山采选过程中，同一工作地点有不同类型的机械设备同时运行，致使一个狭小空间内几种噪声相互叠加，有些岗位高达 $110\sim120\mathrm{dB}$。

④ 地下噪声比地面大，地下和地面噪声的自然衰减不一样。由于井下巷道狭窄，声波在巷道中多次反射，同一种声源在井下巷道中的声级比地面高 $4\sim8\mathrm{dB}$。

（2）矿山噪声的危害

① 损伤听觉，矿山设备及各工序大多数属高噪声源，如果每天连续接触高能级的噪声，将导致听觉的明显损伤。

② 长期在中等强度 $[>80\mathrm{dB(A)}]$ 噪声条件下工作会破坏中枢神经系统，引起大脑皮层兴奋和抑制的平衡失调，使人烦躁不安、精力分散、反应迟钝、加速疲劳。

③ 引起心血管病（如心脏病、神经衰弱、高血压、冠心病等）及消化系统疾病；由于井下高噪声的掩蔽效应和人体生理、心理面受噪声影响，工人对于井下一些音响信号和事故的前兆，如地压策动、支架破坏、放炮警报、机车信号、设备故障等没有及时察觉和发现，从而造成工伤事故和设备事故。

④ 高强度的脉冲噪声能量具有一定破坏力，对建筑物会造成不同程度的慢性损坏。

1.6.3.2　矿山采选噪声防治措施

（1）凿岩机噪声控制

凿岩机噪声污染是采矿工业中最严重的噪声危害，它具有声级高、频带宽的特点。随着矿山机械化程度的提高和采掘强度的加强，特别是装有自动推进装置的多机凿岩台车的应用，使工作面噪声污染尤为严重。凿岩机的总声功率级（L_w）可用下式计算

$$L_\mathrm{w}=140+10\lg Q(\mathrm{dB})$$

式中　Q——凿岩机标准耗气量，$\mathrm{m^3/s}$。

风动凿岩机的噪声来源于排气噪声、钢钎振动噪声和机体内部结构产生的噪声三个方面。排气噪声是由于压缩空气高速循环排放至大气而产生的一种高速、不稳定气流的宽频带无规则噪声，占噪声总声能的 $65\%\sim94\%$，因此，凿岩机的减噪工作主要应围绕减弱排气噪声进行；钢钎振动噪声是因钢钎与岩孔摩擦、冲击振动而产生的机械噪声，占总声能的 $11\%\sim26\%$；机体内部结构产生的噪声主要为机械内部运动部件摩擦、碰击产生，约占总声能的 $2\%\sim6\%$。

针对凿岩机噪声问题，可通过研制低噪声的凿岩机，从声源上尽可能降低噪声，还可通过装置消声器、安装消声套、消声罩等措施减弱凿岩过程中噪声声级。

（2）矿物加工过程噪声防治措施

在破碎、磨矿车间内，集中了各种形式的破碎（颚式、圆锥）机、磨矿（球磨、棒磨）机、筛分机、胶带输送机等设备，是较强的噪声源。

① 破碎机噪声是由破碎矿岩时产生撞击力和挤压而引起的。降低破碎机噪声，应尽量采取减少主要振动力传递给其相连的零部件的措施。如在破碎机和支承结构之间，应安装具有高度内摩擦的材料作为减振衬垫，以便降低衬板振动传递给相连的各个零件和部件；在所有破碎物料的撞击处，加装耐磨的橡胶作为衬板；破碎机机架外壳、机座、给料板和进料漏斗的传动表面

应覆盖阻尼材料。

② 球磨机噪声属于机械噪声，来源于球磨机滚筒内金属球和筒壁以及被加工物料之间的相互撞击。目前常用的降噪方法主要是采用橡胶衬板、设置弹性层、在滚筒壁外包扎隔声层、加隔声罩。在条件许可时，将球磨机集中在专门球磨机室内，并进行全面的声学处理，可取得更好的隔声效果。

③ 振动筛筛板振动激发和矿石对筛板的撞击产生的噪声，属稳态连续噪声，振动筛噪声可通过橡胶筛板代替金属筛面、在撞击处安装橡胶撞击衬板、在槽底安装冲击衬垫或设置滞留矿堆、在振动器外壳与机架之间安装减振器等措施进行治理。

1.6.4　矿山采选固体废物处置与利用

1.6.4.1　矿山固体废物来源

① 基建及生产期间由矿山中剥离出来的覆盖层和岩石。

② 地面及井下开采过程中采掘出的表层外矿石、煤层矸石及岩石等。

③ 选矿过程中不能回收利用的中间产品及尾矿。

④ 各种干式或湿式收尘设备所收集但无法回收利用的粉尘及废渣；矿山废水处理后无法回收利用的沉渣及其他固体沉淀物；湿法选矿产生的浸出渣、中和净化渣及其残留物等。

1.6.4.2　矿山固体废物危害

矿山在生产过程中产生的废石和尾矿，经过风吹雨淋发生一系列物理、化学、生化作用，对大气、土壤、水体造成环境污染。矿山固体污染物的危害主要表现为以下几点。

① 占用土地、破坏植被。随着矿山开采，采掘出的废石、废渣、尾矿等固体污染物将越来越多，占地面积越来越大，侵占耕地。

② 堵塞水体、污染水质。矿山废石场、矿石堆、尾矿坝等的固体污染物会致使矿山水体污染酸化，并使得金属离子进入水体，造成水质污染。

③ 粉尘飞扬、污染空气。固体污染物在长期堆存、受到雨水冲刷、渗漏及大气作用下，经过微生物作用等，会增生大量的有害气体（SO_2、H_2S）、放射性气体和风化粉尘。在干旱季节和大风季节里，粉尘是尾矿场成矿区的主要污染源。

1.6.4.3　矿山固体废物的处置

（1）堆置处置措施

堆置处置方法是指将固体废物直接堆置到预先划定并做好准备的场地上的方法。其中，堆场设计必须采取措施保证堆场的稳定性，防止滑动、塑性变形、坡面散落、沉陷及泥石流的发生；为有利于收集固体废物浸出液，最大限度地提高有价元素的回收率，应尽量选择有坡度的不透水的地面；为防止地面渗漏，保证浸出液的充分回收，有的还在堆放固体废物之前，先在场地上铺一层防渗材料作为底层，然后才堆放固体废物；为防止雨水径流进入堆场内，贮存、处置场周边应设置导流渠，构筑堤、坝、挡土墙等设施。

① 尾矿库。尾矿库是指筑坝拦截谷口或围地构成的用以堆存金属或非金属矿山矿石分选后排出的尾矿或其他工业废渣的场所。一般由尾矿堆存系统、尾矿库排洪系统、尾矿库回水系统等几部分组成，同时包括库区、尾矿坝、排洪构筑物和坝的观测设备等。

矿山尾矿库选址要根据尾矿性质，按照《一般工业固体废物贮存和填埋污染控制标准》（GB 18599—2020）或《危险废物填埋污染控制标准》（GB 18598—2019）中关于"填埋场场址选择要求"的规定进行，尽量离选矿厂近，最好位于选厂的下游方向，可使尾矿输送距离缩短，扬程小；位于居民区、水源地、水产基地及重点保护的名胜古迹的下游方向；尽量不占或少占农田，不迁或少迁村庄；不宜位于有开采价值的矿床上部；库区汇水面要小，纵深长，纵坡缓；尽量避免位于有不良地质现象的地区。

尾矿库有效库容：

$$V = \frac{W}{\rho_{d}}$$

式中　V——尾矿库有效库容，m^3；

　　　W——尾矿库设计年限内需贮存的尾矿量，t；

　　　ρ_{d}——尾矿库内尾矿平均堆积干密度，t/m^3。

尾矿库级别由库容及坝高确定，具体见表1-5。

表1-5　尾矿库设计级别

级别	全库容 V/m^3	坝高 H/m
一	$V \geqslant 50000$	$H \geqslant 200$
二	$10000 \leqslant V < 50000$	$100 \leqslant H < 200$
三	$1000 \leqslant V < 10000$	$60 \leqslant H < 100$
四	$100 \leqslant V < 1000$	$30 \leqslant H < 60$
五	$V < 100$	$H < 30$

② 排土场。排土场又称废石场，是指矿山采矿排弃物集中排放的场所。包含矿山基建期间的露天剥离和井下开拓的掘进矸石等。排土场位置的选择根据废石性质亦可按照《一般工业固体废物贮存和填埋污染控制标准》（GB 18599—2020）或《危险废物填埋污染控制标准》（GB 18598—2019）中的规定进行选址、堆放和处置。排土场址不应设在居民区或工业建筑的主导风向的上风向和生活水源的上游；应保证排弃土时不能因大块滚石、滑坡、塌方等威胁采矿场、工业场地（厂区）、居民点、铁路、道路、输电及通信干线、耕种区、水域、隧道等设施的安全；排土场不宜设在工程地质或水文地质条件不良的地带；避免成为矿山泥石流重大危险源，无法避开时要采取切实有效的措施防止泥石流灾害的发生。

（2）表面修复稳定措施

为防止固体废物和尾矿库因受雨水的冲刷和风力吹撒等作用而迁移、流失造成污染，国内已研究发展出多种排土场、废石堆、尾矿坝堆存的修复稳定技术，主要有以下3种。

① 物理法：如向废石堆和尾砂喷水，在其表层覆盖石块、泥土，或在场（坝）区周围设置防风林等，都可起到防尘和稳定固体废物的作用。

② 植物修复：在废石堆和尾矿库上种植适于生长、繁殖的植物。

③ 化学法：利用水泥、石灰、硅酸钠等化学反应剂，在固体废物堆的表面进行化学处理，使其形成一层能抵抗水和空气的较坚固的外壳，避免尘沙飞扬。

1.6.4.4　固体废物综合利用

作为地表凹地和井下采空区的填筑材料、建筑材料（石材、石料或建材制品原料）、筑路材料、尾矿再选和有价元素的回收等。矿山废石可用作采矿充填材料，利用充填体进行地压管理，抑制地表沉陷和围岩崩落，保护采矿现场生态环境平衡。从材料角度看，充填方式可分为3种，分别为胶结充填法、水砂充填法、干式充填法。干式充填法是充填采矿技术最早应用的方法，需借助风力、矿车或其他运输设施将砂石、废石等机械输送到采空区；水砂充填法是利用砂浆或自流方式将冶炼厂炉渣、尾砂、碎石、砂石等固液两相浆体运输到井下，应用此方法时应充分考虑围岩矿体的稳固性、回采巷道的尺寸以及地表沉陷的可能性；胶结充填法是最新发展的充填技术，该方法能将矿渣形成浆体或膏体，以管道泵送或重力输送到充填区，具有工艺简单、充填料强度大、充填速度快、充填量大的优点。胶结充填法中又包括尾砂胶结充填、块石胶结充填、高浓度全尾砂胶结充填、膏体泵送充填以及高水速凝充填。我国的凡口铅锌矿、红透山铜矿、大冶铜绿山矿、云南锡业公司老厂锡矿等利用尾矿充填井下的采空区都取得了很好的效果。

用尾矿作建筑材料时，要根据尾矿的物理化学性质来确定其用途。如有色金属选矿尾矿按其主要成分可分为三类：第一类是以含石英为主的尾矿，可用于生产蒸压硅酸盐矿砖，其中石英含量 99.9%，且含铁、铬、钛、氧化物等杂质低的尾矿可用作生产玻璃、碳化硅等的主要原料；第二类是以含方解石、石灰石为主的尾矿，可作为生产水泥的原料；第三类是以含氧化铝为主的尾矿，可用作耐火材料等。

1.6.5　地表沉陷预测及生态环境影响

地下埋藏的矿层开采以后，上覆的岩层将由于失去支撑而产生移动，且由下至上波及地表，开采过程中地下水的疏干将加剧这一过程，造成塌陷、崩塌体、地裂缝等，矿区的岩层移动甚至地表的塌陷是采矿特有的环境破坏问题。

1.6.5.1　地表沉陷预测

（1）地表移动变形预测模式

① 采用概率积分法预测地表移动与变形：以采煤为例，其变形与移动的最大值分别由下式计算。

a. 最大地表下沉值 W_{max}（m）：

$$W_{max} = qm\cos\alpha$$

b. 最大地表倾斜值 i_{max}（mm/m）：

$$i_{max} = W_{max}/r$$

c. 最大地表曲率值 K_{max}（$\times 10^{-3}\mathrm{m}^{-1}$）：

$$K_{max} = \pm 1.52 W_{max}/r^2$$

d. 最大水平移动值 U_{max}（mm）：

$$U_{max} = bW_{max}$$

e. 最大水平变形值 ε_{max}（mm/m）：

$$\varepsilon_{max} = \pm 1.52 bW_{max}/r$$

式中　m——煤层法线采厚，m；

　　　q——下沉系数；

　　　α——煤层倾角；

　　　b——水平移动系数；

　　　H——开采煤层距地表垂深（采深），m；

　　　r——主要影响半径，$r = H/\tan\beta$，m；

　　$\tan\beta$——主要影响角正切。

② 地表移动盆地内任意点的变形预测：以过采空区倾斜主断面内下山计算边界且与走向平行的方向为计算横坐标，以过采空区走向主断面左计算边界且与倾斜方向平行的方向为计算纵坐标，任意剖面（与煤层走向呈 φ 角）上任意点（x,y）的移动和变形计算公式如下：

a. 地表下沉 $W_{(x,y)}$：

$$W_{(x,y)} = W_{max} \iint_D \frac{1}{r^2} e^{-\pi \frac{(\eta-x)^2+(\xi-y)^2}{r^2}} d\eta d\xi$$

b. 地表倾斜 $i_{x(x,y)}$、$i_{y(x,y)}$：

$$i_{x(x,y)} = W_{max} \iint_D \frac{2\pi(\eta-x)}{r^2} e^{-\pi \frac{(\eta-x)^2+(\xi-y)^2}{r^2}} d\eta d\xi$$

$$i_{y(x,y)} = W_{max} \iint_D \frac{2\pi(\xi-y)}{r^4} e^{-\pi \frac{(\eta-x)^2+(\xi-y)}{r^2}} d\eta d\zeta$$

c. 地表曲率 $K_{x(x,y)}$、$K_{y(x,y)}$：

$$K_{x(x,y)} = W_{max} \iint_D \frac{2\pi}{r^2} \left[\frac{2\pi(\eta-x)^2}{r^2} - 1 \right] e^{-\pi \frac{(\eta-x)^2+(\xi-y)^2}{r^2}} d\eta d\xi$$

$$K_{y(x,y)} = W_{max} \iint_D \frac{2\pi}{r^4} \left[\frac{2\pi(\xi-y)^2}{r^2} - 1 \right] e^{-\pi \frac{(\eta-x)^2+(\xi-y)}{r^2}} d\eta d\xi$$

d. 地表水平移动 $U_{x(x,y)}$、$U_{y(x,y)}$：

$$U_{x(x,y)} = U_{max} \iint_D \frac{2\pi(\eta-x)}{r^2} e^{-\pi \frac{(y-x)^2+(\xi-y)^2}{r^2}} d\eta d\xi$$

$$U_{y(x,y)} = U_{max} \iint_D \frac{2\pi(\xi-y)}{r^2} e^{-\pi \frac{(y-x)^2+(\xi-y)^2}{r^2}} d\eta d\xi + W_{(x,y)} ctg\theta_0$$

e. 地表水平变形 $\varepsilon_{x(x,y)}$、$\varepsilon_{y(x,y)}$：

$$\varepsilon_{x(x,y)} = U_{max} \iint_D \frac{2\pi}{r^2} \left[\frac{2\pi(\eta-x)^2}{r^2} - 1 \right] e^{-\pi \frac{(\eta-x)^2+(\xi-y)^2}{r^2}} d\eta d\xi$$

$$\varepsilon_{y(x,y)} = U_{max} \iint_D \frac{2\pi}{r^2} \left[\frac{2\pi(\xi-y)^2}{r^2} - 1 \right] e^{-\pi \frac{(\eta-x)^2+(\xi-y)}{r^2}} d\eta d\xi + i_y(x,y) ctg\theta_0$$

式中　D——开采煤层区域；

x,y——计算点相对坐标；

η——地表下沉系数；

ξ——地表水平变形系数；

r——开采的影响半径；

θ_0——最大下沉角。

（2）地表移动参数的确定

地表移动计算参数需依据开采区域的地质采矿条件确定。对已有实测资料的矿区，应当首先参考本矿区的计算参数；无实测资料的矿区，可以参考类似地质采矿条件矿区或者依据岩性条件按表 1-6 选定。

表 1-6　地表移动计算参数

覆岩类型	覆岩性质		下沉系数	水平移动系数	主要影响角正切	拐点偏移距/m	开采影响传播角/(°)
	主要岩性	单向抗压强度/MPa					
坚硬	以硬砂岩、硬石灰岩为主，其他为砂质页岩、页岩、辉绿岩	＞60	0.27～0.54	0.2～0.3	1.20～1.91	0.31～0.43	90°-(0.7～0.8)α[①]

| 覆岩类型 | 覆岩性质 | | 下沉系数 | 水平移动系数 | 主要影响角正切 | 拐点偏移距/m | 开采影响传播角/(°) |
	主要岩性	单向抗压强度/MPa					
中硬	以硬砂岩、石灰岩、砂质页岩为主，其他为软砾岩页岩、致密泥灰岩、铁矿石	30~60	0.55~0.84	0.2~0.3	1.92~2.40	0.08~0.30	90°−(0.6~0.7)α
软弱	以砂质页岩、页岩、泥灰岩及黏土为主，其他为砂质黏土等松散层	<30	0.85~1.00	0.2~0.3	2.41~3.54	0~0.07	90°−(0.5~0.6)α

① α 指煤层倾角。

1.6.5.2 采矿沉陷"导水裂缝带"高度预测

（1）缓倾斜（0°~35°）、中倾斜（35°~54°）煤层

① 垮落带高度。如果煤层顶板覆岩内有极坚硬岩层，采后能形成悬顶时，其下方垮落带最大高度（H_m）可采用下式计算

$$H_m = \frac{M}{(K-1)\cos\alpha}$$

式中　M——煤层采厚；

　　　K——冒落岩石碎胀系数；

　　　α——煤层倾角。

如果煤层顶板覆岩内有坚硬、较硬、较软弱、极软弱岩层或其互层时，开采单一煤层的垮落带最大高度可采用下式计算

$$H_m = \frac{M-W}{(K-1)\cos\alpha}$$

式中　W——冒落过程中顶板的下沉值。

如果煤层顶板覆岩内有坚硬、较硬、较软弱、极软弱岩层或其互层时，煤层分层开采的垮落带最大高度可按表1-7进行计算。

表 1-7　煤层分层开采的垮落带最大高度计算

覆岩岩性（单向抗压强度及主要岩石名称）	计算公式
坚硬（40~80MPa，石英砂岩、石灰岩、砂质页岩、砾岩）	$H_m = \dfrac{100\sum M}{2.1\sum M+16} \pm 2.5$
较硬（20~40MPa，砂岩、泥质砂岩、砂质页岩、页岩）	$H_m = \dfrac{100\sum M}{4.7\sum M+19} \pm 2.2$
较软弱（10~20MPa，泥岩，泥质砂岩）	$H_m = \dfrac{100\sum M}{6.2\sum M+32} \pm 1.5$
极软弱（<10MPa，铝土岩、风化泥岩、黏土、砂质黏土）	$H_m = \dfrac{100\sum M}{7.0\sum M+63} \pm 1.2$

注：$\sum M$ 为累计采厚。

② 导水裂隙带高度计算。如果煤层顶板覆岩内有坚硬、较硬、较软弱、极软弱岩层或其互层时，煤层分层开采的导水裂隙带最大高度（H_{li}）可按表1-8中的公式计算。

表 1-8　煤层分层开采的导水裂隙带最大高度计算

岩性	计算公式之一	计算公式之二
坚硬	$H_{li}=\dfrac{100\sum M}{1.2\sum M+2.0}\pm 8.9$	$H_{li}=30\sqrt{\sum M}+10$
较硬	$H_{li}=\dfrac{100\sum M}{1.6\sum M+3.6}\pm 5.6$	$H_{li}=20\sqrt{\sum M}+10$
较软弱	$H_{li}=\dfrac{100\sum M}{3.1\sum M+5.0}\pm 4.0$	$H_{li}=10\sqrt{\sum M}+5$
极软弱	$H_{li}=\dfrac{100\sum M}{5.0\sum M+8.0}\pm 3.0$	

（2）急倾斜（55°～90°）煤层

如果煤层顶板、底板为坚硬岩、较硬岩、较软弱岩、极软弱岩，用垮落法开采时的垮落带和导水裂隙带最大高度可按表 1-9 中的公式计算。

表 1-9　急倾斜煤层分层开采的垮落带和导水裂隙带最大高度计算

覆岩岩性	导水裂隙带高度/m	垮落带高度/m
坚硬	$H_{li}=\dfrac{100Mh^{①}}{4.1Mh+133}\pm 8.4$	$H_{m}=(0.4\sim0.5)H_{li}$
中硬、软弱	$H_{li}=\dfrac{100Mh}{7.5Mh+293}\pm 7.3$	$H_{m}=(0.4\sim0.5)H_{li}$

①h 表示裂隙带最大高度。

1.6.5.3　地表沉陷对生态环境的影响

矿产资源开发引起的地表沉陷，可能会破坏和影响农田、林地、草地、沼泽、水域、荒漠、城镇等生态系统。

在矿区开发建设以前，农业生态系统结构和功能都较稳定，处于相对的生态平衡过程。随矿区的开发建设，地下矿产资源的大量采出，在采空区地表上方造成大面积塌陷，形成一系列地表塌陷形态：下沉盆地、地裂缝塌陷漏斗、台阶或地堑状塌陷坑等。

地表的沉陷干扰和破坏了生态系统中生物群落生存所需要的地貌形态、土壤肥力、水文和气候等主要的生态因子，破坏了土壤的微结构和微气候，造成土壤盐渍化、沼泽化、湖泊化和水土流失等生态环境问题，严重恶化甚至会丧失生物群落尤其是绿色植物所需的环境条件，最终导致物种数量减少，人类和动物迁移，微生物流失，生态平衡破坏。特别是在高潜水位矿区，当下沉盆地地表接近潜水位时，则会加速农田土壤盐渍化过程。当地表沉陷使得地表标高降低至比地下水位更低时，或下沉盆地成了地表水的汇集之地时，沉陷区将会常年积水或季节性积水，从而使正常农田生态系统完全消亡，转化为半封闭的、功能低下的沼泽、湖泊生态系统。

1.6.6　矿山土地复垦及生态修复

矿山开采过程中各类废渣、废石、尾矿的堆置在破坏和占用了大量土地资源的同时，产生的污染物质还导致了景观碎裂化、污染地下水、土壤质量下降、生态系统退化等一系列生态环境问题，针对日益严峻的土地问题及矿山周围生态环境的不平衡，土地复垦和生态修复作为减轻矿山开采对生态环境影响的措施，日益受到普遍关注和重视。加强矿山土地复垦及生态修复，是实现经济、社会和生态可持续发展的客观需求，具有十分重要的现实意义。

1.6.6.1 矿山土地复垦

矿山土地复垦是指将采选生产建设活动造成破坏的土地（挖损、塌陷、压占等），因地制宜，采取整治措施，恢复和提高生态功能，达到可利用状态，见表1-10。

表1-10 矿山土地常用复垦措施

区域		措施
采空区复垦	表土采掘和储存	露天开采后复垦的第一阶段工作是将露天矿境界内表层的耕植土剥离后，运往临时的表土储存场或直接铺覆在已回填废石的采空区
	回填作业	回填作业是利用剥离的岩石恢复被破坏的土地。回填时，应将大块岩石或有害岩土堆置在采空区的底部，块度小的堆在上面，组成合理的级配。表土回填基底的厚度要在1.2m以上。在基底的上部如种植灌木时，其回填表土厚度为300mm，如种植乔木或农作物时，其表土的回填厚度要在300mm以上
	平整作业	在覆盖表层土前要进行平整和修整边坡，其边坡角要小于自然安息角，并根据复垦的内容，保证边坡角能使农业和林业生产机械装备正常工作
	铺垫表土	有条件的矿山可在铺垫表土前先垫一层底土，以保持原有土壤结构
	种植作业	复垦后进行再种植时，首先要满足植物生长的条件，即土壤中满足植物生长所需的元素、土壤的肥力和选用适合该土壤的肥料。其次是改造采空区环境使其能满足植物生长的要求，包括克服地表侵蚀，创造植物根系贯穿的条件，解决补给水和供给足够肥料，保证再种植植物正常生长
废石场复垦	整治废石场	需要整治废石场，使之符合法令性要求，如边坡角、堆高等。整治后在废石堆表面进行植树造林，以防废石堆对周围环境的污染。在整治废石堆时应当合理安排废石堆的结构，将对植物生长不利的粗粒废石和有害物料尽量堆置在下层，或用覆盖物加以覆盖，若有废石在风化过程中会产生酸性物质，产生易溶解的铁、锰、铅、砷和汞等，对植物生长不利，必须加以掩埋和覆盖
	覆盖表土	根据废石或废土进行再种植的可能性，决定是否在废石堆表面覆盖表土，表土的覆盖厚度要求在46~60cm之间
	种植作业	在整治好的废石场上进行再种植时，应考虑种植植物对废石场的适应能力和生长速度。由于废石场上岩石较多，土壤少，一般在岩石层上进行农业复垦比较困难，宜采用林业复垦
尾矿池复垦		①尾矿池干涸后在表面产生一层不透气的坚硬外壳，需挖松后种植 ②尾矿池表层挖松后，一般采用破碎的石灰石中和酸性尾矿，用白云石碎块中和碱性尾矿。这些碎石不但起中和作用，同时也改善了尾矿池表层的"土壤"结构，有利于再种植，有条件的地方可再铺层表土 ③尾矿池表面不强求统一平整，可根据复垦后再种植要求，对少数地方局部平整成较缓的坡度 ④在平整后的尾矿堆场顶部，铺摊一层表土，同时将中和药剂和肥料掺入表土中 ⑤在种子播种后，要在苗床上铺盖秸秆、树叶或木屑等覆盖物，并进行人工喷水，以利种子发芽生长。酸性尾矿堆适应性最好的植物是黑麦草、小糠草、白三叶、高羊茅、狗牙根等，碱性尾矿堆适合种植草类和豆荚类植物

1.6.6.2 生态修复

生态演替理论是矿山生态恢复的生态学原理，即转变一种类型到另一种类型的变化过程。结合生态演替理论，在矿山植被恢复的过程中，主要是引入先锋植物，并借助一系列的演替阶段，最终形成顶级群落。在自然状态下，生态自然恢复相对漫长，应用人工恢复生态的方式。即借助人工调控植被，结合热力学定律、限制性因子理论、生物多样性原则等多种生态学理论，有效去除干扰，有效提升退化土地的生产力，合理应用、保护现阶段的生态系统。恢复生态系统，并不是简单地恢复矿区的自然生存原貌，而是需要在开采矿山的基础上，整治、修复生态系统。在恢复矿山生态的过程中，需要结合不同矿山不同地区的人群需要、岩土性质、区域特点。矿山生态修复主要措施见表1-11。

表1-11 矿山生态修复主要措施

主要措施		具体方法
治理边坡		边坡是指与地平线有一定倾斜角度的斜面。保证稳定的边坡是进行矿山污染治理、生态修复的前提。而对边坡稳定性的保证,需要将坡面处理与地表植被有效恢复相结合。优化边坡治理工作,主要对路堑边坡、危岩边坡有效清除,避免存在峭壁及崩塌隐患
促进植被恢复	生态植被袋边坡植被恢复技术	生态植被袋是采用内附种子层的土工材料袋,通过在袋内装入植物生长的土壤材料,在坡面或坡脚以不同方式码放,起到拦挡防护、防止土壤侵蚀作用的植被恢复技术。该技术对坡面质地无限制性要求,尤其适宜用于坡度大的坡面,是一种见效快且效果稳定的坡面植被恢复方式。生态植被袋坡面植被恢复技术适用于1:1~1:4的矿区开采坡面和废弃土石堆积形成的土地条件差和土壤贫瘠的坡面,并常用于陡直坡脚的拦挡和需要快速恢复植被,防止水土流失的坡面
	生态植被毯坡面植被恢复技术	利用人工加工复合的防护毯结合灌草种子进行坡面防护和植被恢复,该技术施工简单易行,后期植被恢复效果好,水土流失防治效果明显。生态植被毯是以稻草、麦秸等为原料,在载体层添加灌草种子保水剂、营养土等生产而成,适用于坡度不陡于1:1.5的稳定坡面,不受坡长限制,通常用于尾矿库、排土场的侧坡植被恢复
	三维网络边坡植被恢复技术	在裸露的坡面铺设三维网,结合播种或者喷播、铺草皮进行坡面植被恢复的一项技术。三维网是以热塑性树脂为原料,经挤出、拉伸等工序形成上下两层网格经纬线交错排布、立体拱形隆起的三维结构,基础层由1~3层经双向拉伸处理后的均匀方形网格组成,具有很好的适应坡面变化的贴附性能;上部为1~3层经热变形后呈有规律的波浪形的网包层。三维网坡面植被恢复技术常与覆土播种、客土喷播、液力喷播等技术结合使用,能有效起到加固、附着的作用,能够保证植被恢复效果的持续稳定
	土工格式边坡植被恢复技术	将土工格式固定在缺少植物生长土壤条件和表层稳定性差的坡面上,然后在格式内填充种植土,撒播适宜混合灌草的一种坡面植物修复技术。一般用于矿区填方和挖泥岩、灰岩、砂岩等岩质,土石混合、土质的稳定边坡的植被恢复,一般坡度不陡于1:1
	生态灌浆坡面植被恢复技术	生态灌浆技术是建筑行业混凝土工程灌浆技术在生态恢复领域的跨行业应用,主要是针对石质堆渣等地表物质呈块状、空隙大、缺少植物生长土壤的矿区废弃地,改善其植被恢复限制性因子的一种技术方式。生态灌浆要求坡度不陡于1:1.5。生态灌浆是将有机质、肥料、保水剂、黏合剂、壤土合理配比后,按照一定的比例加水搅拌成浆状,然后对废弃地的植物生长层进行灌浆、振动、捣实,使块状空隙充盈、填实,达到防渗并稳定块状废弃物的目的,同时为植物生长提供土壤及肥力条件
改良土壤基质		改良土壤基质的方式包括物理方式、生物方式、化学方式等。应用物理改良的主要方法有客土法、表土回填等,在不同矿山场地建设之间,对表土进行有效剥离,恢复土壤结构、土壤种子库、营养元素等,在相关工程完成后,在修复场地中将表土分层回填到路面上 生物改良包括植物改良、动物改良以及微生物改良等方式。植物改良主要是应用一些较为特殊的植物,对土壤中的重金属有效吸收,从而转移重金属到地上,对植物收割,以有效减少土壤中的重金属 动物改良主要应用的动物是在土壤中度过全部或部分生命的动物,土壤动物包括较多的种类,且有较大的数量,如蚯蚓,有利于土壤结构改善,能有效提升土壤的持水能力、排水性以及渗透性 微生物改良主要是指土壤中的大量微生物借助代谢活动,溶解、转化重金属,有效减少土壤中有害、有毒物质浓度,有效改善了土壤结构,提升了土壤肥力,以利于植物生长,缩短修复周期

1.6.7 案例分析

选取某公司洗选原煤60万吨/年项目进行分析。

1.6.7.1　工艺流程

采用动筛＋无压三产品重介旋流器分选＋煤泥浮选的选煤工艺。

（1）原煤准备系统

原煤经筛孔直径为 50mm 的分级筛预先分级，＞50mm 粒级产物经过手选除杂后进入动筛系统分选，＜50mm 粒级产物进入重介分选作业。

（2）动筛系统

＞50mm 级原煤进入动筛进行分选，分选出精煤和矸石两种产品。经动筛排出矸石，而选出的精煤产品通过 100mm 分级筛分为＞100mm 和 50～100mm 两种精煤产品。

（3）重介系统

＜50mm 原煤进入无压三产品重介旋流器，同时合格介质桶的合格介质由泵打入三产品重介旋流器。经过分选后，三产品重介旋流器一段的溢流进入弧形筛、精煤脱介筛进行两次脱介、分级，0.5～13mm 精煤进入离心机，脱介后作为一种精煤产品（13～50mm 级）再经过 25mm 分级分为 13～25mm 和 25～50mm 两种精煤产品。三产品重介旋流器一段底流进入重介旋流器的二段分选，二段溢流和底流分别进入中煤、矸石弧形筛及中煤、矸石脱介筛两次脱介后作为中煤、矸石产品。精煤弧形筛筛下物去分流箱，精煤脱介筛一段筛下物进入合格介质桶；精煤脱介筛二段与分流箱分流部分一起进入精煤稀介桶。精煤稀介质由泵打入精煤磁选机，精煤磁选机精矿进入合格介质桶。中煤、矸石弧形筛筛下物与脱介筛一段筛下物进入合格介质桶，中矸脱介筛二段筛下物进入中矸稀介桶。中矸稀介质由泵打到中矸磁选机，中矸磁选机精矿进入合格介质桶。

（4）粗煤泥系统

精煤磁选机尾矿、中矸磁选机尾矿由泵分别提升至精煤、中矸粗煤泥回收筛，筛上物分别进入末精煤和中煤产品中。精煤粗煤泥筛下水、末煤离心液进入浮选系统，中矸粗煤泥筛下水直接去浓缩系统。

（5）浮选系统

浮选精煤的压滤机脱水，浮选尾煤和压滤机滤液均进入煤泥水处理系统。

（6）煤泥水处理系统

浮选尾煤进入一台 NG-24 型改进型浓缩机。浓缩机溢流作为循环水重复使用，浓缩机底流由压滤机脱水，实现固液分离。

1.6.7.2　污染控制

洗煤生产过程的主要污染物是煤泥水、矸石、粉尘和设备噪声，污染物排放量及治理措施见表 1-12。

表 1-12　洗煤厂污染物排放及治理措施一览表

序号	排放源	污染物名称	处理前产生浓度及产生量	治理措施	排放浓度及排放量	排放标准
1	原煤输送	粉尘（煤尘）	无组织排放	原煤受煤坑至破煤楼的运煤皮带采用全封闭式，受煤坑入料口适量喷水，转载点设喷雾降尘装置	无组织排放	GB 20426—2006 煤炭工业所属装卸场所：周界外颗粒物浓度最高 1.0mg/m³

序号	排放源	污染物名称	处理前产生浓度及产生量	治理措施	排放浓度及排放量	排放标准
2	原煤、精煤、中煤堆存	粉尘（煤尘）	无组织排放	采取半封闭式煤棚。原煤棚设置洒水喷淋装置	无组织排放	GB 20426—2006 煤炭装卸、贮存场所：周界外颗粒物浓度最高 1.0mg/m³
3	原煤筛分	粉尘	2200m³/h 粉尘：4000mg/m³（8.8kg/h）	设置集气罩，采用袋式除尘器收尘，由 15m 排气筒排放，除尘率98%	2200m³/h 粉尘：80mg/m³（0.176kg/h）	GB 20426—2006 原煤筛分、破碎等除尘设备：颗粒物 80mg/m³
4	精煤压滤机	煤泥水（滤液）	45m³/h SS50mg/L（2.25kg/h）	精煤压滤机压滤水含悬浮物 50mg/L，滤液作洗煤水返回使用	回用，不外排	
5	尾煤压滤机	煤泥水（滤液）	39m³/h SS50mg/L（1.95kg/h）	尾煤压滤机压滤水含悬浮物 50mg/L，滤液作洗煤水返回使用	回用，不外排	
6	煤泥水浓缩机	煤泥水（溢流）	335.69m³/h SS500mg/L（167.85kg/h）	煤泥水入浓缩机澄清后，清液溢流作洗煤水返回使用	回用，不外排	
7	车间地坪冲洗及卫生用水	废水	3.2m³/h 含 SS、COD 及石油类	收集汇入沉淀池后循环使用	经沉淀池处理后汇入煤泥水循环系统	
8	职工生活污水	污水	20.5m³/d SS：200mg/L（1.35t/a） BOD₅：100mg/L（0.68t/a） COD：150mg/L（1.01t/a） NH₃-N：20mg/L（0.14t/a）	生活污水采用地埋式一体化处理设施处理并消毒后进入循环水池作生产补水	回用，不外排	
9	洗选工序	矸石	56200t/a	运至临时矸石堆存场暂存或直接运至砖厂	暂存或送砖厂	属一般工业固体废物Ⅰ类
10	尾煤压滤机	尾煤泥	321300t/a	与中煤混合，以混煤产品外销	掺入中煤作混煤产品外售	
11	除铁器	铁丝、铁钉	3t/a	送废品回收站	回收利用	
12	生活	垃圾及污泥	23t/a	送当地环卫部门指定垃圾堆放处堆存	堆存	

思考题

1. 在与水泥厂配套建设的矿山开发过程中，对生态环境影响较大的有哪些过程？应分别采取哪些生态减缓措施？

2. 煤炭开采类项目环境影响评价关注的重点是什么？

3. 矿井水的处理应注意哪些问题？矿井水有哪些综合利用途径？

4. 根据所给资料，回答下列问题。

某大型金属矿所在区域为南方丘陵区，多年平均降水量 1670mm，属泥石流多发区，矿山上部为褐铁矿床，下部为铜、铅、锌、镉、硫铁矿床。矿床上部露天铁矿采选规模为 1.5×10^{6} t/a，现已接近闭矿。现状排土场位于采矿西侧一盲沟内，接纳剥离表土、采场剥离物和选矿废石，尚有约 8.0×10^{4} m³ 可利用库容。排土场未建截排水设施，排土场下游设拦泥坝，拦泥坝出水进入 A 河，露天铁矿采场涌水直接排放 A 河，选矿废水处理后回用。

拟在露天铁矿开采基础上续建铜硫矿采选工程，设计采选规模为 3.0×10^{6} t/a，采矿生产工艺流程为剥离、凿岩、爆破、铲装、运输，矿山采剥总量为 2.6×10^{7} t/a，采矿排土依托现有排土场。新建废水处理站处理采场涌水，选矿厂生产工艺流程为破碎、磨矿、筛分、浮选、精矿脱水，选矿厂建设尾矿库并配套回用水、排水处理设施，其他公辅设施依托现有工程。尾矿库位于选矿厂东侧一盲沟内，设计使用年限 30 年，工程地质条件符合环境保护要求。

续建工程采、选矿排水均进入 A 河。采矿排水进入 A 河位置不变，选矿排水口位于现有排放口下游 3500m 处。

在 A 河设有三个水质监测断面，1 号断面位于现有工程排水口上游 1000m，2 号断面位于现有工程排水口下游 1000m，3 号断面位于现有工程排水口下游 5000m，1 号、3 号断面水质监测因子全部达标。2 号断面铅、铜、锌、镉均超标。土壤现状监测结果表明，铁矿采区周边表层土壤中铜、铅、镉超标。采场剥离物、铁矿选矿废石的浸出试验结果表明：浸出液中危险物质浓度低于危险废物鉴别标准。

矿区周边有 2 个自然村庄，甲村位于 A 河断面上游，乙村位于 A 河 3 号断面下游附近。

问题：

（1）列出该工程还需配套建设的工程和环保措施。

（2）指出生产工艺过程中涉及的含重金属的污染源。

（3）指出该工程对甲、乙村庄居民饮水是否会产生影响？并说明理由。

（4）说明该工程对农业生态影响的主要污染源和污染因子。

参考文献

[1] 杨坤光，袁晏明. 地质学基础[M]. 武汉：中国地质大学出版社，2009.

[2] 徐晓军，张良林，白荣林. 矿业环境工程与土地复垦[M]. 北京：化学工业出版社，2010.

[3] 林海. 矿业环境工程[M]. 长沙：中南大学出版社，2010.

[4] 谭绩文. 矿山环境学[M]. 北京：地震出版社，2008.

[5] 李亚美，陈国勋. 地质学基础[M]. 2 版. 北京：地质出版社，1994.

[6] 左建. 地质地貌学[M]. 北京：中国水利水电出版社，2007.

[7] 姚凤良，孙丰月. 矿床学教程[M]. 北京：地质出版社，2006.

[8] 李昌年，李净红. 矿物岩石学[M]. 武汉：中国地质大学出版社，2014.

[9] 徐晓军，张良林，白荣林. 矿业环境工程与土地复垦[M]. 北京：化学工业出版社，2010.

[10] 周连碧，王琼，代宏文. 矿山废弃地生态修复研究与实践[M]. 北京：中国环境科学出版社，2010.

[11] 环境保护部环境影响评价工程师职业资格登记管理办公室. 采掘类环境影响评价[M]. 北京：中国环境科学出版

社，2009.

[12] 肖长来，梁秀娟，王彪. 水文地质学[M]. 北京：清华大学出版社，2010.

[13] 国家煤炭工业局. 建筑物、水体、铁路及主要井巷煤柱留设与压煤开采规程[M]. 北京：煤炭工业出版社，2000.

[14] 谢广元. 选矿学[M]. 徐州：中国矿业大学出版社，2016.

[15] 张勇. 矿井涌水量分析预测[M]. 北京：地质出版社，2015.

[16] 尹国勋. 矿山环境保护[M]. 徐州：中国矿业大学出版社，2010.

[17] 韩宝平. 矿区环境污染与防治[M]. 徐州：中国矿业大学出版社，2008.

第2章

冶金生产与污染控制

2.1 铝冶金

铝位于化学元素周期表ⅢA族，是具有银白色金属光泽、较高比强度的轻金属。铝具有良好的延展性，可加工成板、丝、箔等制品和各种零件。铝的导电性、导热性也非常好，铝还具有耐蚀性好、热电子俘获面积小、反射能力强、不受磁场影响等特点。铝的许多优良特性，决定了铝和铝合金具有极其广泛的用途，如电子、电器、飞机、船舶、汽车、航天航空、原子能工业，以及仪器、制冷换热设备、建筑材料和民用物品等。总之，铝是一种性能非常优良、性质活泼、用途十分广泛的金属，其产量居各种有色金属之首，在工业上有"万能金属"的美誉。地壳中铝资源虽然丰富，但能作为炼铝原料的铝矿资源却仅有少数几种，其中最主要的是铝土矿资源，世界上95％以上的铝是使用铝土矿生产的。我国的铝土矿资源主要是一水硬铝石（α-$Al_2O_3 \cdot H_2O$），其特点是高铝、高硅、低铁铝土矿，主要分布于河南、山西、贵州、山东、广西等地。铝是世界上最早采用化学法生产的金属之一。铝冶金包括两个方面：一是由铝土矿生产氧化铝，二是将氧化铝电解为金属铝。目前国内外氧化铝生产方法主要有拜耳法、烧结法及这两种方法结合的串联、并联、混联的联合法，其中拜耳法占全世界氧化铝和氢氧化铝生产的90％以上；冰晶石-氧化铝熔盐电解法是现代电解铝的主要生产方法。

2.1.1 氧化铝

2.1.1.1 氧化铝生产工艺

（1）拜耳法

拜耳法是一种工业上广泛使用的从铝土矿生产氧化铝的冶金工艺过程。1889 年由奥地利科学家卡尔·拜耳（Karl Joseph Bayer）发明，其基本原理是直接利用含有大量游离苛性碱的循环母液处理铝土矿，溶出其中氧化铝得到铝酸钠溶液，往铝酸钠溶液中加入氢氧化铝晶种，经过长时间搅拌便可析出氢氧化铝结晶。分解母液经蒸发后再用于溶出下一批铝土矿，实现了连续化生产。反应如下：

$$Al_2O_3 \cdot H_2O + 2NaOH = 2NaAlO_2 + 2H_2O$$
$$Al_2O_3 \cdot 3H_2O + 2NaOH = 2NaAlO_2 + 4H_2O$$
$$SiO_2 + 2NaOH = Na_2SiO_3 + H_2O$$
$$NaAlO_2 + 2H_2O = Al(OH)_3 \downarrow + NaOH$$
$$2Al(OH)_3 \xrightarrow{\triangle} Al_2O_3 + 3H_2O$$

拜耳法的生产工序主要包括原矿浆制备、高压溶出、溶出矿浆稀释及赤泥分离和洗涤、晶种分解、氢氧化铝分离和洗涤、氢氧化铝煅烧、种分母液蒸发及苏打苛性化等主要生产工序。具体内容见表 2-1。拜耳法生产氧化铝的特点为工艺流程简单、能耗低、产品质量好、投资省，但只有在处理铝硅比较高（≥7）的矿石时，才能有好的经济效益。

表 2-1 拜耳法氧化铝生产工序

序号	生产工序	内容
1	原矿浆制备	首先将铝土矿破碎到符合要求的粒度（如果处理一水硬铝石型铝土矿需加少量的石灰），与含有游离 NaOH 的循环母液按一定的比例配合一道送入湿磨内进行细磨，制成合格的原矿浆，并在矿浆槽内贮存和保温
2	高压溶出	原矿浆进入预脱硅槽，进行常压加热脱硅后，进入压煮器组（或管道溶出器设备），在高压下溶出。铝土矿内所含氧化铝溶解成铝酸钠进入溶液，而氧化铁和氧化钛以及大部分的二氧化硅等杂质进入固相残渣即赤泥中。溶出所得矿浆称溶出矿浆，经蒸发器减压降温后送入缓冲槽
3	溶出矿浆的稀释及赤泥分离和洗涤	溶出矿浆含氧化铝浓度高，为了便于赤泥沉降分离和下一步的晶种分解，首先加入赤泥洗液将溶出矿浆进行稀释，然后利用沉降槽进行赤泥与铝酸钠溶液的分离。分离后的赤泥经过几次洗涤回收所含的附碱后排至赤泥堆场（国外有排入深海的），赤泥洗液用来稀释下一批溶出矿浆
4	晶种分解	分离赤泥后的铝酸钠溶液（生产上称粗液）经过进一步过滤净化后制得精液，经过热交换器冷却到一定的温度，在添加晶种的条件下分解，结晶析出氢氧化铝
5	氢氧化铝的分级与洗涤	分解后所得氢氧化铝浆液送去沉降分离，并按氢氧化铝颗粒大小进行分级，细粒作晶种，粗粒经洗涤后送焙烧制得氧化铝。分离氢氧化铝后的种分母液和氢氧化铝洗液（统称母液）经热交换器预热后送去蒸发
6	氢氧化铝煅烧	氢氧化铝含有部分附着水和结晶水，在回转窑内或流化床经过高温（1200℃）煅烧脱水并进行一系列的晶型转变制得含有一定 $\gamma\text{-}Al_2O_3$ 和 $\alpha\text{-}Al_2O_3$ 的氧化铝
7	母液蒸发和苏打苛性化	预热后的母液经蒸发器浓缩后得到符合浓度要求的循环母液，补加 NaOH 后又返回湿磨，准备溶出下一批矿石

（2）烧结法

烧结法的原理是在铝土矿中配入石灰或石灰石、纯碱，在高温下烧结得到含有固态铝酸钠的熟料，用水或稀碱溶液溶出熟料得到铝酸钠溶液。铝酸钠溶液脱硅净化后，通入二氧化碳气体便可分解析出氢氧化铝晶体，经焙烧后得到氧化铝产品。反应如下：

$$Al_2O_3 \cdot 3H_2O = Al_2O_3 + 3H_2O$$

$$Al_2O_3 \cdot H_2O = Al_2O_3 + H_2O$$

$$Al_2O_3 + Na_2CO_3 = Na_2O \cdot Al_2O_3 + CO_2 \uparrow$$

$$Fe_2O_3 + Na_2CO_3 = Na_2O \cdot Fe_2O_3 + CO_2 \uparrow$$

$$SiO_2 + Na_2CO_3 = Na_2O \cdot SiO_2 + CO_2 \uparrow$$

$$Al_2O_3 + Na_2O \cdot SiO_2 + CaO = Na_2O \cdot Al_2O_3 + CaO \cdot SiO_2$$

$$2NaOH + CO_2 = Na_2CO_3 + H_2O$$

$$Na_2O \cdot Al_2O_3 + 4H_2O = 2NaOH + 2Al(OH)_3 \downarrow$$

相较拜耳法，烧结法氧化铝生产工艺流程复杂、能耗高、污染重、投资大、生产成本高，成品氧化铝品质也略差于拜耳法，但烧结法工艺能有效处理高硅铝土矿（铝硅比 3～5）及再利用部分拜耳法赤泥。

（3）联合法

联合法氧化铝生产即将拜耳法与烧结法结合起来，处理铝硅比 3～7 的矿石，充分发挥各自的长处，联合法有并联、串联以及混联三种基本流程。但因工艺流程复杂、建设投资大、生产能耗、成本高，生产厂家难以维持，从项目投资、成本等各方面综合考虑，现在多数新建项目已很少采用联合法生产工艺。

2.1.1.2　拜耳法氧化铝生产排污分析及污染控制

（1）废气污染控制

① 氢氧化铝焙烧炉烟气。焙烧炉燃料采用天然气、煤气或重油，焙烧炉排烟温度在 150℃ 左右，焙烧烟气中的主要污染物为氢氧化铝和氧化铝粉尘及二氧化硫，粉尘采用旋风除尘及静电除尘器两段收尘净化后，烟囱高空排入大气，氢氧化铝和氧化铝粉尘返回工艺系统；二氧化硫排放取决于燃料含硫量，一般不采取末端治理措施，而通过改变燃料结构控制，如煤气脱硫或低硫重油。源强核算采取类比同类企业监测报告及硫平衡计算的方法。处理后污染物排放指标达到《铝工业污染物排放标准》（GB 25465—2010）中相应标准。

② 热电站锅炉烟气。热电站锅炉烟气含有的污染物包括颗粒物、SO_2、NO_x、汞及其化合物，其中汞及其化合物是否需要控制应视燃料煤中的汞含量确定。现在采用较多的污染控制方式为循环流化床炉内喷钙脱硫＋低氮燃烧＋SNCR 脱硝＋电袋除尘＋石灰石石膏法脱硫，烟气高空排放。源强核算详见"第 8 章　火力发电与污染控制"。处理后污染物排放指标达到《火电厂大气污染物排放标准》（GB 13223—2011）中相应标准。

③ 分散性粉尘。氧化铝生产系统、热电站等在物料输送、破碎以及卸灰、卸料等过程中均会产生一些生产性粉尘，设计中对各个散尘点加强密闭，将分散性粉尘通过集尘罩并辅以机械抽风经除尘率为 99％ 的高效布袋除尘器处理后，由排气筒排放，经除尘处理后排气中的含尘浓度低于《铝工业污染物排放标准》中相应标准值，收尘粉返回生产工艺系统。

（2）废水污染控制

根据《铝行业规范条件》（工业和信息化部，2020），新建氧化铝企业工艺废水实行"零排放"。氧化铝生产因耗水量大，对水质要求不高，按照"清污分流，雨污分流"原则设计和建设截排水系统和给排水系统；一水多用，循环回用；全厂生产废水、生活污水、初期雨水等经处理达到回用水相应标准后全部分类循环回用，可确保污、废水不外排。氧化铝生产系统中各车间设备与管道的"跑冒滴漏"以及设备检修时产生含碱浓度较高的废水，由各车间设置的碱液回收装置收集后，回用于生产系统，不排放；各循环水系统的溢流水及处理后的生活污水全部送往工业废水处理站，采用混凝沉淀法进行处理，去除废水中的悬浮物、泥沙等，经处理后的水返回厂区二次利用。初期雨水送入工业废水处理站处理。厂区生活污水主要来源于厂区生活用水及淋浴用水等，通过生活污水管网进入生活污水处理设备处理后，与生产废水一同进入废水调节池再统一进入工业废水处理站处理，处理后的废水返回厂区二次利用，不外排。生产废水、生活污水量通过水量平衡核算；初期雨水量通过参照当地暴雨强度公式及雨水管渠设计流量计算公式核算。

（3）固体废弃物

固体废弃物主要有氧化铝生产过程中产生的赤泥、赤泥分离等设备结疤敲击下来的渣、热电站灰渣（含锅炉炉渣、净化系统静电除尘器收尘灰）和煤气站灰渣、脱硫石膏。

① 赤泥和赤泥分离等设备结疤敲击下来的渣。赤泥是氧化铝生产过程中产生的主要固体废弃物，干赤泥主要成分是氧化铝、氧化钙、二氧化硅、氧化铁等，赤泥浸出液 pH 值一般在 11.5 左右（大于 9，但小于 12.5），不含对环境有特别危害的重金属等污染物，根据《危险废物鉴别标准　腐蚀性鉴别》（GB 5085.1—2007）和《国家危险废物名录（2021 年版）》，赤泥不属于危险废物，属于Ⅱ类一般固体废物。产生量主要取决于铝土矿品位及氧化铝生产工艺，可类比同类

企业。赤泥分离阶段设备会产生结疤，结疤敲击下来的灰渣，其化学成分基本与赤泥相同，属于一般固体废物。赤泥、赤泥分离等设备结疤敲击下来的渣因含碱量较高，目前主要的处置方式仍然为赤泥堆场堆存。赤泥堆场设计中采取防渗处理措施的渗透系数小于 $1×10^{-7}$ cm/s，且满足《一般工业固体废物贮存和填埋污染控制标准》（GB 18599—2020）中对Ⅱ类堆场的要求。

② 热电站灰渣和煤气站灰渣。灰渣的主要成分有 SiO_2、Al_2O_3、Fe_2O_3、CaO、MgO、TiO_2、K_2O、Na_2O、$CaSO_3$ 和 $CaSO_4$ 等，属一般工业固体废物。以综合利用为主，用于建材生产，可不建灰渣堆场。

③ 脱硫石膏。热电站锅炉烟气脱硫产生的脱硫石膏为一般固体废物，可综合利用。

④ 废矿物油。废矿物油贮存危废暂存间，移交有资质单位处置。

（4）噪声污染控制

氧化铝生产系统的主要设备噪声源有原料磨、破碎机、排烟机、排风机、罗茨鼓风机、空压机等；配套热电站的主要设备噪声源有球磨机、破碎机、引风机、汽轮机、送风机和空压机等；煤气站的主要设备噪声源有鼓风机、排送机和破碎机等。对于这些不同的噪声源，设计中首先选用低噪声设备，并根据具体情况采取相应的消声、隔声、减振等措施，如原料磨、破碎机采用室内安装、基础减振，风机和压缩机进出气口安装消声器，锅炉排气口安装消声器，降低设备噪声值，控制厂界噪声达到《工业企业厂界环境噪声排放标准》（GB 12348—2008）中 2 类标准值。

2.1.2 电解铝

2.1.2.1 电解铝原理

电解铝生产采用冰晶石-氧化铝熔盐电解法。铝电解在电解槽中进行，电解所用的原料为氧化铝，电解质为熔融的冰晶石，采用碳阳极。电解作业在 $950～980℃$ 下进行，电解的结果是阴极上得到熔融铝液，阳极上析出 CO_2。铝液定期用真空抬包从槽中抽吸出来，装有金属铝的抬包运往铸造车间，倒入混合炉，进行成分的调配，或者配制合金，或者经过除气和排杂质等净化作业后进行铸锭。消耗的阳极定期更换，残极由碳素厂回收。电解槽排出的烟气采用氧化铝吸附净化后由烟囱排放。电解铝基本化学反应如下：

$$Al_2O_3 \xrightarrow{\text{冰晶石熔体}} 2Al^{3+}（络合态）+3O^{2-}（络合态）$$

阳极：　　　　　　　　　　　　$2O^{2-}+C-4e^- \Longrightarrow CO_2 \uparrow$

阴极：　　　　　　　　　　　　$Al^{3+}+3e^- \Longrightarrow Al$

总反应：　　　　　　　　　$2Al_2O_3+3C \Longrightarrow 4Al+3CO_2 \uparrow$

2.1.2.2 电解铝工艺

根据《铝行业规范条件》，电解铝企业须采用高效低耗、环境友好的大型预焙电解槽技术。在我国，自焙槽因环境污染严重、生产技术落后，已为淘汰技术。预焙槽作为取代自焙槽技术，具有节能、低耗、少污染的优势。目前，电流强度为 300kA 预焙电解槽已成为主流，中国铝业贵州分公司新建电解铝企业采用 500kA 的大型预焙电解槽，已形成规模化生产；山东魏桥创业集团有限公司 600kA 的大型预焙电解槽已试验投产成功。电解铝生产工艺及污染流程详见图 2-1。

2.1.2.3 电解铝污染控制

（1）电解铝大气污染控制

① 电解铝生产系统。电解铝生产工艺采用熔盐电解法，其主要大气污染源为电解槽，由于电解生产过程中加入的冰晶石、氟化盐等含氟物质，其污染物主要为氟化物、粉尘、SO_2 等，源

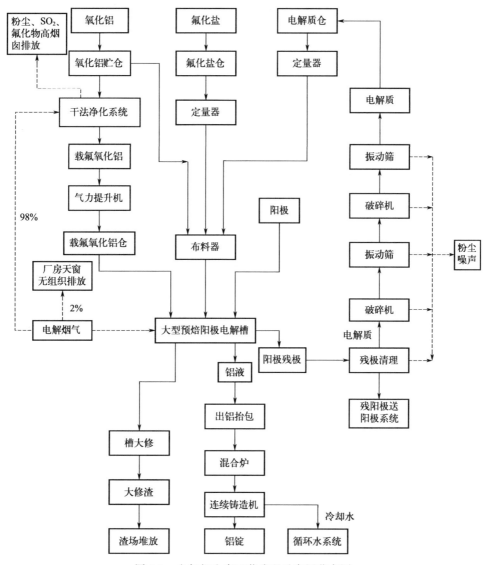

图 2-1　电解铝生产工艺流程及产污节点图

强核算采用物料衡算法及类比同类企业监测报告，较为准确。其中氟化物对环境影响较大，源强核算宜采取物料衡算法。

电解烟气的净化处理普遍采用"干法净化"，是目前国际上采用的最佳实用技术。即电解烟气在密闭排烟罩和风机的抽力作用下由烟道进入净化系统，在设于各组除尘器前的反应器处定量加入新鲜氧化铝和循环氧化铝，与电解烟气快速反应，完成烟气中的氟化氢的化学吸附。反应后的载氟氧化铝随烟气进入布袋收尘器，实现气固分离，净化后的烟气由引风机经烟囱排入大气，除尘器收下的载氟氧化铝一部分作为循环氧化铝加入反应器继续参加反应，另一部分送到载氟氧化铝料仓供电解槽使用，经净化处理后的污染物排放指标均符合《铝工业污染物排放标准》大气污染物排放浓度限值。电解烟气未被集中收集的部分，因电解厂房的通风结构、电解槽高温热压形成上升气流，由电解车间厂房天窗无组织排放。影响干法净化效率的因素主要有电解槽集气效率、氧化铝性状以及袋式除尘器收尘效率。在采用先进大型预焙电解槽，净化系统保持正常、高效运行工况下，氟化物净化效率大于 98%（甚至超过 99%），净化后氟化物排放浓度一般＜6mg/m³，粉尘＜30mg/m³（甚至＜10mg/m³）。氧化铝及氟化盐仓库、铸造、阳极组装等车间在转运、提升、破碎、筛分、生产过程散发大量粉尘，通过密闭罩收集＋袋式除尘器净化处理后经烟囱排放，可满足《铝工业污染物排放标准》大气污染物排放浓度限值。

② 铝加工生产系统。铝加工生产系统产生的废气主要包括熔铸车间熔炼、保温炉烟气；线杆车间熔炼、保温炉烟气；精炼车间熔炼、保温炉烟气；均热炉、退火炉烟气。不考虑燃料污染影响，以上烟气中的污染物主要为烟尘及少量 SO_2、NO_x、HCl。通过密闭罩收集＋袋式除尘器净化处理后经烟囱排放，可满足《工业炉窑大气污染物排放标准》（GB 9078—1996）二级标准要求。

（2）电解铝废水污染控制

根据《铝行业规范条件》，电解铝生产单位产品取水量定额应满足《取水定额 第16部分：电解铝》（GB/T 18916.16—2023）中规定的新建企业取水定额标准。

为节约用水，减少废水量，按照"清污分流，雨污分流"原则，对用水量较大的生产环节和设施均采用循环水，依据水质情况分别设置循环水系统，生产废水在各个系统循环回用，溢流水排入厂区污水处理站处理后回到循环水系统作为补充水。生活污水经化粪池沉淀处理后排入园区污水处理站或城镇污水管网集中处理。初期雨水及消防水排入厂区污水处理站处理达标后回用或排放。

针对电解铝生产废水中的主要污染物：悬浮物、氟化物、石油类。电解铝厂生产废水与初期雨水处理工艺为混凝＋气浮＋过滤＋活性炭吸附，可满足《铝工业污染物排放标准》要求。

（3）电解铝固体废弃物污染控制

① 电解槽大修渣。电解槽大修时产生的废阴极炭块、废耐火材料、填充料等固体废物，根据《国家危险废物名录（2021年版）》，属危险废物 HW48 类。其浸出液含有高浓度（＞1000mg/L）的氟，并有氰化物检出。正常情况下，在电解槽使用寿命（一般为三年）到期后，随着有计划、分批次的大修作业，电解槽大修渣会分阶段地产生。新型先进的电解槽使用寿命可达六年。在电解铝企业配套建设的危险废物暂存库贮存，暂存不超过半年，之后送往电解渣场堆存。

危险废物暂存库为全封闭结构，按照《危险废物贮存污染控制标准》（GB 18597—2023）建设，内部地面和墙面按要求设置防渗材料，周围设置警示标志，并配备通信设备、照明设施、安全防护服装及工具，设置应急防护设施。

② 灰渣及收尘灰。铝加工系统各车间熔铝炉生产过程中产生的铝灰渣和二次铝灰，属危险废物 HW48 类。因含有 $60\%Al_2O_3$，可回收金属铝。按照《危险废物豁免管理清单》（2021），利用过程豁免管理，其他贮存、运输、填埋等环节仍按危险废物管理。经处理装置回收铝后的残渣，仍属危险废物，送电解渣场堆存。

③ 废边角料及残次品。铝加工系统各车间产生的残次品及金属边角废料等，收集后送熔铝炉重熔。

④ 含油滤料。浊循环水池过滤装置产生少量含油滤料，属危险废物，编号 HW08，收集后外委有资质单位处置。

⑤ 废乳化液。连铸连轧机用乳液进行润滑，定期更换，报废的乳液属危险废物，编号 HW09，收集后外委有资质单位处置。

（4）噪声污染控制

① 电解铝生产系统。主要噪声源为风机、罗茨鼓风机、离心空压机、螺杆空压机、颚式破碎机、筛分式粉磨清理机等。通过电解烟气主排风机布置在电解车间；罗茨鼓风机加装消声器；空压机设于室内，进气口和泄压排放口加消声器；破碎机、清理机置于室内等措施隔声、消声。

② 铝加工生产系统。主要噪声源为空压机、制氮机、风机、锯切机、连铸连轧机、泵类生产设备。通过将风机、空压机、制氮机设置于室内，并安装消声器；对锯切机、连铸连轧机、泵类等生产设备，选用低噪声设备，合理布置及基础减振等措施，减轻噪声对周围环境影响。

2.1.3 铝用碳素

铝用碳素包括阳极和阴极。因电解铝生产阳极消耗量大，所以一定规模的电解铝厂基本上会配置阳极生产系统，而有阴极生产的铝厂较少。在此仅介绍预焙阳极生产工艺。

2.1.3.1 铝用碳素预焙阳极生产工艺

铝用阳极生产原料为石油焦和煤沥青，生产工序包括：原料贮运破碎、煅烧、沥青熔化、生阳极制造、焙烧及炭块贮存和残极处理等。

石油焦经破碎后输送至回转窑（或罐式炉）煅烧。煅后焦经计量后由输送设施送至生阳极车间贮槽。固体沥青经破碎和沥青熔化装置熔化后，泵至沥青贮槽待用。煅后焦进行粒度分级、破碎、筛分和部分料磨粉，处理后的残极碎料也经分级、破碎后进入不同配料仓。不同粒度的物料经配料、预热并加入液体沥青搅拌捏合的糊料冷却后，经振动成型得生阳极块，合格生阳极块送焙烧炉进行焙烧，得到阳极成品——预焙阳极块。阳极组装工段残极压脱机落下的残极，经破碎后送入残极料仓。从残极压碎机运来大块残极与焙烧废品、阳极组装废品以及成型废品等分别破碎后，供下道工序使用。铝用碳素预焙阳极生产工艺流程及产污节点见图 2-2。

2.1.3.2 铝用碳素预焙阳极生产排污分析及污染控制

（1）废气污染控制

① 石油焦煅烧。煅烧工段主要生产设备为罐式炉或回转窑，以天然气、煤气、重油为燃料，产生的高温烟气温度可达 800～1000℃，先经导热油炉，再经余热锅炉两段回收余热，可用于沥青熔化、成型等。烟气中污染物主要为颗粒物、SO_2、NO_x，在采用低硫燃料的前提下，采取重力除尘＋石灰-石膏涡轮增压湿法脱硫处理，排气筒高空排放。可满足《铝工业污染物排放标准》及修改单要求。

② 沥青熔化。沥青熔化采用快速熔化装置，过程中有沥青烟气散发，污染物主要为沥青烟与苯并芘，多采用电捕焦油器进行处理，净化效率大于 90%，排气筒高空排放。沥青烟可满足《铝工业污染物排放标准》要求，苯并芘可满足《大气污染物综合排放标准》（GB 16297—1996）要求。

③ 混捏成型。混捏成型工段排出的烟气污染物为沥青烟与苯并芘、粉尘，采用碳粉吸附净化技术进行处理，"碳粉"为阳极生产原料之一，作为吸附剂，吸附沥青烟后的碳粉用布袋收尘器回收，返回配料工段使用。该方法对沥青烟的净化效率大于 90%。排气筒高空排放，沥青烟可满足《铝工业污染物排放标准》要求，苯并芘可满足《大气污染物综合排放标准》要求。

④ 阳极焙烧。阳极焙烧工段大气污染负荷占阳极生产系统 2/3 以上，烟气中污染物包括沥青烟、苯并芘、粉尘、SO_2、氟化物及 NO_x，结合高效燃烧技术，让炭块挥发分中的沥青焦油充分燃烧，减少污染物排放，再采用电捕＋石灰-石膏涡轮增压湿法脱硫、脱氟处理，排气筒高空排放，沥青烟、粉尘、SO_2、氟化物可满足《铝工业污染物排放标准》要求，NO_x 可满足《铝工业污染物排放标准》修改单要求，苯并芘可满足《大气污染物综合排放标准》要求。

（2）废水污染控制

阳极清循环水作为设备间接冷却水，水质较好，可进入园区污水处理管网；阳极浊循环水直接与物料接触，可进入废水处理设施处理后回用到厂区作为补充水，不外排。

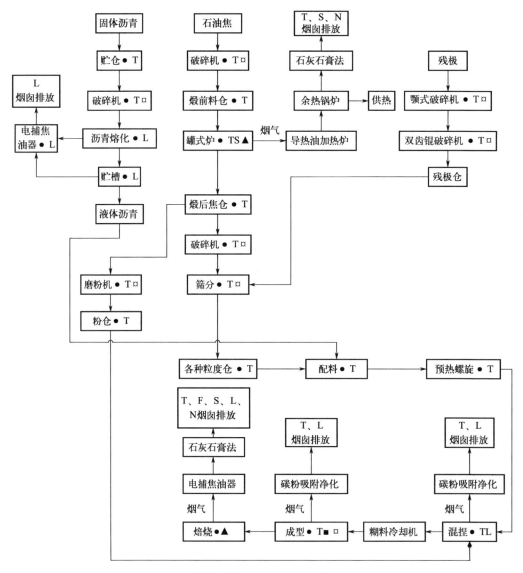

图 2-2 碳素预焙阳极工艺流程及产污节点图

●—废气（其中 T：粉尘；F：氟化物；S：SO₂；L：沥青烟；N：NO$_x$）；■—废水；▲—固体废物；□—噪声

（3）固体废弃物污染控制

① 预焙阳极系统炉修渣：一般Ⅱ类固废，送电解渣场堆存。

② 煅烧烟气脱硫石膏：一般Ⅱ类固废，可收集后再利用。

③ 焙烧烟气脱硫石膏：因含有焦油等有害物质，属危险废物，送电解渣场堆存。

④ 废焦油：危险废物，交有资质单位处置。

（4）噪声污染控制

主要噪声源为各类破碎机、振动筛、风机、排烟机等，属机械性噪声和动力性噪声。对空气动力性噪声源排烟机等，采用设置消声器及隔声间的减噪设施，尽量降低设备噪声值；根据噪声源性质及工作时段，设计利用房屋围墙作声屏障，在风机进口端或引风机出口端安装管道消声器，包裹或充填吸声材料等，从源头上降低设备噪声值，控制厂界噪声达到《工业企业厂界环境噪声排放标准》2 类标准。

2.1.4 案例分析

2.1.4.1 某公司 80 万吨/年氧化铝建设项目

（1）工艺流程

① 氧化铝生产工艺流程：拜耳法。

包括原料贮运→石灰消化→原料浆磨制→高压溶出→赤泥沉降分离及洗涤→分解、分级及种子过滤→蒸发→焙烧及包装。氧化铝（拜耳法）生产工艺及污染物产排污节点图见图 2-3。

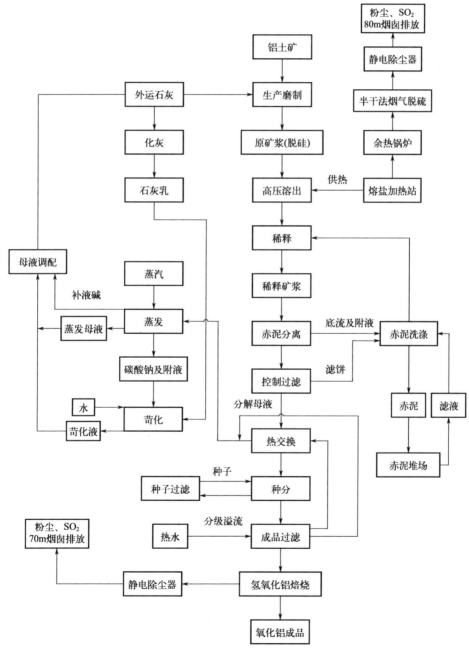

图 2-3 某公司 80 万吨/年拜耳法氧化铝项目工艺流程及排污节点图

② 热电站工艺流程。热电站主要是为氧化铝厂蒸发车间供应生产用蒸汽。热电站生产工艺为：燃料煤由汽车运至煤场后，由输送系统运至碎煤机室，经碎煤机和固定筛破碎筛分后，合格的（<8mm）煤经无级调速称重式给煤机，通过播煤风机吹入炉内燃烧，燃烧系统需要的空气由一、二次风机提供。锅炉出口蒸汽经减温减压器后，用蒸汽送氧化铝厂各生产车间和生产设施使用。为节约能源，利用减温减压的压差推动汽轮机发电，汽轮发电机采用空冷技术，锅炉补水采用除盐水，锅炉机组内预留有脱氮装置的位置。

③ 熔盐加热站生产流程。氧化铝生产系统采用管道化溶出工艺，要求供给的载热体温度为 $360\sim380℃$，为满足工艺生产需要，设置熔盐加热站，专门向管道溶出器供热。熔盐加热炉炉型有燃煤炉、燃气炉（包括煤气、天然气等）及燃油炉，本项目熔盐加热炉采用燃煤炉型。氧化铝工艺生产共有 4 组管道溶出器，需要 8 台熔盐加热炉，每 2 台熔盐加热炉向 1 组管道溶出器供热。加热炉排出的烟气温度高达 $540℃$，为回收这部分显热，加以利用，在加热炉后配置一台热管式蒸汽发生器（余热锅炉），利用高温烟气生产蒸汽，生产的蒸汽并入全厂蒸汽管网。

④ 煤气站。煤气站是供氧化铝厂焙烧炉用气，根据焙烧氧化铝所需煤气负荷，拟建 14 台 $\phi3000mm$ 煤气发生炉，煤气炉气化用煤为无烟煤。

（2）污染控制

项目污染控制内容见表 2-2。

表 2-2　项目工程污染控制内容一览表

污染类型			污染控制内容
废气	氧化铝生产系统	环境空气	焙烧炉烟气采用静电收尘净化措施处理后，经 70m 烟囱排放。烟气中粉尘及 SO_2 排放按《铝工业污染物排放标准》要求（GB 25465）进行控制。 熔盐加热炉采用无烟煤做燃料，燃烧后的烟气经"旋风除尘器＋循环半干法脱硫装置（石灰粉脱硫）＋电除尘器"处理后，经 80m 烟囱排放。烟气中烟尘、SO_2 排放按《锅炉大气污染物排放标准》（GB 13271）表 2 进行控制。 物料的加工、输送等过程中产生的扬尘采取密闭及除尘等治理措施处理后，经 25m 烟囱排放。废气中粉尘排放满足《大气污染物综合排放标准》（GB 16297）要求
	热电站		热电站采用的循环流化床锅炉，燃煤首先在炉内喷钙脱硫，减少进入烟气中的 SO_2 含量，锅炉烟气经"SNCR 脱硝＋两电场静电除尘器＋循环半干法脱硫装置（石灰粉脱硫）＋布袋除尘器"除尘和脱硫、脱硝处理后，经 80m 烟囱排放。烟气中烟尘、NO_x 和 SO_2 排放满足《火电厂大气污染物排放标准》（GB 13223）要求
	煤气站		类比同类企业（煤气站洗涤循环水长期闭路循环），煤气站各部位，包括发生炉操作间、发生炉除灰间、洗涤塔与电除焦油器间、水泵房操作间、沉淀池周围、凉水塔周围。无组织排放污染物酚、氰化物、H_2S 浓度低于《工作场所有害因素职业接触限值》（GBZ 2.1）要求
废水	氧化铝生产系统及热电站、煤气站	水环境	生产废水经工业废水处理站（处理能力 14400m³/d）处理后，作为二次利用水返回厂区使用，不外排 生活污水产生量 265m³/d，经化粪池沉淀及生化处理后，进入工业废水处理系统与生产废水一同处理后，返回厂区二次利用，不外排 初期雨水经雨水排水管网分流井截流后进入废水处理站处理后用于生产。 煤气站循环水包括煤气站双竖管、洗涤塔及电收尘器冷却用水，含焦油、粉尘、挥发分和氟化物等污染物。单独采用循环水系统闭路水循环，自流回水，设置了循环水旁流处理设施改善水质。煤气洗涤水加药絮凝沉淀、过滤、脱除焦油渣和悬浮物后循环使用，不外排。 本项目对主要用水车间和用水设备均设置循环系统，设计按不同水质，分别设置 6 个循环水系统，即分解循环水系统、蒸发循环水系统、焙烧循环系统、综合循环水系统、煤气站循环水系统和汽机循环水系统。循环水量为 478896m³/d；生产水重复利用率为 94%，生活污水和生产废水经处理后回用，二次利用水量为 13202m³/d

污染类型		污染控制内容
噪声	氧化铝生产系统及热电站	声环境	噪声设备采取消声、隔声、减振、室内安装等措施。工业噪声按《工业企业厂界环境噪声排放标准》2类进行控制
固体废物	氧化铝生产系统	地下水环境	氧化铝生产产生的赤泥经管道输送至赤泥堆场堆存，赤泥堆场周边设置截洪沟拦截大气降水，赤泥为Ⅱ类一般固体废物，但考虑到其附液呈碱性，且pH值较高，因此本项目赤泥堆场按《危险废物填埋污染控制标准》防渗要求进行防渗处理。石灰消化渣及赤泥分离结疤渣送赤泥堆场，不外排 废矿物油贮存危废暂存间，移交有资质单位处置
	热电站、煤气站、熔盐锅炉		热电站锅炉粉煤灰属无害渣，首先考虑综合利用，不能综合利用部分，用汽车送往按要求处理后的灰渣堆场堆放 循环半干法脱硫装置排出的脱硫灰掺入粉煤灰中处理 煤气发生炉渣及熔盐加热炉渣属无害渣，首先考虑综合利用，不能综合利用部分，用汽车送往按要求处理后的灰渣堆场堆放 灰渣堆场按照《一般工业固体废物贮存和填埋污染控制标准》进行污染控制 废矿物油贮存危废暂存库，移交有资质单位处置

项目主要大气污染源排放情况见表2-3。

表2-3 项目主要大气污染源排放情况表

序号	污染源名称	污染物名称	治理措施	治理前污染物排放速率/(kg/h)	净化效率/%	排放源烟气量/(m³/h)	治理后污染物排放速率及浓度	
							排放量/(kg/h)	排放浓度（标准状况）/(mg/m³)
1	氢氧化铝焙烧炉	粉尘	静电除尘器	621×2	>99	124250×2	6.21×2	50
		SO₂		99.8×2	—		99.8×2	803
2	循环流化床蒸汽锅炉	烟尘	锅炉炉内喷钙脱硫＋SNCR脱硝＋两电场除尘器＋循环半干式脱硫装置＋袋式除尘器	463×2	>99	154463×2	4.63×2	30
		SO₂		489.1×2	>94		29.35×2	190
		NOₓ		<55.6×2	>50		27.8×2	180
3	熔盐加热炉	SO₂	旋风除尘＋循环半干式脱硫装置＋电除尘器	1386.2	>87	228000	180.4	791.2
		烟尘		4352	>99		43.52	190.8
4	分散产尘点		—					

2.1.4.2 某公司40万吨/年电解铝项目

（1）工艺流程

① 电解铝生产工艺流程。本项目采用500kA预焙电解槽，生产工艺采用冰晶石-氧化铝熔盐电解法。即以氧化铝为电解质原料，以冰晶石、氟化铝为熔盐，将新鲜氧化铝、冰晶石、氟化铝及其他氟化盐等辅料按要求的配料比分别送入电解槽内。电解槽通以直流电后，熔融电解质在两极上发生电化学反应，在阳极上反应生成 CO_2、CO 气体；在阴极上析出液态金属铝，消耗的阳极需用新阳极定期更换。

② 预焙阳极生产工艺流程。采用石油焦作为主要原料、以改质沥青作为黏合剂。石油焦经粗碎后送入罐式煅烧炉进行煅烧，改质沥青经破碎后加热熔化，煅后石油焦、电解铝系统返回的残极以及收尘系统收下的尘料等，按一定的配比配料后进入连续混料机混捏，最后由振动成型机压制成一定规格的生阳极，送焙烧炉进行焙烧，焙烧后的预焙阳极送阳极炭块仓库堆存待用。

③ 铝加工生产工艺流程。

a. 铝及铝合金扁铸锭。原料电解铝液、重熔铝锭、中间合金和返回废料配料后装炉，经铝熔体在线精炼过滤装置对熔体进行炉外在线晶粒细化、除气精炼和过滤，熔体进入液压半连续铸造机铸造，经均热炉组对合金扁铸锭均热后，采用锯切机组锯切得到铝及铝合金扁铸锭产品。

b. 铝及铝合金圆铸锭。原料电解铝液、重熔铝锭、中间合金和返回废料配料后装炉，经熔炼炉熔炼、保温炉精炼、静置和调温后，再经铝熔体在线精炼过滤装置对熔体进行炉外在线晶粒细化、除气精炼和过滤，熔体进入液压半连续铸造机铸造，经均热炉均热后，采用锯切机组锯切得到铝及铝合金圆铸锭产品。

c. 铸造铝合金。原料电解铝液、中间合金和返回废料配料后装炉，经熔炼炉熔炼、保温炉精炼、静置和调温后，再经铝熔体在线精炼过滤装置对熔体进行过滤，熔体进入链式铸造机连续铸造，打捆后得到铸造铝合金产品。

d. 铝线杆。将精炼除气过滤后的铝液通过浇包注入轮式铸造机进行铸造，铸坯经预处理后进入连轧机轧制成要求的线杆尺寸，然后线杆进入卷线机卷取成卷。

e. 精铝。电解铝液经一次提纯后进入熔炼炉熔化，再经二次提纯熔化后经铸造得到4N精铝锭，另一部分再经三次提纯熔化后经铸造得到5N高纯铝锭。

（2）污染控制

电解铝厂（包括热电站）的主要污染有空气污染、水污染、固体废弃物污染和噪声污染。贯彻清洁生产、达标排放、总量控制的原则，严格控制工程污染物的产生和排放，以最大限度地减少工程建设对环境的不利影响，达到保护环境的目的。项目污染控制内容见表2-4。

表 2-4 污染控制内容一览表

污染类型		环境要素	污染控制内容
废气	电解铝生产系统	空气环境、生态环境（农作物、人群健康）	电解铝烟气采用氧化铝吸附干法净化技术治理，治理后烟气由60m烟囱达标排放；废气排放按《铝工业污染物排放标准》（GB 25465）控制
	预焙阳极生产系统		煅烧烟气经导热油加热炉、余热锅炉回收余热后，进入石灰-石膏涡轮增压湍流湿法脱硫净化设施进行处理后由烟囱排出达标排放；废气排放按《铝工业污染物排放标准》（GB 25465）控制，其中 NO_x 按《铝工业污染物排放标准》修改单控制
			沥青熔化烟气采用电捕焦油器净化技术治理，治理后烟气由排气筒达标排放，废气排放按《铝工业污染物排放标准》（GB 25465）控制，其中苯并[a]芘按《大气污染物综合排放标准》（GB 16297）控制
			焙烧烟气采用电捕焦油器＋石灰-石膏涡轮增压湍流脱硫、脱氟净化系统进行处理，治理后烟气由烟囱达标排放；废气排放按《铝工业污染物排放标准》（GB 25465）控制，其中 NO_x 按《铝工业污染物排放标准》修改单控制，苯并[a]芘按《大气污染物综合排放标准》（GB 16297）控制
	熔铸车间熔炼、保温炉		集气罩收集＋袋式除尘器除尘＋23m烟囱排放；废气排放按《工业炉窑大气污染物排放标准》（GB 9078）二级标准控制

污染类型		环境要素	污染控制内容
废气	线杆车间熔炼、保温炉	空气环境、生态环境（农作物、人群健康）	集气罩收集＋袋式除尘器除尘＋23m 烟囱排放；废气排放按《工业炉窑大气污染物排放标准》（GB 9078）二级标准控制
	精炼车间熔炼、保温炉		集气罩收集＋袋式除尘器除尘＋23m 烟囱排放；废气排放按《工业炉窑大气污染物排放标准》（GB 9078）二级标准控制
	均热炉、退火炉		集气罩收集＋袋式除尘器除尘＋23m 烟囱排放；废气排放按《工业炉窑大气污染物排放标准》（GB 9078）二级标准控制
	全厂除尘		各粉尘排放点按《铝工业污染物排放标准》（GB 25465）控制
废水		地表水环境	生产废水设置循环水系统循环使用，生活污水由厂区化粪池处理后进入园区污水处理厂集中处理；空压站循环水、综合维修车间循环水、铝加工清循环水、阳极清循环水系统溢流水进入园区污水处理厂排水管网；阳极浊循环水系统溢流水、铸造循环水、铝加工浊循环水系统溢流水经污水处理站处理后回用于循环水补充水；初期雨水经处理达标后回用或排放；本项目无直接排入水体污、废水。项目污水处理站有污水处理设施 2 套，工艺为混凝＋气浮＋过滤＋活性炭吸附
噪声		声环境	噪声源经采取消声、减振、室内安装等措施处理后，控制厂界处噪声满足《工业企业厂界环境噪声排放标准》2 类标准
固体废弃物		地下水和土壤	废渣主要是电解槽大修渣、罐式煅烧炉及焙烧炉炉修渣、罐式煅烧炉烟气脱硫石膏、焙烧炉烟气脱硫石膏、废焦油、铝熔渣、废油滤料、废乳化液、污水处理站污泥。电解大修渣、废油滤料、废乳化液属危险废物。电解大修渣、罐式煅烧炉及焙烧炉炉修渣、罐式煅烧炉烟气脱硫石膏、焙烧炉烟气脱硫石膏、铝熔渣贮存于全封闭危险暂存库（按《危险废物贮存污染控制标准》建设和运行），然后送至电解渣场堆放；废油滤料、废乳化液外委有资质单位处理 　　污水处理站污泥按"危险废物鉴别标准"鉴别确定类别，若为一般废物送往赤泥堆场堆存，若为危险废物送往电解渣场堆存

项目主要大气污染源排放情况见表 2-5。

表 2-5　项目主要大气污染源排放情况表

序号	污染源名称	污染物名称	治理措施	治理前污染物排放速率/(kg/h)	净化效率/%	排放源烟气量/(m³/h)	治理后污染物排放速率及浓度	
							排放速率/(kg/h)	排放浓度（标准状况）/(mg/m³)
1	电解烟气净化系统	氟化物	氧化铝干法净化	621×4	98.6	1×10⁶×4	2.27×4	2.27
		粉尘		99.8×4	—		5×4	5
		SO₂		197.02×4	99		197.02×4	197.02
2	电解车间天窗	氟化物	—	—	—	—	1.302×2	—
		粉尘		—	—		4.338×2	—
		SO₂		—	—		1.583×2	—

序号	污染源名称	污染物名称	治理措施	治理前污染物排放速率/(kg/h)	净化效率/%	排放源烟气量/(m³/h)	治理后污染物排放速率及浓度	
							排放速率/(kg/h)	排放浓度（标准状况）/(mg/m³)
3	罐式煅烧炉	粉尘	石灰-石膏湿式脱硫净化	112	＞90	112000	11.2	＜100
		SO₂		393	＞94.3		22.4	＜30
4	沥青熔化	沥青烟	电捕焦油器	2.1×2	＞90	7000×2	0.21×2	＜30
		苯并芘		0.000021×2			0.0000021×2	＜0.0003
5	混捏成型	沥青烟	碳粉吸附净化+布袋除尘	9.98×5	＞90	49900×5	0.998×5	＜20
		苯并芘		0.00015×5			0.000015×5	＜0.0003
		粉尘		249.5×5	＞99		2.495×5	＜50
6	阳极焙烧炉	沥青烟	电捕+石灰-石膏湿法脱硫、脱氟	46	90	230000	4.6	＜20
		粉尘		345	98		6.9	＜30
		SO₂		103	77.7		23	＜100
		氟化物		3.9	88.2		0.46	＜2
		苯并芘		0.00069	90		0.000069	＜0.0003
		NOₓ		5.52	—		5.52	24

2.2 铁冶金

2.2.1 概述

自然界中铁不能以纯金属状态存在，绝大多数形成氧化物、硫化物及硫酸盐。常用的铁矿石有赤铁矿（Fe_2O_3）、磁铁矿（Fe_3O_4）、褐铁矿（$nFe_2O_3 \cdot mH_2O$）和菱铁矿（$FeCO_3$）4种。在炼铁过程中，这些矿物被还原成铁。铁冶金的发展伴随着人类文明和生产力的发展。新中国成立以来，中国逐步建立了现代化钢铁工业的基础，具备了独立发展自己的钢铁工业的实力。随着工业企业的技术革新，中国钢铁工业走向持续发展的阶段。

2.2.2 炼铁原理

高炉炼铁是一种火法冶金过程，是将铁矿石、助剂和焦炭在高炉内加热，通过燃烧、分解、氧化、还原等一系列的高温物理变化和化学反应，使铁矿石中的元素铁还原为熔融金属铁，而杂质成分则生成氧化物炉渣，从而实现铁、渣分离的目的。

2.2.3 炼铁工艺

2.2.3.1 高炉冶炼概述

高炉冶炼是一个连续的生产过程，全过程在炉料自上而下、煤气自下而上的相互接触过程中完成。炉料按批从炉顶装入炉内，从风口鼓入由热风炉加热到 $1000\sim1300℃$，炉料中焦炭在风口前燃烧，产生高温和还原性气体，在炉内上升过程中加热缓慢下降的炉料，并将铁矿石中的氧化物还原为金属铁。矿石升至一定温度后软化，熔融滴落，未被还原的物质形成熔渣，实现渣铁分离。渣铁聚集于炉缸内，发生诸多反应，最后调整成分和温度达到终点，定期从炉内排放炉渣和铁水。上升的煤气流将能量传给炉料而使温度降低，最终形成高炉煤气从炉顶上升管排出，进入除尘系统。

2.2.3.2　高炉炼铁工艺

（1）原料、燃料和熔剂准备

高炉炼铁的原料主要为铁矿石和烧结矿，燃料为焦炭，熔剂分为碱性熔剂、酸性熔剂及中性熔剂。

① 铁矿粉造块（球团矿）、烧结矿。铁矿粉造块是将细粒散状物料制成团矿，在造块过程中采用添加助剂的方法，制得优质的冶炼原料，球团矿可直接入高炉。造块物料是具有高温强度的块状料，以适应高炉冶炼、直接还原等流体力学方面的要求，改善铁矿石的冶金性能。例如加入 CaO 或 MgO 以提高矿石碱度；加入还原剂碳，改善矿石还原性质。

此外，可利用精矿粉、石灰石、焦粉或无烟煤、附加物（硫酸渣、轧钢皮、钢铁厂回收粉尘、铁屑等），采取抽风烧结工艺，配以适量水分，经混合造球，铺于带式烧结机的台车上，在一定负压下点火（烧结过程控制在 9.8～15.7kPa 负压抽风下），经一系列的物理化学反应，烧结料中燃料燃烧并放出大量热量，使料层中矿物熔融。随着燃烧层的移动和冷空气的流通，生成的熔融液相被冷却而再结晶（1000～1100℃），凝固成网孔结构烧结矿。烧结矿生产主要设备示意见图 2-4。

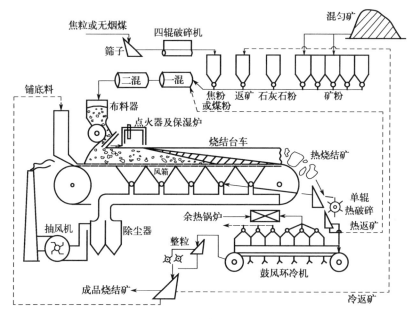

图 2-4　烧结矿生产主要设备示意图

② 燃料。焦炭是高炉冶炼的基本燃料，在冶炼过程中除了提供热量，还可以作为还原剂以及炉内高温区支撑料柱的骨架。除块状焦炭投入炉内外，冶炼过程也可喷吹煤粉来替代部分焦炭。

③ 熔剂。根据原料矿石中脉石成分的不同，高炉冶炼使用的熔剂也不同。碱性熔剂有石灰石、白云石，酸性熔剂有石英石、含酸性脉石的贫铁矿，中性熔剂为铁矾土、黏土页岩（高铝原料）。

（2）炼铁工艺

高炉炼铁系统主要由高炉本体、供料系统、送风系统（含喷吹系统）、煤气净化系统和渣铁处理系统等组成。炼铁工艺是将含铁原料（烧结矿、球团矿或高品位铁矿石）、燃料（焦炭、煤粉等）及其它辅助原料（石灰石、白云石等）按一定比例自高炉炉顶装入高炉，由热风炉产生的热风经高炉下部沿炉缸分布的风口鼓入炉内，同步喷入辅助燃料（煤粉、天然气、重油），在高温下焦炭及辅助燃料中的碳与鼓入空气中的氧反应生成一氧化碳。原燃料由炉顶装入，随着炉内熔炼等过程的进行而下降，下降的炉料和上升的煤气相遇，先后发生传热、还原、熔化等过程生成生铁。铁矿石原料中的杂质与加入炉内的熔剂相结合而成渣，铁水定期自炉底放出装入铁水罐，送往炼钢厂。冶炼过程同时产生高炉煤气、炉渣两种副产品，高炉渣铁主要由矿石中的脉石和石灰石等熔剂结合生成，自渣口排出后，经水淬处理后作为水泥及建材生产原料；产生的煤气从炉顶导出，经除尘后作为热风炉、加热炉、焦炉、锅炉等的燃料。炼铁工艺流程见图 2-5。

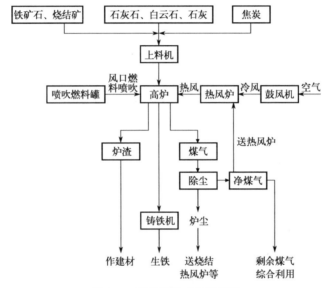

图 2-5　高炉炼铁工艺流程图

2.2.4　炼铁排污与防治

（1）大气污染控制

① 原料、燃料、熔剂制备、输送、处理和储存过程产生的粉尘（颗粒物），原料破碎、筛分、转运台等工段产生的含尘废气，需通过除尘器（可选择脉冲布袋除尘器、静电除尘器、旋风除尘器等）处理后有组织排放。输送工段可采用密封输送带，原料及加工品储存采用封闭储存仓，以降低粉尘无组织排放。

② 烧结矿废气主要为烧结机头、烧结机尾废气。烧结机头废气主要有颗粒物、二氧化硫、氮氧化物、氟化物，通过除尘+脱硫系统（可选择石灰石/石灰-石膏法、氨法、双碱法等脱硫工艺其中之一）+脱硝系统（SCR 或 SNCR）净化处理后有组织排放。烧结机尾废气污染物为颗粒物，除尘治理后有组织排放。

③ 高炉废气，含高炉矿槽、出铁场、转运上料废气，污染物为颗粒物，除尘治理后可排放。热风炉产生的烟气，污染物含颗粒物、二氧化硫、氮氧化物，由于燃料可利用高炉煤气或净化煤气，热风炉烟气治理可采取低氮燃烧工艺，保障污染物达标排放。

（2）废水污染物及治理

生产工艺过程用水（高炉煤气洗涤）、设备与产品冷却水（高炉和热风炉的冷却、炉渣水淬和水力输送用水）、设备和场地清洗水等，70%的废水来源于冷却用水，生产工艺排水较少。废水中主要污染物为 SS、COD、石油类、挥发酚等，配套污水处理站处理后，出水回用或直排。炼铁工艺生产废水分质处理方案为高炉煤气洗涤水的治理，该类废水悬浮物含量达 1000～3000mg/L，经沉淀处理后悬浮物含量为 150mg/L，则工艺生产上可先采取对高炉煤气洗涤水预处理的方案，通过采用聚丙烯酰胺与钠盐絮凝沉淀处理，降低水中悬浮物含量。设备冷却水温度较常温废水高，属于热污染，通过设置冷却塔或冷却系统，实现冷却水的循环利用。

（3）固体废物污染控制

主要固体废物为炉渣、集尘器粉尘、烟气脱硫石膏和污水处理站污泥。

① 高炉冶炼过程产生的炉渣。高炉渣是炉料熔融、矿石中的脉石、焦炭中的灰分、熔剂和其他不能进入铁水的杂质形成的硅酸盐、铝酸盐等熔渣，可作为水泥及建材原料综合利用。

② 原辅料、燃料备料、储存、转运等工艺节点集尘器收集的粉尘，可直接作生产原料回用，不外排。

③ 烟气脱硫系统（去除二氧化硫，采用石灰-石膏法）产生的脱硫石膏，主要成分为硫酸钙，可作为建材综合利用。

④ 污水处理站产生的剩余污泥，由于污水处理站废水来源根据企业生产特点进行收集，所产剩余污泥不能轻易断定其性质，应根据企业污水站所产生污泥特征实施综合利用或处置。

（4）噪声污染控制

生产过程中产生的噪声包括机械设备噪声和空气动力性噪声。采取减振、隔振、距离衰减、绿化衰减等降噪措施。

2.2.5　案例分析

对某公司 40 万吨/年炼铁生产项目进行分析。

2.2.5.1　工艺流程

（1）原料制备

① 原燃料的接收与贮存。铁矿石、烧结用精矿、熔剂、燃料运输至原料仓库的相应卸车位置，直接卸入原料仓库。

② 矿石（粒度 8～30mm）、石灰石及白云石（粒度<3mm）、焦粉（由炼铁车间提供碎焦，破碎成<3mm）及焦炉灰等经圆盘给料机配料和圆筒混料机两次混合后在 1200t/d 箱式烧结机内经炼铁车间来的高炉煤气点火烧结，烧结矿经破碎、筛分、冷却后入高炉矿槽（烧结机布置于烧结车间，车间主要由原料仓库及配料室、燃料粗碎室、燃料细碎室、配料车间、混料车间、烧结车间、成品筛分室、主抽风机室、主排气烟囱、φ2500 旋风除尘器、返矿槽、烧结矿成品矿仓、皮带输送机通廊、转运站及公辅设施组成）。

（2）高炉生产

① 高炉用的铁矿石、焦炭、熔剂分别由烧结系统和原料堆场经给料机、皮带运输机送往矿槽，经槽下筛分、称量、按规定的上料程序由皮带输送机送至炉顶，经炉顶装料设备装入高炉。

② 高炉用风由鼓风机供给，经热风炉加热后的热风，混风调节温度后，通过热风主管、热风围管、热风支管，从各个风口鼓入高炉。

③ 高炉冶炼产生的煤气，经煤气导出管、上升管、下降管进入重力除尘器、旋风除尘器粗除尘，然后送至布袋除尘器进行精细化除尘，经除尘后的煤气进入净煤气总管用于热风炉、烧

结、炼焦等生产。

④ 高炉铁水定期放入铁水罐，运输至炼钢厂。

⑤ 高炉渣在炉前使用高压水膨化制备水渣，经渣水分离后用于水泥及建材生产，冲渣水沉淀处理后循环使用。

高炉炼铁生产工艺流程及产污节点见图 2-6。

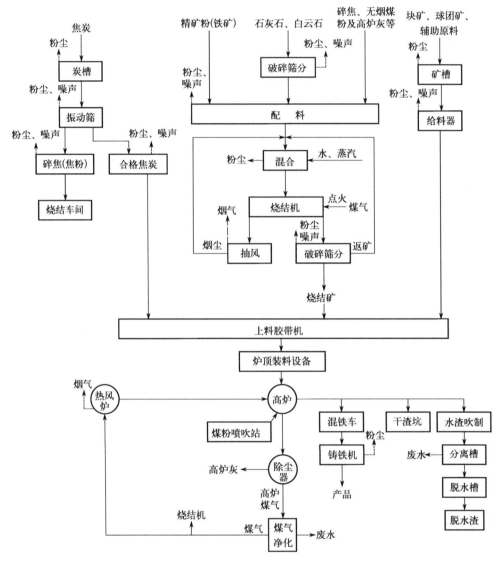

图 2-6　炼铁生产工艺及排污节点图

2.2.5.2　污染控制

（1）废气

① 烧结机废气治理。主要污染源有混合料系统：在一次混合室皮带通廊、给料皮带机头部、混料机卸料端、混料皮带机受料处和混合料矿槽等处产生无组织排放工业粉尘，粉尘浓度 3～254mg/m³。烧结系统：在烧结机抽风机处产生废气，废气除含有粉尘外，还有二氧化硫、一氧化碳、氮氧化物等。返矿贮槽、筛分机处产生工业粉尘。成品矿：贮矿槽、皮带机转运点、筛分

机等产生工业粉尘。烧结产生烟气量（标准状况）$2 \times 1600 m^3/h$，烟尘 $2 \sim 4 g/m^3$、SO_2 $1500 \sim$ $1800 mg/m^3$，烟气经重力除尘（内设折流挡板）＋多管旋风除尘器＋脱硫脱硝治理后经排气筒排放，烟尘排放浓度 $50 mg/m^3$、SO_2 $200 mg/m^3$、NO_x $300 mg/m^3$，达 GB 28662—2012《钢铁烧结、球团工业大气污染物排放标准》及其修改单表 2 标准。

② 热风炉烟气治理。高炉荒煤气（标准状况）$10.35 \times 10^4 m^3/h$，含尘浓度 $10 g/m^3$，经重力沉降后再经布袋除尘器干法净化后利用，净煤气含尘浓度 $5 mg/m^3$。净化后的煤气（标准状况）$3.48 \times 10^4 m^3/h$ 用于 3 台热风炉，产生烟气量（标准状况）$5.71 \times 10^4 m^3/h$，含尘 $8 mg/m^3$、SO_2 $65 mg/m^3$，经 50m 高烟囱排放，达《工业炉窑大气污染物排放标准》（GB 9078—1996）二级。

③ 出铁场扬尘治理。出铁场在开铁口和出铁时产生的烟尘污染较为严重，在铁沟、铁罐等处设集尘罩后抽风除尘、并在铁口处设二次除尘系统，总抽风量（标准状况）$6.6 \times 10^4 m^3/h$。出铁场粉尘 $1500 mg/m^3$，经袋式除尘器后排放粉尘 $40 mg/m^3$。

④ 原料系统粉尘治理。在矿槽卸料口、给料机、胶带机卸料口、转运站、振动筛、称量漏斗等处产生大量粉尘，含尘浓度一般在 $5 \sim 8 g/m^3$。分别在上述部位设置密闭除尘抽风点，抽风量 $3000 m^3/min$，经反吹风袋式除尘器除尘，排放粉尘 $60 mg/m^3$。

⑤ 其他部位除尘治理。在炉顶上料抽尘包括胶带机头部、密闭阀抽尘，抽风量 $250 m^3/min$；在铸铁机室，铁水罐翻铁水倒入铸铁模时，铁水接触冷模温度下降，铁水中的饱和碳变成游离状态飞出即石墨粉飞扬产生烟尘（$3 \sim 6 g/m^3$），在铸铁口、混铁车、铸铁沟上部设置抽风罩，风量 $3100 m^3/h$，经袋式除尘器除尘后，排放浓度 $50 mg/m^3$。

（2）废水

淬渣废水 $1300 m^3/h$、高炉冷却水 $1600 m^3/h$、铸铁机喷淋冷却水 $250 m^3/h$，主要污染物 SS，分设循环系统循环利用，生活污水、地坪冲洗水、锅炉软化水经处理达标后外排。

（3）固体废物

项目产生高炉水渣 17.64 万吨/年，外售作水泥生产原料，除尘器除尘粉作烧结返矿用，生活垃圾约 37.6t/a 由环卫部门外运处置。此外，还有炉衬大修废耐火材料送指定堆场堆放。

（4）噪声

炼铁系统主要噪声源有除尘风机、空压机、助燃风机、高炉鼓风机、振动筛、水泵以及高炉煤气放散噪声、水冷却塔噪声等，声功率级 $75 \sim 105 dB$（A），采取吸声、消声、隔声、隔振、阻尼等措施，厂界达到《工业企业厂界环境噪声排放标准》（GB 12348—2008）排放限值。

2.3　炼钢

2.3.1　概述

现代炼钢工业生产过程主要包括原料处理、炼钢生产、轧钢生产、铁合金冶炼、能源供应、交通运输及废弃物处理、利用等，是一个复杂而庞大的生产系统，由于钢铁的矿产资源丰富、生产规模大、效率高、生产成本低、力学性能优良，能满足各方面的需要，在国民经济中占有不可替代的地位。钢铁工业生产的主要原料是生铁、废钢铁等，主要产品有钢锭、钢材及合金钢等。炼钢生铁是炼钢的主要原料，约占生铁总产量的 90%。钢是由炼钢生铁或废钢铁进一步熔炼、精炼得到的碳含量低于 2% 的铁碳合金。钢铁工业的发展与生产企业技术革新关系密切，新建工程和企业的建设，要重视或关联现有企业的改造、扩建，产能及工艺符合国家政策及规划。根据区域钢铁企业的现有生产线及产能实施改建或扩建，比新建项目更加高效，且建设速度快、投资省。所以，炼钢技术朝高效率、多品种、高质量、低成本的方向发展，是冶炼行业发展的必然。

2.3.2 炼钢原理

钢和铁都是铁碳合金，只是铁碳比例有差异。炼钢其实是利用生铁炼成钢，通过火法熔炼的一系列高温物理变化和化学反应，降低生铁中的碳含量，使碳和其他相应的合金元素控制在适当范围，同时进一步去除铁中的其他有害杂质，从而得到具有高强度、韧性好以及其他优良性能的钢。随着钢铁工业的发展，炼钢工艺主要有转炉炼钢、连续铸钢、炉外精炼、电炉炼钢、模铸等，从而衍生了很多炼钢关联的新技术，促进炼钢工业的技术革新，推动产业发展。钢生产的理论基础，实质上是通过氧化还原反应，使多余的碳或其他杂质转化成为气体或造渣，同时调整钢水成分的过程。炼钢的主要反应原理含脱碳、脱硫、脱磷、脱氧、去气（氢、氮）、控制有害元素、控制非金属杂质等。

（1）脱碳和脱氧反应

① 脱碳反应。炼钢过程中要氧化脱除多余的碳，达到规定的要求。用生铁炼钢时脱碳量大，碳被氧化成 CO，通过钢液时，有较好的 CO 脱气作用，所以在炼钢时，脱碳和脱气是可以联合完成的。

② 脱氧反应。炼钢是氧化还原过程，在吹炼过程中，向熔池吹入了大量的氧气，到吹炼终点，钢水中含有过量的氧，如果不进行脱氧，将影响其后的浇铸操作，而且在钢的凝固过程中，氧以氧化物的形式大量析出，钢中也将产生氧化物非金属杂质，降低钢的塑性、冲击韧性，引起钢变脆，为此需将钢水按不同钢种要求脱氧。

（2）脱磷和脱硫反应

① 脱磷反应。磷在钢中以 Fe_3P 或 Fe_2P 形式存在，一般情况下，磷是钢中的有害元素之一。磷的突出危害是产生"冷脆"，在低温下，无机 P 含量越高，冲击性能降低就越大。磷是降低钢液表面张力的元素，易在晶界析出，随着其含量的增加表面张力值降低很多，从而降低了钢的抗热裂纹性能。通常，磷使钢的韧性降低，同时可略微增加钢的强度。磷被氧化后生成五氧化二磷，然后与助剂氧化钙形成复合物去除。

② 脱硫反应。硫在钢中以 FeS 的形式存在，FeS 的熔点为 1193℃，Fe 与 FeS 组成的共晶体的熔点只有 985℃。液态铁与 FeS 虽然可以无限互溶，但在固溶体中的溶解度很小，仅为 0.015%～0.02%。当钢中的硫含量超过 0.02% 时，钢液在凝固过程中由于偏析使得低熔点 FeO-FeS 共晶体分布于晶界处，在 1150～1200℃ 的热加工过程中，晶界处的共晶体熔化，钢受压时造成晶界破裂，即发生"热脆"现象。硫除了使钢的热加工性能变差外，还会明显降低钢的焊接性能，引起高温龟裂，并在金属焊缝中产生许多气孔和疏松，从而降低焊缝的强度。硫含量超过 0.06% 时，会显著恶化钢的耐蚀性。硫是铸坯中偏析最为严重的元素。硫与炼钢时加入的助剂氧化钙反应生成硫化钙排入渣中去除。

（3）去气（氢、氮）

① 去氢。炼钢炉料带有水分或由于空气潮湿，都会使钢中的含氢量增加。氢是钢中的有害元素，在钢的热加工过程中，气孔会沿着加工方向被拉长而形成裂纹，从而使钢材的强度、塑性以及冲击韧性降低，这种现象称为氢脆。在钢的各类标准中一般不作数量上的规定，但氢会使钢产生白点、疏松和气泡缺陷。低温下钢中氢的溶解度很低，相变应力也最大。在生产实践中发现高速钢不易产生白点，因为它需进行多火锻造，加热过程中氢扩散到大气中，致使氢含量降低。脱氢量和加热温度有关，在没有脱气设备进行真空处理的情况下，对一些断面比较大的白点敏感性强的钢件，可用扩散退火的方法处理，但这种脱氢方法不经济。钢坯中氢气向外扩散的数量和钢中成分有关，与氢亲和力大的 Ti、Zr 等元素含量增高时，析出的氢就少。冶炼时要注意原材料的干燥清洁，冶炼时间要短，要求严格的钢种应充分发挥炉内脱碳的去气作用，炉外吹 Ar

或真空处理，甚至采用真空熔炼的方法使钢中氢降到很低的水平。

② 去氮。氮由炉气进入钢中。氮在铁素体中的溶解度很小，且随温度的下降而减小。当钢材由高温较快冷却时，过剩的氮由于来不及析出便溶于铁素体中。随后在 200～250℃ 加热，将会发生氮化物的析出，使钢的强度、硬度上升，塑性大大降低，这种现象称为蓝脆。钢中的氮以氮化物的形式存在，氮化物的析出速度很慢，逐渐改变着钢的性能。氮含量高的钢种，长时间放置，将会变脆，这一现象称为"老化"或"失效"。降低钢中氮的方法是脱碳沸腾，吹 Ar 搅拌去气，真空下去气。由于氮的原子半径比较大，在铁液中扩散较慢，所以不如氢的去除效果好，钢中残余的氮可与 Ti、Nb、V、Al 结合生成氮化物，以消除影响，细小的氮化物有调整晶粒、改善钢质的作用。

（4）控制有害元素

Cu、Sn、As、Sb 等残余有害元素对钢质量和性能所造成的危害主要有恶化钢坯及钢材的表面质量，增加热脆倾向；使低合金钢发生回火脆性；降低连铸坯的热塑性，在含氢气氛中引起应力腐蚀；严重降低耐热钢持久寿命及引起热应力腐蚀。因此，在钢的生产中，要针对具体用途和钢种制定不同"标准"，合理安排组织生产。在资源条件及成本允许的情况下，可用生铁、直接还原铁等废钢代用品对钢中残余元素进行稀释处理。若资金允许，用废钢破碎、分离技术进行固态废钢预处理是明智的选择。钢液脱除技术是适于大规模生产的残余有害元素处理方法，可与炼钢过程同步进行，简便易行，但该方法需进一步研究和探讨。

（5）控制非金属杂质

钢中的非金属杂质按来源可分为内生夹杂和外来夹杂。内生夹杂主要有三种：脱氧脱硫工艺节点随着工艺温度的降低，硫、氧、氮等杂质元素的溶解度相应下降，以非金属夹杂物形式出现的生成物；凝固过程中因溶解度降低、偏析而发生反应的产物；固态钢相变溶解度变化的产物。外来夹杂有带入钢液中的炉渣和耐火材料；钢液被大气氧化所形成的氧化物。由于非金属夹杂对钢的性能会产生严重影响，因此在炼钢、精炼和连铸过程中，应最大限度地降低钢液中夹杂物的含量，控制其成分、形态及尺寸分布。通过改变夹杂物类别、改变夹杂物颗粒尺寸和分布、氧化物冶金等方法去杂。

2.3.3　炼钢工艺

（1）转炉炼钢

① 顶吹氧气转炉炼钢　由转炉顶部垂直插入的氧枪将工业纯氧吹入熔池，以氧化铁水中的碳、硅、锰、磷等元素，并放热提高熔池温度而冶炼成为钢水的转炉炼钢法。它所用的原料为铁水和部分废钢，添加石灰、萤石等造渣材料脱除磷和硫。转炉的出钢口封闭，转入废钢和兑铁水后，摇正炉体。在下降氧仓时，由炉口上方的辅助材料溜槽加入第一批渣料（石灰、萤石、铁皮）和作冷却剂用的铁矿石，将氧枪降至规定枪位，吹炼开始。

② 底吹氧气转炉炼钢　在底吹转炉冶炼中，氧气由分散在炉底上的数支喷嘴由下而上吹入金属熔池。由于氧流分散而均匀地吹入熔池，无反向气流作用，因此吹炼过程平稳，炉内反应迅速而均匀，钢渣间反应更趋于平衡，渣中氧化铁含量低，不喷溅，氧的利用率高。

（2）顶底复合吹炼钢

从转炉炉顶吹氧的同时又向炉底吹入不同气体进行吹炼的转炉炼钢方法。这是在顶吹氧气转炉炼钢法和底吹氧气转炉炼钢法的基础上发展起来的一种方法，它发挥了二者的优点，从而在一定程度上弥补了这两种方法的不足之处。复吹方法优越性体现在，从炼钢熔池上部通过顶吹氧枪供应炼钢主要用氧，同时从埋入炉底的喷嘴将氧或惰性气体，以及必要的粉剂吹入熔池，以增强熔池的搅拌，促进冶炼反应。

（3）电弧炉炼钢

电弧炉炼钢的主要原料是废钢，一般由补炉、装料、熔化、氧化、还原、出料等工序组成，分为熔化、氧化和还原三个周期。当给电弧炉电极施加一定电压时，电极之间就会通过强大的短路电流，产生很高温度，发射电子，并使电极间的空气发生电离，同时产生电弧。在将炉料依次加入到电弧炉的同时，升降电极的高度，通电直到将炉料熔融，该阶段为熔化期。炉料熔化完成后，转为氧化期。在氧化期通过吹氧或加入铁矿石，氧化钢水中的杂质元素，使炉气、炉渣与钢水分离，以达到除杂、净化和调整钢水成分的目的。经过氧化吹炼，钢水中仍含有一定的氧（FeO、Fe_2O_3、MnO 等）、硫等杂质，这些杂质是影响钢材质量的主要因素。在还原期，通过还原熔炼进一步除去氧、硫等杂质。最后当钢水、熔渣和温度均达到要求时，分别进行出钢、排渣。

2.3.4 炼钢排污与防治

以转炉炼钢的工艺排污与防治作分析。

① 原料输送、破碎、转运加工等节点产尘，设置除尘器治理。转炉炼钢烟气主要污染物为烟尘，采取除尘工艺治理，排放少量 SO_2 和氟化物。

② 废水主要为炼钢工程的氧枪高压水、炉体及其他冷却水、空压站冷却水和鼓风机房冷却水排水，设置循环冷却水系统循环使用。

③ 转炉钢渣加工为不同粒径的铁料；转炉含铁泥及产尘由节点除尘器收尘，制作成污泥球作为转炉辅助造渣剂。实现固废减量化、资源化。

2.3.5 案例分析

对某公司 60 万吨/年氧气顶底复吹转炉炼钢工程项目进行分析。

2.3.5.1 工艺流程

炼钢工程采用顶底复合吹炼转炉。高炉铁水用罐车运至炼钢厂房，由转炉加料跨 80t/20t 起重机将铁水兑入转炉，转炉吹炼完毕出钢至钢水包并经合金化后，在吹氩站进行吹氩喂丝处理，调整钢水氧化性、成分和温度。然后用钢包车把钢包运至钢水跨，由起重机运至连铸回转台上待用。钢渣由渣罐车运到渣库暂存。炼钢工艺流程见图 2-7。

2.3.5.2 污染控制

（1）废气污染物

① 转炉炼钢原料输送系统的皮带机头处、破碎机与振动筛处、散状料料仓等处产生粉尘。局部设置除尘系统，布袋除尘处理后粉尘排放浓度为 100mg/m³。

② 转炉炼钢时产生转炉烟气。烟气中含有大量的 CO 和烟尘，采取两级文氏管湿式未燃法净化工艺对转炉烟气进行净化，回收期的转炉烟气经逆止水封进入煤气柜。放散期的烟气通过放散烟囱点燃后排放，烟气中污染物为 CO_2 和烟尘，烟尘排放浓度为 100mg/m³。

炼钢使用的生铁为高炉来的脱硫后生铁，原料废钢中含硫很少，因而转炉煤气中 SO_2 含量也很少。由于炼钢时加入少量萤石作为助熔剂，烟气中会含有少量氟化物。

③ 连铸机燃烧煤气及柴油对钢水包干燥预热时，产生烟气 3000m³/h，主要污染物浓度为烟尘 1200mg/m³ 及 $SO_2$1380mg/m³，配套脱硫除尘措施处理后经烟囱排放。

④ 钢包吹氩和倾倒铸余时间段产生的含铁烟尘，采用布袋除尘器治理后有组织排放。

（2）废水

① 炼钢工程的氧枪高压水、炉体及其他冷却水、空压站冷却水和鼓风机房冷却水均为间接

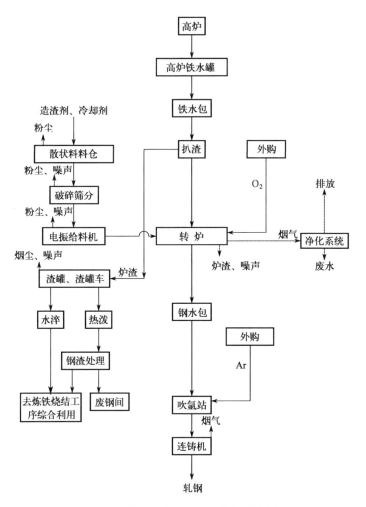

图 2-7 炼钢工艺流程及产排污节点图

冷却水，采用净循环水冷却，冷却水循环使用，循环使用过程水中会增加悬浮物，定期排浓水用作转炉烟气除尘。

② 转炉烟气净化采用循环水排浓水洗涤烟气除尘，洗涤烟气后的含悬浮物废水经沉淀池处理后，上清液循环使用，含悬浮物废水经过滤处理后，泥采取压滤处理，过滤及压滤产生清水循环使用，尘泥回收利用。

（3）固体废物

转炉炼钢工程产生的固体废物主要有钢渣、转炉尘泥、除尘器收集尘等。转炉钢渣年产生量为 $4.8 \times 10^4 \sim 7.2 \times 10^4$ t，经破碎、筛分、磁选加工成不同粒度的渣及铁料，实现综合利用。转炉含铁泥每年产生量 1.2×10^4 t（含水 30%），配以适当石灰加工成污泥球，供转炉作辅助造渣剂。除尘器每年约收灰 600t，原料输送、破碎等节点产生的收集尘，制成污泥球。

（4）噪声

主要噪声源有除尘风机、空压机、鼓风机、振动筛、水泵及冷却系统噪声等，采取吸声、消声、隔声、隔振、阻尼等措施，厂界达到《工业企业厂界环境噪声排放标准》（GB 12348—2008）排放限值。

思考题

1.请根据氧化铝拜耳法生产及电解铝生产工艺提出 6 种以上清洁生产方案，并分析。

2.赤泥堆存占地面积大，管理成本高，渗滤液易造成周围环境污染。请思考赤泥综合利用途径。

3.计算产能为 400kt/a 电解铝企业氟化物有组织和无组织排放量。论述电解铝厂含氟烟气排放对周边环境农作物及人群健康的影响。

4.请对炼铁、炼钢行业降碳路径进行研究。

参考文献

[1] 苏圣龙. 对炼钢生产中转炉炼钢脱氧工艺的探讨[J]. 冶金与材料，2022，42(04)：162-164.

[2] 卢元元，罗果萍，郝帅，等. 转炉炼钢操作平台的开发与应用[J]. 福建冶金，2023，52(04)：8-12.

[3] 赵尚. 现代冶金企业炼钢工艺参数的优化[J]. 冶金管理，2023，467(09)：43-45.

[4] 吴胜利，王筱留. 钢铁冶金学(炼铁部分)[M]. 4 版. 北京：冶金工业出版社，2019.

[5] 王筱留. 钢铁冶金学(炼铁部分)[M]. 2 版. 北京：冶金工业出版社，2005.

[6] 陈家祥. 钢铁冶金学(炼钢部分)[M]. 北京：冶金工业出版社，1990.

[7] 何志军，张军江，刘吉辉，李丽丽. 钢铁冶金过程环保新技术[M]. 北京：冶金工业出版社，2017.

化工生产与污染控制

3.1 化学工业简介

　　化学工业泛指生产过程中化学方法占主要地位的过程工业，凡运用化学方法改变物质组成、结构或合成新物质的技术，都属于化学生产技术，也就是化学工艺，所得产品被称为化学品或化工产品。化工行业渗透各个方面，是国民经济中不可或缺的重要组成部分。随着科技发展，化学工业由最初只生产纯碱、硫酸等少数几种无机产品和主要从植物中提取茜素制成染料的有机产品，逐步发展为一个多行业、多品种的生产部门，出现了一大批综合利用资源和规模大型化的化工企业。

　　化学工业是基础工业，它的内部分类比较复杂。过去把化学工业部门分为无机化学工业和有机化学工业两大类：前者主要有酸、碱、盐、硅酸盐、稀有元素、电化学工业等；后者主要有合成纤维、塑料、合成橡胶、化肥、农药等工业。随着化学工业的发展，跨类的部门层出不穷，逐步形成酸、碱、化肥、农药、有机原料、塑料、合成橡胶、合成纤维、染料、涂料、医药、感光材料、合成洗涤剂、炸药、橡胶等门类繁多的化学工业。另外从原料来源、产业性质等分类，化学工业还可以引申不同的分支。如从原料出发的燃料化工分支，从产品出发的无机化工、基本有机化工、高分子化工、精细化工等分支。燃料化工的原料是石油、天然气、煤和油页岩等可燃矿物，燃料化工生产的产品包括燃料和化工原料，后者主要是有机化工原料（其中合成气也用于生产无机化工产品，如合成氨等），石油化工也是基本有机化工的主要组成部分。石油化工、煤化工等可以生产塑料、合成橡胶、合成纤维三大合成材料，这是高分子化工的主要产品。因此，燃料化工、基本有机化工和高分子化工三者是有机地联系在一起的。

　　化学工业类别广、产品多，本章重点介绍现代煤化工（煤气化）和磷化工（磷酸）工业的生产过程、污染物的产生以及防治。

3.2 现代煤化工生产与污染控制

3.2.1 概述

　　煤化工是以煤炭为原料，通过化学加工将煤转化为气体、液体、固体燃料以及化学产品或半成品的过程。煤化工按不同的工艺路线分为煤焦化、煤气化和煤液化；按产品路线分为煤焦化-焦炭-电石、煤气化-合成氨、煤制醇醚、煤制烯烃和煤制油等。煤化工按照发展成熟度不同，可分为传统煤化工和现代煤化工，二者没有严格的界限。

　　传统煤化工主要为煤焦化产品链，包括合成氨和电石乙炔等产业链。

　　现代煤化工（又称新型煤化工、煤炭深加工）是指以煤为原料通过技术和加工手段生产替代石化产品和清洁燃料的产业，产品主要包括煤制氢、煤经甲醇制烯烃或芳烃、煤制乙二醇、煤制油、煤制天然气及低阶煤热解等。煤化工产业产品链见图 3-1。

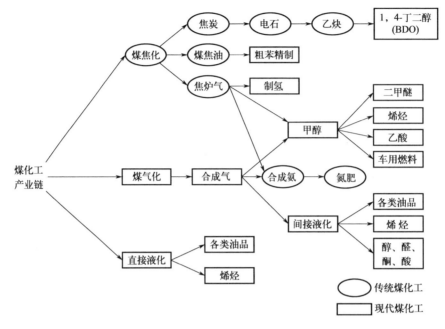

图 3-1　煤化工产业产品链

3.2.2　现代煤化工生产工艺及污染防治

现代煤化工生产主要应用于采用大型反应器和现代化工业单元的大型企业，主要的工业单元包括备煤、空气分离、煤气化、煤气变换、煤气净化、硫回收及煤气合成（煤基化学品生产）等，典型现代煤化工工艺流程见图 3-2。

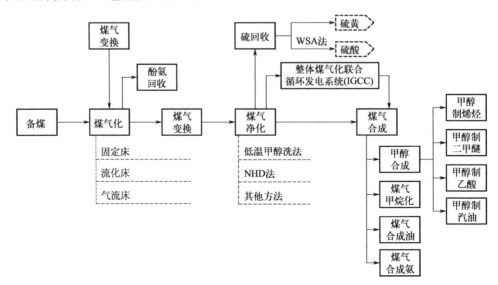

图 3-2　现代煤化工生产流程图

3.2.2.1 煤气化

煤的气化是指以煤或煤焦为原料，以氧气（空气、富氧或纯氧）、水蒸气或氢气等作气化剂（或称气化介质）在高温条件下通过化学反应，把煤或煤焦转化为燃料煤气或合成气的过程，该过程是一个热化学过程。气化所得的可燃气称为气化煤气，其主要成分包括 CO、H_2、CO_2、CH_4 等，其中 CO、H_2 在化工原料气中也被称为有效气。气化煤气可用作城市煤气、工业燃气和化工原料合成气等。

（1）煤气化基本原理

煤炭成分复杂，含碳、氢、氧和其他元素，因此气化炉中煤炭的气化反应是一个较为复杂的体系，一般情况下，气化反应主要考虑煤炭中的主要元素碳以及气化反应前煤干馏或热解，即气化反应主要是指煤中的碳与气化剂的反应、碳与反应产物以及反应产物之间进行的反应。气化反应按反应物的相态不同划分成非均相反应和均相反应。其中非均相反应是气化剂或气态反应产物与固体煤或煤焦的反应；均相反应是气态反应产物之间相互反应或与气化剂的反应。在气化装置中，由于气化剂的不同而发生不同的气化反应，同时存在平行反应和连串反应。一般将气化反应分为三种类型：碳-氧间的反应、水蒸气分解反应和甲烷生成反应。

碳-氧间的反应：

$$C+O_2 \Longrightarrow CO_2$$
$$2C+O_2 \Longrightarrow 2CO$$
$$CO_2+C \Longrightarrow 2CO$$
$$2CO+O_2 \Longrightarrow 2CO_2$$

上述反应中，碳与二氧化碳的反应常称为二氧化碳还原反应，是较强的吸热反应，需在高温条件下才能进行，除该反应外，其他三个反应均为放热反应。

在一定温度下，碳与水蒸气的反应：

$$C+H_2O \Longrightarrow CO+H_2$$
$$C+2H_2O \Longrightarrow CO_2+2H_2$$

上述反应是制造水煤气的主要反应，也称水蒸气分解反应，两反应均为吸热反应。反应生成的一氧化碳可进一步和水蒸气发生如下反应：

$$CO+H_2O \xrightarrow{\text{催化剂}} CO_2+H_2$$

该反应称为一氧化碳变换反应，也称均相水煤气反应或水煤气平衡反应，属于放热反应。在有关工艺过程中，为了把一氧化碳全部或部分转变为氢气，常在气化炉外利用这个反应，即设置变换工序，采用专用催化剂产氢。目前，一氧化碳变换反应催化剂按成分可分为铜锌系低温变换催化剂、铁铬系高温变换催化剂及钴铝系宽温耐硫变换催化剂三大类。

甲烷生成反应：煤气中的甲烷，一部分来自煤中挥发物的热分解，另一部分则是气化炉内的碳与煤气中的氢气反应以及气体产物之间反应的结果。

$$C+2H_2 \Longrightarrow CH_4$$
$$CO+3H_2 \Longrightarrow CH_4+H_2O$$
$$2CO+2H_2 \Longrightarrow CH_4+CO_2$$
$$CO_2+4H_2 \Longrightarrow CH_4+2H_2O$$

上述反应均为放热反应。

煤炭中还含有少量元素氮（N）和硫（S），其可能发生的反应如下：

$$S+O_2 \Longrightarrow SO_2$$
$$SO_2+3H_2 \Longrightarrow H_2S+2H_2O$$

$$SO_2 + 2CO \Longrightarrow S + 2CO_2$$

$$2H_2S + SO_2 \Longrightarrow 3S + 2H_2O$$

$$C + 2S \Longrightarrow CS_2$$

$$CO + S \Longrightarrow COS$$

$$N_2 + 3H_2 \Longrightarrow 2NH_3$$

$$2N_2 + 2H_2O + 4CO \Longrightarrow 4HCN + 3O_2$$

$$N_2 + xO_2 \Longrightarrow 2NO_x$$

上述反应生成含硫和含氮产物，可能对设备产生腐蚀，对环境产生污染。其中含硫化合物主要是硫化氢。COS、CS_2 和其他含硫化合物仅为次要产物。在含氮化合物中，氨是主要产物，NO_x（主要是 NO 和少量的 NO_2）和 HCN 为次要产物。

前文所列气化反应为煤炭气化的基本化学反应，不同气化过程由上述或其中部分反应以串联或平行的方式组合而成。上述反应方程式指出了反应的初终状态，可用于物料衡算和热量衡算，同时也可用于计算反应方程式所表示反应的平衡常数。

（2）煤气化工艺技术

煤气化技术按照煤与气化剂在气化炉内运动状态可分为固定床（移动床）、流化床（沸腾床）、气流床和熔融床气化法四类。熔融床气化技术相对落后，未进行商业化生产，目前已淘汰，以下详细说明前三种煤气化技术工艺。

① 固定床气化技术。固定床气化技术中，块煤或煤焦由气化炉顶加入，气化剂由炉底加入。固体在气化炉中由于流动气体的上升流，可实现非常缓慢地下移，处于相对固定状态，含有残炭的炉渣最终自炉底排出。固定床固态排渣气化技术主要有德国鲁奇公司开发的 Lurgi 炉、赛鼎工程有限公司开发的赛鼎炉；固定床熔渣气化技术主要有英国天然气公司和德国鲁奇公司联合开发的 BGL 炉；昊华骏化集团有限公司开发的移动床纯氧连续气化技术（简称"T-G 炉"）；昌昱实业有限公司开发的低压纯氧连续气化昌昱炉。

② 流化床气化技术。流化床气化主要以小颗粒煤为气化原料，其在自下而上的气化剂作用下，保持连续不断的无序沸腾和悬浮状态，迅速进行混合和热交换，实现整个床层温度和组成的均一。流化床气化技术常见的有温克勒公司开发的适用于褐煤等劣质煤种的 HTW 粉煤气化技术，德国鲁奇公司开发的循环流化床（CFB）气化技术；美国燃气技术研究院开发的灰熔聚（U-Gas）流化床气化技术。

③ 气流床气化技术。气流床气化根据进料方式的不同，可分为水煤浆和干粉煤两类，前者将粉煤制成煤浆，泵送入气化炉，后者是气化剂将粉煤夹带入气化炉，高温气化后，残渣以熔渣形式排出。随着气化炉内气流运动，未反应的气化剂、煤热解挥发产物及燃烧产物裹挟煤焦粒子高速运动并进行煤焦粒子的气化反应。目前干粉煤气流床技术主要有 Shell 气化技术、HT-L 技术、"神宁炉"技术、GSP 技术、SE 东方炉技术等；水煤浆气流床技术主要有德士古（Texaco）气化技术、多喷嘴水煤浆气化技术、"清华炉"技术、E-Gas 气化技术等。

（3）典型煤气化技术工艺及污染防治

以工业化生产应用广泛的干粉煤气流床煤气化技术为典型进行工艺流程和污染控制详细分析。其系统的工艺流程及排污节点见图 3-3。

① 工艺流程。原料煤预处理及配煤得到给料罐粉煤，经粉煤加料器由高压二氧化碳气送入粉煤烧嘴，气化剂纯氧（常温）及高压蒸汽送入粉煤烧嘴，喷入气化炉反应室内，在一定压力下进行气化反应，生成主要成分为 H_2、CO、CH_4、H_2O 及 CO_2 的粗合成气。反应后的高温合成气与熔融状炉渣和灰分一起进入激冷室水浴。大部分灰渣冷却后，落入激冷室底部，饱和增湿、初步洗涤后的粗合成气经混合器、旋风分离器以及洗涤塔除尘冷却后送往变换单元。

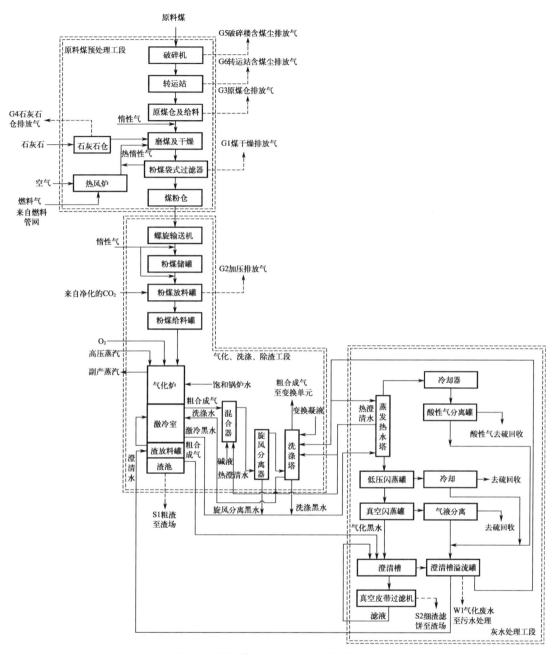

图 3-3　气化单元工艺流程及排污节点图

② 污染来源及控制。废气主要有酸性气分离罐、低压闪蒸罐以及真空闪蒸罐分离出的酸性气体。通过酸性气分离罐、低压闪蒸罐以及真空闪蒸罐分离出的酸性气体均去硫回收装置回收硫黄。

气化过程中产生的废水为黑水。部分可直接回用于蒸发热水塔，剩余部分黑水去澄清槽，经澄清后溢流的澄清水回用于洗涤塔以及蒸发热水塔，澄清槽中，未能回用的黑水最终进入企业工业污水处理站处理。

固体废物主要为煤气化渣池产生的气化粗渣以及黑水处理过程中产生的气化细渣。气化粗渣及黑水处理过程中产生的气化细渣主要含硅酸盐、未转化完全的煤颗粒，须定期捞出后送至合规渣场堆存。

3.2.2.2 煤气变换

（1）工艺流程

变换装置的目的是在催化剂的催化作用下，将粗煤气中的部分 CO 与蒸汽反应变换为 H_2 和 CO_2，使变换后合成气中的 CO 和 H_2 比例达到后续工序的使用要求。由于变换反应为放热反应，可利用反应放出的热量根据全厂需要副产不同压力等级的蒸汽。煤气变换主要流程为粗合成气经气液分离后进入低压蒸汽发生器降温并副产蒸汽，调节其中水气比（水蒸气和干基合成气的体积比）至合理范围，合成气中大部分水蒸气被冷凝下来，冷凝液送气化单元回用，而后合成气经变换气预热后进入脱毒槽，通过脱毒剂脱除合成气中的灰尘及其他有毒有害杂质，保护后面工序的变换催化剂。脱毒后的合成气送入变换反应炉发生变换反应，其中部分一氧化碳和水蒸气反应生成氢气和二氧化碳，使变换后合成气中的一氧化碳和氢气比例达到后续工序生产的需求。反应后的高温变换气经过高压蒸汽过热器、粗合成气预热器、高压蒸汽发生器、低压蒸汽过热器/锅炉给水预热器降温，进入水解反应器，合成气中氧硫化碳在该反应器中与水蒸气发生水解反应转化为下游更易于脱除的硫化氢和二氧化碳。最后合成气经终冷器和气液分离后送往净化单元。低压锅炉给水经过低压蒸汽发生器成为低压蒸汽，部分饱和蒸汽为装置供热和汽提变换热量，剩余的蒸汽经过热器过热后送往企业蒸汽管网；高压锅炉给水经过预热后通过高压蒸汽发生器成为高压蒸汽，同样与高温变换气换热后送入企业蒸汽管网。变换装置工艺流程及排污节点见图 3-4。

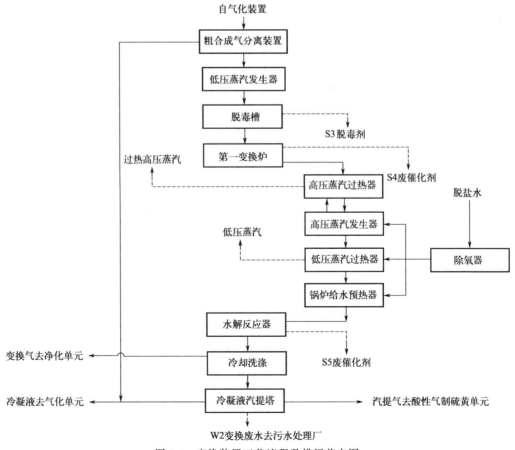

图 3-4　变换装置工艺流程及排污节点图

（2）排污分析及污染控制

废气主要有汽提塔的酸性（含硫）气体，送去硫回收装置回收硫黄。

废水主要有汽提塔气液分离器产生的变换废水，妥善收集后进入企业工业污水处理站。

固体废物主要为脱毒槽产生的脱毒剂以及变换炉、水解反应器产生的废催化剂，均属于有毒性的危险废物，需由有资质单位收集处置或者厂家回收再生。

3.2.2.3　煤气净化

（1）工艺流程

气体净化装置的目的是脱除合成气中的 H_2S、CO_2 和 COS 等酸性气体。从国内外煤气化装置中所采用的脱除酸性气体的工艺来看，活化 N-甲基二乙醇胺（MDEA）法、聚乙二醇二甲醚（NHD）法、低温甲醇洗法较常见。从吸收能力和溶液循环量、选择性、净化度、操作费用、装置投资等诸方面而言，低温甲醇洗法、NHD 和 MDEA 工艺各有所长。鉴于低温甲醇洗消耗和运行费用较低，技术成熟可靠，目前国内绝大多数煤化工项目均采用低温甲醇洗进行气体净化，低温甲醇洗净化技术是利用甲醇溶液对 CO_2、H_2S 能进行选择吸收（物理吸收）的特性来脱除合成气中的酸性气体。煤气净化工艺流程及排污节点见图 3-5，主要工艺流程描述如下：

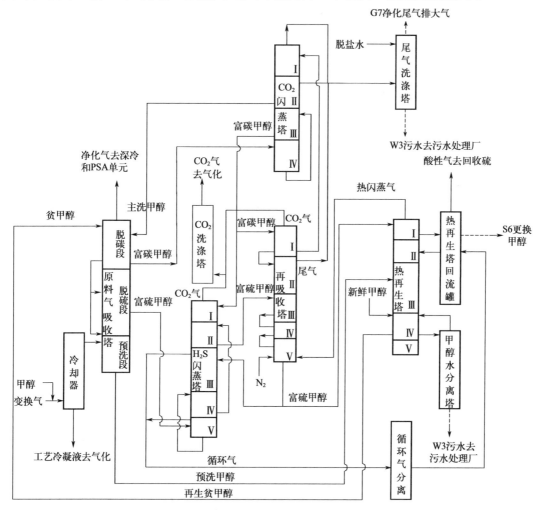

图 3-5　净化装置工艺流程及排污节点图

① 原料气冷却。变换后的原料气混小股甲醇防冻结，经换热器冷却后至原料气吸收塔。

② H_2S/CO_2 吸收。原料气吸收塔自上而下分为脱碳（CO_2 组分）、脱硫（H_2S 及 COS 组分）、预洗段。变换原料气进入硫化氢预洗段，用一小股过冷甲醇吸收残余的 NH_3 和 HCN 等微量杂质后，预洗甲醇至预洗闪蒸罐。原料气经烟囱塔盘进入吸收塔的脱硫段，用来自脱碳段富含 CO_2 的甲醇来吸收 H_2S 和 COS，富含 H_2S 的甲醇离开硫化氢吸收段进入 H_2S 闪蒸塔进行闪蒸再生，脱硫后的气体进入 CO_2 吸收段底部。在 CO_2 吸收段，主洗甲醇（闪蒸再生的甲醇）和精洗甲醇（热再生的甲醇）共同脱除合成气中的 CO_2。净化后的合成气根据工业产品的需求进入下一步工序。

③ 闪蒸再生。从 H_2S 吸收段烟囱塔盘来的富 H_2S 甲醇经冷却后，进入 H_2S 闪蒸塔第五段，从再吸收塔底来的富 H_2S 甲醇送入 H_2S 闪蒸塔第三段，闪蒸出部分 CO_2 和溶解的 H_2 和 CO 作为循环气。循环气被送到循环气压缩机分离罐以脱除液体组分。从 H_2S 闪蒸塔第四段来的含硫甲醇送入该塔第二段，闪蒸出溶解的 CO_2 气体。从 CO_2 闪蒸塔第三段来的富 CO_2 甲醇被送入 H_2S 闪蒸塔顶段。从 H_2S 闪蒸塔第二段来的含硫甲醇送入再吸收塔第三段上部。

从 CO_2 吸收段积液槽来的部分含碳甲醇经冷却后，进入下部的 H_2S 吸收段、预洗段和 H_2S 闪蒸塔顶段，剩余部分流入 CO_2 闪蒸塔第四段进行闪蒸。塔底富含 CO_2 的甲醇循环回该塔第三段，从 CO_2 闪蒸塔第三段抽出的富含 CO_2 甲醇一部分被送入再吸收塔最顶部进行低压闪蒸，释放出大量不含硫的 CO_2 产品气，一部分送入 H_2S 闪蒸塔顶段。再吸收塔顶段的甲醇返回 CO_2 闪蒸塔的顶段。第二段的闪蒸液则经过主洗甲醇泵加压后返回 CO_2 吸收塔作为主洗甲醇。

来自再吸收塔上部富含 H_2S 的甲醇进入再吸收塔下部，通过氮气汽提释放出更多 CO_2。再吸收塔底部富 H_2S 甲醇通过热再生进料泵送到一系列换热器加热后，一部分送入 H_2S 闪蒸塔第三段，一部分进入热再生塔。来自再吸收塔第二段的闪蒸气经换热后与 CO_2 闪蒸塔尾气都进入尾气洗涤塔。

④ 热再生。富含硫的甲醇和预洗甲醇进入热再生塔再生。甲醇是通过甲醇蒸气汽提完全再生。从热再生塔塔顶来的甲醇蒸气/酸性气混合物，经过一系列换热器后部分冷凝，进入热再生回流罐，冷凝液与酸性气在此分离通过泵返回热再生塔第二段顶部。离开热再生回流罐的酸性气经进一步冷却后送入克劳斯气体分离罐以降低气体中的甲醇含量，之后作为酸性气送出界区。在克劳斯分离罐中收集的冷凝液和甲醇通过重力返回热再生回流罐中。热再生塔再生的贫甲醇通过 CO_2 吸收塔进料泵加压和一系列换热器冷却后送到原料气吸收塔顶部。

⑤ 甲醇水分离。甲醇水分离塔是通过蒸馏去除由原料气带入的水，使甲醇循环回路中的水含量保持较低水平，确保甲醇的吸收性能。自热再生塔的贫甲醇一部分进入甲醇水分离塔的积液段通过再沸器再沸，顶部甲醇蒸气送回热再生塔中作为汽提介质，塔底排出含有杂质的废水。

⑥ 尾气洗涤。在尾气洗涤塔中，来自再吸收塔及 CO_2 闪蒸塔的尾气被来自界区的脱盐水洗涤，从而减少甲醇含量，塔顶尾气经烟囱排放到大气中。

⑦ CO_2 产品气洗涤。在 CO_2 产品气洗涤塔中，来自再吸收塔及闪蒸塔顶部的 CO_2 产品气被来自界区的脱盐水洗涤，从而减少甲醇含量，产品气从塔顶排出送入气化炉原料处理工段作为粉煤锁斗加压气。

（2）排污分析及污染控制

废气主要有尾气洗涤塔排放气，热再生塔排放的酸性气体。尾气洗涤塔排放气主要含甲醇、CO_2、H_2S 等污染物，经脱盐水洗涤降低污染物浓度至达标后通过排气筒外排。热再生塔产生的酸性气体去硫回收装置回收硫黄。

废水主要有尾气洗涤塔废水，甲醇水分离塔废水，经收集后可回用于生产。

固体废物主要为热再生塔定期更换的污甲醇，属于危险废物，经妥善收集后交有资质单位处置。

3.2.2.4　硫回收

通常煤制煤气中含有一定数量的硫化物，其含量和形态主要取决于煤种性质及加工条件。对净化后合成气进行硫回收可以有效减轻环境污染并实现有价值硫产品回收。国内外硫回收工艺种类繁多，常见的方法有两类：一类是以克劳斯法（Claus）反应为基础将酸性气体中 H_2S 制成硫黄并加以回收；另一类是将酸性气体作为制酸原料，生产工业硫酸产品的硫回收。下面主要介绍常用的克劳斯硫回收工艺。

（1）工艺原理

早期克劳斯法是在催化反应器中用空气将 H_2S 直接氧化得到硫黄。

$$2H_2S + O_2 \Longrightarrow 2S + 2H_2O$$

该反应为强放热反应，温度高不利于反应的进行，一般要求维持在 $250 \sim 300℃$。由于合成气中 H_2S 含量高，使催化床层温度很难控制，因此限制了克劳斯法的广泛使用。后将该法进行改进，将上述反应式分两步进行，第一步反应热量大，将含硫气体直接引入高温燃烧炉，对反应热加以回收利用，并使气体温度降至适合第二步进行催化反应的温度后，进入催化床层反应生成硫黄，其化学反应式为：

$$2H_2S + 3O_2 \Longrightarrow 2SO_2 + 2H_2O$$
$$2H_2S + SO_2 \Longrightarrow 3S + 2H_2O$$

第一步反应消耗 H_2S 为总量的 1/3，第二步为 2/3。第二步是克劳斯法技术控制的关键，常将第二步反应称为克劳斯反应。

（2）工艺方法

为满足含硫气体燃烧后，其出口混合气体中 H_2S/SO_2 的摩尔比为 $2:1$，符合克劳斯反应所要求的控制比例，根据进料酸性气体中 H_2S 含量不同而采用三种不同的工艺。

① 部分燃烧法。大部分酸性气体送入燃烧炉，控制空气加入量进行燃烧，出燃烧炉的反应气经冷凝除硫后进入转化器。由少量未送入燃烧炉的酸性气体与适量的空气，在各级再热炉中发生燃烧反应，以提供和维持转化器的反应温度。该法适用于 H_2S 含量 50％以上的酸性气。部分燃烧法克劳斯工艺流程见图 3-6。

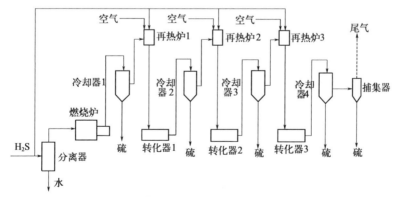

图 3-6　部分燃烧法克劳斯工艺流程图

② 分流法。当进料酸性气中 H_2S 含量为 15％～50％时，采用部分燃烧法反应放出的热量不足以维持燃烧炉的温度，在此情况下，可采用分流法工艺。将 1/3 酸性气送入燃烧炉，加入足量的空气，H_2S 完全燃烧转化为 SO_2，再与其余的 2/3 酸性气混合成为 $H_2S/SO_2 = 2:1$ 的混合气体后，进入二级转化器进行转化。该工艺流程具有反应条件容易控制、操作简易可行等优点。分流法克劳斯工艺流程见图 3-7。

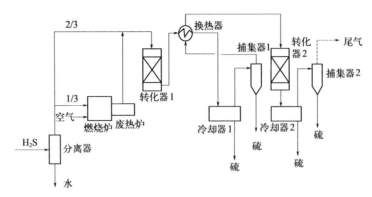

图 3-7　分流法克劳斯工艺流程图

③ 直接氧化法。进料酸性气中 H_2S 含量小于 15% 时，可采用直接氧化法。由于进料气中 H_2S 含量低，难以使用燃烧炉，采用预热炉将气体加热到所要求的反应温度。进料气中配入需要的空气量，混合后直接进入催化反应器，将 H_2S 直接转变为硫黄，该法虽经二级转化，但转化率较低，为提高转化率，可采用三级或四级转化。直接氧化法克劳斯工艺流程见图 3-8。

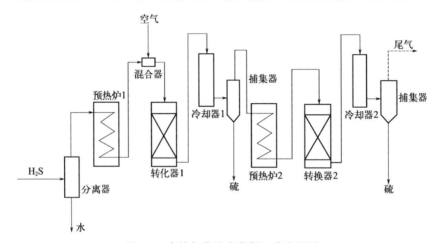

图 3-8　直接氧化法克劳斯工艺流程图

（3）硫回收装置污染识别及污染控制

废气主要为克劳斯尾气焚烧炉产生的燃烧烟气。来自各装置的酸性气经克劳斯反应器处理后，外排的尾气中含少量 H_2S，去焚烧炉焚烧，焚烧产生的烟气主要含 H_2S 及 NO_x，烟气采用碱液进行吸收净化达标后，通过烟囱排放。

废水主要有进气分液罐和选择氧化罐出来的工艺凝液和含盐废水。主要含 COD，且属于高盐废水，妥善收集后送企业工业污水处理站处理。

固体废物主要为克劳斯反应器产生的废催化剂。需根据采用的催化剂种类进行确定是否为危险废物，根据确定后的固废性质采取不同的处置方式。

3.2.2.5　煤基化学品合成

（1）甲醇合成及精制

① 工业生产甲醇通常通过煤、天然气或石油产出的合成气 CO、CO_2 和 H_2 在催化剂作用下合成，主要发生以下反应。

主反应：

$$CO+2H_2 \xrightarrow{\text{催化剂}} CH_3OH+Q$$

$$CO_2+3H_2 \xrightarrow{\text{催化剂}} CH_3OH+H_2O+Q$$

平行副反应：

$$CO+3H_2 === CH_4+H_2O$$

$$2CO+2H_2 === CH_4+CO_2$$

$$4CO+8H_2 === C_4H_9OH+3H_2O$$

$$2CO+4H_2 === CH_3OCH_3+H_2O$$

连串副反应：

$$2CH_3OH === CH_3OCH_3+H_2O$$

$$CH_3OH+nCO+2nH_2 === C_nH_{2n+1}CH_2OH+nH_2O$$

$$CH_3OH+nCO+2(n-1)H_2 === C_nH_{2n+1}COOH+(n-1)H_2O$$

② 流程简述。

a. 甲醇合成：目前以 CO 和 H$_2$ 为原料合成甲醇的方法主要采用中、低压工艺，合成压力为 5～10MPa，温度为 240～290℃，选用活性较高的铜锌基催化剂。主要流程为合成气经压缩、换热后，进入甲醇合成反应器，在催化剂床中进行合成反应。反应热通过循环沸腾水汽化热带出。从反应器出来的反应气体中约有 7%（体积分数）的甲醇，它们经过换热器换热后进入水冷凝冷却器，使甲醇冷凝，然后通过分离器将液态甲醇与未反应的气体分离，获得粗甲醇。然后将粗甲醇送入低沸物塔，将压力降至 0.35 MPa 左右，闪蒸出溶解的气体后再送去精制。在分离器分出的气体中还含有大量未参加反应的 H$_2$ 和 CO，部分排出系统，以使系统内的惰性气体在一定浓度范围内。排放出去的气体可作燃料用，其余气体与合成气相混合以便继续循环利用，甲醇合成塔副产的蒸汽进入蒸汽管网。甲醇合成工艺流程及排污节点见图 3-9。

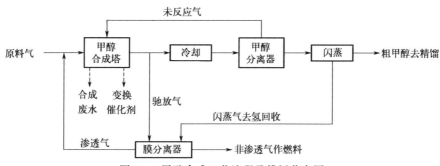

图 3-9　甲醇合成工艺流程及排污节点图

b. 甲醇精制：粗甲醇中含有易挥发的低沸点组分（如 H$_2$、CO、CO$_2$、二甲醚、乙醛和丙酮等）和难挥发的高沸点组分（如乙醇、高级醇和水等），所以需通过精馏的办法制得精甲醇。粗甲醇进入预精馏塔，低沸点副产物被上升的甲醇蒸气带出塔外。出塔物流经冷凝器冷凝后进入回流罐，分成气液两相。气相为被甲醇和水饱和的低沸点物质，作为尾气从回流罐顶部释放出去，之后继续进入尾气冷凝器回收剩余甲醇，最终排放的不凝气与氢回收尾气合并进入燃料气管网。回流罐中的冷凝液经回流泵加压后作为下流物从顶部塔板返回预精馏塔。塔底液态产物取出一部分经低压蒸汽再沸器加热后转变成上升气流返回塔内，其余送出预精馏塔。从预精馏塔塔底送出的甲醇水溶液进入甲醇精馏塔。从甲醇精馏塔顶部出来的气相粗甲醇经空冷、终冷以后，进入回流罐，然后经回流泵加压，一部分返回塔内；另一部分作为产品送出。加压塔和常压塔各自承担甲醇精馏负荷的 40%～60%，常压塔塔底再沸器所用热量来自加压塔塔顶气相甲醇冷凝时放出的热量。在常压塔提馏段靠近塔底的塔板（盘）上设置杂醇油采出侧线，杂醇油可作为燃料出售，可使塔底废水中有机物的含量降至 100mg/L 以下。甲醇精制工艺流程及排污节点见图 3-10。

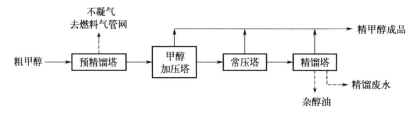

图 3-10　甲醇精馏工艺及排污节点图

③ 甲醇合成及精馏装置排污分析及污染控制。甲醇合成装置废气主要有合成驰放气（主要含 H_2、甲烷、CO、CO_2），粗甲醇闪蒸气（主要含 H_2、甲烷、CO、CO_2、CH_3OH、H_2O）；精馏装置产生的驰放气主要含甲烷、CO、CO_2、CH_3OH、二甲醚。以上废气可以收集作为燃料气回用，不外排。

甲醇合成产生的废水主要含 CH_3OH、COD、BOD_5 等污染物，精馏废水主要含 COD、CH_3OH、二甲醚等污染物，妥善收集后送去企业工业污水处理站集中处理。

甲醇合成废催化剂主要含 CuO、ZnO 等，属于危险废物，收集后暂存于危废暂存间，交有资质单位处置。杂醇油主要含甲醇、杂醇、水等物质，收集后回用于生产。

（2）甲醇制烯烃（MTO）

① 工艺原理。甲醇经汽化、过热后进入 MTO 反应器，在高选择性催化剂的作用下生成以乙烯、丙烯为主的反应气。甲醇制烯烃的核心为甲醇转化部分，主要包括以下反应：

$$2CH_3OH \Longrightarrow C_2H_4(乙烯) + 2H_2O$$
$$3CH_3OH \Longrightarrow C_3H_6(丙烯) + 3H_2O$$
$$nCH_3OH \Longrightarrow C_nH_{2n}(烯烃) + nH_2O$$
$$2CH_3OH \Longrightarrow CH_3OCH_3(二甲醚) + H_2O$$
$$nCH_3OCH_3 \Longrightarrow 2C_nH_{2n} + nH_2O$$

② 合成工艺流程。

a. 甲醇制烯烃：甲醇制烯烃装置工艺流程主要包括反应-再生系统，急冷、水洗、汽提系统，烟气处理系统。主要工艺流程及排污节点见图 3-11。

反应-再生系统：来自上游甲醇合成的甲醇经甲醇-净化水换热器和甲醇-凝结水换热器升温，再经甲醇-蒸汽换热器换热使甲醇气化，然后进入甲醇反应器的过热器过热后进入反应器。在反应器内甲醇与催化剂接触，在催化剂作用下迅速进行放热反应。反应气经两级旋风分离器除去携带的大部分催化剂后，再经反应气三级旋风分离器除去所夹带的部分催化剂，然后经回收热量降温后送至急冷塔下部。由反应气三级旋风分离器回收下来的催化剂经反应气四级旋风分离器后进入反应气三旋回收催化剂储罐，回收的催化剂细粉累积一定量后，通过反应废催化剂压送罐用氮气压送至再生器，或者直接装袋运走。反应后高积炭的待生催化剂进入待生汽提器汽提，汽提后的待生催化剂经待生提升管由氮气提升至再生器。在再生器内与主风顺流接触烧焦，再生催化剂进入再生器内置的再生汽提器，用氮气置换再生催化剂携带的烟气，汽提后的再生催化剂进入再生器冷循环外取热器取热降温，冷却后催化剂经再生立管、再生滑阀，用蒸汽提升进入反应器。再生烧焦烟气经再生器旋风分离器除去所夹带的催化剂后，经双动滑阀、降压孔板后送至 CO 焚烧炉、余热锅炉回收热量后，进入烟气除尘单元除去烟气中的催化剂粉尘后，通过烟囱排放大气。

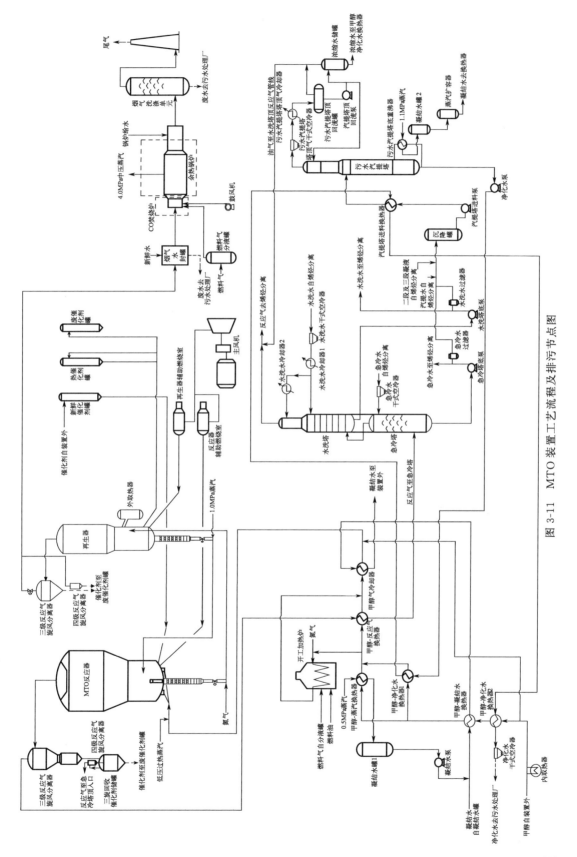

图 3-11　MTO 装置工艺流程及排污节点图

急冷、水洗、汽提系统：经热量回收后，富含乙烯、丙烯的反应气与来自反应气旋风分离器的气体汇合进入急冷塔下部。急冷塔内设有人字挡板，反应气自下而上与急冷水逆流接触，洗涤反应气中携带的少量催化剂并完成脱热。急冷塔底急冷水自塔底抽出，经急冷塔底泵升压后分成两部分，一部分送至烯烃分离单元作为热源，经换热后返回、再经空冷器冷却后返回急冷塔，另一部分经过滤后送至沉降罐。出急冷塔顶的反应气进入水洗塔下部。反应气自下而上与水洗水逆流接触，降低反应气的温度，并将反应气中的水冷凝下来，水洗塔底冷却水抽出后经水洗塔底泵升压后分成两路，一路过滤后进入沉降罐，另一路先与烯烃分离装置换热、再经急冷水冷却器冷却后返回水洗塔。出水洗塔顶的反应气送至烯烃分离装置。冷水、水洗水经沉降罐沉降后，由汽提进料泵升压后进入污水汽提塔，汽提后的塔底净化水经热量回收后部分送至烯烃分离装置，剩余送至集中污水处理厂（站）。

烟气处理系统：含有大量 CO 的烧焦再生烟气经烟气水封罐进入 CO 焚烧炉，经补充空气燃烧后进余热锅炉，依次经过余热锅炉蒸发段、过热段、省煤段降温后排入烟气除尘系统。在烟气洗涤塔的除尘湍冲段，烟气与湍冲喷嘴提供的洗涤液逆流接触，烟气被降温至饱和状态，烟气中的大部分颗粒物被洗涤去除。然后，烟气在洗涤塔内气液分离后进入消泡器组件，通过消泡器组件将细微颗粒物聚积的气泡消除，使得烟气在洗涤塔内再次得以净化去除细颗粒。净化烟气随后再经洗涤塔内置的两层人字形除沫器除沫，最后经烟囱达标排放。洗涤塔定期外排废水、烟气水封水等送至集中污水处理厂（站）。余热锅炉连续排放及间歇排放排污水，经闪蒸回收后送至循环水场补充水。

b. 烯烃分离装置：烯烃分离装置由反应气压缩、酸性气体脱除、反应气干燥、高低压脱丙烷、脱甲烷、脱乙烷、乙炔加氢、乙烯精馏、丙烯精馏、脱丁烷、丙烯制冷和公用工程系统部分组成。烯烃分离工艺流程及排污节点见图 3-12。

工艺气压缩：来自 MTO 装置的反应气、蒸汽裂解（SCU）装置的裂解气进入工艺气压缩机一级吸入罐，冷凝分离出反应气中的液体。一级吸入罐的气相进入工艺气压缩机。前三级将气体增压至脱丙烷塔的正常操作压力后进入碱洗水洗塔，每一级均有一个级间冷却器和一个气液分离罐来除去冷凝下来的液体，液体返回 MTO 装置污水汽提塔；第四级压缩脱丙烷塔的塔顶气体。

碱洗水洗塔：共包括三部分，以除去气体中的氧化物和二氧化碳、硫化物等。下部为水洗部分，用汽提水除去氧化物。中部和上部为碱洗部分，以降低工艺气中硫化物、二氧化碳（酸性气）的浓度，满足烯烃产品的要求。水洗段采用 MTO 装置来的净化水，水洗后返回 MTO 装置污水汽提塔。碱洗段塔底废碱液送至甲醇污水处理装置处理。碱洗塔在运行过程中为碱性环境，产品气中的醛、酮等氧化物发生缩聚反应生成黄油，黄油从弱碱段黄油侧排出，收集在密闭的黄油罐中，定期将黄油罐中的黄油排至黄油槽或药剂桶中送出，委托有资质单位处理。

干燥器再生和燃料气：从干燥器进料分离罐来的工艺气在工艺气干燥器中干燥，以防止在后续的低温操作中发生结冰和水化物形成。气相干燥系统有两个干燥器，一开一备（再生），再生周期为 48 小时。工艺气干燥器废干燥剂定期更换，废干燥剂及装填废瓷球定期外委有资质单位处理。

脱丙烷塔：从工艺气干燥器来的干燥工艺气，及 C_3 精馏和 C_2 精馏塔的少量不凝气送到脱丙烷塔。脱丙烷塔分离 C_3、轻组分、C_4 和更重的组分。脱丙烷塔塔顶气体在工艺气压缩机四级压缩。压缩机排出气逐级冷却后，气液在脱丙烷塔回流罐分离。液体大部分返回脱丙烷塔顶部作为回流，气相和剩余液体，流向冷却装置进一步冷却。

脱甲烷塔及冷却装置：脱丙烷塔回流罐来的混合相进一步冷却后进入脱甲烷塔。在脱甲烷塔汽提段，甲烷和其他轻组分被脱除来满足乙烯产品的规格。脱甲烷塔底的产品基本无甲烷，只包括 C_2 和 C_3。部分塔底流送到脱乙烷塔，其他的送至脱乙烷塔。

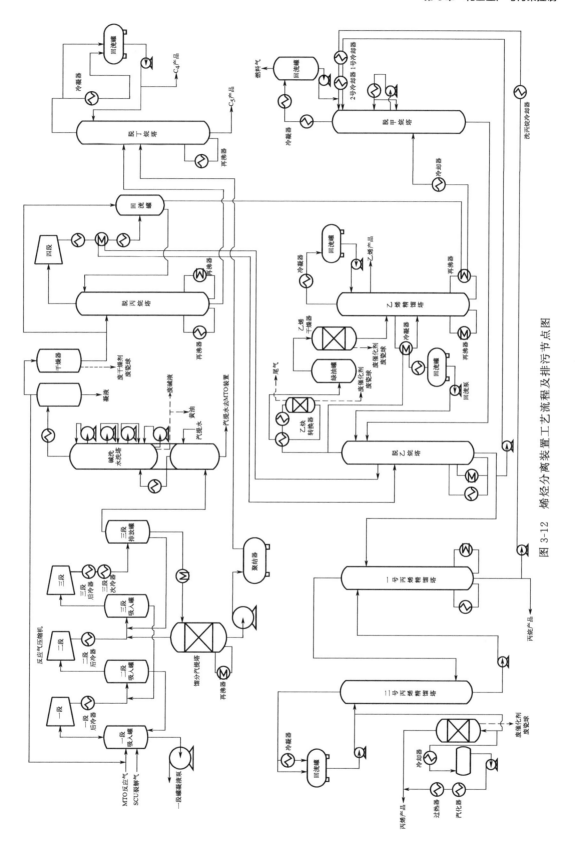

图 3-12　烯烃分离装置工艺流程及排污节点图

脱乙烷塔：从脱甲烷塔底来的包含 C_2 和 C_3 的液体料，被送到脱乙烷塔。脱乙烷塔将混合的 C_2 和 C_3 液分离成为一股混合的 C_2 物流和一股混合的 C_3 物流，再分别进一步精馏到聚合级的烯烃。塔底 C_3 流部分用脱乙烷塔塔底泵送入脱甲烷塔，用作洗油来回收乙烯，其他的 C_3 流向 C_3 精馏塔。

乙炔转化器和 C_2 精馏塔：脱乙烷塔顶的 C_2 气相冷却后进入乙炔转化器进行加氢反应。加氢反应器内装填催化剂，需定期再生，再生时先进行氮气吹扫置换，再生末期尾气排入大气。加氢后的 C_2 回收热量进入乙烯保护床。乙烯保护床废催化剂及装填废瓷球定期送有资质单位处理。乙烯保护床的 C_2 物料被送到 C_2 精馏塔，塔顶为乙烯产品，送出界区；塔底为乙烷产品，冷量回收后送至 SCU 装置。

C_3 精馏塔和脱除塔：C_3 精馏塔是一个双塔系统，一个下塔和一个上塔。从脱乙烷塔底来的 C_3 料进入 C_3 精馏塔，塔顶产出丙烯产品，经冷却后进入丙烯产品保护床，保护床废催化剂及装填废瓷球定期送有资质单位处理。塔底丙烷产品送至 SCU 装置。

脱丁烷塔：塔顶分离 C_5 及更重的组分，塔顶分离出 C_4 和轻组分。脱丙烷塔底和馏出物汽提塔进料至脱丁烷塔。塔顶气相冷凝后，部分回流，部分作为混合 C_4 产品采出；塔底 C_5 产品冷却后送出界外。

③ 甲醇制烯烃污染识别及控制。

a. MTO 污染识别及控制。MTO 装置废气主要为催化剂再生烟气。主要含颗粒物、氮氧化物，烟气经再生器内部的两级旋风分离后，经三级再生气旋风分离后送至 CO 焚烧炉补充空气燃烧。高温烟气经余热回收热量后，进入烟气除尘系统除尘，再采用洗涤液逆流接触洗涤和经消泡器组件消泡除细颗粒，最终通过烟囱排入大气。

废水主要有汽提塔塔底净化水、烟气除尘设施废水、烟气水封罐排水、装置冲洗水、余热锅炉排污水等。催化剂再生烟气汽提塔底净化水主要含少量的油类、SS 等，经装置内部热量回收后，部分送烯烃装置回用，部分送至企业工业污水处理装置处理。烟气除尘设施废水、烟气水封罐排水、装置冲洗水等生产废水主要含 COD、BOD_5、SS 及油类物质，送至企业工业污水处理装置处理。

固体废物主要为废催化剂，含 Si、Al、Co-Mo 等，属于危险废物，收集后暂存于危废暂存间，定期交有资质单位处置。

b. 烯烃分离装置污染识别及控制。废气主要为乙炔加氢反应器再生气，主要含非甲烷总烃（NMHC）。先排至火炬系统，当烃含量足够低时，尾气排入大气。

废水主要为碱洗塔塔底碱液。妥善收集送至企业工业污水处理站集中处置。

固体废物主要有废催化剂、废干燥剂、废保护剂及废装填瓷球；碱洗塔产生的废黄油。属于危险废物，妥善收集交有资质单位处置。

（3）甲醇制二甲醚

① 工艺原理。甲醇在催化剂的作用下，生成二甲醚，其反应方程如下：

主反应：$2CH_3OH =\!\!= CH_3OCH_3 + H_2O$（可逆、放热）

副反应：$CH_3OH =\!\!= CO + 2H_2$

$\qquad CH_3OCH_3 =\!\!= CH_4 + H_2 + CO$

$\qquad CO + H_2O =\!\!= CO_2 + H_2$

② 流程简述。甲醇催化脱水法合成二甲醚，主要包括原料甲醇气化、脱水反应、冷凝洗涤、精馏提纯，主要工艺流程及排污节点见图 3-13。

原料甲醇经进料泵加压并计量，分为两部分，一部分到甲醇回收塔塔顶；另一部分经甲醇预热换热器、甲醇气化器进行完全气化并过热。由甲醇回收塔回收的甲醇蒸气进入甲醇气化器进

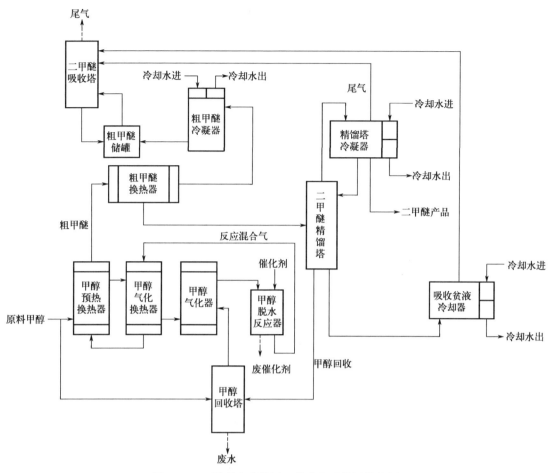

图 3-13 二甲醚合成装置工艺流程及排污节点图

行过热。过热后的甲醇蒸气进入甲醇脱水反应器，发生脱水反应，生成二甲醚和水，同时生成少量的 CO、CO_2、H_2、CH_4 等副产物。

反应器出来的反应生成气先经甲醇气化换热器、甲醇预热换热器回收热量，再经粗甲醚换热器，与去二甲醚精馏塔的粗甲醚液体换热，进一步回收热量。然后，反应生成的混合物在粗甲醚冷凝器被循环冷却水冷凝，再进入粗甲醚储罐进行气液分离。

粗甲醚储罐分离出的粗甲醚液体先经过粗甲醚换热器预热，然后进入二甲醚精馏塔。精馏塔塔顶蒸气在精馏塔冷凝器用循环冷却水冷凝，一部分冷凝液体作为塔顶回流，另一部分冷凝液体作为燃料二甲醚产品采出，不凝气体则排放到二甲醚吸收塔。精馏塔塔底为甲醇水混合物，分为两部分，一部分送至甲醇回收塔，回收其中的甲醇，另外一部分经过吸收贫液冷却器冷却后，进入二甲醚吸收塔塔顶，作为吸收贫液。

粗甲醚储罐分离得到的不凝气和精馏塔冷凝器的不凝气均进入二甲醚吸收塔，用甲醇水混合物洗涤回收其中的二甲醚。吸收塔塔顶尾气为可燃气体，压缩后送入副产物储罐。塔底吸收富液进入粗甲醚储罐，在系统内循环。

甲醇回收塔用于回收甲醇。塔顶以部分原料甲醇为回流，甲醇以塔顶蒸气方式回收，进入甲醇气化器，塔底排出废水。

③ 二甲醚合成装置污染识别及控制。废气主要为二甲醚吸收塔尾气。主要含有一氧化碳、氢气、甲醇、甲烷以及未吸收完全的二甲醚气体，具有一定的热值，去燃料系统作为燃料使用。

废水主要为甲醇回收塔釜液。主要含甲醇、二甲醚、COD、BOD$_5$等，妥善收集送企业污水处理站集中处理。

固体废物主要为生产过程中产生的废催化剂。属于危险废物，交有资质单位处置。

（4）乙二醇合成

乙二醇装置由草酸二甲酯合成装置及乙二醇合成装置组成。

① 草酸二甲酯合成。

a. 主要合成原理及流程简述。草酸二甲酯是在催化剂的作用下，由 CO 和亚硝酸甲酯制得，同时生成一氧化氮，并副产碳酸二甲酯（DMC）。在生成草酸二甲酯（DMO）的反应中，由于水和氧气的存在，草酸二甲酯的选择性和催化剂的活性都会减弱。将草酸二甲酯（DMO）合成反应和亚硝酸甲酯（MN）合成反应分开，防止水和氧气进入草酸二甲酯（DMO）反应器。其中，亚硝酸甲酯是通过 HNO$_3$ 和 NaNO$_2$ 反应生成的 NO 进入亚硝酸甲酯（MN）再生系统，与氧气和甲醇反应合成。反应方程式为：

$$2NaNO_2 + 2HNO_3 \Longrightarrow 2NaNO_3 + H_2O + NO + NO_2$$

$$4NO + O_2 + 4CH_3OH \Longrightarrow 4CH_3NO_2（亚硝酸甲酯）+ 2H_2O$$

净化后的一氧化碳原料气与亚硝酸甲酯混合，导入装有催化剂的列管反应器中进行催化反应。反应产物经冷凝分离后得草酸二甲酯，送加氢制乙二醇界区。反应尾气中的一氧化氮气体经分离后再和氧气及甲醇反应生成亚硝酸甲酯并回收循环使用。反应方程式如下：

$$2CO + 2CH_3ONO \Longrightarrow (COOCH_3)_2（草酸二甲酯）+ 2NO$$

$$2CO + O_2 + 4CH_3OH \Longrightarrow 2CO(OCH_3)_2（碳酸二甲酯）+ 2H_2O$$

在草酸二甲酯反应单元中，补入的 CO 和含有亚硝酸甲酯的循环气进入气体压缩机，混合，加压和预热，进入垂直的管壳式反应器（草酸二甲酯反应器）。在草酸二甲酯合成后，反应产物进入草酸二甲酯分离单元。草酸二甲酯和碳酸二甲酯被甲醇冷却和洗涤下来。此甲醇溶液进入草酸二甲酯精馏单元。合成气循环进入亚硝酸甲酯再生单元。为补充亚硝酸甲酯经废水碱液水解、中和造成的损失，在亚硝酸甲酯再生单元中按量补加硝酸，并按以下化学反应式实现亚硝酸甲酯的补充：

$$2NO + HNO_3 + 3CH_3OH \Longrightarrow 3CH_3ONO + 2H_2O$$

b. 辅助单元流程简述。尾气再生：将分离了草酸二甲酯的反应尾气导入再生塔，配入氧气氧化，加入醇水溶液接触反应，控制塔温在相应酯的沸点以上，分离醇的水溶液循环使用。当醇的浓度较低时，更换新的醇液，更换的醇液送甲醇回收单元。

亚硝酸甲酯的回收：将再生塔得到的亚硝酸甲酯气相导入冷凝分离塔，控制温度在相应酯的沸点以上，将亚硝酸甲酯气体中的醇和水进一步分离，其大部分亚硝酸甲酯（含未反应气体）送回合成反应器循环使用，另小部分转入压缩冷凝塔处理。

非反应气体的排放：将含有非反应气体的亚硝酸甲酯导入压缩冷凝塔，控制冷凝温度、压力，使亚硝酸甲酯完全液化回收，经气化后再导入合成塔循环使用，不凝气体主要是氮气和少量的甲烷、氩、一氧化碳、一氧化氮，经烟囱排放。

碱液处理系统：来自草酸二甲酯吸收塔，溶解有 NO、亚硝酸甲酯等气体的甲醇，在闪蒸和汽提后，甲醇溶液送入草酸二甲酯净化单元，闪蒸气进入碱处理单元。硝酸还原反应器底部的液体含有甲醇和少量硝酸，送入碱液处理系统将残余硝酸中和处理后送入甲醇回收塔。来自草酸二甲酯吸收塔的甲醇溶液中的轻组分从草酸二甲酯轻组分塔中脱除，轻组分主要为甲醇、氮气及少量硝酸、亚硝酸甲酯、碳酸二甲酯，送入碱液处理系统。处理后的尾气中主要为 N$_2$ 和亚硝酸甲酯，在尾气处理系统用甲醇吸收其中的亚硝酸甲酯循环使用，尾气排放。草酸二甲酯精馏分为碳酸二甲酯的脱除和草酸二甲酯的精制，得到的高纯草酸二甲酯和碳酸二甲酯（甲醇溶液）分别贮存。在甲醇脱水单元中，采用精馏工艺将其中的甲醇回收循环使用，甲醇回收后的废水中含有甲醇、硝酸钠、亚硝酸钠，送污水处理站处理。

c. 草酸二甲酯合成装置污染识别及污染防治措施。草酸二甲酯合成的总体工艺流程及排污节点见图 3-14。

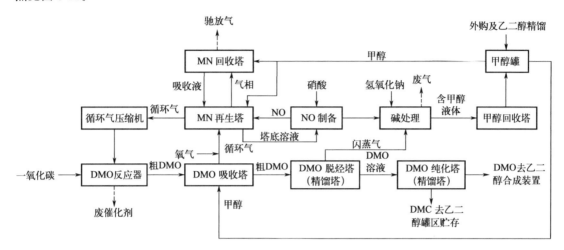

图 3-14　草酸二甲酯合成装置工艺流程及排污节点图

废气主要为亚硝酸甲酯回收塔产生的驰放气及碱处理装置产生的废气。废气首先进入焚烧炉，并通入纯氧焚烧，出焚烧炉气体通过废热锅炉回收废热后（副产饱和蒸汽送入蒸汽管网），进行脱硝处理达标后经烟囱排放。

废水主要为甲醇回收塔废水。主要含甲醇、硝酸盐、亚硝酸盐，送企业污水处理站集中处理。

固体废物主要为合成废催化剂，主要成分为 Al_2O_3、Pd、Pt、Cu，交有资质单位处置。

② 乙二醇合成及精馏装置。

a. 流程简述。乙二醇合成：从草酸二甲酯精制塔来的草酸二甲酯与预热后的界区外来的新鲜 H_2 及循环气混合，再经换热后进入乙二醇合成塔，在催化剂作用下，草酸二甲酯与 H_2 发生加氢反应生成乙二醇和甲醇。乙二醇、甲醇和未反应的 H_2 出反应器后与循环 H_2 换热，回收热量，然后采用循环冷却水将反应产物冷却后，进入高压分离器，将液态乙二醇和甲醇从 H_2 中分离出来。气相（主要为 H_2）大部分循环使用，少量驰放气进入燃料气系统。H_2 采用压缩机加压后与出反应器的反应产物换热回收热量，然后与新鲜 H_2 混合后再与草酸二甲酯混合进入反应器。从高压分离器分离出的乙二醇和甲醇混合物减压后在闪蒸罐中进一步释放溶解的 H_2，然后进入乙二醇精馏工段。

乙二醇精馏：乙二醇合成粗产物主要为乙二醇和甲醇，还有少量副产物，如丁二醇、乙醇、二甲醚、甲酸甲酯等。混合物进入乙二醇分离塔系，从第一塔脱除甲醇、二甲醚，第二塔脱除丁二醇和甲酸甲酯等。第三塔塔顶获得纯度为 99.8% 以上的乙二醇产品。合格的乙二醇（EG）产品送产品罐区，甲醇送至回收甲醇罐供羰基化循环使用。

b. 乙二醇合成及精馏装置污染识别及污染防治措施。乙二醇合成及精馏装置总体工艺流程及排污节点见图 3-15。

废气主要为高压分离器产生的驰放气。

废水主要为水环真空泵废液、地坪冲洗水、冷却废水。

固体废物主要为乙二醇合成废催化剂。

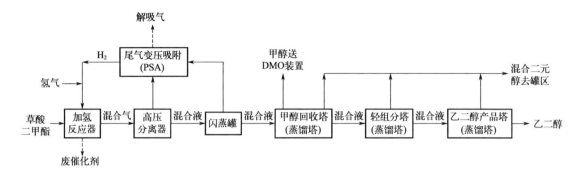

图 3-15　乙二醇合成装置工艺流程及排污节点图

　　c.乙二醇合成及精馏装置污染识别及污染防治措施。高压分离器产生的驰放气主要含 H_2、N_2、CH_4、Ar 及 CH_3OH，送燃料气管网。

　　水环真空泵废水主要含甲醇、乙醇、二甲醚、甲酸甲酯，送污水处理站处理。

　　地坪冲洗废水主要含甲醇、乙二醇，送污水处理站处理。

　　冷却废水送主循环水装置循环使用。

　　合成废催化剂主要成分为 Cu、SiO_2，交有资质单位处置。

3.2.3　案例分析

　　某现代煤化工企业，主要进行粉煤气化制聚乙醇酸（PGA）生产项目，项目产能 20 万吨/年，全年运行 333 天，年工作时间 8000 小时。

3.2.3.1　主要生产工艺

　　项目生产主体工艺流程为以煤为原料，经粉煤制备、气化、绝热变换、低温甲醇洗（净化）、深冷分离、变压吸附（PSA-H_2）、偶联加氢以及聚合等工艺生产聚乙醇酸（PGA，可降解塑料），各工段工艺流程详细解析见表 3-1，总体工艺流程见图 3-16。

表 3-1　煤制聚乙醇酸（PGA）典型工业企业生产工艺流程简述

工艺单元	工艺流程
原料预处理	原料煤通过筒仓均匀出料实现配煤，由带式输送机送入原煤仓，按配比加入石灰石后经称重式给煤机进入磨煤机中微负压下被研磨，并经燃气热风炉惰性热风干燥。粉煤经旋风分离器分离后合格粉煤经袋式过滤器分离，并储存于粉煤过滤器的粉斗内，经螺旋输粉机送入煤粉仓，经螺旋泵后合力输送至煤粉储罐。粉煤在惰性气保护下靠重力由粉煤储罐流入粉煤放料罐，放料罐通过加压、卸料、进料的循环过程完成粉煤加压输送
煤气化	气化炉的顶部设置一台氧气通道、粉煤通道、水蒸气通道组合式烧嘴。粉煤给料罐粉煤通过粉煤加料器由高压二氧化碳气送入粉煤烧嘴，来自空分单元的纯氧（常温）及来自界区的高压蒸汽送入粉煤烧嘴，喷入气化炉反应室内，在 4.0 MPa（G）的压力下进行气化反应，生成主要成分为 H_2、CO、CO_2 的粗合成气。反应后的高温（1500℃）合成气与熔融状炉渣和灰分一起向下穿过激冷水分布环，沿激冷管进入激冷室水浴。大部分灰渣冷却后，落入激冷室底部。饱和增湿、初步洗涤后的粗合成气进一步经旋风分离、洗涤塔后进入变化单元
煤气变换	如 3.2.2.2 小节
低温甲醇洗（净化）	如 3.2.2.3 小节

工艺单元	工艺流程
酸性气体回收硫黄单元	案例采用克劳斯法使酸性气体中的 H_2S 转变为单质硫。具体硫回收单元工艺流程及排污节点见图 3-17，流程简述过程如下：进入硫黄单元的酸性气分液后被分成两股（主酸气和副酸气）。上述的主酸气经酸性气燃烧炉火嘴至酸性气燃烧炉。另外的副酸气进入酸性气燃烧炉二区的主燃烧室与纯氧进行反应，回收反应热生成高压饱和蒸汽，然后混合气进入一级冷凝冷却器，硫被冷凝并通过硫封进入液硫池。过程气依次进行三级克劳斯反应并分别回收热量副产蒸汽和冷凝回收液硫。尾气中剩余的少量 H_2S 采用选择性氧化催化剂将其直接转化为硫。硫经过液硫过滤器送入转筒硫黄造粒机内，造粒成型。包装后送到仓库码垛堆放，袋装产品硫黄由汽车运送出厂
空分单元	空气过滤和压缩：原料空气在空气吸入过滤器中去除了灰尘和机械杂质后，进入空气透平压缩机中，借助中间冷却器进行中间冷却，将空气压缩至约 0.62MPa（A），然后进入空气冷却塔中冷却
	空气的冷却和纯化：空气在直接接触式空气冷却塔中与水进行热质交换，降温至 10℃，然后进入交替使用的分子筛吸附器。出空冷塔空气进入分子筛吸附器，分子筛吸附器为立式双床层，用来清除空气中的水分、二氧化碳和一些碳氢化合物，从而获得干净而又干燥的空气。两台吸附器交替使用，即一台吸附器吸附杂质，另一台吸附器则由污氮气进行再生。净化后的空气一部分去空气增压机继续增压，剩下的空气直接进入冷箱内板式换热器，被返流的低温气体冷却至饱和温度，出板式换热器冷端直接进入下塔参与精馏。经增压机增压的空气一部分从增压机中抽出后进入冷箱内板式换热器，从换热器中部抽出送入增压透平膨胀机的膨胀端，膨胀后送入下塔。另一部分出增压机后经后冷却器冷却至常温，然后进入膨胀机增压端进一步增压。经膨胀机增压的这部分空气再冷却至常温，然后进入冷箱内高压换热器与增压后的液氧换热被冷却，换热后的高压液空经节流送入下塔参与精馏
	空气的精馏：在精馏塔中，上升气体与下降液体充分接触，传热传质后，在下塔顶部得到纯氮气。纯氮进入下塔顶部的主冷凝蒸发器被冷凝，在氮气冷凝的同时，主冷凝蒸发器蒸发侧的液氧得到气化。一部分液氮作为下塔的回流液，一部分经过冷器后作为液氮产品送液氮贮槽，一部分经液氮泵增压后经板式换热器复温后送出冷箱，送入 0.8MPa 管网。在上塔顶部抽取产品氮气，经板式换热器复温后送出冷箱，经氮压机压缩至 0.4MPa 后供给用户管网，氮压机一用一备。3.85MPa/0.8MPa 压力等级的氮气均通过 8.1MPa 的管网减压获取。液氧从主冷凝蒸发器抽出，经液氧泵增压后，经高压换热器与膨胀机增压空气换热至常温，出冷箱送 5.5MPa 氧气管网；液氧产品经过冷器过冷后送液氧贮槽
	空分单元工艺流程及排污节点见图 3-18
气体深冷和变压吸附（PSA）装置	案例生产中要求合成气的 CO 和 H_2 须进行彻底分离再进行偶联及加氢反应，H_2 纯度达到 99.9%，CO 纯度达到 99%
	深冷分离：原料气首先进入分子筛吸附系统中脱除 CO_2，而后进入冷箱经过主换热器冷却，大量 CO 被冷凝，后进入氢气闪蒸罐中，罐顶的富氢气体返回换热器复温后出冷箱去 PSA 装置。氢气闪蒸罐底部液体进入汽提塔中，从汽提塔顶部出来的闪蒸气返回换热器复温后出冷箱去界区；从汽提塔底部出来的液体节流后进入脱氮塔，塔顶富氮气返回换热器复温后出冷箱，塔底液体节流后经板翅复温出冷箱，作为产品气进入下一道工序。装置所需要的其他冷量由循环 CO 膨胀节流提供。复温后出冷箱的循环 CO 进入 CO 压缩机中，经压缩后进入冷箱中，冷却到一定温度后抽出部分去膨胀机膨胀后返回换热器复温至压缩机入口，剩余部分冷却至过冷后抽出，节流后为塔顶冷凝器和换热器提供冷量，复温后出冷箱回到压缩机入口处，如此循环往复为装置提供冷量
	氢气提纯：来自深冷装置富氢气进入 PSA-H_2 系统，合成气自下而上通过吸附床，CO、N_2、CH_4、Ar 等杂质组分被吸附塔中的吸附剂吸附下来，未被吸附的 H_2 从吸附塔顶部流出，作为产品氢气送去下游装置。再生吸附器产生的解吸气送至燃料气管网。本单元工艺流程及排污节点见图 3-19

工艺单元	工艺流程
偶联加氢单元 （PGA 合成）	本偶联加氢工段基于草酸二甲酯进行部分加氢转化为乙醇酸甲酯（MG），副产物乙二醇、甲醇、乙醇等。粗乙醇酸甲酯（MG）经加氢产物中间罐减压缓冲后，闪蒸气排至火炬或燃料气管网，液相进入甲醇预分塔、MG 预分离塔及 MG 精制塔精制乙醇酸甲酯。草酸二甲酯分别送至一段加氢和二段加氢。送至一段加氢的草酸酯和氢气在催化剂的作用下发生加氢反应生产乙醇酸甲酯。送至二段加氢的草酸酯与来自一段加氢产物气液分离罐的循环氢在二段草酸酯蒸发塔中混合并汽化，经加氢反应器生成的产物送入二段加氢产物气液分离罐。液相为加氢反应产物，送至加氢产物中间罐，气相作为循环氢与补充氢混合后送至循环气压缩机增压后循环气大部分返回到一段加氢工序，部分作为驰放气送出界区后部分作为尾气处理原料气，其余排放至 PSA

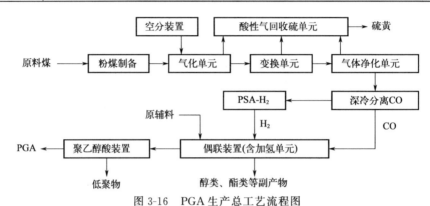

图 3-16　PGA 生产总工艺流程图

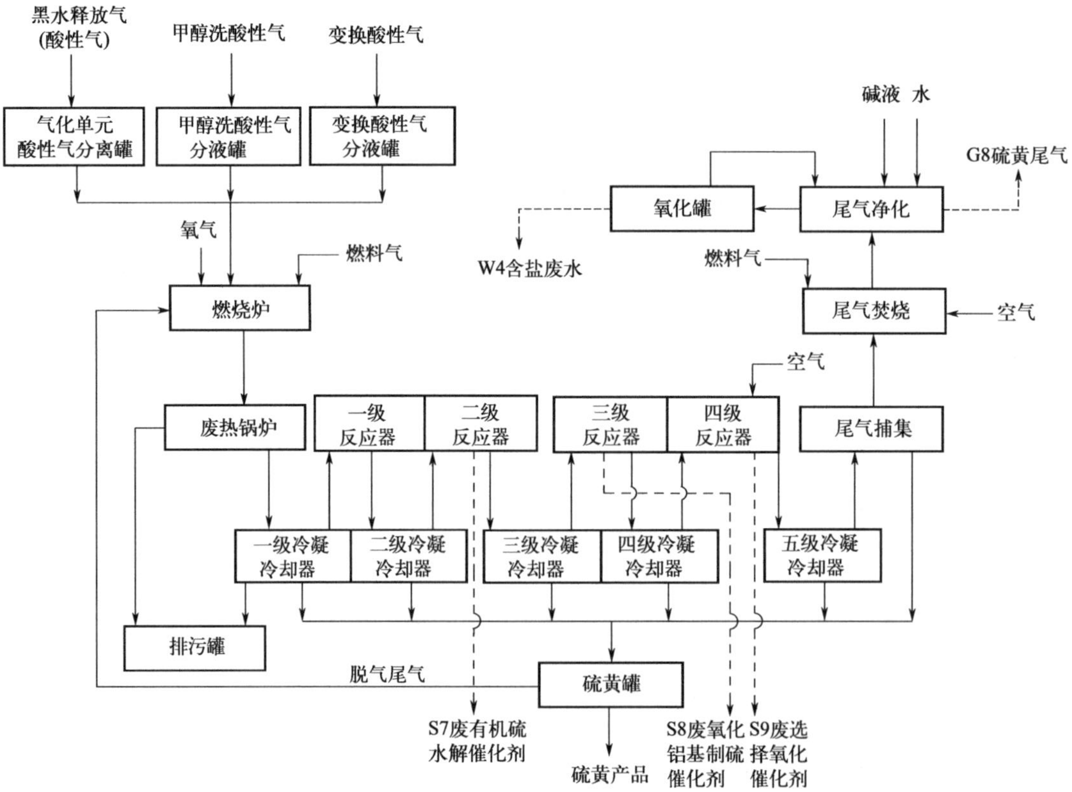

图 3-17　硫回收单元工艺流程及排污节点图

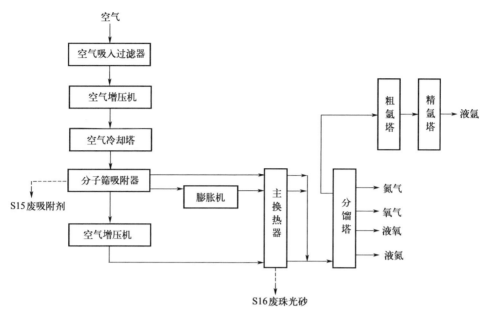

图 3-18　空分单元工艺流程及排污节点图

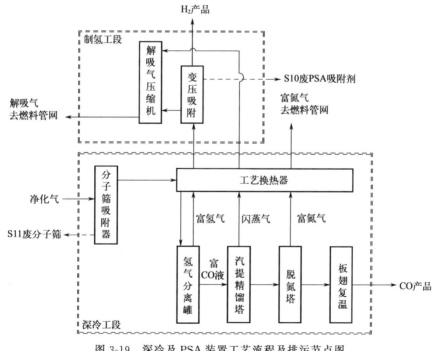

图 3-19　深冷及 PSA 装置工艺流程及排污节点图

3.2.3.2　污染排放及治理措施

根据案例典型企业总体的工业生产污染产生特点，该现代煤化工企业中除主体工程为主要污染物产生来源以外，其储运工程和供热工程也是全厂主要的污染物产生源，一并进行分析说明。

（1）全厂废气产生及防治情况（见表3-2）

表3-2　典型现代煤化工工业企业大气污染物污染防治措施一览表

装置	工段	污染源	污染物	治理措施	排放标准
圆形煤场	原料煤储存	粉尘	颗粒物	经布袋除尘器除尘后通过25m排气筒排放，除尘率99.5%	《合成树脂工业污染物排放标准》
	燃料煤储存	粉尘	颗粒物	经布袋除尘器除尘后通过30m排气筒排放，除尘率99.5%	《合成树脂工业污染物排放标准》
原料煤配煤筒仓	配煤筒仓1	粉尘	颗粒物	经布袋除尘器除尘后通过40m排气筒排放，除尘率99.5%	《合成树脂工业污染物排放标准》
	配煤筒仓2	粉尘	颗粒物	经布袋除尘器除尘后通过40m排气筒排放，除尘率99.5%	《合成树脂工业污染物排放标准》
原料煤预处理	原料煤破碎楼	破碎楼含煤粉尘	颗粒物	经布袋除尘器除尘后通过20m排气筒排放，除尘率≥99.5%	《合成树脂工业污染物排放标准》
	转运站排气点	转运站含煤粉尘	颗粒物	分别经布袋除尘器除尘后通过20m排气筒排放，除尘率≥99.5%	《合成树脂工业污染物排放标准》
气化装置	循环风机出口	煤粉干燥排放气	颗粒物、SO_2、NO_x	煤干燥废气来源于热风炉热气，热风炉采用低氮燃烧器，废气经布袋除尘器除尘后通过95m排气筒排放，脱硝率50%、除尘率≥99.9%	《石油化学工业污染物排放标准》
	煤粉仓过滤器	煤粉加压排放气	颗粒物、甲醇	载气进入粉煤放料罐前先经脱盐水洗涤，确保排放气中甲醇浓度≤50mg/m³；长袋低压脉冲喷吹式袋式除尘器处理后通过95m排气筒排放，处理效率为99.9%	《合成树脂工业污染物排放标准》
	原煤仓	原煤仓排放气	颗粒物	经布袋除尘器除尘后通过60m排气筒排放，除尘率≥99.5%	《合成树脂工业污染物排放标准》
	石灰石粉仓	石灰石粉仓排放气	颗粒物	经布袋除尘器除尘后通过20m排气筒排放，除尘率≥99.5%	《合成树脂工业污染物排放标准》
低温甲醇洗	尾气洗涤塔	净化尾气	H_2S、甲醇	经脱盐水洗涤，减少甲醇含量，脱除率90%。洗涤尾气从塔顶排出经过160m的烟囱排放	甲醇执行《石油化学工业污染物排放标准》；硫化氢执行《贵州省环境污染物排放标准》（DB 52/864—2022）表4标准
	无组织源		CO、H_2S、VOCs	无组织排放	挥发性有机物执行《石油化学工业污染物排放标准》；硫化氢执行《贵州省环境污染物排放标准》表4标准
硫黄装置	硫黄装置	硫黄尾气	SO_2、NO_x	尾气焚烧将H_2S转化成SO_2；焚烧烟气采用碱法脱硫，脱硫率87%，尾气经80m排气筒排放	《石油化学工业污染物排放标准》

续表

装置	工段	污染源	污染物	治理措施	排放标准
偶联加氢装置	酯化工段	含氧尾气	H_2、N_2、CO、O_2、CO_2、甲醇	连续排放去废气处理设施	—
	MG 精制单元	不凝气	氮气、氢气、甲烷、一氧化碳、二氧化碳、乙酸甲酯、甲醇	连续排放去废气处理设施	—
	MG 加氢	PSA 解吸气	N_2、H_2、CH_4、CO、CO_2、乙酸甲酯	连续排放去燃料管网	—
	加氢中间产物	罐废气	氮气、氢气、甲烷、一氧化碳、二氧化碳、乙酸甲酯、甲醇、乙醇、水、乙醇酸甲酯	连续排放去燃料管网	—
	MG 精制尾气吸收塔	吸收塔尾气	甲醇 VOCs	脱盐水吸收，经 1 根 20m 排气筒排放，其中甲醇吸收率 99.94％、VOCs 吸收率 95％	《石油化学工业污染物排放标准》
	无组织源		VOCs	无组织排放	《石油化学工业污染物排放标准》
PGA 装置	PGA 合成尾气吸收塔	PGA 合成尾气	甲醇 VOCs	经脱盐水吸收后经 1 根 24m 排气筒排放，其中甲醇吸收率 99.9％、VOCs 吸收率 99.3％	《石油化学工业污染物排放标准》
	切粒干燥	切粒干燥排放气	VOCs	经吸收塔吸收后通过 15m 排气筒排放，VOCs 去除率 ≥ 99.5％	《石油化学工业污染物排放标准》
	乙交酯风送系统	风送废气	颗粒物	经布袋除尘器除尘后通过 15m 排气筒排放，去除率 99.5％	《合成树脂工业污染物排放标准》
	PGA 产品风送系统	风送废气	颗粒物	经布袋除尘器除尘后通过 15m 排气筒排放，去除率 99.5％	《合成树脂工业污染物排放标准》
	导热油炉	导热油炉废气	颗粒物 SO_2 NO_x	采用低氮燃烧，尾气经 30m 排气筒排放	《锅炉大气污染物排放标准》（GB 13271—2014）表 2 燃气锅炉
	无组织源		VOCs	无组织排放	《石油化学工业污染物排放标准》

装置	工段	污染源	污染物	治理措施	排放标准
储罐区	物料装卸	装卸废气	VOCs	收集后经管道去 VOCs 处理装置（冷凝吸附＋水洗工艺）处理后经 20m 排气筒排放，去除率≥96%	《石油化学工业污染物排放标准》
	无组织源		VOCs	无组织排放	《石油化学工业污染物排放标准》
动力站	循环流化床锅炉	锅炉烟气	颗粒物、SO_2、NO_x、汞及其化合物、氨、烟气黑度	烟气净化装置采用"炉内脱硫＋低氮燃烧＋SNCR＋SCR＋电除尘＋炉外 LJD 干法脱硫＋布袋除尘"工艺。总除尘率≥99.98%，炉内脱硫率 80%，炉外脱硫率 98%，总脱硝率 83%，总脱汞率 70%，废气通过 210m 烟囱排放	颗粒物、SO_2 及 NO_x 执行超低排放标准；汞及其化合物、烟气黑度执行《火电厂大气污染物排放标准》；氨逃逸浓度满足《火电厂烟气脱硝工程技术规范 选择性催化还原法》浓度限值要求
	燃料煤破碎楼	破碎楼含煤粉尘	颗粒物	经布袋除尘器除尘后通过 20m 排气筒排放，除尘率≥99.5%	《合成树脂工业污染物排放标准》
废气处理设施	焚烧炉	偶联单元酯化工段含氧尾气、偶联单元 MG 精制单元不凝气、罐区呼吸气	颗粒物、甲醇、非甲烷总烃、NO_x、SO_2	混合气进入废气焚烧装置＋尾气净化装置处理达标后，通过 50m 烟囱排放	《石油化学工业污染物排放标准》
火炬系统	火炬长明灯	废气	颗粒物、SO_2、NO_x	通过 120m 高火炬直接外排（5 颗火炬）	《石油化学工业污染物排放标准》
污水处理厂	污水治理	臭气	臭气浓度、NH_3、H_2S、NMHC	经除臭设施（采用"洗涤＋生物滤池"处理工艺）处理达标后通过 30m 排气筒排放，处理率≥90%	臭气浓度排放满足《恶臭污染物排放标准》表 2；NH_3 与 H_2S 排放满足《贵州省环境污染物排放标准》表 4 标准 NMHC 排放满足《石油化学工业污染物排放标准》表 4 标准
	无组织源		NH_3、H_2S、NMHC	无组织排放	

（2）全厂废水产生及防治情况

① 全厂废水产生及防治措施见表 3-3。

表 3-3　典型现代煤化工工业企业水污染物污染防治措施一览表

装置名称	排放源	污染物	治理措施	排放情况
气化装置	灰水回收澄清池	气化废水	去污水处理厂生产污水系列处理后回用于生产	回用不外排
变换单元	汽提塔冷凝液	变换废水	经缺氧膨胀床（简称 AEB）高效脱氮技术预处理后送往厂区污水处理厂生产污水系列处理后回用于生产，不外排	回用不外排
低温甲醇洗	尾气吸收塔	净化废水	去厂区污水处理厂生产污水系列处理后回用于生产	回用不外排
硫黄装置	焚烧炉尾气吸收塔	制硫黄废水	硫黄装置废水属于高盐水，送往污水处理厂高盐水系列处理后回用于生产	回用不外排
偶联及加氢单元	脱重塔	含酸废水	经缺氧膨胀床（简称 AEB）高效脱氮技术预处理去除硝氨后再进入污水处理厂生产污水系列，经处理后回用	回用不外排
	MG 精制尾气吸收塔	有机废水	去厂区污水处理厂生产污水系列处理后回用于生产，不外排	回用不外排
PGA 装置	PGA 合成尾气吸收塔	有机废水	去厂区污水处理厂生产污水系列处理后回用于生产，不外排	回用不外排
	干燥切粒装置	有机废水		
储罐区	洗罐	洗罐废水	去厂区污水处理厂生产污水系列处理后回用于生产，不外排	回用不外排
员工	生活及办公	生活及办公废水	废水经化粪池截留沉淀后（食堂废水经隔油处理）去厂区污水处理厂生产污水系列处理后回用于生产	回用不外排
装卸站	地面冲洗	冲洗废水	去厂区污水处理厂生产污水系列处理后回用于生产，不外排	回用不外排
化验室	化验	化验废水	经中和后去厂区污水处理厂生产污水系列处理后回用于生产，不外排	回用不外排
火炬系统	分液罐	分液废水	去厂区污水处理厂生产污水系列处理后回用于生产，不外排	回用不外排
1 号循环水场	循环水场排污水	排污水	去厂区污水处理厂生产污水系列处理后回用于生产，不外排	回用不外排
2 号循环水场	循环水场排污水	排污水	去厂区污水处理厂生产污水系列处理后回用于生产，不外排	回用不外排
动力站	循环水场	排污水	去厂区污水处理厂生产污水系列处理后回用于生产，不外排	回用不外排
化学水处理站	凝结水精处理系统及化水处理系统	浓水	去厂区污水处理厂生产污水系列处理后回用于生产	回用不外排
		再生废水		
净化水场	设备反冲洗	反冲洗废水	去厂区污水处理厂生产污水系列处理后回用于生产，不外排	回用不外排
冲渣场	渣场渗滤液	渗滤液	去厂区污水处理厂生产污水系列处理后回用于生产，不外排	回用不外排
初期雨水	初期雨水	初期雨水	去厂区污水处理厂生产污水系列处理后回用于生产，不外排	回用不外排

② 全厂污水处理厂方案。

a. 废水预处理。偶联装置产生的含酸废水以及变换单元高氨氮废水需要进行预处理后再送污水处理厂。针对废水水质特点，拟采用缺氧膨胀床（简称 AEB）高效脱氮技术处理，预处理设施处理规模 15m³/h，设计出水水质 COD≤500mg/L，NO₃-N≤100mg/L，pH 6～9。

缺氧膨胀床（简称 AEB）高效脱氮处理工艺流程见图 3-20。

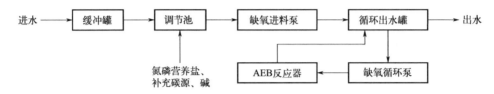

图 3-20　缺氧膨胀床（AEB）工艺流程图

b. 全厂污水处理系统。根据各装置排水的水质及污水处理后回用的要求，全厂污水处理划分为生产污水系列和高盐水系列。污水经处理后全部回用，实现零排放。

生产污水经气浮去除油及悬浮物，含盐生产污水经预处理去除硬度、CN⁻ 和 F⁻ 等污染物，与生活污水混合，再经两段 A/O 生化处理、臭氧催化氧化/曝气生物滤池深度处理、超滤反渗透双膜系统脱盐后，回用作循环水补水。生产污水处理系列工艺流程见图 3-21。

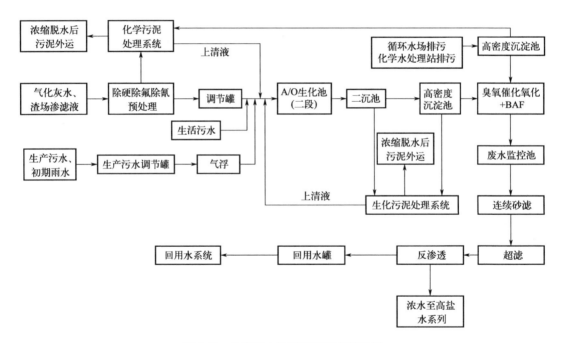

图 3-21　生产污水处理系列工艺流程图

高盐水系列包括反渗透浓水、硫黄装置废水。废水经过预处理、膜浓缩、纳滤分盐、蒸发、结晶处理后，大部分回收利用，结晶形成的高纯度 Na₂SO₄ 结晶盐、高纯度 NaCl 结晶盐综合利用，少量母液干燥后的杂盐暂时按危废外运处置。蒸发结晶单元处理后的产品水回用为循环水场补充水。高盐水蒸发分质结晶后结晶盐的品质要求如下：氯化钠产品执行《工业盐》（GB/T 5462—2015）中日晒工业盐二级标准，硫酸钠产品执行《工业无水硫酸钠》（GB/T 6009—2014）中Ⅲ类合格品标准。高盐水处理系列工艺流程见图 3-22。

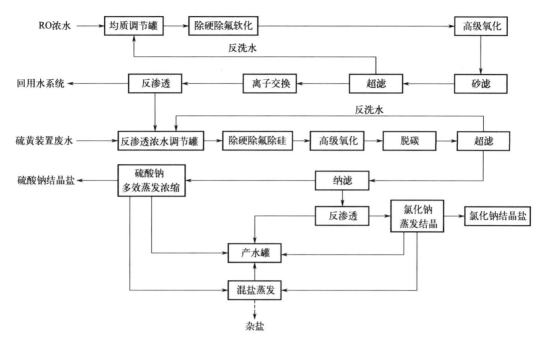

图 3-22　高盐水处理系列工艺流程图

（3）全厂固体废物产生及防治情况（表 3-4）

表 3-4　典型现代煤化工业企业固体废物污染防治措施一览表

装置名称		产生源及固废名称	固废类别及代码	处置方式
煤气化装置	原料预处理和气化炉单元	布袋除尘器收尘（煤尘）	一般工业固废	作为原料回用不外排
		布袋除尘器收尘（石灰石粉）	一般工业固废	作为原料回用不外排
		捞渣机粗渣	一般工业固废	去渣场填埋
		过滤机细渣	一般工业固废	去渣场填埋
	变换单元	脱毒槽废脱毒剂	HW50261-167-50	由催化剂厂家回收
		废变换催化剂	HW50261-167-50	由催化剂厂家回收
		废水解催化剂	HW50261-167-50	由催化剂厂家回收
	低温甲醇洗单元	含氨甲醇	HW06900-404-06	收集后回用于生产，不外排
	硫黄装置	废有机硫水解催化剂	需进一步鉴别	由催化剂厂家回收
		废氧化铝基制硫催化剂	需进一步鉴别	由催化剂厂家回收
		废部分氧化催化剂	需进一步鉴别	由催化剂厂家回收
	空分单元	废分子筛（吸附剂）	一般工业固废	去渣场填埋
		废珠光砂	一般工业固废	去渣场填埋
气体深冷和 PSA 装置		废分子筛	HW50261-167-50	交有资质单位处置
		废吸附剂	一般工业固废	去渣场填埋

装置名称	产生源及固废名称	固废类别及代码	处置方式
偶联及加氢装置	废偶联催化剂	HW50261-151-50	由催化剂厂家回收
	废硝酸转化催化剂	HW50261-151-50	由催化剂厂家回收
	加氢反应废MG（乙醇酸甲酯）催化剂	HW50261-151-50	由催化剂厂家回收
	加氢反应器废瓷球	HW50261-151-50	厂家回收或交有资质单位处置
PGA装置	乙交酯风送系统除尘器收尘灰	一般工业固废	回用于生产
	PGA产品风送系统除尘器收尘灰	一般工业固废	回用于生产
储运工程	原料煤圆形煤场除尘器收尘灰	一般工业固废	回用于生产
	燃料煤圆形煤场除尘器收尘灰	一般工业固废	回用于生产
	原料煤配煤除尘器收尘灰	一般工业固废	回用于生产
废气处理设施	废脱硝催化剂	HW50772-007-50	交有资质单位处置
动力站	燃料煤破碎楼除尘器收尘灰	一般工业固废	收集后回用于生产，不外排
	废脱硝催化剂	HW50772-007-50	交有资质单位处置
	锅炉灰渣及脱硫渣（含除尘器收尘灰）	一般工业固废	去渣场临时堆存，最终综合利用
化学水处理站	活性炭过滤器废活性炭	一般工业固废	由厂家回收
	精密过滤器废PP滤芯	一般工业固废	由厂家回收
	废反渗透膜件	一般工业固废	由厂家回收
污水处理厂	污水生化处理脱水污泥	一般工业固废	脱水至60%以下送冲渣场填埋处置
	污水物化处理脱水污泥	需进一步鉴别	根据鉴别结果采取不同的处置措施，若为危废则交有资质单位处置，若为一般固废则送至渣场堆放
	混盐蒸发结晶杂盐	需进一步鉴别	
净水场	废弃均质滤料	一般工业固废	交厂家回收处置
	污泥	一般工业固废	脱水至60%以下送冲渣场填埋处置
员工生活办公	生活垃圾	生活垃圾	收集后交当地环卫部门送生活垃圾填埋场
其他	冷冻压缩设备维护产生的废液压油	HW08900-219-08	交有资质单位处置
	机械设备维护产生的废润滑油	HW08900-214-08	交有资质单位处置
	实验室废液	HW49900-047-49	交有资质单位处置
	废铅蓄电池	HW31900-052-31	交有资质单位处置

3.3 磷化工生产与污染控制

3.3.1 概述

磷是一种重要化工原料，工业用磷主要从磷矿中提取。以磷矿石为原料，通过化学方法提取其中的磷元素并加工成众多化工产品，这一产业链被称为磷化工行业。磷化工产品的分类方法较多，如按磷的氧化数分类、按组分分类、按产品用途分类等。

磷化工产业链上游为原材料磷矿石，用硫酸、硝酸或盐酸分解磷矿制得的磷酸统称为湿法磷酸；以电炉黄磷为原料，经氧化、水化等反应制取的磷酸称热法磷酸。中游为含有磷元素的各有机物、无机物。下游为产品，用于各行各业。磷化工产业链见图 3-23。

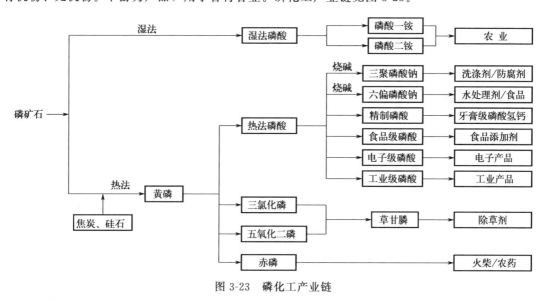

图 3-23　磷化工产业链

3.3.2 磷化工生产工艺及污染防治

本节重点概述磷化工主要原料硫酸生产工艺以及磷酸生产工艺（包括湿法和热法）。

3.3.2.1 硫酸生产工艺及污染防治

硫酸生产因二氧化硫氧化反应生成三氧化硫所采用的催化剂不同而分为亚硝基法（硝化法）和接触法两大类。

亚硝基法利用浓硝酸的强氧化性将二氧化硫转化为三氧化硫，再经水吸收制得硫酸。该法因所使用的设备不同又分为铅室法和塔式法两种。

接触法制酸因使用的原料（硫铁矿、硫黄、冶炼气等）不同又分为接触法硫铁矿制酸、接触法硫黄制酸和接触法冶炼气制酸等。

接触法的产品浓度高、杂质含量低、用途广，还可以生产发烟硫酸和液体三氧化硫，20 世纪 50 年代以来已成为世界主要的硫酸生产方法。铅室法和塔式法逐步被淘汰。本章主要对接触法硫铁矿制酸、接触法硫黄制酸进行分析。

（1）硫铁矿制酸

① 生产工艺。以硫铁矿为原料，采用沸腾焙烧、干法除尘、酸洗净化、两转两吸、接触法制酸。

　　a. 原料工段。外购硫铁矿经带式输送机送入原料库，通过带式输送机附带的卸料小车可以将硫精砂沿原料库方向均匀卸料。当需要向焙烧炉供料时，由电动抓斗桥式起重机将硫铁矿卸入加料斗，经圆盘给料机和带式输送机将其送往加料斗，再通过电液动犁式卸料器加入焙烧炉前料斗内贮存，上料时由料仓出口的焙烧炉前圆盘给料机、带式输送机将硫铁矿加入沸腾焙烧炉内。

　　b. 焙烧工段。由原料工段来的硫铁矿从焙烧炉前料斗通过圆盘给料机，经带式输送机加入沸腾焙烧炉沸腾层内，空气鼓风机将空气输送入焙烧炉风室，经气流分布板和风帽均匀地进入沸腾层。硫铁矿在焙烧炉中焙烧产生的热量由安装于焙烧炉床层的冷却盘管移走，冷却盘管直接和余热锅炉系统相连。

　　焙烧炉中主要发生如下反应：

$$4FeS_2 + 11O_2 \Longrightarrow 2Fe_2O_3 + 8SO_2 + Q$$
$$3FeS_2 + 8O_2 \Longrightarrow Fe_3O_4 + 6SO_2 + Q$$
$$4FeS + 7O_2 \Longrightarrow 2Fe_2O_3 + 4SO_2 + Q$$
$$2SO_2 + O_2 \Longrightarrow 2SO_3 + Q$$

　　焙烧炉产生的含 SO_2 炉气，温度高达 900～950℃，送入余热锅炉，余热锅炉产生的过热蒸汽进入厂区管网，同时使含 SO_2 炉气温度降至 350℃。在余热锅炉前区设置一沉降室，锅炉内设置六组热力管束，烟气呈水平气流流向，并配有振打除灰装置。

　　由余热锅炉出来的炉气进入旋风除尘器及电除尘器进行除尘，以保证电除尘器出口炉气含尘量达标（含尘量≤120mg/m³）。

　　c. 净化工段。经焙烧工段处理后的炉气（含尘量≤120mg/m³、温度220℃）送入动力波洗涤器。洗涤器内设有逆喷管喷淋稀酸，炉气和洗涤酸逆流接触，形成高效率的雾化区。经绝热蒸发冷却至57℃，进入冷却塔，该塔为填料塔，设有冷却稀酸循环线，循环酸由冷却塔循环酸酸泵加压，经过板式换热器冷却后再至塔顶喷嘴循环上塔进行洗涤，进一步将炉气温度降至40℃，依次进入一级电除雾器和二级电除雾器去除酸雾，使出口炉气酸雾含量低于0.005g/m³，净化后的气体送至干吸工段。

　　d. 干吸工段。干燥：由净化工段来的含 SO_2 气体在补充空气后进入干燥塔，干燥塔为填料塔，塔顶喷淋95%硫酸以吸收气体中的水分，气体经干燥后，含水分0.1g/m³以下。干燥过程中产生的酸雾由塔顶的金属丝网除沫器除去，而后干燥气体进入转化工段 SO_2 鼓风机。

　　吸收：由转化工段来的一次转化气进入一吸塔，自下而上流动，与从塔上部下流的98%浓硫酸在填料层逆流接触，炉气中的 SO_3 被浓硫酸吸收，吸收过程中产生的大量细雾粒由塔顶纤维除雾器除去，出一吸塔气再返回转化工段进行二次转化。一吸塔增设低温余热回收系统，实现低位热量的回收利用。出转化工段的Ⅳ段催化剂经换热器换热降温至170℃的炉气进入二吸收塔底部，用来自二吸塔酸泵的98%硫酸吸收其中的 SO_3，尾气经塔顶丝网除沫器除酸雾后送至尾气洗涤系统。

　　酸循环系统：酸循环系统设置干燥塔酸循环槽和吸收塔酸循环槽。干燥塔酸循环槽内的干燥酸，经干燥塔酸循环泵输送至干燥塔酸冷却器冷却，而后进入干燥塔吸收气体中的水分，下塔酸回流入干燥塔酸循环槽。吸收塔酸循环槽内的吸收酸，一部分经一吸塔酸循环泵输送至一吸塔酸冷却器和脱盐水加热器冷却，再进入一吸塔吸收气体中的 SO_3，下塔酸回流入吸收塔酸循环槽。另有一部分吸收酸，经二吸塔酸循环泵输送至二吸塔酸冷却器冷却，再进入二吸塔吸收气体中的 SO_3，下塔酸回流入吸收塔酸循环槽。另外，二吸塔酸循环泵出口分流出一部分酸，送入成品酸冷却器冷却，而后经外管送硫酸罐区。来自各酸冷器和各下塔酸管道的低点排放酸，经排酸管道收集汇总流入浓酸地下槽，经浓酸地下槽泵加压输送至成品酸管道。为了维持干燥塔循环酸浓度，需要从吸收塔的循环酸槽来补充部分浓酸。而吸收塔酸循环槽酸浓度由干燥塔酸循环槽来的硫酸和补充工艺水来调节。

e. 转化工段。由干吸工段干燥塔来的 SO_2 气体经鼓风机加压后经换热器加热至430℃后进入转化器一段进行反应，一段反应出口气体经换热器换热后降温至450℃进入转化器二段继续反应，二段出口气体经换热器换热后降温至450℃后进入转化器三段继续反应，三段反应后 SO_2 转化率可达95.2%，转化气三段出口气体经换热器换热，以及省煤器降温换热后，送干吸工段一吸塔。由干吸工段一吸塔来的 SO_2 气体经换热器加热至430℃进入转化器四段进行第二次转化，转化器四段出口气体经换热器换热降温至170℃后送干吸工段二吸塔。

硫铁矿制酸工艺流程及排污节点见图3-24。

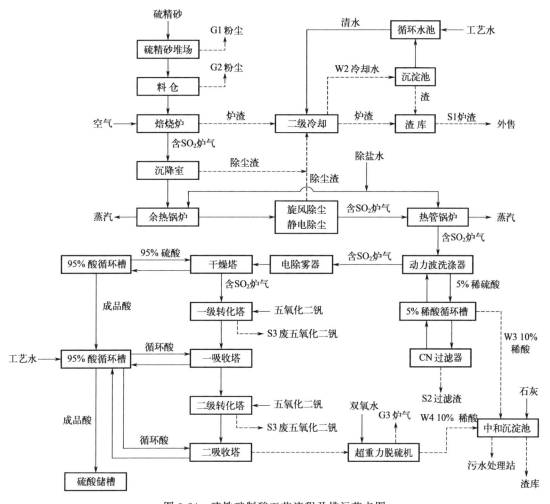

图 3-24 硫铁矿制酸工艺流程及排污节点图

② 硫铁矿制酸污染源识别。废气主要为原料堆场粉尘、料仓装卸粉尘、制酸尾气。

废水主要有除盐站废水、净化工段废酸、尾气洗涤废水。

固体废物主要有硫铁矿焙烧渣、CN 过滤渣、中和沉淀池滤渣、废催化剂。

③ 硫铁矿制酸污染防治措施。原料堆场采用半封闭结构，同时采用洒水降尘措施，以减少原料堆场及料仓装卸粉尘的无组织排放。

焙烧炉产生的炉气含有大量粉尘、SO_2 及少量酸雾。采用沉降室＋旋风除尘＋电除尘器＋动力波（稀酸洗涤）＋冷却塔＋二级电除雾器＋干燥塔处理；净化、干燥后的含 SO_2 炉气由鼓风机输送至转化吸收系统，通过二次转化和二次吸收制硫酸。经二次吸收后的尾气进入超重力脱硫机，采用双氧水循环吸收＋除沫器处理后经过烟囱排放。

除盐站离子交换再生产生的少量酸、碱废水经中和沉淀处理后，回用于硫铁矿渣循环冷却补充水。

净化工段产生的废酸主要含 pH、硫酸根离子、铁，还有微量的 Pb、Zn、F 等，送中和沉淀池加石灰中和沉淀处理后用板框压滤机过滤，滤液用于硫铁矿焙烧渣增湿降温。

尾气采用双氧水超重力脱硫反应生成稀硫酸，主要含 pH、硫酸根离子、铁，还有微量的 Pb、Zn、F 等，送中和沉淀池加石灰中和沉淀处理后用板框压滤机过滤，滤液用于硫铁矿焙烧渣增湿降温。

硫铁矿焙烧渣主要含 Fe、FeO、SiO_2、S_2O、CuO、Pb、ZnO 以及微量 Au、Ag 和其他伴生元素，输送至渣库临时堆存后全部外售钢铁厂综合利用。

CN 过滤渣属于危险废物，交有资质单位处置。

中和沉淀池滤渣主要成分为硫酸盐和硫铁矿渣，全部送渣库暂存，定期外售综合利用。

废催化剂属于危险废物，交有资质单位处置。

（2）硫黄制酸生产工艺

① 工艺原理。以固体硫黄为原料，采用带搅拌器的快速熔硫槽，粗硫经叶片式过滤器过滤，液体硫黄用泵加压机械雾化，空气焚硫，"3＋2"两转两吸工艺。

硫黄制酸装置工艺部分由原料工段、熔硫工段、焚硫转化工段、吸收工段、成品工段组成。

主要化学反应方程式为：

焚烧过程：$S + O_2 \xrightarrow{\quad} SO_2 + Q$

转化过程：$2SO_2 + O_2 \xrightarrow{\text{催化剂}} 2SO_3 + Q$

$$SO_3 + nH_2SO_4 + H_2O \xrightarrow{\quad} (n+1)H_2SO_4 + Q$$

吸收过程：$nSO_3 + H_2SO_4 \xrightarrow{\quad} H_2SO_4 \cdot nSO_3 + Q$

a. 原料工段。散装硫黄卸入硫黄库贮存，生产时，散装硫黄由吊车或轮式装载机转入加料斗中，由加料斗出口的手动插板阀控制给料量，通过波状挡边输送机送入熔硫槽，波状挡边输送机上方设置永磁除铁器，以除去硫黄中的铁类杂质。

为调节酸碱度，纯碱由工人通过手推车转运至拆包区，人工拆包后加入纯碱加料斗中，纯碱加料斗下的星形给料器均匀地将纯碱加到波状挡边输送机上，与硫黄一并送入熔硫槽中。

b. 熔硫工段。来自原料工段的固体硫黄由波状挡边输送机送入快速熔硫槽内熔化，熔化后的液硫自溢流口自流至过滤槽，由过滤泵送入液硫过滤器过滤后流入中间槽，再由液硫输送泵送入液硫贮槽内。液硫过滤之前，往助滤槽内的液硫中加入适量的硅藻土，由助滤泵打入液硫过滤器内，以便在过滤器的滤网表面形成有效的过滤层。精制后的液硫由液硫贮槽经泵送入精硫槽，再经精硫泵送至焚硫炉内燃烧。

快速熔硫槽、过滤槽、助滤槽、中间槽和液硫贮槽内均设置蒸汽加热盘管，快速熔硫槽用 0.6MPa（绝压）蒸汽间接加热使硫黄熔化，其他设备用 0.4～0.5MPa（绝压）蒸汽使硫黄保持熔融状态，并使液硫的温度控制在 135～145℃。

其他设备如液硫过滤器、液硫泵和液硫输送管道等均采用蒸汽夹套保温。

c. 焚硫、转化工段。液硫由精硫泵加压分别经两个硫黄枪喷入焚硫炉。

硫黄焚烧所需空气经空气过滤器过滤后进入干燥塔，干燥塔内采用 98％硫酸喷淋吸收水分，再经塔顶除雾器去除酸雾，干燥后的空气含水量＜0.1g/m³。干燥后空气经鼓风机加压送入焚硫炉。吸收水分后的浓硫酸流入干吸塔酸循环槽。

干燥空气在焚硫炉内与硫黄混合燃烧生成含 10％～10.5％ SO_2 的高温炉气（1008℃左右），经废热锅炉换热后降温至 420℃，进入转化工段一段进行转化，火管式废热锅炉回收热量，副产蒸汽。

经转化器一段转化后约 607℃的气体进入高温过热器与蒸汽进行换热，冷却后约 450℃的气体进入转化器二段进行转化，转化后的气体温度约 512℃，然后进入热热换热器进行换热，换热后 445℃的气体进入转化器三段进行转化，转化后约 461℃的气体经过冷热换热器和省煤器Ⅱ换热后降温至 175℃，送入热回收塔采用 98.5％硫酸吸收 SO_3 后气体经塔顶除雾器除去酸雾后依次通过冷热换热器和热热换热器加热，加热到 420℃气体进入转化器四段进行转化，转化后约 434℃的气体经中温过热器与蒸汽进行换热降温至 415℃，然后进入转化器五段进行转化，转化后约 415℃的气体经低温过热器和省煤器Ⅰ换热后降温至 155℃进入二吸塔，采用 98.5％硫酸吸收 SO_3。

为了调节各段催化剂层气体进口温度，设置必要的副线和阀门。转化系统开车升温按一定程序采用电炉升温法。

d.吸收工段。采用"3＋2"两次转化、两次吸收工艺，吸收工段设置热回收塔、二吸塔、二吸酸循环槽。由转化器第一、二、三段进行一次转化后的烟气进入热回收塔进行第一次吸收，热回收塔塔内填料层上塔酸为 200℃、浓度 98.5％的硫酸。热回收塔硫酸吸收 SO_3 后，塔顶炉气经冷热换热器、热热换热器换热后，返回转化器第四段进行第二次转化。由转化器第四、五段进行二次转化后的烟气进入二吸塔进行第二次吸收，二吸塔通过喷淋 98.5％硫酸吸收 SO_3，尾气经塔顶除雾器去除酸雾后进入尾气吸收塔处理，最终通过排气筒排放。热回收塔吸收 SO_3 后的浓硫酸经蒸汽发生器换热后，酸温降低，经混合器加水调节浓度至 98.5％后返回热回收塔循环，另有小部分硫酸经锅炉给水加热器和脱盐水加热器进一步回收热量后进入干燥酸循环槽。二吸塔吸收 SO_3 后的浓硫酸自塔底排至二吸酸循环槽，二吸酸循环槽内酸浓度通过干燥酸循环槽内的干燥酸和工艺水进行调节，混合后 98.5％的硫酸由吸收酸循环泵送入冷却器中冷却至 60℃后送二吸塔塔顶喷淋。

e.尾气处理。来自二吸塔的尾气经塔顶除雾器去除酸雾后进入尾气吸收塔，与从塔顶喷淋下来的 27％双氧水逆流接触，SO_2 被氧化成硫酸送吸收酸循环槽串酸。处理后尾气经电除雾器除雾后由排气筒排放。

f.成品工段。98.5％成品硫酸由吸收酸循环泵出口引出，经成品酸冷却器冷却至 40℃后进入成品酸储罐贮存。

硫黄制酸工艺流程及排污节点见图 3-25。

① 硫黄制酸污染源识别。废气主要有熔硫废气、硫酸吸收塔尾气。

废水主要有尾气洗涤塔废水、循环冷却系统排污水、锅炉及蒸汽发生器排污水、脱盐水站排水。

固体废物主要有转化工段废催化剂、过滤工段硫黄渣、水洗塔沉渣。

② 硫黄制酸污染防治措施。熔硫工序产生升华硫，该部分废气冷却时凝结成固体颗粒物，熔硫槽出气口通过管道连接水洗塔，经湿法除尘后通过排气筒排放。

硫酸吸收塔尾气主要含二氧化硫、硫酸雾，采取"双氧水喷淋塔＋电除雾器"处理后通过排气筒排放。

采用双氧水喷淋处理吸收塔尾气中的 SO_2、硫酸雾，主要通过双氧水的氧化性与 SO_2 反应生成 SO_3，SO_3 与水反应生成硫酸，塔底排水送吸收酸循环槽串酸。

熔硫废气采用水洗塔洗涤，洗涤水循环使用，定期排污。排污水主要含 SS、COD，去污水处理站处理。

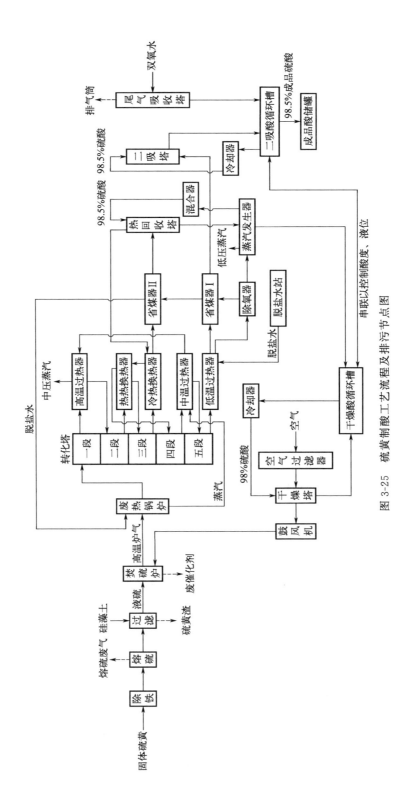

图 3-25　硫黄制酸工艺流程及排污节点图

循环冷却系统定期排污水主要含 SS、COD，送至脱盐水站作补充水回用。

锅炉及蒸汽发生器定期排污水主要含 SS、COD，去污水处理站处理。

脱盐水站排水主要为浓水，去污水处理站处理。

废催化剂属于危险废物，交有资质单位处置。

硫黄渣主要成分为硫黄、硅藻土、水分及铁等，收集后定期交硫铁矿制酸企业综合利用。

水洗塔沉渣主要含硫黄，收集后作为原材料回用于生产。

3.3.2.2　磷酸生产工艺及污染防治

（1）湿法磷酸生产

广义来说，凡是由酸性较强的无机酸或酸式盐分解磷矿而生产出的磷酸，均可称为湿法磷酸。常用的无机酸和酸式盐有硫酸、硝酸、盐酸、氟硅酸、硫酸氢铵等。其中以硫酸为原料的工艺路线是湿法磷酸生产中最基本的方法。硫酸分解磷矿粉所得产物为磷酸和硫酸钙，其中硫酸钙以晶体形式存在于酸解料浆中，溶解度小，仅需真空过滤即可将磷酸从酸解料浆中分离出来，方法简单，便于大规模的工业化生产。本节论述以硫酸为原料分解磷矿粉生产湿法磷酸的工艺方法。

磷矿主要化学成分为 $Ca_5F(PO_4)_3$，其和硫酸反应时生成磷酸和难溶性硫酸钙结晶，化学反应式如下：

$$Ca_5F(PO_4)_3+5H_2SO_4+5nH_2O \Longrightarrow 3H_3PO_4+5CaSO_4 \cdot nH_2O+HF$$

式中 n 可等于 0、1/2、2，由于水合物形式不同的硫酸钙晶体的性状差别很大，生产条件也不一样，致使生产工艺有着明显区别。因此，硫酸法生产湿法磷酸工艺按其生成的硫酸钙水合结晶形式可划分为二水物流程、半水物流程以及无水物流程等，对应的硫酸钙水合结晶形态分别为二水硫酸钙（$CaSO_4 \cdot 2H_2O$）、半水硫酸钙（$CaSO_4 \cdot 1/2H_2O$）和无水硫酸钙（$CaSO_4$）。

通常，湿法磷酸生产过程中一部分产品磷酸和洗涤时获得的稀磷酸会返回酸解系统（称返磷酸或循环磷酸）。实际上，上述反应分两步进行，第一步是返磷酸将磷矿粉分解生成磷酸一钙；第二步为硫酸与磷酸一钙反应生成磷酸和硫酸钙水合物（即磷石膏），具体反应如下：

$$Ca_5F(PO_4)_3+7H_3PO_4 \Longrightarrow 5Ca(H_2PO_4)_2+HF$$

$$5Ca(H_2PO_4)_2+5H_2SO_4+5nH_2O \Longrightarrow 5CaSO_4 \cdot nH_2O+10H_3PO_4$$

返磷酸预先分解磷矿粉可避免磷矿粉与浓硫酸直接接触，减少磷矿粉粒子表面被新生的硫酸钙薄膜包裹的现象，可提高磷矿粉分解率，同时，返磷酸可为磷石膏晶体的生长创造有利条件。

磷矿粉中除磷石灰外，还含有杂质，反应槽中存在的副反应如下。

主反应生成的 HF 与磷矿中 SiO_2 的反应：

$$6HF+SiO_2 \Longrightarrow H_2SiF_6+2H_2O$$

H_2SiF_6 受热分解：

$$H_2SiF_6 \Longrightarrow SiF_4+2HF$$

少量 H_2SiF_6 与 SiO_2 的反应：

$$2H_2SiF_6+SiO_2 \Longrightarrow 3SiF_4+2H_2O$$

磷矿中的铁、铝、钠及钾等杂质发生下列反应：

$$(Fe/Al)_2O_3+2H_3PO_4 \Longrightarrow 2(Fe/Al)PO_4+3H_2O$$

$$(Na/K)_2O+H_2SiF_6 \Longrightarrow (Na/K)_2SiF_6+H_2O$$

磷矿中碳酸镁和碳酸钙发生下列反应：

$$CaCO_3+H_2SO_4 \Longrightarrow CaSO_4+H_2O+CO_2$$

$$CaCO_3 \cdot MgCO_3+2H_2SO_4 \Longrightarrow CaSO_4+MgSO_4+2H_2O+2CO_2$$

我国目前已工业化运行的湿法磷酸技术有二水法、半水法和半水-二水法。

　　a. 二水法湿法磷酸工艺流程简述。二水法工艺反应槽类型有方格多槽、同心圆多浆单槽、单浆单槽等，反应槽的不同导致其生产工艺有些许差别，但不论采用哪一种工艺，均包括以下主要工段：磨矿工段（若以矿浆为原料则无该工段）、反应和尾气洗涤工段、过滤工段、浓缩和氟回收工段、酸澄清和贮存工段。除反应工段设计有独特之处外，其他四个工段的工艺流程差异并不显著。

　　反应工序：矿浆贮槽中的矿浆经计量后分别被泵入反应槽，与浓硫酸及从过滤系统送来的磷酸进行酸解反应。反应槽中磷矿浆与硫酸的加入量进行比值调节。磷矿与硫酸的反应为放热反应，为移走过剩的热量，使反应槽中的料浆保持一定的温度，部分料浆经闪冷器冷却后，回流至反应槽中，达到降温冷却效果。换热后的冷却空气进入反应尾气洗涤系统。反应尾气首先在文丘里洗涤器中顺流洗涤，洗涤后的气相和少部分液相混合物切线进一段尾气洗涤塔底部，大部分液相混合物经过管线进入液封槽，气体经喷淋洗涤后从塔顶经尾气风机，切线送入二段尾气洗涤塔底部，经来自二段尾气洗涤的喷淋洗涤后，由塔顶进入尾气烟囱排空。

　　过滤工序：由料浆泵送来的磷酸料浆，分别进入翻盘过滤机进行固液分离。整个过滤操作是在真空条件下完成的。料浆在滤盘中真空的作用下迅速形成石膏滤饼。过滤机首先得到的是稀磷酸，稀磷酸经气液分离器进行气液分离，滤液进入稀磷酸泵作为成品稀磷酸送至磷酸罐区贮槽。接下来依次进行第一次滤饼洗涤，得到的一洗液经气液分离器进行气液分离，滤液进入返酸泵送到反应槽；第二次滤饼洗涤为相同步骤。经洗涤后滤饼（磷石膏）由过滤机进行翻盘，由反吹压缩机反吹倒入干渣斗，再经皮带输送机、转运楼送至磷石膏内、外堆场。少量粘在滤布上的磷石膏用洗涤水洗。冲洗水通过湿渣斗进入滤布洗涤水槽作为滤布洗涤水用。

　　浓缩工序：由过滤工段送至磷酸罐区的稀磷酸，澄清后经计量后送至石墨换热器加热，加热后进入闪蒸室，在约 10～16kPa 绝压下蒸发大量的水分，进行真空浓缩，稀磷酸在磷酸循环泵、石墨换热器及闪蒸室组成的循环回路中不断地循环蒸发，不断地被浓缩，达到生产要求，送至磷酸罐区浓磷酸贮槽贮存。二水法工艺流程见图 3-26。

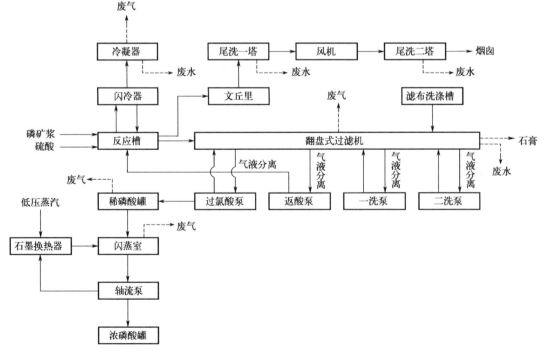

图 3-26　二水法湿法磷酸工艺流程图

b. 半水法湿法磷酸工艺流程简述。磷矿石经过反浮选、过滤处理后得到精矿粉或与原矿磷矿粉混合（100％矿粉细度小于1.6mm，水分在13％左右），经过计量后，输送到溶解槽A，与循环泵输送的料浆在溶解槽A/B和分解槽A/B中反应，反应后的料浆进入结晶槽A/B与经过计量的98％硫酸再继续反应生成易于过滤的料浆，返酸进入溶解槽A中进行液固调节。料浆经过滤料浆泵输送到过滤机过滤得到产品酸，半水磷石膏经过三次逆流洗涤排至渣场堆存并进行综合开发利用。

半水法湿法磷酸工艺流程见图3-27。

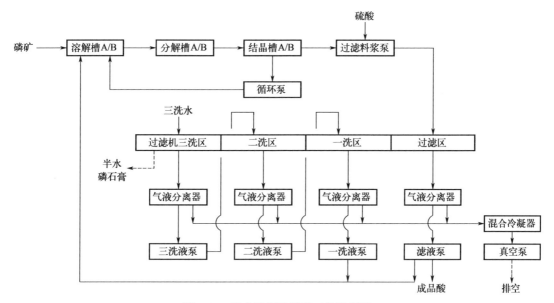

图 3-27　半水法湿法磷酸工艺流程图

c. 半水-二水法湿法磷酸工艺流程简述。半水-二水法磷酸工艺主要工序包括半水反应、半水过滤、二水转化、二水过滤、尾气洗涤、氟吸收、浓缩及原料储存、产品储存等。半水反应装置主要分为溶解槽、结晶槽和熟化槽，溶解槽中控制硫酸含量不足，同时在结晶槽中控制硫酸含量过量。磷矿经称量由皮带送至溶解槽，循环料浆经熟化槽返回溶解槽。溶解槽反应温度控制在95℃左右，结晶槽温度为90℃，反应热通过高位闪蒸冷却系统移除。闪冷循环料浆从结晶槽用泵送入闪蒸冷却器，冷却后料浆从闪蒸冷却器借重力经过滤给料槽回到结晶槽，冷却后的料浆温度在75～80℃。过滤给料槽的冷却料浆经过滤给料泵送至半水过滤机。半水料浆经半水过滤后入中间酸储罐，质量分数 w（P_2O_5）在40％左右。过滤磷酸经一级浓缩至 w（P_2O_5）52％后进入成品磷酸储罐。半水石膏经一级洗涤后与滤布洗水一并倾入二水转化槽，在转化槽中加入过量硫酸及活性硅胶，使半水石膏转化为二水石膏，再将二水石膏送至二水过滤机。二水石膏经多段洗涤后烘干送至石膏净化装置或送至造粒装置。半水反应、两段过滤及二水转化工序的反应尾气经两级尾气洗涤塔洗涤后排放。半水反应和浓缩的闪蒸真空气体分别经各自的氟洗涤塔循环洗涤，所产的氟硅酸经转鼓过滤机过滤出固体硅胶后进入储罐。半水-二水法湿法磷酸工艺流程见图3-28。

（2）热法磷酸生产工艺

早期热法磷酸生产是直接利用制磷电炉中出来的磷蒸气燃烧水合而制得磷酸，此法称为一段法，已基本不用；现多采用将电炉中制得的磷冷凝后，再燃烧水合的方法，此法称为二段法。二段法又分为燃烧水合两步法和燃烧水合一步法。

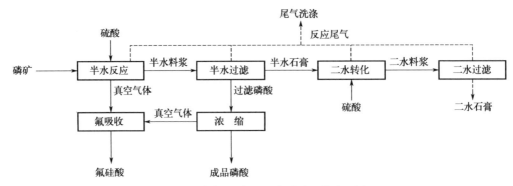

图 3-28　半水-二水法湿法磷酸工艺流程图

① 电炉法制磷。磷在自然界中主要是以磷酸盐的形式存在于磷矿石之中，工业生产中将磷矿石与焦炭（或煤粉）、硅石加热至熔融状态制得单质磷。因供给反应所需热量的方式不同，黄磷的生产方式可分为高炉法和电炉法。高炉法投资大、磷收率低，在工业上未能得到推广。本次仅对电炉法生产磷的工艺进行论述。

a. 电炉法制磷工艺原理。电炉法制磷总反应式为：

$$4Ca_5F(PO_4)_3 + 30C + 21SiO_2 = 3P_4 + 30CO + 20CaSiO_3 + SiF_4$$

副反应：

$$Fe_2O_3 + 3C = 2Fe + 3CO$$

$$4Fe + P_2 = 2Fe_2P$$

$$CO_2 + C = 2CO$$

$$C + H_2O = H_2 + CO$$

炉料中的 Fe_2O_3 在电炉中先被碳还原为铁，后又与磷结合成磷铁，磷铁可用于冶金行业。

炉料中的 Al_2O_3 约有 99.5% 进入炉渣，与磷矿石中的 CaO、SiO_2 作用形成新的化合物，成为 CaO-Al_2O_3-SiO_2 三元系统的熔融物排出。当 Al_2O_3 含量增加到 11% 时，会使 CaO-Al_2O_3-SiO_2 系统的熔融温度降低，即磷矿石的熔点随其中的 Al_2O_3 含量的增高而降低，进而影响电炉的正常操作。

炉料中的氟一部分以 CaF_2 的形式进入炉渣，另一部分以 SiF_4 的形式从电炉气中逸出。

b. 电炉法制磷生产工艺。电炉法制磷的主体设备是电炉。电炉上电极的摆布有直线形、三角形两种。国内外电炉法生产以圆形电炉电极呈三角形排列为主。

磷矿石、焦炭和硅石破碎至一定粒度后，再经烘干、筛选，然后按比例加入配料车中，再由提升机提至料柜中，经加料管连续不断地加入电炉内。炉料在炉内经加热熔融，生产 CO、磷蒸气、炉渣和磷铁。炉渣约 4h 从炉眼中排一次，熔融炉渣经水淬后（水压 0.3～0.4MPa），流入渣池中用电动抓斗抓至贮斗，用车运走。磷铁每天从铁口排出一次，至沙坑中冷却成型后回收。

含磷蒸气、CO 等气体及被炉气夹带的粉尘，经导气管进入除尘器，再进入三个串联的冷凝塔，1 号、2 号塔顶喷 60～70℃ 热水，3 号塔顶喷冷水。

磷蒸气在冷凝塔中被水冷凝为液态磷，未被除去的粉尘同时落入受磷槽中，沉积在槽底的纯磷用泵抽出送往贮槽。形成的泥磷另行处理，回收纯磷。

电炉法制磷生产工艺流程见图 3-29。

② 燃烧水合两步法生产工艺

a. 工艺原理。黄磷燃烧总反应式：

$$P_4 + 5O_2 = P_4O_{10}$$

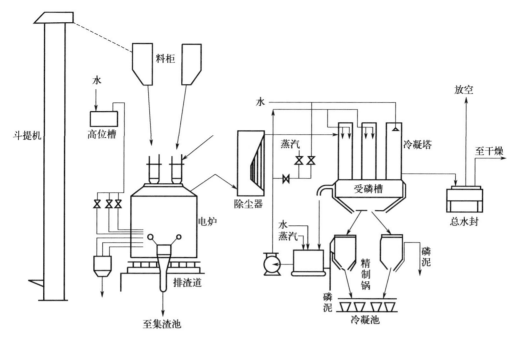

图 3-29　电炉法制磷生产工艺流程示意图

该反应是一个复杂的多级反应，反应物中除 P_4O_{10}（此为实际的分子存在形式，P_2O_5 为其最简化学式）外，还存在少量低级氧化物 P_4O、P_4O_2、P_4O_6 等。

在不同温度下，P_4O_{10} 有不同的水合反应。

230℃时，P_4O_{10} 与六个水分子结合，生成磷酸：

$$P_4O_{10} + 6H_2O \Longrightarrow 4H_3PO_4$$

另外有：

$$2HPO_3 + 2H_2O \Longrightarrow 2H_3PO_4$$

$$H_4P_2O_7 + H_2O \Longrightarrow 2H_3PO_4$$

450℃时，P_4O_{10} 与四个水分子结合，生成焦磷酸：

$$P_4O_{10} + 4H_2O \Longrightarrow 2H_4P_2O_7$$

另外有：

$$2HPO_3 + H_2O \Longrightarrow H_4P_2O_7$$

700℃时，P_4O_{10} 与两个水分子结合，生成偏磷酸：

$$P_4O_{10} + 2H_2O \Longrightarrow 4HPO_3$$

磷的低级氧化物在磷酸中水合后，则生成次磷酸和亚磷酸等，可用硝酸、双氧水等氧化剂将次、亚磷酸氧化为磷酸。

b. 工艺流程。燃烧水合两步法又称水冷法，该法将黄磷的燃烧与 P_4O_{10} 的水合过程分别在两台设备中进行。

液态磷加压送入燃烧塔顶的磷喷头，在磷喷头中用压缩空气使磷雾化成微细粒子，并补充二次空气，保证磷在燃烧室内完全氧化成 P_4O_{10}。燃烧室外壁用水进行冷却，使壁温保持在 80～125℃。从燃烧塔出来的气体进入气体冷却器，从冷却器上部喷水冷却，气体经冷却至 180℃时进入水合塔，在塔中分三层水冷，同时水合成磷酸。尾气经电除雾器排空。

燃烧水合两步法生产工艺流程见图 3-30。

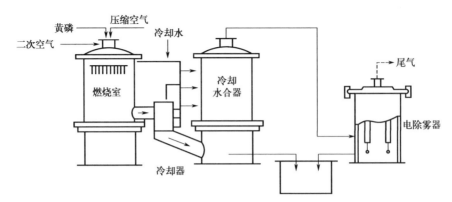

图 3-30　燃烧水合两步法生产工艺流程图

③ 燃烧水合一步法生产工艺。燃烧水合一步法又叫酸冷法，将黄磷的燃烧和 P_4O_{10} 的水合在同一台设备中进行。

黄磷在熔磷槽内熔化成液体，经磷喷嘴送入燃烧水合塔，同时用压缩空气将磷雾化进行氧化燃烧。为了使磷氧化完全，防止磷的低级氧化物生成，在塔顶还需补充二次空气，燃烧使用空气量为理论量的 1.4～2.0 倍（即空气过剩系数）。同时通过塔顶溢流堰沿塔壁淋洒温度为 30～40℃的循环磷酸，使 P_4O_{10} 烟气冷却，同时水合成磷酸。排出的气体进入电除雾器回收磷酸。冷却后的磷酸大部分作循环磷酸返回燃烧水合塔用，小部分作为成品酸回收，尾气则从电除雾器顶部排空。燃烧水合一步法工艺流程见图 3-31。

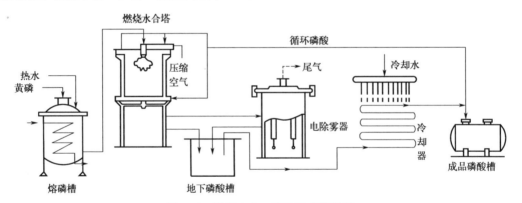

图 3-31　燃烧水合一步法工艺流程图

（3）磷酸生产工业污染识别

由于二水法湿法磷酸工艺简单，技术成熟，操作稳定可靠，而且其对矿石的适应性强，特别适用于中低品位矿石，我国绝大多数磷酸厂都使用二水法制取磷酸。因此本节对二水法湿法磷酸工艺进行污染分析。

废气：磷酸装置的废气来自磷酸反应槽在反应和冷却过程中产生的气体，以及过滤机、贮槽和各处密封槽逸出的气体。废气中的污染物都是 SiF_4、HF 和酸沫。

废水：过滤机冲洗滤布水（或称冲盘水）；反应系统尾气洗涤水；泵密封水、跑冒滴漏和冲洗设备地坪水；浓缩、闪蒸冷却和过滤机真空系统的冷却水。前三类废水特点为高氟、高磷、低 pH 等。

固体废物：主要为磷石膏渣。

（4）磷酸生产工业污染防治措施概述

含氟尾气在吸收器内用水将四氟化硅吸收生成稀氟硅酸溶液，然后送污水处理站处理。经洗涤后的尾气由排气筒放空。萃取反应槽液相界面上的含氟气体也送入尾气吸收塔用水吸收后放空。而萃取料浆在真空室闪蒸蒸发时产生的含氟水蒸气，则在冷凝器内被水冷凝，四氟化硅溶于冷凝液中形成稀氟硅酸，不凝性气体由真空泵排除。另外稀磷酸浓缩时也会产生含氟水蒸气，逸出的氟占磷酸中氟含量的 50％～70％。这部分废气经过洗涤塔经水或稀氟硅酸溶液循环吸收后回用于后续生产，再经冷凝器冷凝，不凝性气体由真空泵排出。

废水常用处理方法是化学中和法。中和药剂有石灰、电石渣、石灰石粉等，以石灰最为常用。处理原理是：氟和石灰反应生成难溶的氟化钙沉淀而被除去，但是磷酸污水中因含有氟硅酸、硫酸等多种组分，导致氟化钙的溶解度增大，工业上用石灰一级中和处理很难将污水中的含氟量降到标准排放值。国外普遍采用三级中和沉淀的处理方法。即第一级控制 pH 在 3 左右，去除水中大部分氟生成氟化钙和铁、铝化合物沉淀，同时可生成可溶性磷酸钙进入第二级，带入的磷酸根离子对二级除氟有利，这种沉淀物极难溶于水，因此可除去大部分磷酸根及剩余的氟化物。经二级沉降后，上层清液含氟量可达到排污标准。

磷石膏渣主要去渣场堆存或者综合利用。由于磷石膏排放量大，常年堆放不但占用大量土地，耗用巨额资金，而且处理不好还会造成堆存过程中水溶性 P_2O_5、氟等对环境的污染尤其是地下水污染严重。因此，磷石膏渣更倾向于综合利用。

3.3.3　案例分析

某磷化工企业 20 万吨/年湿法磷酸（100％ P_2O_5）项目，全年运行 300 天，年工作时间 7200h。

3.3.3.1　生产工艺

（1）湿法磷酸生产工艺

98％浓硫酸与磷矿浆经计量后加入反应槽，在反应槽中发生反应，并放出大量的反应热。通过反应料浆闪蒸冷却循环泵和闪蒸系统的真空度，将料浆送入低位闪蒸冷却器，料浆在一定的真空下蒸发水分，移去反应热和硫酸稀释热，冷却后的料浆返回反应器，使槽内温度维持稳定，以获得较好的二水硫酸钙结晶。一部分料浆进入消化槽，消除过饱和度，然后用料浆泵将反应料浆送至 2 台并联的转台式过滤机上进行过滤，滤饼磷石膏用水进行逆流洗涤，过滤机排出的磷石膏用回水冲至石膏再浆槽，用从渣场返回的回水再浆后用石膏料浆泵送至渣场堆存。滤液为含 P_2O_5 28％（将磷酸含量换算为 P_2O_5 含量）的稀磷酸，送入稀酸贮槽内贮存。反应槽废气经文丘里洗涤器和洗涤塔两级洗涤，达到排放标准后由排气筒排放。由闪蒸冷却器逸出的含氟蒸气经预冷凝器，用循环洗涤液洗涤其中的 P_2O_5 和部分氟化物，洗涤液送过滤机作洗涤水。洗涤后的含氟蒸气进入大气冷凝器使气体中的水分冷凝，不凝气体由水环真空泵排出。湿法磷酸生产工艺流程及排污节点见图 3-32。

（2）磷酸浓缩生产工艺

为满足重钙及磷酸二铵的工艺，需将含 P_2O_5 28％的稀磷酸浓缩至含 P_2O_5 46％的浓磷酸。

稀磷酸从稀酸地槽用泵送入系统的闪蒸室。送入闪蒸室的磷酸经磷酸循环槽，轴流泵至石墨换热器加热后，再返回闪蒸室进行蒸发。经浓缩后得到的合格浓磷酸放进浓酸地槽，经浓磷酸泵送至浓磷酸贮槽。

蒸汽经减温减压计量进入石墨换热器，对石墨换热器内的磷酸加热，磷酸在石墨管内流动，蒸汽在壳程流动，蒸汽换热后产生的冷凝水进入液封管，然后排入到地沟。

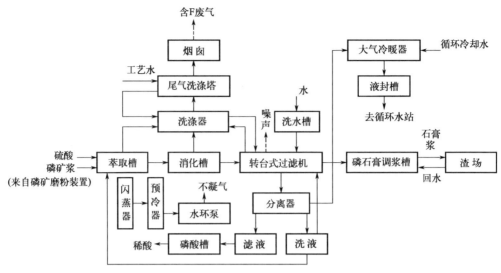

图 3-32 湿法磷酸生产工艺流程及排污节点图

经闪蒸室真空蒸发产生的气体，经闪蒸室顶部除沫器除沫后，除下酸液返回闪蒸室，含氟气体进入第一氟吸收塔，喷淋吸收气体中的氟化物，然后进入第二氟吸收塔再次喷淋吸收，经第二吸收塔吸收后的气体进入大气冷凝器，气体被循环冷却水冷却，经过冷凝器冷凝后的不凝气体随循环水一起进入热水槽，热水经过冷却塔冷却后循环利用。补充水经热水槽、2 号氟吸收循环槽、1 号氟吸收循环槽溢流补充。1 号、2 号氟吸收循环槽内的液体分别由 1 号、2 号氟吸收泵打入第一、第二氟吸收塔喷淋吸收。

浓缩磷酸生产工艺流程及排污节点见图 3-33。

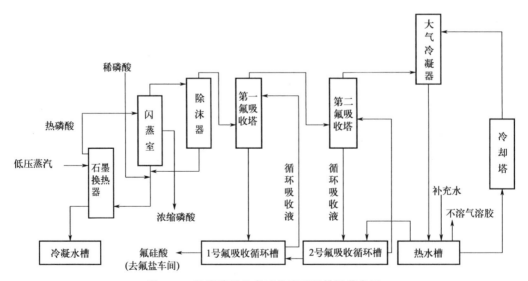

图 3-33 浓缩磷酸生产工艺流程及排污节点图

3.3.3.2 污染源分析

（1）废气污染源

萃取槽、消化槽及转台式过滤机产生含氟废气量 150000m³/h，含氟化物 60mg/m³。

磷酸浓缩闪蒸废气含氟化物及 H_3PO_4。

（2）废水污染源

地坪冲洗废水产生量 $0.17m^3/h$，含氟化物 $100mg/L$、P_2O_5 $1000mg/L$。

浓缩冷凝水产生量 $2.8m^3/h$，主要含固体悬浮物（SS）、H_2SiF_6。

冲盘水产生量 $60m^3/h$，主要含氟化物 $300mg/L$、P_2O_5 $1000mg/L$、SS $100mg/L$。

（3）固体废物

磷石膏渣产生量 $157.5×10^4 t/a$，主要含 $CaSO_4·2H_2O$（干基）。

3.3.3.3 污染防治措施

① 大气污染防治措施。

a. 萃取槽、消化槽及转台式过滤机产生的含氟废气进入文丘里洗涤器用水洗涤，再进入两级尾气洗涤塔用水逆流洗涤，尾气经 $40m$ 高排气筒达标排放，吸收率 $≥92\%$。

b. 浓缩闪蒸排出的水蒸气经除沫器、二级吸收塔喷淋吸收，再经冷凝器冷凝排放不凝气。

② 水污染防治措施。

a. 地坪冲洗废水去磷石膏调浆池回用，不外排。

b. 浓缩冷凝水作为吸收塔补充水回用，不外排。

c. 冲盘水沉淀后循环使用，不外排。

③ 固体废物治理措施。项目产生的磷石膏（干基）去渣场堆存，渣场回水返回生产系统，循环使用。

 思考题

1. 现代煤化工如何节能降碳升级？

2. 煤质的不同对煤化工企业在生产装置及污染防治措施的选择有何不同？

3. 煤化工装置酸性气除采用硫黄回收装置进行治理外，列举出其他不同的治理方式，并进行不同治理方式之间优缺点的对比。

4. 了解其他合成气净化技术。

5. 说明工艺上硫酸尾气中 SO_2、酸雾的控制指标。

6. 列举湿法磷酸的净化方法？

7. 磷酸生产过程中如何回收碘？

8. 湿法磷酸浓缩过程中如何回收氟？

9. 列举国内外广泛应用于有机废气治理的主流技术。

参考文献

[1] 王欢，范飞，李鹏飞，等. 现代煤气化技术进展及产业现状分析[J]. 煤化工，2021，49(4)：52-56.

[2] 孟晓光. 煤气化技术发展趋势[J]. 煤炭加工与综合利用，2019(4)：52-56.

[3] 史运清，马飙. 软硬酸碱原理在有机化学中的应用[J]. 江苏师范大学学报(自然科学版)，1998(1)：32-37.

[4] 问立宁，叶丽君. 我国磷化工产业现状及发展建议[J]. 磷肥与复肥，2019，34(9)：1-4.

[5] 王佳才，李进，李子军，等. 川恒化工半水湿法磷酸装置生产技术概要[J]. 硫磷设计与粉体工程，2015(2)：38-43.

[6] 邹文敏，陈志华，李志刚，等. 新型半水-二水法磷酸工艺的技术优势[J]. 磷肥与复肥，2016，31(8)：34-38.

[7] 贺永德. 现代煤化工技术手册[M]. 北京：化学工业出版社，2003：329-352.

[8] 徐刚. 最新磷化工工艺技术手册[M]. 北京：中国知识出版社，2013：90-115.

[9] 化学工业部建设协调司，化工部硫酸和磷肥设计技术中心. 磷酸 磷铵 重钙技术与设计手册[M]. 北京：化学工业出版社，1996：169-180.

[10] 金嘉璐，俞珠峰，王永刚. 新型煤化工技术[M]. 北京：中国矿业大学出版社，2008.

 延伸阅读

1.《现代煤化工技术手册》

2.《新型煤化工及实践》

3.《煤化工高浓度有机废水处理技术及工程实例》

4.《最新磷化工工艺技术手册》

5.《现代磷化工技术和应用》

6.《高浓度有机工业废水处理技术》

7.《有机废气的净化技术》

第**4**章

医药制造（制药）与污染控制

4.1 概述

4.1.1 医药制造业概况

医药制造（制药）是指运用化学、生物、机械等方法加工无机物、有机物使之成为药品，实现药物工业化生产。药品指用于预防、治疗、诊断人的疾病，有目的地调节人的生理机能并规定有适应证或者功能主治、用法和用量的物质，包括中药、化学药和生物制品等。药物生产制造过程必须受高度严格质控，按照《中华人民共和国药典》和《药品生产质量管理规范》（*Good Manufacturing Practice of Medical Products*，药品 GMP）两个制药业主要的指导标准，目前我国制药业已经全面实现 GMP 生产。

4.1.2 制药工业分类

4.1.2.1 按产品分类

根据典型制药工业的产品类别，医药制造工业可分为原料药生产和制剂两大类。

（1）原料药

根据药物来源和生产技术的性质不同，原料药生产分为化学合成制药、中药与天然药物制药（包括中草药有效成分提取）、生物制药（包括微生物发酵制药）三大类。化学合成制药是由化工原料通过化学合成的方法制取各种药物，中药与天然药物生产主要是从动植物中分离和提取有效成分，微生物发酵制药是通过微生物发酵的方法生产抗生素和其他药物。生物技术制药是通过生物化学方法和现代生物工程技术生产药物，这是近年来迅速发展起来的一个新的制药领域，一些用化学合成方法难以制取的复杂结构药物，已能用现代生物技术方便地制取，具有广阔的前景。

（2）制剂

制剂是指使原料药剂型化，形成便于患者使用的、符合标准的形式。在制剂生产中，按药物的来源可分为西药制剂、中药制剂、中西药复方制剂。

4.1.2.2 按生产工艺分类

药品生产制造阶段，通常由若干工艺单元或流程组成，包括物理加工、化学合成或生物合成（如微生物发酵）过程以及分类纯化和质控的过程。根据典型药品生产工艺及国际国内制药工业排放标准管控的分类，可以将制药工业分为中药类、提取类、化学合成类、生物工程类、发酵类及混装制剂类等。然而，在制药工业企业实际生产中，往往会有以上六类生产工艺的结合，其中提取工艺是中成药制造的重要环节，混装制剂生产工艺则是中药、化学合成药和生物制药等生产过程中的末端流程。下面以中药制药（含提取工段）、化学合成制药、发酵与生物技术制药三种典型制药生产的工艺及污染防治为例进行说明。

4.2 中药及提取类制药工业污染及控制

4.2.1 基本概况

凡是以中医药学理论（如四气五味、升降浮沉、归经、配伍反畏等）为指导，来解释其作用和用途，用以防病、治病、保健的药物，均可称为中药。中药分为中药材、中药饮片和中成药。中药类制药是以中医药理论为指导、以中药材（如药用植物和药用动物等）为主要原料生产中药饮片或中成药产品的过程。其中，中药饮片由经过加工的净药材进一步切割、炮制而成；中成药常以中药饮片作为原料，并经包括提取在内的各种剂型制备工艺进行加工生产而成。

提取类制药系指运用物理、化学、生物化学的方法，将生物体（动物、植物等，不包括微生物）中起重要生理作用的各种基本物质经过提取、分离、纯化等手段制造药物的过程。

提取类药物与中药均属于天然存在的物质，其结构不经过化学修饰或人工合成。它们在原材料、生产工艺等方面也具有相似之处，比如在生产过程中的提取工序。只是提取类制药在提取后还需要进行分离以获取单一成分，其工艺流程较中药类制药复杂。然而，提取工段却是两类制药产生污染物的主要环节，以下以中药制药（含提取工段）的典型生产过程进行工艺流程和污染控制的分析。

4.2.2 中药制药（含提取工段）工艺流程

传统的中药饮片是将中药材加工炮制成一定规格形状，主要生产过程实际上包括净制、切制和炮制，有的饮片经过蒸、炒、煅等高温处理，有的饮片需要加入特殊辅料如酒、醋、盐、蜜等后再经高温处理。中成药的生产过程主要可分为原料选择和预处理（炮制）、原料粉碎、浸提、分离纯化、干燥及保存、制剂等6个阶段，其中核心工艺是有效成分提取、分离和浓缩，也是生产过程中污染物产生的主要环节。

4.2.2.1 粉碎

粉碎是指借助机械力的作用将大块的固体物料制成适宜粒度的碎块或粗粉的过程。通过粉碎，可增加药物的表面积，促进药物的溶解与吸收，加速药材中有效成分的浸出。根据中药不同来源与性质，粉碎可采用单独粉碎、混合粉碎、干法粉碎和湿法粉碎等方法。可选用的粉碎机械有锤击式粉碎机、风选式粉碎机、万能粉碎机、球磨机等。

4.2.2.2 浸提

浸提是提取类制药的特征过程，系指溶剂通过与原料充分接触，使有效成分从原料转移到溶剂的过程。

（1）浸提溶剂

提取过程中影响比较大的一个因素是溶剂，根据不同溶剂可分为酸解、碱解、酶解、盐解及有机溶剂提取等；提取过程常用的溶剂包括水、稀盐、稀碱、稀酸、有机溶剂（如乙醇、丙酮、三氯甲烷、三氯乙酸、乙酸乙酯、草酸、乙酸等）。溶剂的选择恰当与否直接关系到提取效率，工业生产中常用的溶剂主要为水、乙醇、丙酮及三氯甲烷等。常见浸提溶剂的特点见表4-1。

表 4-1　常见浸提溶剂基本特点一览表

序号	浸提剂	特点
1	水	工业生产中常用溶剂之一。药材中的大分子物质如树胶、黏液质、蛋白质、淀粉、生物碱盐、皂苷等都能溶于水。其缺点是对溶解成分的选择性差，浸出液中杂质较多，给后续处理和制剂带来麻烦。此外，由于一些新鲜药材中含有酶，会导致一些有效成分（如苷类）的水解
2	乙醇	溶解范围广，可以溶解一些水溶性的成分（如生物碱盐、苷、糖等），又能溶解一些脂溶性的成分（如香豆素、挥发油等）。能以任意比与水混溶，常与水混合配制成不同比例的醇水混合溶液来进行浸提
3	丙酮	极性比乙醇要小，是一种良好的脱脂溶剂，能以任意比与水混溶，具有防腐作用，能溶解的成分为生物碱、挥发油、香豆素、醌、黄酮、萜。但是沸点低，易燃烧和挥发，具有一定毒性，应用相对较少
4	三氯甲烷	属于非极性，在水中微溶，具有防腐作用，密度比水大。能溶解的成分为挥发油、香豆素、小分子醌类、脂溶性色素等

（2）浸提工艺

中药和天然药物提取的传统工艺有煎煮法（常压煎煮法、加压煎煮法）、浸渍法（常温浸渍法、温浸法）、渗滤法（滤滤法）、回流法、水蒸气蒸馏法，各方法的适用性及优缺点见表 4-2。

表 4-2　常见提取工艺一览表

方法		适用性	优点	缺点	产生的污染物
煎煮法	常压煎煮法	以水为溶剂，将药材加热煮沸一定的时间，以提取其所含成分的一种常用方法。传统汤剂的常用制备方法，也是制备部分中药丸剂、冲剂、片剂、注射剂或提取某些有效成分的基本方法之一。常压煎煮法适用于有效成分能溶于水且对热较稳定的药材	由于煎煮法能提取较多的成分，符合中医传统用药习惯，故对于有效成分尚未清楚的中药或方剂进行剂型改进时，通常采取煎煮法粗提	用水煎煮，浸提液中除有效成分外，往往水溶性杂质较多，尚有少量脂溶性成分，给后续操作带来不利，煎出液易霉败变质	清洗废水（色度、SS、BOD$_5$、COD、NH$_3$-N）、水蒸气（含中药异味）、纯水制备产生的浓水（SS）、废反渗透膜等、药渣、锅炉废气（SO$_2$、NO$_x$、颗粒物）
	加压煎煮法	加压煎煮适用于药物成分在高温下不易被破坏，或在常压下不易煎透的药材。工业生产中常用蒸汽进行加压煎煮			
浸渍法	冷浸法（常温浸渍法）	将药材用适当的溶剂在常温或温热条件下浸泡而浸出有效成分的一种方法。适用于黏性药物、无组织结构的药材、新鲜及易于膨胀的药材、价格低廉的芳香性药材；不适于贵重药材、毒性药材及高浓度的制剂，药酒、酊剂的制备常用此法	将浸提液过滤浓缩，可进一步制备流浸膏、浸膏、片剂、冲剂等	因为溶剂的用量大，且呈静止状态，溶剂的利用率较低，有效成分浸出不完全，难以直接制得高浓度的制剂	药材粉碎产生的粉尘（颗粒物）、药渣；选择有机溶剂时，会产生有机废气（NMHC）；选择酸或碱溶剂时，废水pH值波动较大；温浸时加热会产生锅炉废气（SO$_2$、NO$_x$、颗粒物）
	温浸法				

方法	适用性	优点	缺点	产生的污染物
渗滤法（渗漉法）	将药材粗粉置于渗滤器内，溶剂连续地从渗滤器的上部加入，渗滤液不断地从下部流出，从而浸出药材中有效成分的一种方法。适用于贵重药材、毒性药材及高浓度制剂，也可用于有效成分含量较低的药材的提取	有效成分浸出较完全，提取效果优于浸渍法，不经滤过处理可直接收集渗滤液	对新鲜且易膨胀的药材、无组织结构的药材如大蒜、鲜橙皮等，既不易粉碎，也易与浸出溶剂形成糊状，无法使溶剂透过药材，故不宜选用此法	渗滤法也可视作是将浸出溶剂分成无限多份，一份一份地加入浸渍的过程，故产生污染物的特点同浸渍法
回流法	用乙醇等易挥发的有机溶剂进行加热提取有效成分，挥发性溶剂形成蒸气后又被冷凝，重复流回浸器中浸提药材，这样周而复始，直至有效成分提取完全	溶剂能循环使用，较渗滤法的溶剂耗用量少，提取效率高	技术要求高，能耗高，采用高温操作，引起热敏性从而使有效成分大量分解，不适用于受热易破坏的药材成分的浸出	浓缩冷凝水（色度、SS、BOD_5、COD、NH_3-N）、乙醇废气（NMHC）、药渣
水蒸气蒸馏法	用于提取具有挥发性，能随水蒸气蒸馏而不被破坏，不与水发生反应，不溶或难溶于水的成分	适合于一些芳香性、有效成分具有挥发性的药材	不适合于有效成分容易氧化或分解的药材	软水制备产生的再生废水（SS、BOD_5、COD）、废树脂等、锅炉废气（SO_2、NO_x、颗粒物）、水蒸气（含中药异味）、药渣

在工艺流程中，提取过程要经过多次成分转移、分离杂质过程，多处产生废母液和废渣，使用化学溶剂还会产生溶剂废气。动植物组织和器官中有效成分含量一般不高，除了有效成分外，其他组分都以废物的形式出现，因此提取类制药的废物产生量大。

4.2.2.3 分离纯化

经过浸提后得到的药材提取液一般体积较大，有效成分含量较低，仍然是杂质和多种成分的混合物，需除去杂质，进一步分离并进行精制。中药的分离纯化是利用中药化学、现代分离技术、工程学原理对中药中有效成分提取分离的过程。中药的分离纯化技术是改变传统中药制剂"粗、大、黑"的关键，属于中药现代化生产的关键技术。中药分离纯化方法可分为机械分离和传质分离两大类。机械分离处理即两相或两相以上的混合物，通过机械处理简单将各相加以分离，不涉及传质过程；传质分离处理对象可以是均相体或非均相体，通过单个组分的物理-化学特性的差异进行分离，一般依靠平衡或速率的差异来实现。

常用机械分离工艺包括沉降分离法、离心分离法等；传质分离工艺有水提醇沉法（水醇法）、醇提水沉法（醇水法）、酸碱法（pH值法）、离子交换法和结晶法等。各工艺的适用性及优缺点见表4-3。

表4-3 常见分离纯化方法一览表

方法	适用性	优点	缺点	产生的污染物
沉降分离法	利用分散介质的密度差，使之发生相对运动而分离的过程。采用旋风分离器、间歇式沉降器、半连续式沉降器、连续式沉降器等	操作简单，成本低	不适用于密度相近的组分	主要为分离后的药渣

方法	适用性	优点	缺点	产生的污染物
离心分离法	将待分离的药液置于离心机中，利用离心机高速旋转的功能，使混合液中的固体与液体或两种不相溶的液体产生不同的离心力，从而达到分离的目的。采用常速、高速和超高速离心机等	生产能力大，分离效果好，成品纯度高，尤其适用于晶体悬浮液和乳浊液的分离	技术要求高，受单机分离功率的影响难以规模化	主要为分离后的药渣
水提醇沉法	该法主要利用中药材中的大部分有效成分都易溶于水和乙醇，而树胶、黏液质、蛋白质、糊化淀粉等杂质分子量比较大，能溶于水而不溶于乙醇、丙酮的特性。先以水为溶剂来提取药材，得到的水提液中常含有树胶、黏液质、蛋白质、糊化淀粉等杂质，此时向水提液中加入一定量的乙醇，使这些不溶于乙醇的杂质自溶液中沉淀析出，而达到与有效成分分离的目的	目前应用较广泛的精制方法，提取多糖及多肽类化合物，多采用水溶解、浓缩、加乙醇或丙酮析出的办法	成本高，药物中的有效成分（如生物碱、苷类、有机酸等）均有不同程度的损失，而多糖和微量元素的损失尤为明显	生产废水（高COD、高色度）、乙醇废气(NMHC)、乙醇不凝气、冷凝废水（色度、SS、BOD$_5$、COD、NH$_3$-N）、药渣
醇提水沉法	原理与水提醇沉法的类似，都是利用了杂质在水和乙醇中溶解度的差别。先以乙醇为溶剂来提取药材，得到的醇提液中常含有叶绿素等脂溶性杂质，此时向醇提液中加入一定量的水，使这些不溶于水的杂质自溶液中沉淀析出，而达到与有效成分分离的目的	适用于含树胶、黏液质、蛋白质、糊化淀粉类杂质较多的药材	多糖类、蛋白质、淀粉等无效成分不易溶出	生产废水（高COD、高色度）、乙醇废气(NMHC)、药渣
酸碱法	利用中药或天然药物总提取物中的某些成分能在酸性溶液（或碱）中溶解，加碱（或加酸）改变溶液的 pH 值后，这些成分形成不溶物而析出，从而达到分离的目的。例如，香豆素属于内酯类化合物，不溶于水，但遇碱开环生成羧酸盐溶于水，再加酸酸化，又重新形成内酯环从溶液中析出，从而与其他杂质分离。生物碱一般不溶于水，遇酸生成生物碱盐而溶于水，再加碱碱化，又重新生成游离生物碱	操作简单，功效明显	工业生产过程中使用大量的酸和碱，会造成一定程度的环境污染	生产废水（高COD、高色度、pH值波动较大）、药渣
离子交换法	利用离子交换树脂与中药提取液中某些可离子化的成分起交换作用，而达到提纯的方法。离子交换树脂是一种具有交联网状结构及离子交换基团的高分子材料，外观为球形颗粒，不溶于水，但可在水中膨胀	操作方便，生产可连续化，产品纯度高，成本低	对于溶液中存在多种离子时，需要针对不同的目的离子选用不同的树脂，普遍适用性差	废树脂
结晶法	利用混合物中各成分在溶剂中的溶解度不同来达到分离的方法	析出固体纯度高，成本低，操作简单，所需设备少	所用样品必须已经用其他方法提纯后，才能采用结晶法精制，如果中药的粗提取部分的纯度很差，则很难得到结晶。当中药成分的结晶含有两种以上成分时，可用分步结晶法分离	生产废水（高COD、高色度）

4.2.2.4 制剂

将原料药物加工制成具有一定规格的药物制品，称为制剂。常用的药物剂型有散剂、颗粒剂、胶囊剂、片剂、注射剂、软膏剂、栓剂等。常见制剂主要特点见表 4-4，不同剂型药物生产工艺及排污节点见图 4-1。

表 4-4　常见制剂主要特点一览表

制剂类型			特点
固体制剂	散剂	一种或多种药物均匀混合制成的粉末状制剂，有内服和外用散剂	口服易分散，溶出和吸收快；外用散剂覆盖面积大，保护吸收分泌物，促进凝血和愈合；剂量调整方便，适于儿童服用，制备工艺简单。但腐蚀性较强、性质不稳定药物不宜制备，剂量较大的散剂不宜服用
	颗粒剂	将药物与适宜辅料制成的干燥颗粒状制剂。服用方便，通过包衣或制成具有不同释放速率的颗粒达到缓释作用	口服易分散，溶出和吸收快
	胶囊剂	将药物填装于硬胶囊或具有弹性的软胶囊中制成的固体制剂	该制剂可掩盖药物不良臭味，减小刺激，与片剂、丸剂相比，生物利用度较高，提高药物对光线、湿气的稳定性。控制药物释放速率和释放部位，具有丰富的色彩与形状
	丸剂	微丸：药物与适宜辅料制成的直径小于2.5mm的球形颗粒制剂。可直接包装，也可装胶囊后使用。制备方法：沸腾制丸法，喷雾制丸法，喷雾冻结制丸法，离心抛射制丸法	胃肠道分布面积大，药物吸收速度均匀，个体差异小，减小局部刺激；包衣或制成具有不同释放速率的微丸而达到控缓释作用
		滴丸：药物与基质加热熔化混匀后，滴入不相混溶的冷却液中收缩而成的球状制剂。除口服外，尚可外用于眼、鼻、直肠等。制备方法：将药物和基质加热熔化混匀后，滴入不相混溶的冷却液中而得	药效迅速，生物利用度高，也能选择缓释材料做成缓释制剂，液体药物固体化，便于服用与运输，设备简单，操作成本低
		中药丸剂：药物细粉或药材提取物加入黏合剂及其他赋形剂而成的球状制剂。根据赋形剂不同可分为水丸、蜜丸、水蜜丸、浓缩丸、糊丸及蜡丸。制备方法：泛制法及塑制法。泛制法是在转动的机械中将药物细粉与赋形剂交替润湿、撒布，不断翻滚，逐渐增大的方法；塑制法是药物细粉加入黏合剂，混匀制成软硬适宜的团块，然后制成丸条，分粒，搓圆的方法	作用缓慢、持久，减少毒副作用，可容纳较多黏稠性及液体药物，适宜贵重及芳香类等不宜加热的药物，制法简单
	片剂	指药物与辅料混合后经压制而成的片状制剂。 制备方法有三种：湿法制粒压片、干法制粒压片和直接压片。3种方式压制的片剂可再进行包衣制成包衣片	机械化及自动化程度高，产量高，成本低，剂量准确，携带和使用方便，药物理化性质稳定，贮藏期长
液体制剂		液体制剂指药物分散在适宜分散介质中形成的液体形态药物。按药物分散粒子大小可分为溶液型、混悬型及乳剂型液体制剂	分散度大，吸收快，给药途径广泛，减少药物刺激，特别适宜老人、儿童使用。但容易产生物理化学稳定性的问题，易霉变，且携带、运输及贮藏不方便
灭菌制剂	注射剂	药物制成的供注入体内的溶液、乳状液、混悬液以及供临用前配成溶液或混悬液的无菌粉末	药效迅速，作用可靠，适于不宜口服药物、不能口服给药的病人。但使用不便，有疼痛感；制作过程复杂，纯度要求高
	滴眼剂	直接滴用于眼部的外用液体制剂。主要为水溶液，也有少数水混悬剂	治疗眼部疾病，有杀菌、消炎、散瞳、麻醉等作用

续表

制剂类型		特点
半固体制剂	软膏剂	药物与适当基质混合制成的涂布于皮肤、黏膜的膏状半固体外用制剂	对皮肤具有良好的保护、润滑、营养及治疗作用
	栓剂	药物与适宜基质制成的具有一定形状，可塞入腔道的固体外用制剂	具有局部作用如润滑、收敛、抗菌、杀虫，同时可产生全身作用，并避免肝首过效应
气雾制剂		药物与抛射剂共同封装于具有特制阀门系统的耐压容器中，借助抛射剂汽化产生压力，将内容物喷成雾状微粒而喷出的气体装制剂。可用于皮肤、呼吸道、腔道产生局部或全身的作用	具有速效与定位作用，保存性好，避免胃肠道破坏及肝首过效应，但制剂成本高

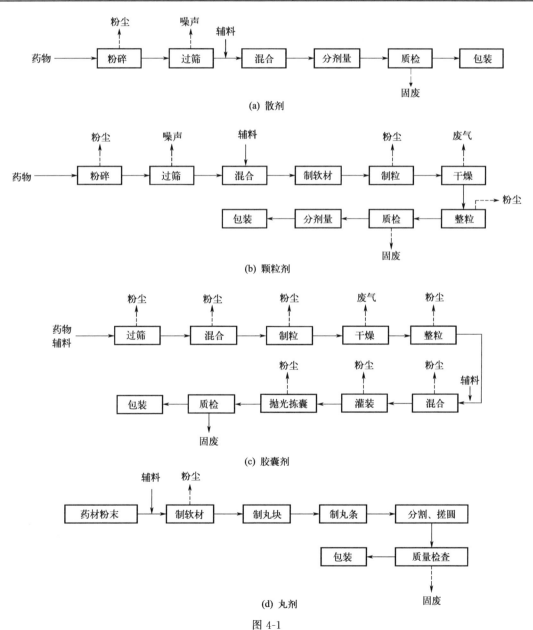

图 4-1

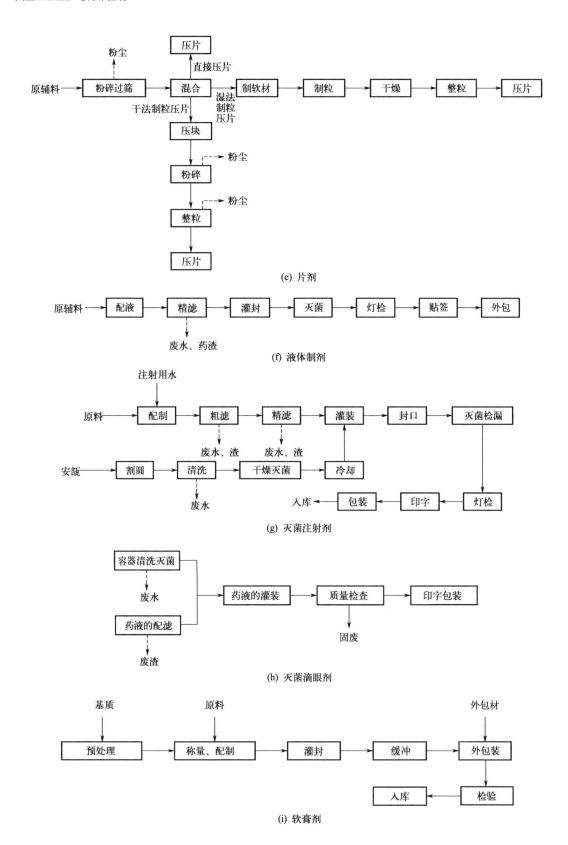

(e) 片剂

(f) 液体制剂

(g) 灭菌注射剂

(h) 灭菌滴眼剂

(i) 软膏剂

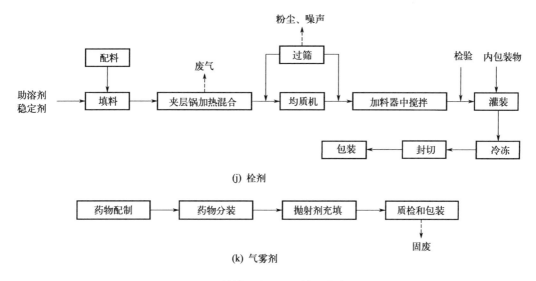

图 4-1　制剂工艺流程及排污节点图

4.2.3　中药制药（含提取工段）污染控制

4.2.3.1　大气污染及防治

（1）废气来源及特征

中药饮片生产过程中废气主要为切制工序产生的药物粉尘。中成药生产过程中的大气污染物主要来自粉碎、干燥和包装时产生的药尘（颗粒物），对于动物药材提取，原料清洗和粉碎过程会有恶臭气体排放；提取过程和溶剂回收过程中会有溶剂挥发产生挥发性有机污染物，根据常用浸提剂类别，特征污染物包括但不限于丙酮、乙酸乙酯、苯、乙醇、丙醇、异丙醇、戊酸、氯仿、三氯乙酸、乙醚、草酸等。

（2）废气治理

中药生产过程产生的药尘，一般采用袋式除尘、旋风除尘和机械除尘等设施。采用袋式除尘器，除尘率可达 98％，采用旋风除尘器＋袋式除尘器，除尘率可达 99％。此外，中成药制药企业产生挥发性有机废气，源于生产工艺中使用的有机溶剂挥发，一般通过回收利用设施，回收率一般在 85％以上，最高可达 95％。经溶剂回收等设施后的有机废气可进一步收集后采用吸收和吸附等措施净化后排放。

4.2.3.2　废水污染控制

（1）废水来源

中药类制药生产企业排放的废水主要有以下几种：

① 原料药材清洗和浸泡废水：主要污染指标为 SS、COD、动植物油等。

② 提取工段废水：通过提取装置或有机溶剂回收装置排放。废水中的主要污染物为提取后的产品、中间产品以及溶解的溶剂等，主要污染指标为 COD、BOD、SS、氨氮、动植物油等，是提取类制药的主要废水污染源。

③ 纯化精制废水：提取后的粗品纯化精制过程中会有少量废水产生，水质与提取废水基本相同。

④ 设备清洗水：每个工序完成一次批量处理后，需要对本工序的设备进行一次清洗工作，

水质与提取废水类似，一般浓度较高，为间歇排放。

⑤ 地面清洗水：地面定期清洗排放的废水，主要污染指标为 COD、氨氮、BOD、SS 等。

（2）废水主要特征

中药饮片生产或中成药生产前处理工段中机械清洗和中药浸泡产生废水，一般为轻度污染废水。COD 约 200mg/L，若中药浸泡过程加入辅料如酒、醋、蜜等的中药饮片，废水 COD 较高，可达 1000mg/L。

中成药生产通常是间歇投料，成批流转，因此产生废水水量间歇排放，水质波动较大；生产过程中须使用一些煤质、溶剂或辅料，水质成分较复杂，废水 COD 较高，一般为 14000～100000mg/L；废水 SS 浓度较高，主要为动植物碎片、胶体或细微颗粒；在制造过程中若有加酸或碱处理，废水 pH 值波动较大；采用煮炼和熬制工艺的中药生产企业排放废水温度较高并带有颜色和中药气味。

（3）废水处理工艺

中药生产废水一般易生物降解，BOD/COD 一般在 0.5 以上，适宜进行生物处理。对于中药废水处理工艺，大多采用悬浮预处理、好氧生化（或水解-好氧生化）、厌氧生化、厌氧＋好氧两级生化等，常见处理工艺和装置有 UASB 反应器、UBF 反应器、水解酸化、生物接触氧化法、SBR 法。采用预处理＋厌氧生化或好氧生化的末端治理技术 COD 去除率可达 85％以上，采用预处理＋厌氧＋好氧两级生化的技术 COD 去除率可达 95％以上。

4.2.3.3 固体废物污染控制

固体废物主要来源于药材筛选、清洗过程中产生的泥沙及杂质，提取过药物后的药材废渣，以及药材包装产生的废包装材料。

药材筛选、清洗过程中产生的泥沙及杂质可妥善收集后交由环卫部门统一清运至城市生活垃圾处理设施处置；药材废渣主要成分为残余的天然植物或动物体，一般含有大量的粗纤维、粗脂肪、淀粉、粗蛋白、粗多糖、氨基酸及微量元素等，这类固体废物处置方式主要是作饲料添加剂、堆肥、锅炉燃料等；废包装材料可综合回收利用。

4.2.3.4 噪声污染控制

在中药制药过程中，一些制药机械如粉碎机、压片机、包装机、空压机等会产生一定噪声，一般经消声、减振或隔声处置。

4.2.4 案例分析

4.2.4.1 基本情况

某制药公司生产胶囊、滴丸、糖浆等中成药。

该制药企业主要生产工艺流程分为中药前处理（中药材经挑选后进行洗切、烘干、灭菌、炮制、粉碎）、净药材提取（前处理工段来的净药材部分经多功能提取罐进行水/醇提取，水/醇提液经两级过滤后去双效真空减压浓缩，浓缩液部分经醇沉、减压浓缩回收乙醇，并获得浸膏去制剂车间）和渗漉（部分净药材加乙醇经渗漉罐渗漉，回收渗漉液乙醇后减压浓缩至相对密度不低于 1.20 的浸膏，收膏备用）、中药制剂生产（提取工段来的浸膏制备胶囊剂、滴丸剂、糖浆剂、浸膏剂及搽剂）。该中药生产企业中药生产前处理工艺流程详见图 4-2，涉及炮制的工艺流程见图 4-3，提取工段、乙醇回收工艺流程见图 4-4、图 4-5，全厂乙醇平衡见图 4-6，全厂制剂生产工艺流程及排污节点见图 4-7。

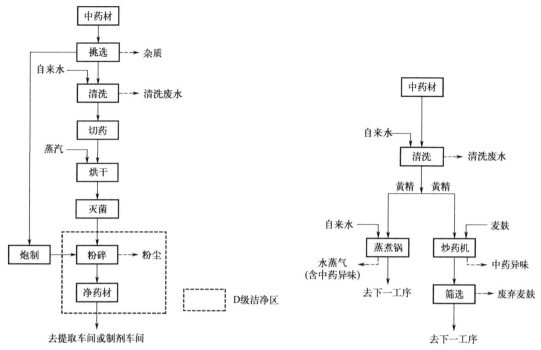

图 4-2　前处理工艺流程及排污节点图

图 4-3　炮制工艺流程及排污节点图

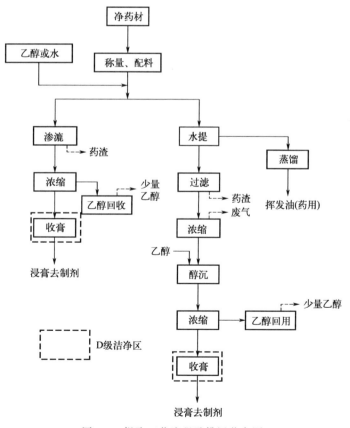

图 4-4　提取工艺流程及排污节点图

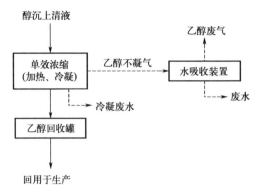

图 4-5　乙醇回收工艺流程及排污节点图

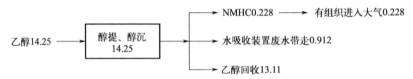

图 4-6　全厂乙醇平衡图（单位：t/a）

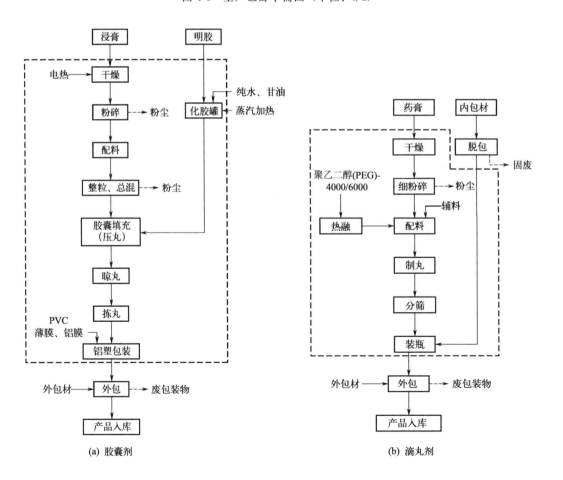

(a) 胶囊剂　　　　　　　　　　　　　　(b) 滴丸剂

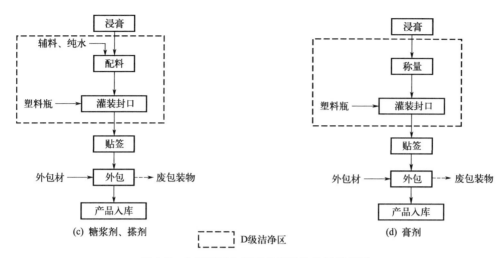

图 4-7　全厂制剂生产工艺流程及排污节点图

4.2.4.2　污染排放及治理措施

该制药公司工业污染物产生排放及治理措施见表 4-5。

表 4-5　中药制药（含提取工段）典型企业工业污染物排放及治理措施一览表

类别	排放源	污染物产生量和浓度	治理措施	污染物排放量和浓度	排放要求
大气污染物	提取车间药材粉碎	废气量：4000m³/h 颗粒物：155.3mg/m³ （0.621kg/h）	经设备自带除尘装置处理后通过 25m 排气筒（1号排气筒）排放	废气量：4000m³/h 颗粒物：3.0mg/m³ （0.012kg/h）	满足《制药工业大气污染物排放标准》（GB 37823—2019）表 1 排放限值
		无组织颗粒物：0.069kg/h（0.17t/a）	未被收集部分颗粒物自然沉降，无组织排放	无组织颗粒物：0.048kg/h（0.12t/a）	满足《大气污染物综合排放标准》（GB 16297—1996）表 2 标准
	乙醇回收	废气量：3800m³/h 乙醇废气（NMHC）：118.4mg/m³（0.45kg/h）	经水吸收处理装置处理后由 25m 排气筒（2号排气筒）排放	废气量：3800m³/h 乙醇废气（NMHC）：23.7mg/m³（0.09kg/h）	满足《制药工业大气污染物排放标准》（GB 37823—2019）表 1 排放限值
	乙醇储罐	乙醇废气（NMHC）：0.0037t/a	保持储罐区良好的通风环境	无组织排放：0.0037t/a	满足《制药工业大气污染物排放标准》（GB 37823—2019）表 C.1 排放限值
	药渣	药渣异味，无组织排放	出渣车顶部设自动关闭装置，药渣转运间采取全密闭措施，减少异味外泄。药渣每日清运，减少药渣停留时间，及时清洗打扫出渣区，减少异味产生。厂区增强绿化，利用树木吸收、阻隔恶臭逸散	少量，无组织排放	满足《恶臭污染物排放标准》（GB 14554—1993）二级标准

类别	排放源	污染物产生量和浓度	治理措施	污染物排放量和浓度	排放要求
大气污染物	浸膏粉碎、混合	颗粒物：0.12t/a	经设备自带的布袋除尘器收集（粉尘捕集率99%，除尘率99%），未捕集到和除尘后排放的粉尘以无组织形式进入各工序房间内，车间粉尘再通过回风管道进入车间净化空调系统前设置的滤尘机组过滤，过滤后的回风与洁净区回风（不含粉尘区域）一同进入空调系统净化（中高效过滤器），净化后的空气通过送风管道再进入车间	不外排	不外排
	燃气锅炉	废气量：6445m³/h 颗粒物：12.4mg/m³（0.08kg/h） SO₂：18.6mg/m³（0.12kg/h） NOₓ：173.8mg/m³（1.12kg/h）	采用低氮燃烧，废气经15m高排气筒（3号排气筒）排放	废气量：6445m³/h 颗粒物：12.4mg/m³（0.08kg/h） SO₂：18.6mg/m³（0.12kg/h） NOₓ：173.8mg/m³（1.12kg/h）	满足《锅炉大气污染物排放标准》（GB 13271—2014）表2排放限值
水污染物	药材清洗	清洗废水 产生量：4.4m³/d 色度：75 SS：1000mg/L（4.4kg/d） BOD₅：150mg/L（0.66kg/d） COD：400mg/L（1.76kg/d）	食堂废水经隔油池隔油、生活污水经化粪池截留沉淀后与该部分生产废水一同进入厂区自建污水处理站处理达接管标准后经厂区总排口进入市政污水管网，最终排入城镇污水处理厂处理	排放量：78.191m³/d pH：7.2 色度：50 SS：38mg/L（2.97kg/d） BOD₅：20mg/L（1.56kg/d） COD：77mg/L（6.02kg/d） NH₃-N：6mg/L（0.47kg/d） 动植物油：3.5mg/L（0.27kg/d）	达到《污水排入城镇下水道水质标准》（GB/T 31962—2015）表1（C级）
	提取工序	浓缩冷凝水 产生量：15.052m³/d pH：6.5 色度：400 SS：25mg/L（0.38kg/d） BOD₅：560mg/L（8.43kg/d） COD：1050mg/L（15.8kg/d） NH₃-N：3mg/L（0.05kg/d）			
	设备清洗	清洗废水 产生量：1.7m³/d pH：6.5 色度：50 SS：1500mg/L（2.55kg/d） BOD₅：900mg/L（1.53kg/d） COD：2300mg/L（3.91kg/d） NH₃-N：70mg/L（0.12kg/d）			

续表

类别	排放源	污染物产生量和浓度	治理措施	污染物排放量和浓度	排放要求
水污染物	地面清洁	清洁废水 产生量：4.1m³/d SS：500mg/L（2.05kg/d） BOD₅：100mg/L（0.41kg/d） COD：200mg/L（0.82kg/d）	食堂废水经隔油池隔油、生活污水经化粪池截留沉淀后与该部分生产废水一同进入厂区自建污水处理站处理达接管标准后经厂区总排口进入市政污水管网，最终排入城镇污水处理厂处理	排放量：78.191m³/d pH：7.2 色度：50 SS：38mg/L（2.97kg/d） BOD₅：20mg/L（1.56kg/d） COD：77mg/L（6.02kg/d） NH₃-N：6mg/L（0.47kg/d） 动植物油：3.5mg/L（0.27kg/d）	达到《污水排入城镇下水道水质标准》（GB/T 31962—2015）表1（C级）
	软水制备	再生废水 SS：400mg/L（1.2kg/d） BOD₅：30mg/L（0.09kg/d） COD：300mg/L（0.9kg/d）			
	研发中心	实验废水 产生量：0.43m³/d 含酸、碱、SS			
	乙醇不凝气吸收装置	排污水 产生量：0.6m³/d SS：100mg/L（0.06kg/d） BOD₅：520mg/L（0.31kg/d） COD：594mg/L（0.36kg/d） NH₃-N：10mg/L（0.006kg/d）			
	生活区	生活污水、食堂废水 产生量：43.01m³/d SS：150mg/L（6.45kg/d） BOD₅：150mg/L（6.45kg/d） COD：280mg/L（12.04kg/d） NH₃-N：25mg/L（1.07kg/d） 动植物油：20mg/L（0.86kg/d）			
	纯水制备	浓水 产生量：0.799m³/d 含少量SS	该部分生产废水直接经厂区总排口进入市政污水管网，最终排入城镇污水处理厂处理		
	锅炉	排污水 产生量：1.9m³/d 含少量SS			
	循环冷却水	排污水 产生量：3m³/d 含少量SS			

类别	排放源	污染物产生量和浓度	治理措施	污染物排放量和浓度	排放要求
固体废物	原药拣选	泥沙、杂质：4.32t/a	收集后交当地环卫部门送生活垃圾填埋场处置	泥沙、杂质：4.32t/a	—
	炮制工序	废麦麸：0.05t/a	收集后交当地环卫部门送生活垃圾填埋场处置	废麦麸：0.05t/a	—
	提取	药渣：345t/a	堆存至药渣转运间，委托贵州某公司外运处置	不外排	不外排
	包装	废包装材料：1t/a	送废品回收站回收	不外排	不外排
	除尘设施、空调净化系统	收尘灰：1.81t/a	收集后交当地环卫部门送生活垃圾填埋场处置	收尘灰：1.81t/a	—
	纯水制备	废反渗透膜、废活性炭及废过滤纤维：0.3t/a	由厂家更换及回收	不外排	综合利用
	软水制备	废树脂：0.1t/a	属于危废，由厂家更换及回收	不外排	不外排
	职工生活	生活垃圾：69t/a	收集后交当地环卫部门送生活垃圾填埋场处置	生活垃圾：69t/a	—
	污水处理站	污泥：3.5t/a		污泥：3.5t/a	不外排
	研发中心	废试剂：0.02t/a	妥善收集于危险废物暂存间，交有资质在单位处置	不外排	交有资质单位处置
	设备维修	废机油：0.03t/a		不外排	交有资质单位处置

4.3 化学合成制药工业污染及控制

4.3.1 基本概况

化学合成类制药指以结构较简单的化合物或具有一定基本结构的天然产物为原料，经过一个或者一系列化学反应过程制得对人体具有预防、治疗及诊断作用的原料药的过程。根据原料不同，化学合成药物生产过程一般可分为全化学合成和半合成两类。全化学合成药是用基本化工原料和化工产品经各种不同的化学反应制得，如磺胺药、各种解热镇痛药；半合成药是以具有一定基本结构的天然产物作为中间体进行化学加工制得，如甾体激素类、半合成抗生素。

化学合成类药物生产过程以化学原料或药物中间体为起始反应物，经过一次或一系列的化学反应，生成药物的基本结构，然后将其结构进行改造、修饰得到目的产物，再经过提取、分离、精制等过程得到最终产品。化学反应有简单的单分子反应、双分子反应，也有复杂的可逆反应、平行反应等。化学合成制药生产过程的特点主要体现在以下 4 个方面：

① 反应设备。合成反应一般要在传统批反应器如反应罐或反应釜中进行，常温常压反应设备比较简单，但反应的温度或压力较高时，就需要使用特定的反应釜，属于压力容器。有些反应

器同时固定了催化剂或催化剂载体。

② 反应条件。一些反应过程需要在非常温条件下进行，加热和冷却经常是必要的。常见的冷却方式有循环水、冷盐水、干冰（−60～50℃）、液氮等（−196～190℃），常见的加热方式有蒸汽浴（130℃以下）、油浴（130℃以上）。有些反应需要在较高压力下进行，如加氢反应。

③ 催化剂。催化剂是化学合成制药过程常用的辅助材料，在药物合成中有 80%～85% 的反应需要催化剂，如氢化、脱氢、氧化、还原、卤化、脱卤、缩合、环合等反应几乎都使用催化剂。常用催化剂有酶催化剂、酸碱催化剂、金属催化剂等，酶催化剂具有成本低、环境污染少的特点，应用逐渐广泛，金属催化剂中往往含有重金属或稀有金属，如镍、钯、铂、钒、锰、钼等，有些属第一类污染物，需要在车间或车间处理设施排放口控制。

④ 溶剂。使用种类繁多的化学溶剂是化学制药的另一特点，绝大部分反应都是在溶剂中进行的，采用重结晶精制反应产物也需要溶剂。常用溶剂有水、醇类、芳香烃类、脂肪烃类、卤代烃类、醚类、酮类、酯类、有机酸、苯及苯系物、烷等。这些溶剂大都易挥发，因此大气污染也是化学制药企业的主要特征。

4.3.2　化学合成制药工艺流程

4.3.2.1　主要工艺流程

通常化学合成制药的生产过程是以化学原料为起始反应物，通过化学反应先生成药物中间体，然后对其药物结构进行改造，得到目的产物，然后经脱保护基、提取、精制和干燥等主要工序得到最终产品，其生产工艺和排污节点见图 4-8。

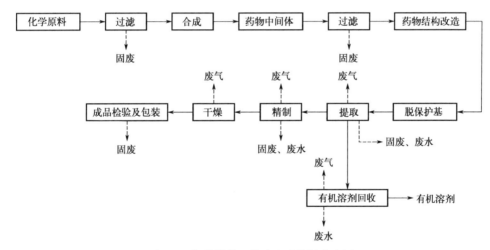

图 4-8　化学制药工艺流程及排污节点图

4.3.2.2　化学反应过程

化学合成制药的工艺通常会涉及多条不同的合成路线，而每条合成路线由不同的化学反应组成，因此需要了解化学反应的类型，以下主要介绍常见的一些化学反应。

（1）硝化反应

在有机化合物分子中引入一个或几个硝基的反应称为硝化反应。广义的硝化反应包括氧-硝化、氮-硝化和碳-硝化。

用硝酸硝化甘油而得抗心绞痛药物硝酸甘油的反应，属氧-硝化反应；用 2-甲基-2-羟基丙腈硝酸酯硝化吗啉制得 *N*-硝基吗啉的反应属氮-硝化反应；用混酸硝化乙苯制备氯霉素中间体对硝基乙苯，以及用发烟硝酸硝化丙二酸二乙酯制备2-硝基丙二酸二乙酯的反应均属碳-硝化反应。

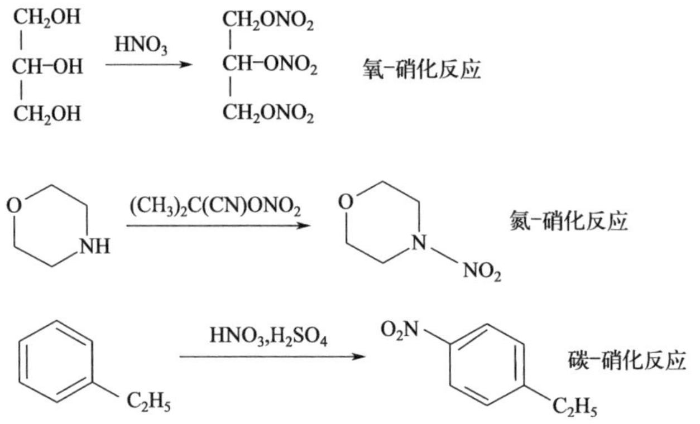

CH2OH
CH-OH
CH2OH
HNO3
CH2ONO2
CH-ONO2
CH2ONO2
氧-硝化反应
O
NH
(CH3)2C(CN)ONO2
O
N
NO2
氮-硝化反应
C2H5
HNO3,H2SO4
O2N
C2H5
碳-硝化反应

在芳环上引入硝基的碳-硝化反应在药物合成中应用最为广泛，常用的硝化剂有硝酸、混酸、硝酸-醋酐等。

（2）非氢化还原反应

① 以活泼金属为还原剂　活泼金属的最外层电子数少，容易失去，故有较强的供电子能力，它们作为电子源，水、醇、酸、氨提供质子，共同完成有机化合物的还原反应。常用的金属还原剂有金属锂、钠、钾、钙、镁、锌、铝、锡、铁等。铁粉在酸性介质中，在盐类电解质（低价铁和氯化铵）存在下可将芳香族硝基、脂肪族硝基或其他含氮氧官能团（亚硝基、羟胺等）还原成相应的氨基。例如铁酸还原：

NO2
CH3
Cl
Fe/H2O/HCl
△，3h
NH2
CH3
Cl

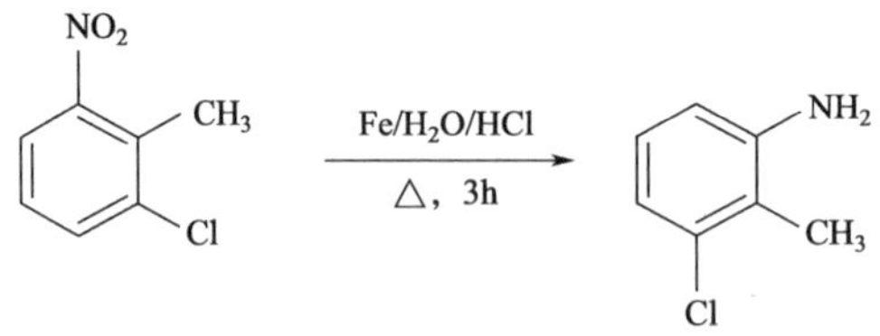

② 以乙硼烷（B_2H_6）为还原剂　乙硼烷是硼烷的二聚体。熔点－165.5℃，沸点－92.5℃，溶于醚（如乙醚、四氢呋喃）和二硫化碳等有机溶剂中。有剧毒，化学性质活泼，室温下遇水即可分解生成硼酸，在室温和干燥的空气中并不燃烧，若有痕量水分，就会发生爆炸性燃烧，生成氧化硼。乙硼烷是一个比较强的还原剂，在温和条件下，可将羧酸、醛、酮、酰胺等还原成相应的产物。乙硼烷特别容易将羧酸还原成醇，是羧酸选择性还原的优良试剂：

COOH
NO2
B2H6/THF
-15℃，10h
CH2OH
NO2
CN
COOH
B2H6/THF
-15℃，12h
CN
CH2OH

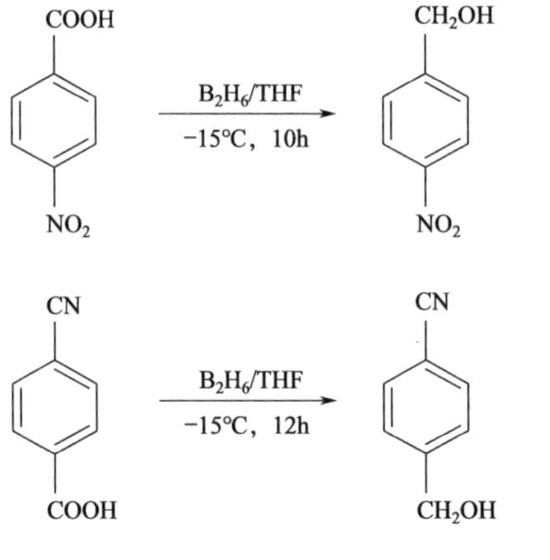

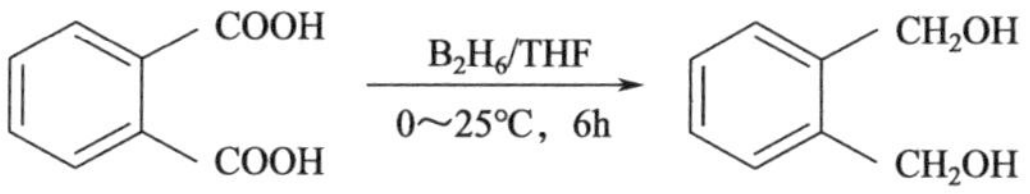

$$\text{邻苯二甲酸} \xrightarrow[0\sim25℃，6h]{B_2H_6/THF} \text{邻苯二甲醇}$$

③ 以含硫化合物为还原剂　含硫化合物还原剂主要有硫化物 [$Na_2S \cdot 9H_2O$，$K_2S \cdot 5H_2O$，$(NH_4)_2S$]、二硫化物 [Na_2S_2，$(NH_4)_2S_2$]、含氧硫化物（亚硫酸盐和亚硫酸氢盐及连二亚硫酸钠）。硫化物将硝基还原成氨基的反应式如下：

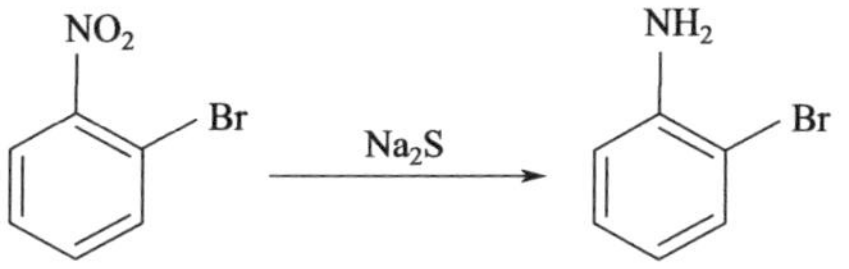

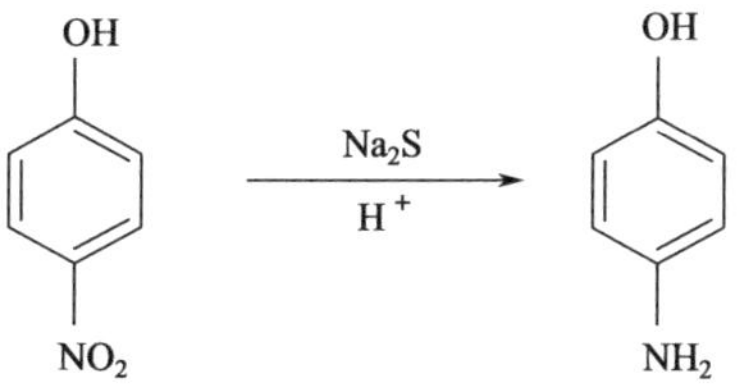

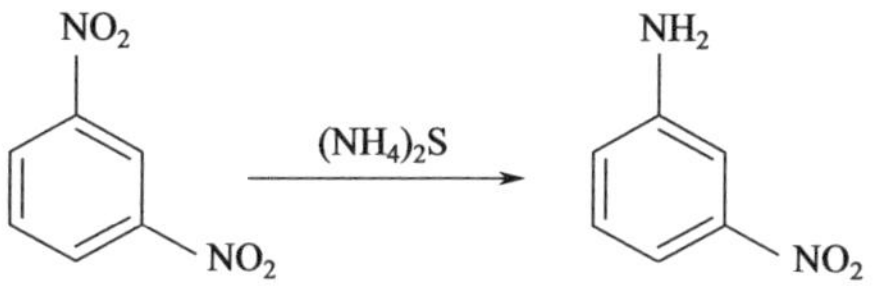

（3）催化氢化还原

在催化剂存在下，有机化合物与分子氢发生的还原反应称为催化氢化。根据催化剂的存在状态分为非均相催化氢化和均相催化氢化：催化剂以固态形式参与反应时称非均相催化氢化；催化剂溶于液态反应介质中参与反应时称为均相催化氢化。例如硝基、亚硝基、亚氨基化合物可在钯、铂、镍催化下与 H_2 反应生成胺：

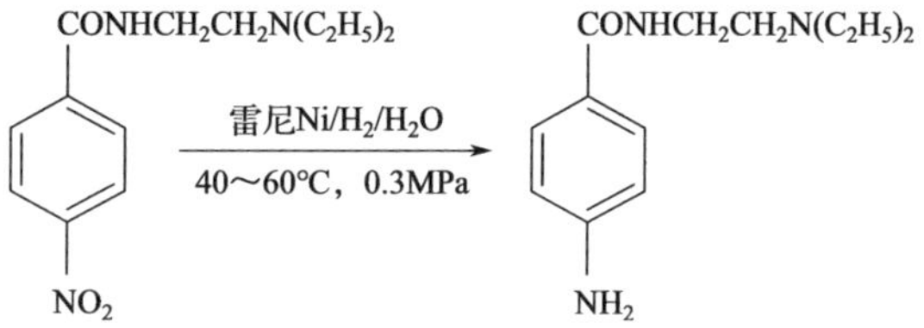

（4）酰化反应

在有机化合物分子中引入酰基（$R-\overset{O}{\underset{\|}{C}}-$）的反应称为酰化反应。常用酰化剂有羧酸、酸酐、酰卤及羧酸酯，化学反应式如下：

$$R-\overset{O}{\underset{\|}{C}}-Z + R'-H \longrightarrow R-\overset{O}{\underset{\|}{C}}-R' + HZ$$

式中，Z 代表—OH、$-O-\overset{O}{\underset{\|}{C}}-R''$、—Cl、$-O-R'''$，R、R'、R''、R''' 为烃基。

（5）烃化反应

在有机化合物分子中的碳、氧和氮等原子上引入烃基（R）的反应称为烃化反应。提供烃基的物质称烃化剂。包括饱和的、不饱和的、芳香的，以及具有各种取代基的烃基。化学反应式如下：

$$R—OH + R'—X \xrightarrow{\text{碱}} R—O—R' + HX$$

式中，R、R'代表烃基；X代表卤素。

（6）缩合反应

两个或两个以上有机化合物分子之间相互反应形成一个新键，同时放出简单分子的反应均称为缩合反应。

（7）环合反应

环合反应是使链状化合物生成环状化合物的缩合反应。环合产物可以是碳环化合物，也可以是杂环化合物，是通过形成新的碳—碳、碳—杂原子或杂原子—杂原子共价键来实现的。环合反应一般分成两种类型：一种是分子内部进行的环合，称为单分子环合反应；另一种是两个（或多个）不同分子之间进行的环合，称为双（或多）分子环合。

4.3.3 化学合成制药污染控制

4.3.3.1 废气污染控制

（1）化学合成类制药废气的产生来源

① 反应釜加料和合成放空时。反应釜排气呈间断性无组织排放，排放源波动范围大。主要污染物来自挥发性溶剂以及反应过程产生的挥发性物质。一般反应釜排气经过冷凝后排放，冷凝介质大多为冷却水，少量为冷冻盐水。

② 冷凝器、储槽呼吸口放空时。溶剂回收过程中的冷凝尾气即冷凝过程的不凝气，呈连续性无组织排放。主要有挥发性溶剂和其他低沸点化合物。一般排气量少，但浓度较高。

③ 离心机运行时。离心过程产生的无组织废气呈间断性无组织排放。来自挥发性化合物，包括溶剂、原料、反应副产物等。

④ 真空泵拉料时。抽真空过程主要用于物料的提取、输送、抽滤、减压反应或蒸馏过程，主要设备为循环真空泵。挥发性污染物被真空泵抽出时散发于空气中，污染物的逸出量与其性质、真空度、温度等因素有关。一般来说，在抽真空过程中，低沸点、易挥发的化合物的无组织排放量较大。

不同的药品，生产工艺不同，所用的溶剂不同，造成VOCs的排放因子也存在很大的差异。参考《制药工业大气污染物排放标准（征求意见稿）》编制说明中对几种大宗原料药生产过程中VOCs排放量的调研和测算，结果为：维生素C 27.60kg/t产品；维生素E 4.52kg/t产品；咖啡因372.00kg/t产品；青霉素595.12kg/t产品；头孢类21.54kg/t产品。

（2）废气污染物控制

化学类制药项目排放的废气污染物主要是有机废气，根据浙江省制药行业大气排放标准制定过程中的研究，对制药行业的VOCs排放节点进行了实测。化学合成类制药的VOCs包括苯、甲苯、二甲苯、甲醇、乙醇、丁醇、氯仿、苯胺、乙醚、二氯甲烷、异丙醇、乙腈、四氢呋喃、三乙胺、1,2-二氯乙烷、甲胺、乙二胺等。上述各种污染物经过冷凝后大部分可被冷凝回收，但不凝尾气中污染物浓度仍然较高，甲醇、N,N-二甲基甲酰胺（DMF）、甲醛、丙酮等水溶性较好的有机物应进一步采用水吸收法处理。而有机气体中的二氯甲烷由于不溶于水、沸点低、不易冷凝、处理成本较高，是废气污染物控制的重点和难点。常见的VOCs治理技术适用条件见表4-6。

表 4-6　常见的 VOCs 治理技术适用条件

处理方法	浓度(标准状况)/(mg/m³)	排气量(标准状况)/(m³/h)	温度/℃
吸附吸收技术	$100 \sim 1.5 \times 10^4$	$< 6 \times 10^4$	< 45
预热式催化燃烧技术	3000～1/4LEL①	$< 4 \times 10^4$	< 500
蓄热式催化燃烧技术	1000～1/4LEL	$< 4 \times 10^4$	< 500
预热式热力焚烧技术	3000～1/4LEL	$< 4 \times 10^4$	> 700
蓄热式热力焚烧技术	1000～1/4LEL	$< 4 \times 10^4$	> 700
吸附浓缩技术	< 1500	$10^4 \sim 1.2 \times 10^5$	< 45
生物处理技术	< 1000	$< 1.2 \times 10^5$	< 45
冷凝回收技术	$10^4 \sim 10^5$	$< 10^4$	< 150
等离子体技术	< 500	$< 3 \times 10^4$	< 80

① 1/4 LEL 表示可燃气体爆炸下限的 1/4。

① 吸附技术。吸附法是利用各种固体吸附剂（如活性炭、活性炭纤维、分子筛等）对排放废气中的污染物进行吸附净化的方法。吸附法设备简单、适用范围广、净化效率高，是一种传统的废气治理技术。与此同时，吸附法也存在处理设备庞大，流程复杂，吸附饱和后需要解析再生等问题。

吸附设备主要有固定床、移动床、流化床等，目前我国主要采用的是固定床吸附技术，吸附剂通常为颗粒活性炭和活性炭纤维。一般吸附处理技术应用在 VOCs 浓度介于 $100 \sim 15000 \text{mg/m}^3$ 之间，而实际 VOCs 浓度小于 4000mg/m^3 时，VOCs 回收难度加大，处理成本增高。

吸附浓缩-蓄热式催化燃烧技术是将吸附和催化燃烧相结合的一种集成技术，它可将大风量、低浓度的有机废气经过吸附/脱附过程转换成小风量、高浓度的有机废气，然后再经过催化燃烧净化。该方法特别适用于大风量、低浓度或者浓度不稳定的废气治理，通常适用浓度范围低于 1500mg/m^3。

② 焚烧和蓄热式催化燃烧技术。在有机废气治理中，热力焚烧只是在一些特殊情况下被采用，特别是针对高浓度有机废气且不考虑废气回收利用；但是当废气中含有能够引起催化剂中毒的化合物时（如含硫、卤素有机物等），不宜采用催化燃烧。

当废气中有机物浓度较低时，采用直接燃烧的方法能耗较大。为了提高热利用效率，降低设备的运行费用，近年来发展了蓄热式热力焚烧技术。蓄热系统是使用具有高热容量的陶瓷蓄热体，采用直接热交换的方式将燃烧尾气中的热量蓄积在蓄热体中，高温蓄热体直接加热待处理废气，换热效率可达到 90% 以上，远高于传统间接换热器的换热效率。

借鉴蓄热式热力焚烧，通过蓄热式催化燃烧技术可大大降低设备能耗，可应用于较低浓度 VOCs（一般在 $500 \sim 3000 \text{mg/m}^3$ 之间）的净化，较传统热力焚烧或催化燃烧适用浓度（$2000 \sim 10000 \text{mg/m}^3$）有大幅降低。

另外，在有机废气燃烧过程中特别要注意二次污染，含氯有机废气在焚烧处理过程中容易产生二噁英的二次污染问题。另外，不完全燃烧过程中也会产生一些有毒有害物质。

③ 生物技术。废气生物净化技术具有处理成本低，无二次污染的特点，尤其适用于低浓度、大气量且易生物降解的气体。其本质是利用附着在反应器内填料上的微生物，在新陈代谢过程中将废气中污染物转化为简单的无机物和微生物细胞质的过程。VOCs 则被分解为二氧化碳、水

等无机物。在制药废气处理中多用于污水处理站的废气处理。一般认为生物处理应用于 VOCs 浓度小于 $1000mg/m^3$ 的有机废气适用浓度偏低。另外，生物处理技术对 VOCs 物质具有一定的选择性，一般不适用于难降解的卤代烃和烷烃处理。

④ 冷凝技术。冷凝技术是利用物质饱和蒸气压的变化，降低系统温度或提高系统压力，使蒸气状态的污染物从废气中冷凝分离出来的方法。冷凝法适用于高浓度有机溶剂蒸气的净化（VOCs 浓度大于 $10000mg/m^3$），经过冷凝后尾气仍然有一定浓度的有机物，一般仍需进行二次处理才能达标排放。另外，冷凝法不适用于处理低沸点的有机物，如烷烃、烯烃等，多用于卤代烃、醚、酸的处理。此外，在一些特殊的情况下需要深度冷凝，如采用液氮制冷剂高效回收二氯甲烷。

⑤ 吸收技术。吸收法是采用低挥发或不挥发液体为吸收剂，利用废气中各组分在吸收剂中溶解度或化学反应特性的差异，使废气中有害组分被吸收剂吸收，从而达到净化的目的。在有机废气处理中，利用废气的有机化合物能与大部分油类物质互溶的特点，常用高沸点、低蒸气压的油类等有机溶剂作为吸收剂。吸收过程按其机理分为物理吸收和化学吸收。有机废气的吸收通常为物理吸收，根据有机物相似相溶的原理，采用沸点较高、蒸气压较低的柴油、煤油作为溶剂，使有机废气从气相转移到液相中，然后对吸收液进行解吸处理，回收其中有机化合物，同时使溶剂得以再生。对于一些水溶性较好的化合物，也可用水作为吸收剂，吸收液进行精馏以回收有机溶剂。一般情况下吸收技术用于处理 VOCs 浓度低于 $500mg/m^3$ 的低浓度有机废气。

⑥ 等离子体技术。等离子体技术是通过外加电场作用，瞬间产生大量携能粒子，轰击废气中的污染物分子，使其转变为简单小分子物质。相比其他处理技术，低温等离子体技术具有以下优势：处理装置阻力小，系统的动力消耗非常低；装置简单，反应器为模块式结构，容易安装；不需要预热时间，可即时开启与关闭；所占空间较小。

等离子体技术一般适用于较低浓度的 VOCs 废气处理（浓度低于 $500mg/m^3$）。在制药企业废气治理中，低温等离子体技术常联合催化技术，以提高污染物净化效率。

⑦ 光催化技术。光催化氧化技术主要利用光催化剂（如二氧化钛）的光催化性，氧化吸附在催化剂表面的 VOCs。利用特定波长的光（通常为紫外光）照射光催化剂，激发出"电子-空穴"对，与水氧化发生反应，产生具有极强氧化能力的自由基活性物质，将吸附在催化剂表面上的有机物氧化为低分子的无毒无害物质。目前光催化氧化技术主要用于制药行业污水处理等浓度较低的恶臭废气净化处理。

⑧ 膜分离技术。膜分离是利用天然或人工合成的膜材料分离污染物的过程。有机废气首先进行压缩冷凝，冷凝下来的有机物进行回收，余下的进入膜分离单元后分为两股，一股返回压缩机重新进行处理，一股处理后排放。

在有机废气处理技术的选择中，VOCs 的进口浓度可以作为技术初步筛选的一个重要依据。对于高浓度有回收价值气体，可考虑采用先冷凝回收利用（有机气体沸点越高越适宜），冷凝处理后的废气再进行末端处理，对于一些中高浓度的有机废气，若无回收价值，也可采用催化燃烧、热力焚烧等技术进行处理；对于低浓度有机废气，可采用生物处理或等离子体技术进行处理。当然，除了浓度之外，还需考虑气体流量、成分、温度、湿度、颗粒物含量等因素来筛选和设计处理工艺。

多数情况下，采用一种技术治理有机废气往往难以达到净化的要求，而且也不经济，对此可采用两种或多种工艺联合、多级处理的技术，典型的组合技术有等离子＋生物滴滤组合、低温等离子＋高级氧化组合、氧化燃烧＋喷淋组合等。

4.3.3.2 废水污染控制

（1）化学合成类制药废水的产生来源

① 工艺废水，如各种结晶母液、转相母液、吸附残液等；

② 冲洗废水，包括反应器、过滤机、催化剂载体、树脂等设备和材料的洗涤水，以及地面、用具等洗刷废水等；

③ 回收残液，包括溶剂回收残液、副产品回收残液等；

④ 辅助过程废水，如密封水、溢出水等；

⑤厂区生活废水。

其特点为：水质、水量变化大，水质成分复杂；多含生物难以降解的物质和微生物生长抑制剂，生化性差；化学合成制药废水 COD 和 SS（悬浮固体）高，含盐量大，主要污染物质为有机物，如苯类有机物、醇、酯、石油类、氨氮、硫化物及相应组分药物中间体原料、各种金属离子等；水量较小但间歇排放，冲击负荷较高。废水组成复杂，除含有抗生素残留物、未反应的原料外，还含有少量合成过程中使用的有机溶剂 COD 浓度大，一般在 4000～4500mg/L 之间。此外，还含有难降解有机污染物如有机氯化物、高分子聚合物以及多环有机化合物等，进入水体后，能长时间残留在水体中，且大多具有较强的毒性和致癌、致畸、致突变作用，并通过食物链不断积累、生物放大，最终进入动物或人体内产生毒性或其他危害。

（2）化学合成制药废水处理

化学合成类制药废水的水质特点使得多数制药废水单独采用生化法处理根本无法达标，所以在生化处理前必须进行必要的预处理。一般设置调节池调节水质水量和 pH，根据实际情况采用某种物化或化学法进行预处理，以降低水中的 SS、盐度及部分 COD，减少废水中生物抑制性物质，提高废水的可降解性，利于废水的后续生化处理。预处理后的废水，可根据其水质特征选取某种厌氧和好氧工艺进行处理，若出水水质要求较高，好氧处理工艺后还需继续进行后处理。具体工艺的选择应综合考虑废水的性质、工艺的处理效果、基建投资及运行维护等因素，做到技术可行、经济合理。总的工艺路线为预处理→厌氧→好氧→后处理组合工艺。

4.3.3.3 固废污染控制

化学合成类制药的固废主要来自生产工艺过程和公辅设施。在借助化学反应合成技术的制药过程会产生包括蒸馏及反应残余物、废催化剂、废吸附剂（如废活性炭、废硅藻土、废树脂等）、废盐渣（反应生成盐、脱水盐）、废溶剂等固体废物。因残留有毒有害、易燃易爆危险化学品，而多属于危险废物。生产 1 吨原料药约产生上述危险废物 10～100 吨；部分工艺路线长、收率低的原料药品种，危险废物产生量甚至达到 200 吨以上，是化学原料药企业的重要污染源之一，占据约 50％以上环保处理成本。

4.3.4 案例分析

某化学原料药合成企业主要产品包括盐酸罗格列酮（年产 200kg）、格列美脲（年产 100kg）、硫普罗宁（年产 200kg）。

4.3.4.1 主要生产工艺

（1）盐酸罗格列酮

① N-烷基化反应。按配料比例向反应罐中投加 2-氯吡啶和 N-甲基单乙醇胺，通过加热反应

9h，后经冷却、萃取、干燥、浓缩等工序制得中间体Ⅰ（2-[（N-甲基-N-吡啶-2-基)氨基]乙醇）。N-烷基化反应单元排污节点及物料平衡见图 4-9。

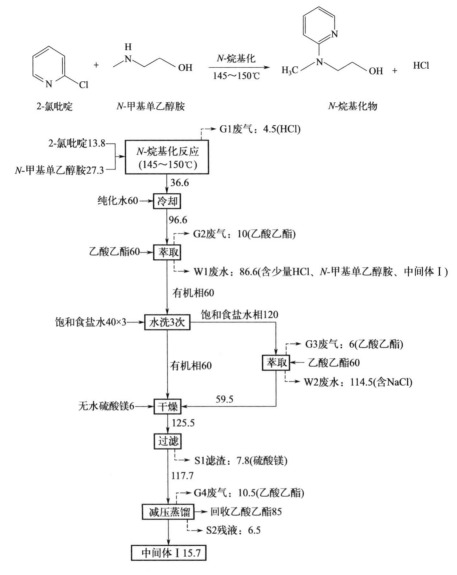

图 4-9   N-烷基化反应单元排污节点及物料平衡图（单位：kg/批）

② O-烷基化反应。反应罐中加入中间体Ⅰ，以 N,N-二甲基甲酰胺（DMF）为溶剂，通入氮气反应 15min，加入钠氢作去酸剂，反应 30min，在 2h 内滴加 4-氟苯甲醛（用 DMF 稀释），滴加完后继续反应 1h，后经萃取、反萃、浓缩等工序制得中间体Ⅱ[4-(2-[（N-甲基-N-吡啶-2-基)氨基]乙氧基)苯甲醛]。O-烷基化反应单元排污节点见图 4-10。

③ 缩合反应。反应罐中按配比加入中间体Ⅱ、甲苯、2,4-噻唑烷二酮，加热 105～110℃，反应 6h，过滤，滤饼用少量甲苯洗，干燥得结晶体，再用热水（80～90℃）洗涤，干燥制得中间体Ⅲ（5-[4-(2-[（N-甲基-N-吡啶-2-基)氨基]乙氧基)亚苄基]-2,4-噻唑烷二酮）。缩合反应单元排污节点及物料平衡见图 4-11。

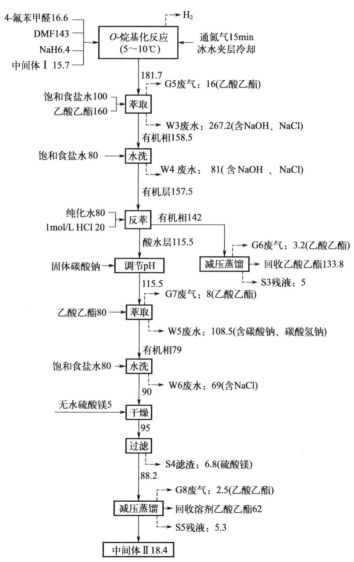

图 4-10　*O*-烷基化反应单元排污节点及物料平衡图（单位：kg/批）

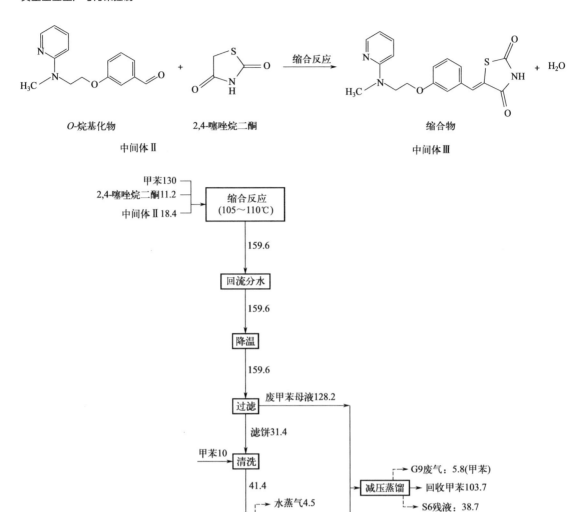

图 4-11 缩合反应单元排污节点及物料平衡图（单位：kg/批）

④ 高压氢化反应。高压氢化反应罐中加入中间体Ⅲ，以 10％Pd-C 作催化剂，以二噁烷（二氧六环）作溶剂，通氢气，加热升温到 40～45℃，3.5～4.5MPa，加氢反应到不吸氢为止［用高效液相色谱（HPLC）检测反应终点杂质含量 $Z \leqslant 0.3\%$］。过滤，滤去 Pd-C，滤液过硅藻土层（现用硅胶），滤液减压回收溶剂至干，得褐色黏稠浓缩物，加 95％乙醇混合均匀，0～5℃结晶，放置过夜，过滤，95％乙醇洗滤饼，抽滤干，75～85℃真空干燥，得白色或类白色罗格列酮粗品。高压氢化反应单元排污节点及物料平衡见图 4-12。

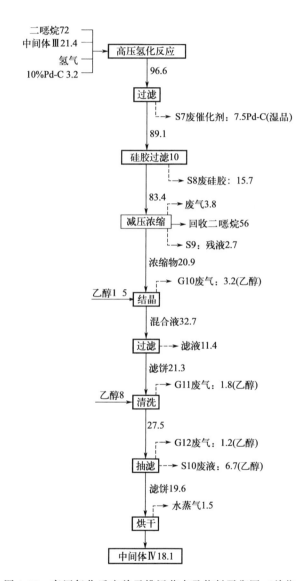

图 4-12　高压氢化反应单元排污节点及物料平衡图（单位：kg/批）

⑤ 成盐及精制。反应罐中加入罗格列酮粗品、1mol/L 盐酸，搅拌加热到 75～85℃溶解，加活性炭，回流 15min，过滤，冷却到 0～5℃结晶，放置过夜，过滤，滤饼用少量纯水洗涤，抽干，烘干，得盐酸罗格列酮粗品，粗品经重结晶制得盐酸罗格列酮成品。成盐及精制单元排污节点及物料平衡见图 4-13。

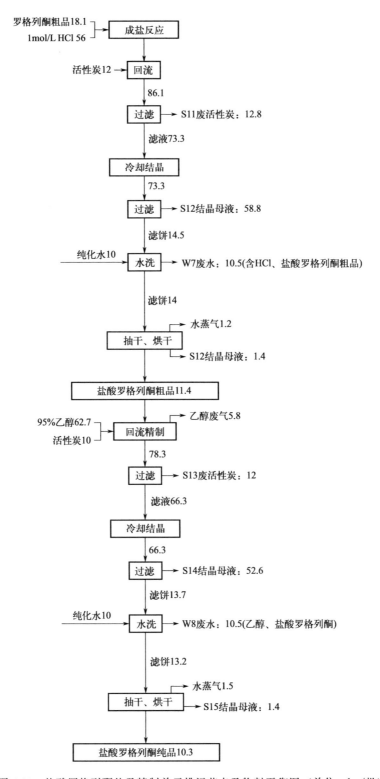

图 4-13 盐酸罗格列酮盐及精制单元排污节点及物料平衡图（单位：kg/批）

（2）格列美脲

① 酰化反应。

a. 中间体 I。罐中加入甲苯（溶剂）和苯乙胺，机械搅拌，冰盐浴，滴加固体光气的甲苯溶液。控制滴加速度，保持温度在 10℃ 以下，滴加完毕，加热回流 8 小时。冷却，过滤，浓缩回收甲苯。减压蒸馏，收集 121～123℃/0.005MPa 馏分，得无色透明刺激性液体（中间体 I，苯乙氨基酰氯酯）。该单元排污节点及物料平衡见图 4-14。

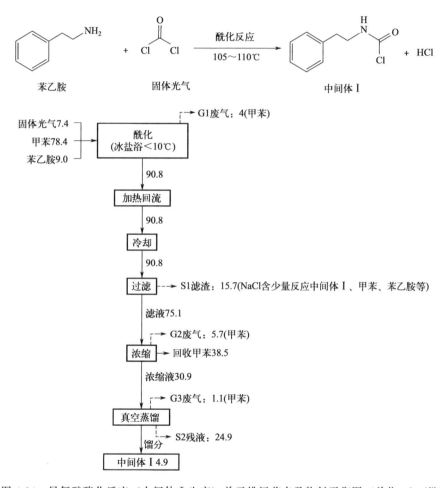

图 4-14　异氰酸酯化反应（中间体 I 生产）单元排污节点及物料平衡图（单位：kg/批）

b. 中间体 II。反应罐中加入甲苯和反式对甲基环己胺，冰盐浴，滴加固体光气的甲苯溶液，控制滴加速度，保持温度在 10℃ 以下。滴加完毕后，加热回流 8h。冷却，过滤，浓缩回收甲苯。减压蒸馏，收集 81～83℃/0.005MPa 馏分，得无色透明刺激性液体（中间体 II，对甲基环己氨基酰氯）。

酰化反应单元排污节点及物料平衡见图 4-15。

② 缩合反应。反应罐中加入 3-乙基-4-甲基-3-吡咯啉-2-酮和中间体 I，搅拌下于 130～150℃ 反应 0.5h；同时将石油醚（60～90℃）和乙醚的混合液置于搪瓷反应罐中，以冰水浴冷却；在搅拌下将反应液趁热倒入溶液中，得白色固体，过滤，干燥，得中间体 III〔3-乙基-4-甲基-2-氧-3-吡咯啉-1-基(N-2-苯乙基)甲酰胺〕。单元排污节点及物料平衡见图 4-16。

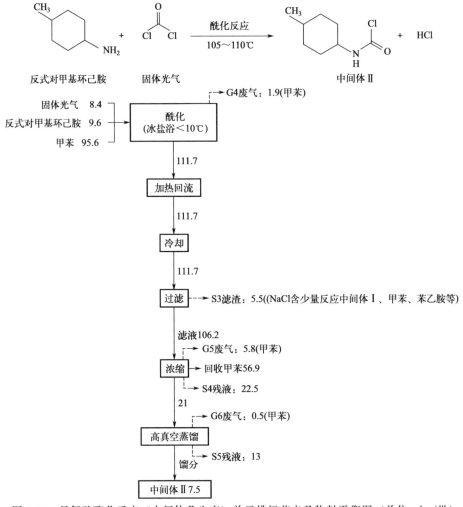

图 4-15 异氰酸酯化反应（中间体Ⅱ生产）单元排污节点及物料平衡图（单位：kg/批）

③ 氯磺化反应及氨化反应。在机械搅拌反应罐中加入氯磺酸，室温搅拌，将上步所得的中间体Ⅲ分批加入，待全部加完，将反应物加热至40℃并保持1h，在剧烈的搅拌下，将反应物缓慢倒入大量的碎冰水中，得白色固体，过滤，将固体碾碎，用大量水洗，得中间体Ⅴ（4-[2-(3-乙基-4-甲基-2-氧-3-吡咯啉-1-基甲酰氨基)乙基]苯磺酰氯）。

将上步所得未干的中间体Ⅳ置于反应罐中，加入氨水搅拌氨解1h，过滤，产物用大量水洗，得白色固体，用85%的异丙醇重结晶，得白色结晶的中间体Ⅴ（4-[2-(3-乙基-4-甲基-2-氧-3-吡咯啉-1-基甲酰氨基)乙基]苯磺酰胺）。

氯磺化反应及氨化反应如下式，单元排污节点及物料平衡见图4-17。

```
3-乙基-4-甲基-3-吡咯啉-2-酮 3.8 ┐
                              ├→  缩合反应
中间体Ⅰ 4.9 ┘                   (130～150℃)
                                   │ 8.7
                                   │      ┌→ G7废气：1.6(石油醚、乙醚)
石油醚、乙醚混合液(1:1)57.4 ──→  冰水浴冷却
                                   │ 固液混合物 64.5
                                   │      ┌→ G8废气：0.6(石油醚、乙醚)
                                  过滤
                                   │      ┌→ S6结晶母液 55.5
                                   │ 滤饼 8.4
                                   │      ┌→ 水蒸气 0.9
                                  干燥
                                   │
                              中间体Ⅲ 7.5
```

图 4-16　缩合反应单元排污节点及物料平衡图（单位：kg/批）

④ 缩合反应及重结晶。在反应罐中加入中间体Ⅴ、无水 K_2CO_3、丙酮，搅拌回流 1h，加入中间体Ⅱ，继续搅拌回流 6h。过滤，得白色固体；将该固体分批加入盐酸（3%）溶液中，搅拌，得白色固体，过滤，用大量水洗，干燥，得格列美脲粗品。

取格列美脲粗品加入丙酮，加热回流，抽滤，析出白色结晶；抽滤，用少量冷丙酮洗，真空干燥，得格列美脲纯品。

缩合反应及重结晶单元排污节点及物料平衡见图 4-18。

（3）硫普罗宁

① 成酰氯反应。反应罐中加入 α-氯丙酸、氯化亚砜，隔绝潮气情况下回流反应 3～4h，先蒸出过量的氯化亚砜回收，再收集馏分得无色液体（α-氯丙酰氯）。成酰氯反应单元物料平衡及排污节点见图 4-19。

② 成酰胺反应。反应罐中加入甘氨酸、无水碳酸钠及适量水，搅拌溶解、用冰盐浴冷却，剧烈搅拌下同时滴加 α-氯丙酰氯和无水碳酸钠与适量水配成的溶液，使反应液保持弱碱性，加完后继续搅拌 3h，盐酸酸化至 pH＝1，用乙酸乙酯萃取，无水硫酸镁干燥过夜，过滤，滤液浓

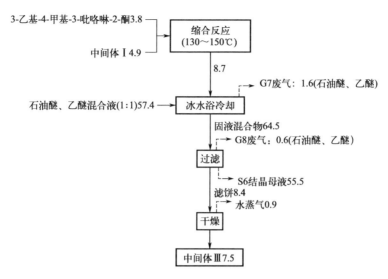

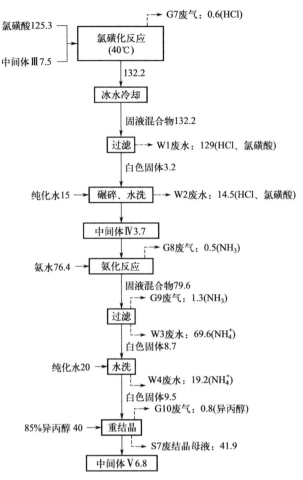

图 4-17　氯磺化反应及氨化反应单元排污节点及物料平衡图（单位：kg/批）

缩至有结晶析出，放置，滤集析出的结晶，干燥得无色小针状晶体（α-氯代丙酰甘氨酸）。成酰胺反应单元物料平衡及排污节点见图 4-20。

　　③ 硫普罗宁合成。反应罐中加入硫化钠（$Na_2S \cdot 9H_2O$）、升华硫及适量水，加热搅拌至溶解，得棕红色二硫化钠溶液备用。在反应罐中加入 α-氯代丙酰甘氨酸、无水碳酸钠及适量水，搅拌溶解，然后滴加上述二硫化钠溶液，加完后继续于 40～45℃ 反应 10h。加硫酸酸化至 pH＝1，过滤，滤液在搅拌下分批加入锌粉，加完后继续搅拌反应 2h、过滤、滤液以乙酸乙酯萃取、水洗、加无水硫酸镁，过滤，滤液减压浓缩至结晶析出、放置、滤集析出的结晶、干燥得硫普罗宁纯品。硫普罗宁合成单元物料平衡及排污节点见图 4-21。

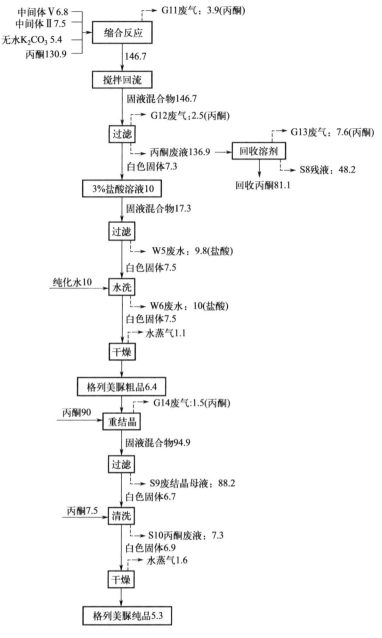

图 4-18　缩合反应及重结晶单元排污节点及物料平衡图（单位：kg/批）

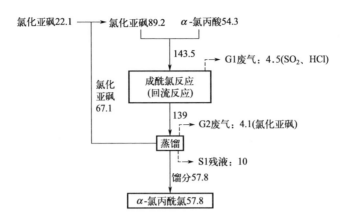

图 4-19　成酰氯反应单元物料平衡及排污节点图（单位：kg/批）

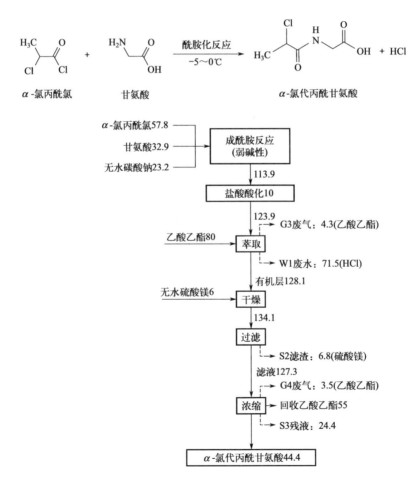

图 4-20　成酰胺反应单元物料平衡及排污节点图（单位：kg/批）

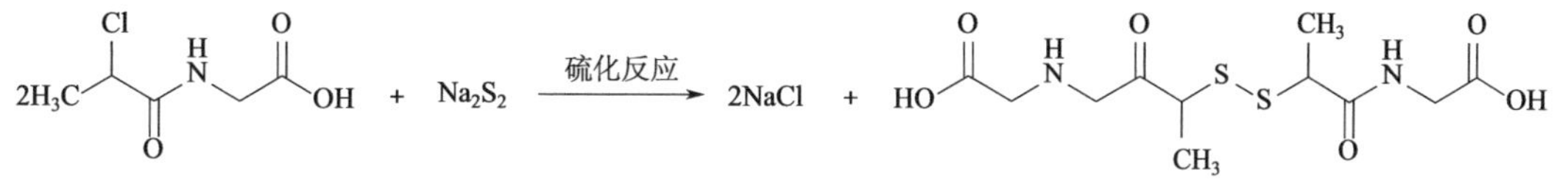

α-氯代丙酰甘氨酸　＋　Na₂S₂　$\xrightarrow{\text{硫化反应}}$　2NaCl　＋　硫化物中间体

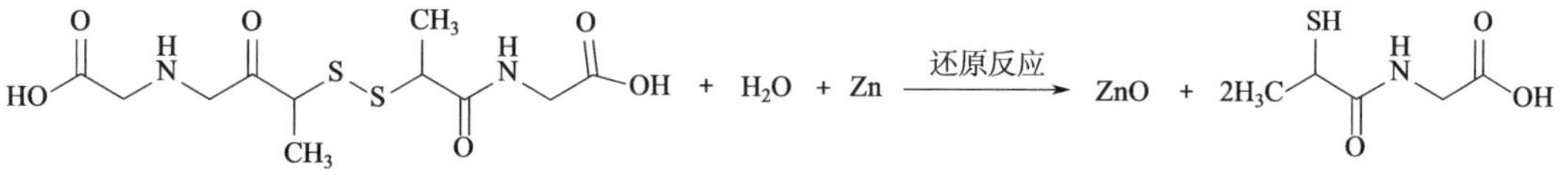

硫化物中间体　＋　H₂O　＋　Zn　$\xrightarrow{\text{还原反应}}$　ZnO　＋　2　硫普罗宁

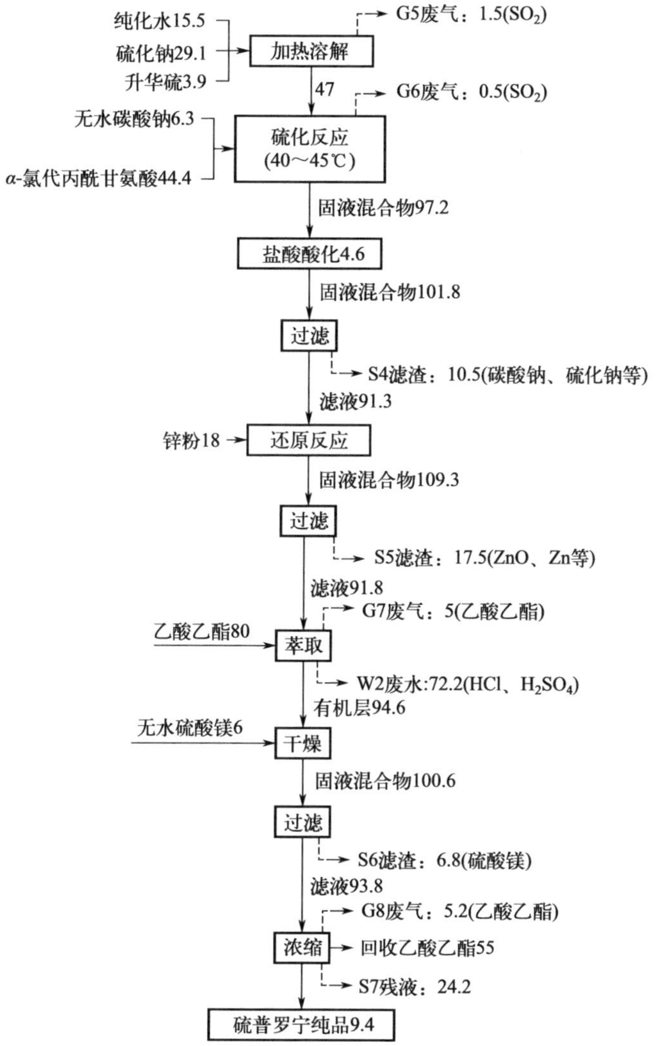

图 4-21　硫普罗宁合成单元物料平衡及排污节点图（单位：kg/批）

4.3.4.2　污染排放及治理措施

该化学合成原料药制造典型企业工业污染物排放及治理措施见表 4-7。

表 4-7 化学合成原料药制造典型企业工业污染物排放及治理措施一览表

序号	排放源	污染物产生量和浓度		治理措施	污染物排放量和浓度	排放要求
大气污染物	盐酸罗格列酮生产线	工艺废气、萃取等工序无组织挥发的有机溶剂废气废气量3000m³/h	HCl：20mg/m³（0.06kg/h） HF：8.3mg/m³（0.02kg/h） 甲苯：53.3mg/m³（0.16kg/h） VOCs（乙酸乙酯、甲苯、二甲基甲酰胺、二噁烷、乙醇）：130.9mg/m³（0.39kg/h）	根据废气性质不同分类收集，酸性气体通过碱液吸收，氨气通过水吸收，有机挥发气体收集后通过冷凝回收处理，经处理后的工艺废气经车间15m排气筒排放，污染物去除率可达75%	HCl：5.2mg/m³（0.015kg/h） HF：2.08mg/m³（0.006kg/h） 甲苯：13.3mg/m³（0.04kg/h） VOCs（乙酸乙酯、甲苯、二甲基甲酰胺、二噁烷、乙醇）：32.73mg/m³（0.12kg/h）	HF、SO₂执行《大气污染物综合排放标准》（GB 16297—1996）（表2）；其余执行《制药工业大气污染物排放标准》（GB 37823—2019）（表1）
	格列美脲生产线		HCl：1.3mg/m³（0.004kg/h）、NH₃：32mg/m³（0.096kg/h） 甲苯：72.5mg/m³（0.16kg/h） VOCs（丙酮、异丙醇、石油醚、乙醚）：132.2mg/m³（0.39kg/h）		HCl：0.33mg/m³（0.001kg/h）、NH₃：8mg/m³（0.024kg/h）、甲苯：18.1mg/m³（0.055kg/h） VOCs（丙酮、异丙醇、石油醚、乙醚）：33.08mg/m³（0.10kg/h）	
	硫普罗宁生产线		HCl：11.3mg/m³（0.034kg/h） SO₂：20mg/m³（0.06kg/h） VOCs（乙酸乙酯）：66.7mg/m³（0.2kg/h）		HCl：2.83mg/m³（0.009kg/h） SO₂：5mg/m³（0.015kg/h） VOCs（乙酸乙酯）：16.68mg/m³（0.05kg/h）	
水污染物	高浓度工艺废水（包括分层废水、离心或过滤母液、水洗废水等）	废水量0.1m³/d（1148.5kg/批）	混合废水 pH：7.2 SS：400mg/L BOD₅：600mg/L COD：1500mg/L 氨氮：6mg/L 总磷：10mg/L 色度：70	高浓度工艺废水在车间经过脱盐、浓缩去除有机物等预处理后汇入厂区污水处理站处理；反应釜、车间设备以及地坪冲洗水经隔油沉淀后进入厂区污水处理站处理。厂区污水处理站采用格栅＋水解酸化＋接触氧化＋气浮处理的工艺	混合废水 SS：40mg/L BOD₅：15mg/L COD：90mg/L 氨氮：1mg/L 总磷：0.8mg/L 色度：40	（GB 21904—2008）《化学合成类制药工业水污染物排放标准》（表2）
	反应釜、车间设备以及地坪冲洗水	废水量9m³/d SS、石油类以及药物成分等				
	纯水制备站排放浓水	浓水（5.8m³/批） SS、Ca²⁺、Mg²⁺等		经沉淀后回用于厂区绿化及景观用，水不外排	不外排	不外排

序号	排放源	污染物产生量和浓度	治理措施	污染物排放量和浓度	排放要求
固体废物	盐酸罗格列酮生产线	过滤残渣（脱水剂）11.6kg/批：硫酸镁等	一般工业固废，妥善收集，厂家回收	不外排	—
		蒸馏残液 57.3kg/批：乙酸乙酯、甲苯、二噁烷	均属于 HW02 危险废物，妥善收集，暂存于危险废物暂存间委托有危废处理资质单位处置	危险废物产生量共 6.4t/a	—
		过滤残渣（吸附剂）36.7kg/批：废活性炭、有机杂质、废硅胶			
		废结晶母液 2.8kg/批：药物成分、乙醇			
		废有机溶剂 6.7 kg/批：乙醇			
	格列美脲生产线	过滤残渣 21.2kg/批：药物成分			
		蒸馏残液 108.6kg/批：甲苯高沸物、丙酮			
		废结晶母液 137.4kg/批：甲苯、异丙醇、丙酮			
	硫普罗宁生产线	蒸馏残液 56.8kg/批：氯化亚砜、乙酸乙酯			
		过滤残渣 28kg/批：锌粉、药物成分、碳酸钠			
		过滤残渣（脱水剂）5.8kg/批：硫酸镁等			
	药品包装	次品、废包装材料	次品、废品回收利用，废包装材料外售	不外排	—
	纯水制备	废活性炭 30kg/a	交活性炭生产厂家处置	不外排	—

4.4　发酵与生物技术制药工业污染及控制

4.4.1　基本情况

生物技术泛指以生命科学为基础，依靠生物体（微生物、动物、植物）作为反应器将物料进行加工以提供产品和技术服务的综合性技术体系，它所含的主要技术范畴有发酵工程、基因工程、细胞工程、酶工程、蛋白质工程、抗体工程、糖链工程、海洋生物技术、生物转化等。生物技术药物（biotechnological drugs）是指采用 DNA 重组技术或其他生物技术生产的用于预防、治疗和诊断疾病的药物，主要是重组蛋白和核酸类药物，如细胞因子、纤溶酶原激活剂、重组血浆因子、生长因子、融合蛋白、受体、疫苗、单克隆抗体、反义核酸、小干扰 RNA 等。

制药工业中生物技术应用最为广泛的是发酵制药和以基因工程为核心的生物技术制药。发酵类制药生产历史悠久、工艺成熟、应用广泛，加之抗生素等发展迅速，发酵类制药已经独立成为制药工业的一个门类。通过微生物的生命活动产生和积累特定代谢产物的现象称为发酵。发酵类药物是通过微生物发酵的方法产生抗生素或其他药物的活性成分，然后经过分离、纯化、精制等工序得到的一类药物。发酵类药物最开始是从抗生素的生产发展起来的，截至目前，发酵类药物仍以抗生素为主，典型代表是青霉素，逐渐发展形成的微生物发酵类药物还有维生素类、氨基酸类、多肽和蛋白质类、核酸类、酶及辅酶类等。

基因工程药物是指利用重组 DNA 技术、淋巴细胞杂交瘤技术、细胞培养技术及克隆表达技术等生产的多肽、蛋白质、酶、激素、疫苗、单克隆抗体和细胞生长因子等。利用基因工程技术可以生产出过去难以获得的生理活性蛋白和多肽。可通过大批量的生产方法获得足够数量的生物活性物质，发掘出更多的内源性生理活性物质。利用基因工程技术和蛋白质工程技术可以对药物蛋白进行修饰和改造，来提高药效价值和获得新型的化合物。

无论是发酵还是以基因工程为主的生物技术制药过程会涉及化学溶剂、助剂等许多有毒有害物质使用，如果处理不当会通过水、气、固体废物等方式排放到环境中，对人体健康和环境造成即时的或潜在累积性的影响，同时生物工程制药过程中使用的活菌体、病毒以及转基因等带来的环境安全性问题亦不容忽视。下面着重介绍发酵和基因工程两大类制药的工业生产和污染防治技术。

4.4.2 发酵与生物技术类制药工艺流程

4.4.2.1 发酵类制药工艺

发酵类生物制药的生产主体是微生物，主要包括细菌、放线菌和真菌三大类；产品是微生物初级代谢或次级代谢产物。制药的基本过程是在人工控制条件下，微生物生长繁殖，在代谢中产生特定的物质，然后再经过提取、分离、纯化等过程得到药品。发酵可以分为厌氧发酵和好氧发酵，目前用于制药的绝大多数都是好氧发酵，发酵过程基本相同，但发酵罐的大小、控制条件、原材料消耗、污染物产量等因素根据品种的不同有很大差异。发酵类制药生产工艺流程一般为种子培养、微生物发酵、发酵液预处理和固液分离、提炼纯化、精制、干燥、包装等步骤。种子培养阶段通过摇瓶种子培养、种子罐培养及发酵罐培养连续地扩增培养，获得足够量健壮均一的种子投入发酵生产。发酵液预处理的主要目的是将菌体与滤液分离开，便于后续处理，通常采用过滤法处理。提取分从滤液中提取和从菌体中提取两种不同工艺过程，产物提取的方法主要有萃取、沉淀、盐析等。产品精制纯化主要有结晶、喷雾干燥、冷冻干燥等几种方式。原材料主要是发酵需要的培养基和提取与精制过程中用到的溶剂、沉淀剂、酸、碱等，消耗的能源主要是电、蒸汽、水等。产生的废物主要有废水、废菌渣、发酵废气、含溶剂废气、溶剂废物等。

典型的发酵类制药生产工艺流程及排污节点如图 4-22 所示。

4.4.2.2 基因工程制药

基因工程药物的生产涉及 DNA 重组技术的产业化设计和应用，包括上游技术和下游技术两大组成部分。上游技术指的是外源基因重组、克隆后表达的设计与构建（狭义的基因工程）；而下游技术则包括含有重组外源基因的生物细胞（基因工程菌或细胞）的大规模培养以及外源基因表达产物的分离纯化、产品质量控制等过程。

不同的基因工程药物的生产工艺又有所不同，制备基因工程药物的一般程序及排污节点如图 4-23 所示。通过菌种的活化和扩增，根据不同药物的具体要求来筛选不同的目的基因；目的基因经过扩大培养后再进行分离纯化，主要方法有上清液超滤浓缩、离子交换色谱、分子筛色谱以及萃取等；最后将纯化的药物进行冻干、灌装，经鉴定合格后出厂。

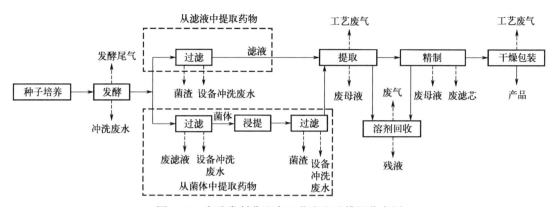

图 4-22　发酵类制药生产工艺流程及排污节点图

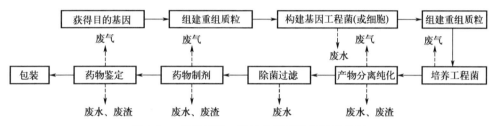

图 4-23　基因工程一般工艺流程及排污节点图

4.4.2.3　发酵与生物制药关键工序

在发酵与生物制药过程中，灭菌工序至关重要，灭菌主要指应用物理或化学等方法将物体上或介质中所有的微生物及其芽孢（包括致病的和非致病的微生物）全部杀死，达到无菌状态的总过程，目前企业常用的灭菌工艺有高压蒸汽灭菌法、干热灭菌。除了发酵工序外，分离纯化工艺是生物工程制药的重要工序，也是污染物容易产生的环节。目前分离纯化的工艺有沉淀分离纯化、离心分离纯化、过滤和超滤纯化、色谱分离纯化、萃取等。不同分离纯化工艺的特点见表 4-8。

表 4-8　发酵与生物制药常见分离纯化工艺基本特点一览表

序号	工艺	特点
1	沉淀分离纯化	目前常用的沉淀分离纯化方法有盐析沉淀法、有机溶剂沉淀法、聚乙二醇法等。盐析沉淀法中最常用的是硫酸铵盐析法，所以该类工序的废水中含有较高的 NH_3-N。有机溶剂沉淀法比盐析法具有更高的分辨能力，还能使很多溶于水的生物大分子（如核酸、蛋白质及多糖等）和小分子生化物质发生沉淀，所以应用广泛。但也具有明显的不足，例如容易使活性分子变性，此外还具有一定的毒性。常用的溶剂有水、甲醇、甘油、乙醇、丙酮、乙醚、乙酸、三氯乙酸
2	离心分离纯化	离心分离技术在生物工程制药中应用广泛，主要用于生物材料的初步处理和蛋白质等高分子产物的纯化
3	过滤和超滤纯化	过滤和超滤纯化技术的原理非常简单，利用滤膜的孔径大小不同将细菌过滤除去，对于那些不耐高温的液体只有采用过滤法才能达到除菌的目的。除菌器的使用需要得到完整性的实验并通过 GMP 的严格论证。除菌效果主要取决于滤膜的穿透孔径
4	色谱分离纯化	在生物工程制药中，该技术应用最为普遍，从早期的胰岛素到目前的干扰素、疫苗、抗凝血因子、生长激素、单克隆抗体、凝血因子等。基本原理就是基于一组不同分子在固定相合流动相两相介质中分配比例不同而互相分离的技术

4.4.3 发酵与生物工程类制药污染控制

4.4.3.1 废气及污染控制

（1）废气来源及特征

发酵与生物工程类制药工程中一般微生物发酵产生的细胞呼吸气体，主要成分是 CO_2、N_2。因此该部分废气通常不处理，直接排放。因为基因工程中可能使用较多的接种菌种等，因此在发酵罐的设计中，对该部分呼吸气的处理目前采用的是高效过滤器等，根据《药品生产质量管理规范》（GMP）要求，高效过滤器一般可以去除 $100\sim1000nm$ 的颗粒物，因此对于部分细菌可以通过该类方法加以控制。

此外，发酵与生物技术制药工业大气污染物主要来自溶剂使用，主要产生点在瓶子洗涤、溶剂提取、多肽合成仪等的排风以及实验室的排气、制剂过程中的药尘等。若涉及动物的制药企业还存在动物房的恶臭污染。

① 有机溶剂挥发气体。通过实际企业调研，溶剂的使用以乙醇、丙酮、甲醛、乙腈等为主。产生废气的主要工艺点来自瓶子洗涤、溶剂提取以及合成仪器、色谱柱等。其次是实验室废气。由于实验室使用的有机溶剂品种多、量小，一般通过通风橱收集后排放。而生产工艺中的废气用量也相对不大，生物工程类制药因为有洁净度的要求，都是封闭车间，整体排风，因此生产车间的有机溶剂几乎都以有组织形式排放。使用的主要溶剂大部分属于低毒类，其中毒性较大的是甲醛、环氧乙烷、乙腈、甲醇、乙醇。甲醛和环氧乙烷主要来自消毒，乙腈和甲醇主要来自色谱或洗涤过程。乙醇主要来自瓶子的洗涤等过程。

② 药尘。发酵和生物技术类制药工业产品通常为粉针剂型、水针剂型以及颗粒剂。涉及粉碎、筛分、总混、包装、过滤过程产生药尘，主要以颗粒物形式存在。

③ 臭气浓度。发酵和生物技术类制药企业的臭气浓度来自动物房和发酵过程的异味。动物房的臭气主要来自实验动物的粪便以及实验动物本身的臭气等。动物房臭气的浓度取决于动物房饲养动物的种类，饲养较多的动物为兔子、老鼠、羊等。

（2）废气污染物控制

① 工艺废气控制技术。根据企业调研，实验室废气都直接通过通风橱收集后由排气筒排放。工艺废气中主要在于有机溶剂的使用，目前企业基本上不对废气进行净化处理。但目前的生物工程类制药企业中对使用量较大溶剂都是采取溶剂回收装置来控制溶剂的散发。对该部分小风量的废气的控制技术比较有效的是活性炭吸附技术。

② 颗粒物的控制技术。目前的药尘是通过袋式除尘器和高效过滤尘器来控制的。根据目前的调研看，最实用的控制技术是高效过滤器。高效过滤器分为亚高效过滤器（过滤 $<1\mu m$ 的微粒）、高效过滤器（过滤 $>0.5\mu m$ 的微粒）和超高效过滤器（过滤 $>0.1\mu m$ 的微粒）。制药厂在洁净厂房设计中通常在高效过滤器前设置初效过滤器和中效除尘器。

③ 臭气的处置。动物房（包括粪便、排污水、废气、动物尸体）是病毒/病菌等泄漏于环境的重要途径之一。目前对动物房的臭气几乎不处理，只是进行换气。根据对一般动物房的调研，实验动物房换气一般为 5 次/h，通常动物房的面积在 $300m^2$ 以下，则主要的臭气排放量为 $4500m^3/h$，臭气浓度基本能达到目前《恶臭污染物排放标准》中的要求。目前市场上流行的脱臭方法有活性炭吸附法、喷淋法、活性氧化法和生物法等。对于动物房臭气的处理，活性炭吸附法最为简单易行。

4.4.3.2　废水及污染控制

（1）废水来源及特征

发酵与生物工程类制药工业废水通常有生产工艺废水、冲洗废水和辅助工艺排水等。

① 生产工艺废水。包括微生物发酵的废液、提取纯化工序所产生的废液或残余液、发酵罐排放的洗涤废水、发酵排气的冷凝水、可能含有设备泄漏物的冷却水、瓶塞/瓶子洗涤水、冷冻干燥的冷冻排放水等。其中发酵产生废滤液（从菌体中提取药物）、废母液（从滤液中提取药物）、其他母液、精制纯化过程的溶剂回收残液等属于高浓度废水。该类废水最显著的特点是浓度高、酸碱性及温度变化大、含有药物残留。虽然水量未必很大，但是污染物含量高，在全部废水中的 COD 比例高、处理难度大。如发酵类抗生素生产废水所含成分主要为发酵残余物、破乳剂和残留抗生素及其降解物，还有抗生素提取过程中残留的各种有机溶剂和一些无机盐类等。其废水成分复杂，碳氮营养比例失调（氮源过剩）、硫酸盐、悬浮物含量高，废水带有较重的颜色和气味，易产生泡沫，含有难降解物质、抑菌作用的抗生素并且有毒性等，而致生化降解困难。

② 冲洗废水。容器设备冲洗水（如发酵罐的冲洗废水等）、过滤设备冲洗水、树脂柱（罐）冲洗水、地面冲洗水等也是废水的主要来源。其中，过滤设备冲洗水（如板框过滤机、转鼓过滤机等过滤设备冲洗水）污染物浓度也相当高，废水中主要是悬浮物；树脂柱（罐）冲洗水水量比较大，初期冲洗水污染物浓度高，并且酸碱性变化较大。

③ 辅助工艺排水。工艺冷却水（如发酵罐、消毒设备冷却水）、动力设备冷却水（如空气压缩机、制冷机冷却水）、循环冷却水、系统排污、水环真空设备排水、去离子水制备过程排水、蒸馏（加热）设备冷凝水等废水污染物浓度低，但水量大且季节性强、企业间差异大，也是近年来企业节水的目标。需要注意的是，一些水环真空设备排水含有溶剂，COD 含量很高。

总的来说，发酵及生物技术类制药废水中水量最大的是辅助过程排水，COD 产生量最大的是直接工艺排水，冲洗水也是不容忽视的重要废水污染源。发酵与生物技术类制药废水特点可以归纳为：排水点多，高、低浓度废水若单独排放，有利于清污分流，分类处理；高浓度废水间歇排放，酸碱性及温度变化较大，需要较大的收集调节装置；废水的 COD 含量高（该类高浓度废水的 COD 含量一般在 10000mg/L 以上，主要为发酵残余基质及营养物、溶剂提取过程的萃取余液、蒸馏釜残液、离子交换过程中排出的吸附废液、发酵后滤液及染菌倒罐废液等）。

（2）废水治理措施

① 发酵废液。一般情况下，发酵工序的废液浓度高，产生量少，必须经过有效收集、灭活，经过生化处理后排放，也可以提取其他物质或者用作其他发酵。部分企业生产中产生发酵废液量较少但 COD 浓度极高，会将其作为危险废物交由有资质单位处理。

② 其他工艺污水。目前企业对废水的处理基本上都是以二级生化＋消毒为主，从常规污染物的出水浓度看，出水基本上都达到了国家规定的排放标准（或者纳管标准）。对于一些维生素发酵生产抗生素的废水，主要采用预处理—水解（或厌氧）—好氧组合生化处理工艺，高浓度废水首先经预处理、厌氧生化，其出水与低浓度废水混合再进行好氧生化（或水解-好氧生化）处理；或采用高浓度废水先与其他废水混合，然后采用预处理、好氧（或水解-好氧）生化处理的流程。

③ 动物房废水处理。一般情况下，这部分废水单独收集单独预处理，再进入全厂废水处理站处理。

④ 废水消毒工艺的选择。废水消毒工艺有两大类。一是物理法消毒，二是化学法消毒。物理法消毒是利用热、光波、电子流等来实现消毒作用的方法。常用的有蒸汽加热、紫外线、辐射

等消毒方法，而冷冻、高压静电和微波消毒等方法尚不成熟。化学法消毒是通过向水中投加各种化学药剂进行消毒。化学消毒法可分为氯化消毒法、二氧化氯消毒法、臭氧消毒法、甲醛消毒法及碱消毒法等。以上消毒方法各有优缺点，应用最为广泛的是蒸汽加热消毒，该消毒方法在生产过程的安全控制以及废水处理中都有应用，效果也良好。其次是氯系消毒和甲醛消毒：氯系消毒在基因工程废液的消毒方面有较广泛的应用，具有代表性的华北某制药厂采用 NaClO 消毒法；甲醛消毒在疫苗生产中具有较大的应用，如上海某生物制品有限公司等。除此之外，对于大规模的制药用品的消毒，辐射消毒法得到越来越广泛的应用，但通常不在厂内进行，而是由专门的集中工厂负责处理。

4.4.3.3 固体废物产生及防治

生产过程中产生的固废主要为发酵车间产生的废菌渣，过滤、提取、精制等工序产生的废活性炭、废弃树脂，污水处理站产生的剩余污泥以及锅炉房产生的炉灰渣等。废菌渣的数量通常约占发酵液体积的 20%～30%，含水量为 80%～90%。干燥后的菌丝粉中含粗蛋白 20%～30%，脂肪约 5%～10%，灰分约 15%，还含有少量的维生素、钙、磷等物质。有的菌丝中含有残留的抗生素及发酵液处理过程中加入的金属盐或絮凝剂等。

废活性炭和废溶剂，大部分企业通过回收加工或再生处理后，用作化工或其他行业的生产原材料；其釜残液，主要采取焚烧处理，或与抗生素废水混合后，进行生化处理；菌丝废渣过去一直采用干燥加工处理后作为饲料或饲料添加剂。现因抗生素类菌丝菌渣含有微量抗生素成分，在饲料和饲养过程中使用后对动物有一定的促生长作用，对于养殖业的危害很大，容易引起耐药性，且由于未做安全性实验，存在各种安全隐患。2002 年 2 月，农业部、卫生部、国家药品监督管理局第 176 号公告，把抗生素滤渣列入禁止在饲料和动物饮用水中使用的药物品种目录中，自此，将干菌渣作为饲料生产、销售便是违法、违规经营活动，将受到相应的处罚。2008年，国家环保部、国家发改委将抗生素菌渣列入《国家危险废物名录》。2020 年发布的《国家危险废物名录（2021 年版）》，抗生素菌渣属于 HW02 医药废物，全过程须按危险废物进行管理，不可随意处置。

废水处理过程中产生的剩余污泥，可通过安全填埋或焚烧等方式处置。

4.4.3.4 生物安全问题

生物工程类制药企业中还涉及一些生物安全问题，主要包括以下几点：

① 发酵过程残留的废液、废培养基、废菌丝等也将通过各种途径在自然中累积，如果最终处置不当，可能通过动物等对人体健康造成内分泌干扰、抗药性增强等。

② 基因培养、细胞培养过程中可能产生的病菌、病毒等进入环境中后通过重组、突变等方式对人类造成生存的威胁。

③ 在制药工业中应用的转基因动物，可能会通过动物房冲洗水、排污物处置等途径进入环境，对人类构成威胁。

④ 实验、检测过程中病毒、菌种等的使用过程中因控制不当或突发事故等导致的病毒泄漏而引发的生物安全问题。

⑤ 实验动物尸体可能带有病菌或病毒，如果处理不当，会引发生物安全问题。

4.4.4 案例分析

浙某制药有限公司 160t/a 阿维菌素的生产能力，包括 120t/a 阿维菌素精品和 40t/a 的阿维菌素原药（低含量阿维菌素）。阿维菌素主要用于杀灭牲畜寄生虫和农作物的寄生虫，溶于有机溶剂，基本不溶于水。

4.4.4.1　工艺流程

项目采用工艺主要包括：种子罐发酵→发酵罐发酵→接料过滤→浸取过滤→浓缩蒸馏→水洗脱糖→粗结晶、重结晶、成品结晶→成品烘干以及母液浓缩蒸馏等，主要工艺流程及排污节点见图 4-24。

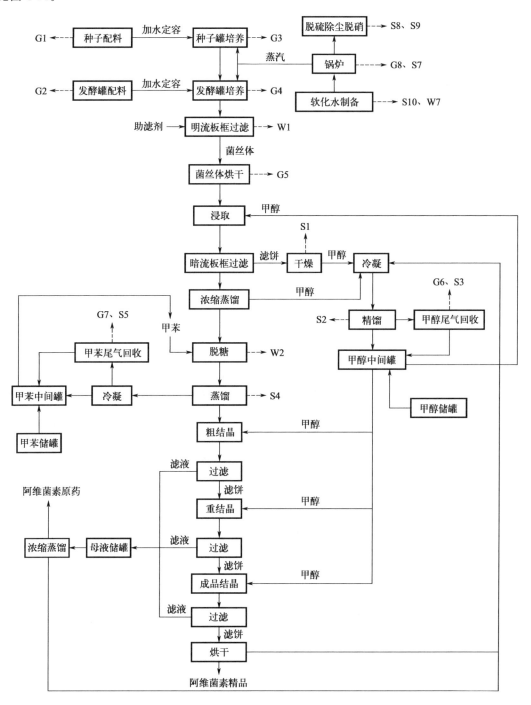

图 4-24　生产工艺流程图

4.4.4.2 污染排放及治理措施

该发酵类生物制药典型企业工业污染物排放及治理措施见表4-9。

表 4-9 典型企业工业污染物排放及治理措施

类别	排放源	污染物产生量和浓度	治理措施	污染物排放量和浓度	排放要求
大气污染物	投料废气	废气量：25000m³/h 颗粒物：1227.2mg/m³ （30.68kg/h）	经设备自带布袋除尘装置处理后通过15m排气筒排放	废气量：25000m³/h 颗粒物：12.4mg/m³ （0.31kg/h）	满足《制药工业大气污染物排放标准》（GB 37823—2019）表1排放限值
		无组织颗粒物：3.41kg/h （3.41t/a）	车间密闭	无组织颗粒物：0.034kg/h （0.034t/a）	满足《大气污染物综合排放标准》（GB 16297—1996）表2标准
	种子罐、发酵罐发酵废气	废气量：8000m³/h VOCs： 102.66mg/m³（0.82kg/h）	经"碱洗＋氧化＋水洗"后由60m排气筒排放	废气量：8000m³/h VOCs 10.34mg/m³（0.084kg/h）	满足《制药工业大气污染物排放标准》（GB 37823—2019）表1排放限值
	菌丝体干燥废气	废气量：85000m³/h VOCs：52.94mg/m³（0.45kg/h） 颗粒物：88.11mg/m³（0.75kg/h）		废气量：85000m³/h VOCs 5.29mg/m³（0.045kg/h） 颗粒物 8.81mg/m³（0.75kg/h）	
	有机废气回收尾气	废气量：20000m³/h 甲醇：70.38mg/m³（1.41kg/h） 甲苯：90.63mg/m³（1.82kg/h）	经活性炭吸附后通过1根15m高排气筒排放	废气量20000m³/h 甲醇59.78mg/m³（1.19kg/h） 甲苯36.25mg/m³（0.725kg/h）	满足《制药工业大气污染物排放标准》（GB 37823—2019）表1排放限值
	储罐呼吸废气	无组织排放 非甲烷总烃：0.051kg/h VOCs：0.051kg/h	自然逸散	无组织排放 非甲烷总烃 0.051kg/h VOCs 0.051kg/h	—
	20t/h燃煤锅炉	烟气量：25800m³/h 颗粒物：2450mg/m³（63.21kg/h） SO₂：1893mg/m³（48.84kg/h） NOₓ：132mg/m³（3.4kg/h）	低氮燃烧＋SNCR脱硝＋布袋除尘器＋石灰石-石膏湿法烟气脱硫后经45m高排气筒排放	烟气量：25800m³/h 颗粒物：19.8mg/m³（0.51kg/h） SO₂：112mg/m³（2.89kg/h） NOₓ：123mg/m³（3.17kg/h）	满足《锅炉大气污染物排放标准》（GB 13271—2014）表2（燃煤锅炉）

续表

类别	排放源	污染物产生量和浓度	治理措施	污染物排放量和浓度	排放要求
水污染物	工艺废水（发酵滤液、脱糖废水）	废水量：90m³/d SS：2500mg/L（225kg/d） NH_3-N：180mg/L（16.2kg/d） COD：35000mg/L（3150kg/d） 甲苯：1.35mg/L（0.12kg/d）	工艺废水用芬顿氧化工艺预处理后，经厂区污水处理站综合处理排放至园区污水处理厂；其他废水经厂区污水处理站综合处理排放至园区污水处理厂；厂区污水处理站采用"格栅＋气浮＋水解酸化＋厌氧＋好氧＋絮凝沉淀"工艺	排放量：223.56m³/d pH：7.2 SS：40mg/L（9.34kg/d） COD：180mg/L（40.24kg/d） NH_3-N：30mg/L（6.71kg/d） 甲苯：0.5mg/L（0.11kg/d）	《发酵类制药工业水污染物排放标准》（GB 21903—2008）表2排放限值
	设备和地坪清洗水	废水量：4.5m³/d SS：300mg/L（1.35kg/d） NH_3-N：50mg/L（0.225kg/d） COD：3000mg/L（13.5kg/d）			
	废气处理废水	废水量：0.16m³/d SS：300mg/L（0.048kg/d） NH_3-N：80mg/L（0.013kg/d） COD：1000mg/L（0.16kg/d）			
	锅炉废水	废水量：85m³/d SS：150mg/L（12.75kg/d） NH_3-N：40mg/L（0.81kg/d） COD：400mg/L（13.5kg/d）			
	脱硫废水	废水量：4.8m³/d SS：400mg/L（1.92kg/d） NH_3-N：40mg/L（0.19kg/d） COD：400mg/L（1.92kg/d）			
	纯水制备浓水	废水量：26.5m³/d SS：50mg/L（1.33kg/d） NH_3-N：65mg/L（1.72kg/d） COD：2000mg/L（5.3kg/d）			
	办公生活废水	废水量：12.6m³/d SS：350mg/L（4.41kg/d） NH_3-N：45mg/L（0.57kg/d） COD：350mg/L（4.41kg/d）			
固体废物	一般固废	上料除尘灰：30.37t/a	暂存于一般固废库，外售	收尘：30.37t/a	—
		锅炉除尘灰：521.2t/a		收尘：521.2t/a	—
		锅炉炉渣：990t/a		锅炉炉渣：990t/a	—
		脱硫渣：652.5t/a		脱硫渣：652.5t/a	—
		纯水制备废树脂：0.1t/a	暂存于一般固废库，委托锅炉厂家回收处理	纯水制备废树脂：0.1t/a	—
	危险废物	滤渣：495t/a	暂存于危废间，委托有资质的单位处置	滤渣：495t/a	—

续表

类别	排放源	污染物产生量和浓度	治理措施	污染物排放量和浓度	排放要求
固体废物	危险废物	废活性炭：3.0t/a	暂存于危废间，委托有资质的单位处置	废活性炭：3.0t/a	—
		有机废气尾气回收液：38.21t/a	暂存于危废间，委托有资质的单位处置	有机废气尾气回收液：38.21t/a	—

思考题

1. 简述基因工程制药的基本原理和基本流程。
2. 简述中药制药、化学合成制药、生物工程制药工业废水的特征及主要的污水处理工艺。
3. 简述制药过程 VOCs 控制技术。

参考文献

[1] 李嫣，王浙明，宋爽，等. 化学合成类制药行业工艺废气 VOCs 排放特征与危害评估分析[J]. 环境科学，2014，35 (10)：3663-3668.

[2] 朱琳香. 关于固体制剂制药工艺技术的研究[J]. 科技创新导报，2015，12(31)：3-4.

[3] 简浩宇. 化学合成类制药废水处理工艺的研究[J]. 科技与创新，2017(01)：114-115.

[4] 李嫣. 化学合成类制药工业大气污染物排放标准研究[D]. 杭州：浙江工业大学，2015.

[5] 宋航. 制药工程技术概论[M]. 北京：化学工业出版社，2006.

[6] 陶杰. 化学制药技术[M]. 北京：化学工业出版社，2005.

[7] 巩健. 发酵制药技术[M]. 北京：化学工业出版社，2021.

[8] 张素萍. 中药制药生产技术[M]. 北京：化学工业出版社，2011.

[9] 王亚楼. 化学制药工艺学[M]. 北京：化学工业出版社，2008.

[10] 吴梧桐. 生物制药工艺学[M]. 北京：中国医药科技出版社，2015.

[11] 庄建军. 中药制药机械与制药工艺[M]. 北京：人民军医出版社，2013.

[12] 袁英. 制药工艺学[M]. 北京：化学工业出版社，2007.

[13] 崔福德. 药剂学[M]. 北京：人民卫生出版社，2007.

[14] 李校堃，黄昆. 生物技术制药[M]. 武汉：华中科技大学出版社，2020.

延伸阅读

1. 邢志贤，王淑娟，郭斌. 制药行业 VOCs 监测技术 [M]. 北京：化学工业出版社，2014.

2. 王志祥，黄德春. 制药化工原理 [M]. 北京：化学工业出版社，2014.

3. 袁其朋，梁浩. 制药工程原理与设备 [M]. 北京：化学工业出版社，2017.

4. 张功臣. 制药用水系统 [M]. 北京：化学工业出版社，2016.

5. 李钧，李志宁. 制药质量体系及 GMP 的实施 [M]. 北京：化学工业出版社，2012.

6. 邵弈欣，陆燕，楼振纲，等. 制药行业 VOCs 排放组分特征及其排放因子研究 [J]. 环境科学学报，2020，40 (11)：4145-4155.

7. 陈建发. 水温对抗生素制药废水处理效率的影响 [J]. 过程工程学报，2014，14 (6)：

1010-1014.

8.陈建发.微波诱导氯化锌催化处理抗生素类混合工业废水研究［J］.长江大学学报（自科版），2018，15（14）：43-47.

9.叶露.MBR 工艺处理制药废水性能及膜污染调控机制研究［D］.杭州：浙江大学，2019.

10.陈少雄.国内外生物制药行业大气污染物排放控制标准进展［J］.中国医药工业杂志，2018，65（6）：847-852.

11.郭斌，么瑞静，张硕，等.青霉素发酵尾气 VOCs 污染特征及健康风险评价［J］.环境科学，2018，39（07）：3102-3109.

12.黄慧斌.制药企业医药废水特点及处理工艺研究［J］.环境与发展，2017，13（6）：72-73.

13.姜惠琼，叶沛.中药提取项目中水防治措施及可行性探讨［J］.资源节约与环保，2017，43（8）：139-140.

第**5**章
轻工业生产与污染控制

轻工业主要是指生产消费资料的工业，轻工业与重工业相对。轻工业是城乡居民生活消费品的主要来源，按其所使用原料的不同，可分为两类：以农产品为原料的轻工业和以非农产品为原料的轻工业。本书的轻工业生产与污染控制主要从白酒、屠宰及肉类加工、造纸和纺织印染进行生产与污染控制的分析。

5.1 白酒工业生产与污染控制

5.1.1 概述

根据 GB/T 15109—2021《白酒工业术语》的定义，白酒是采用固态法酿造，其原料主要是高粱、小麦、大米、糯米、玉米和豌豆等粮食谷物，以大曲、小曲、麸曲、酶制剂和酵母等作为糖化发酵剂，发酵过程中加入一定量的蒸煮过的稻壳作为疏松剂，经过蒸煮、蒸馏、陈酿、勾调而成的饮料酒。预计到 2025 年，白酒行业产量将达到 8×10^9 L。

中国白酒最早被划分为四大香型，分别为酱香型、浓香型、清香型和米香型。在长江赤水河流域以南的贵州一带，当地冬暖夏热，少雨、风速小等气候十分有利于酿造酱香酒微生物的栖息与繁殖，因此该地盛产酱香型白酒，其中最具有代表性的便是茅台酒；而四川、湖北、江苏、安徽等长江以北黄河以南地区气候温暖湿润，四季分明，主要生产浓香型白酒，典型代表为四川的五粮液、剑南春、泸州老窖以及安徽的古井贡酒；往北到黄河流域的白酒则以清香型为主，如山西的汾酒、河南的宝丰和北京的二锅头酒；往南到广东和广西等地区生产的主要是米香型白酒。米香型白酒亦称蜜香型，属小曲香型酒，以广西桂林三花酒、全州湘山酒以及广东长乐烧为代表。经过了多年的发展后，白酒还形成了凤香型、馥郁香型、豉香型等其他香型，目前我国白酒共有十二种香型。

5.1.2 白酒生产工艺流程

白酒生产流程大体可分为原辅料预处理、配料、蒸煮糊化、冷却、拌醅、入窖池发酵、蒸酒、包装等 8 个阶段。具体工艺流程见图 5-1。

（1）原辅料预处理

原辅料通过运输车辆进厂入库，根据生产需求进行粉碎、筛分等预处理，便于蒸煮，使淀粉能被充分利用。

（2）配料

将新料、酒糟、辅料及水配合、混合和均化。配料需根据甑桶大小、窖池大小、原料的淀粉含量、气温、生产工艺及发酵时间等进行配比。

（3）蒸煮糊化

原料蒸煮的目的主要是使淀粉颗粒进一步吸水、膨胀、破裂、糊化，有助于淀粉酶水解原料

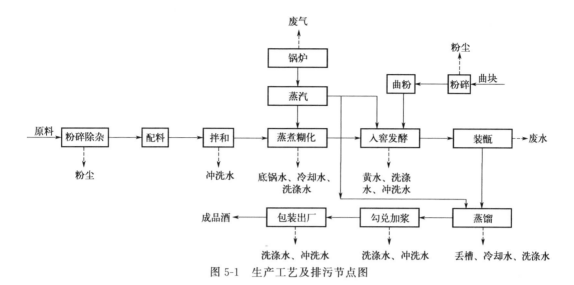

图 5-1　生产工艺及排污节点图

中的淀粉和糖原，同时，在高温下原辅料也得以灭菌。将原料和发酵后的香醅混合，蒸酒和蒸料同时进行，称为"混蒸混烧"，前期以蒸酒为主，蒸酒后应保持一段时间的糊化。若蒸酒与蒸料分开进行，称为"清蒸清烧"。

（4）冷却

蒸熟的原料进行晾晒冷却，温度降至 30℃ 左右。晾晒的同时，还可起到挥发杂味、吸收氧气的作用。

（5）拌醅

固态发酵酒是采用边糖化边发酵的双边发酵工艺，扬渣之后同时加入酒曲和酵母。酒曲的用量一般为酿酒主料的 4%～6%，为使酶促反应顺利进行，拌醅时需适当加水，控制入池时物料水分含量保持在 58%～62%。

（6）入窖池发酵

入窖池物料温度在 18～20℃，入窖池物料应保持松紧适度，一般在 $1m^3$ 容积内装醅料 630～640kg 为宜。入窖池后，在醅料上盖一层糠，用窖泥密封，再加一层糠。发酵过程需掌握温度、水分、酸度、酒量等的变化。

（7）蒸酒

发酵成熟的醅料称为香醅。通过蒸酒把醅料中的酒精、水分、高级醇、酸类等，蒸发为蒸汽，再经冷却即可得白酒。

（8）包装

原酒储存一段时间后，勾兑成品，装瓶装箱，入库。

5.1.3　白酒生产工业污染与防治

5.1.3.1　白酒生产工业污染

（1）废水

白酒酿造行业在推动经济发展和创造经济价值的同时，也产生大量工业废水。据不完全统计，每生产 1t 白酒就要排出 12～20t 废水。白酒生产中主要的废水来源为甑锅底水、发酵废水（窖底水）、清洗废水、冷却水等几部分。

① 甑锅底水（又称锅底水）：粮食糊化和糟醅蒸馏时水蒸气在糟醅中反复冷凝下沉聚集在锅

底中与原有水分形成的混合液体。因其作为糟醅蒸馏环节的蒸汽介质，从甑内糟醅中交换，积淀大量的酸、酯、醇以及淀粉、糖分等有机成分，导致 COD、浊度和悬浮物的含量高，是典型的高浓度有机废水。锅底水的 COD 浓度 10000～50000mg/L、总氮浓度 150～400mg/L、总磷浓度 100～240mg/L、氨氮浓度 20～200mg/L、SS 浓度 50～80mg/L，它们是酿造生产过程中的主要污染因子。

② 发酵废水（窖底水）：酒醅在发酵过程中必然产生一些废水，也叫黄水，酒醅正常的黄水具有窖香和酯香，是一种黏稠状浑浊液体，有明显的涩味和酸味。发酵废水中含大量的含氮化合物、还原糖及醇、醛、酸、酯等香味物质，还含有大量的经长期驯化的有益微生物菌群。根据祖军宁等人研究，发酵废水中 COD 浓度 70000～100000mg/L、总氮浓度 1000～2000mg/L、总磷浓度 100～1500mg/L、氨氮浓度 200～1000mg/L，SS 浓度 50～80mg/L。

③ 清洗废水：生产设备、洗瓶、设备容器等清洗产生的废水，与甑锅底水和发酵废水相比，属低浓度废水，COD 一般在 100～300mg/L。

④ 冷却水：冷却水为馏酒过程中酒蒸汽的间接冷却用水。

（2）废气

主要包括原料装卸、堆场、粉碎、输送、配料的粉尘；蒸汽锅炉产生的燃料燃烧烟气，污染物主要取决于使用的燃料和锅炉；蒸煮糊化、发酵、蒸馏过程产生的异味，酒糟收集、贮存和转运过程和污水收集、处理过程中产生的恶臭。

（3）固废

主要包括燃煤或生物质锅炉产生的灰渣、除尘器收集的粉尘、酒糟、废窖泥、污水处理产生的污泥。

（4）噪声

主要包括风机、锅炉房、水泵房等产生的噪声。

5.1.3.2　白酒生产工业污染控制

白酒工业的污染中废水污染最为突出，生产过程的废水具有污染物浓度高的特点。目前酿酒废水的处理手段有物理化学方法、生物方法、联用技术等。废水处理工艺基本流程见图 5-2。

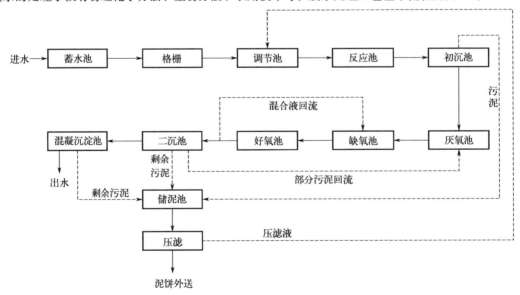

图 5-2　白酒废水处理工艺基本流程图

根据白酒工业产生的各污染物特征，总结出污染防治措施，见表5-1。

表 5-1　白酒工业污染控制措施

污染要素及位置		污染物	控制措施
废气	原料装卸、堆场、粉碎、输送、配料等	颗粒物	皮带输送机设置密闭防尘设施；加强料库的封闭性；装卸过程减少遗撒；粉碎机、配料口设置集气罩和袋式除尘器
	蒸汽锅炉产生的燃料燃烧烟气	SO_2、NO_x、烟尘	根据锅炉使用燃料情况采取不同措施，天然气燃烧时采取不低于 8m 烟囱排放，使用燃煤和生物质成型燃料时，根据其组分分析脱硫脱硝和除尘
	蒸煮糊化、发酵、蒸馏过程，酒糟收集、贮存和转运过程和污水收集、处理过程	H_2S、NH_3、臭气	加强设备的密闭性，设备周边设置绿化带，条件允许情况下，将恶臭气体集中收集后处理，处理方式有生物滤池除臭塔、活性炭吸附、UV 光解等
废水	甑锅底水	高浓度有机废水，含 COD、NH_3-N、BOD_5、SS、色度、总氮、总磷等	设置调节池将高浓度和低浓度有机废水均质、均化后，进入污水处理站，经厌氧＋缺氧＋好氧的组合生化处理，达标排放或回用
	发酵废水		
	生产设备、洗瓶、设备容器等清洗	低浓度有机废水，含 COD、NH_3-N、BOD_5、SS、色度、总氮、总磷等	
	冷却水系统		
噪声	风机、锅炉房、水泵房等	噪声	在设备选型时，尽可能选用同功率低噪声的设备，安装时采取减振、消声、封闭围护、隔声、阻尼等措施
固废	布袋除尘器	收尘灰	回用或外售
	燃煤或生物质锅炉	灰渣	送往一般固废填埋场或做建材原辅料
	发酵池	酒糟	综合利用，做饲料或有机肥
	污水处理设施	污泥	脱水达到要求后进入填埋场或进入垃圾焚烧发电、水泥窑协同处置系统

5.1.4　案例分析

5.1.4.1　项目概况

某酒厂生产酱香型原酒 5600t/a、浓香型原酒 3000t/a，合计产成品酒约 10000t/a。

5.1.4.2　生产工艺

（1）酱香型白酒生产工艺

酱香型白酒以小麦、高粱为原料，经制曲、酿造、酒库贮存等过程，包装出厂。其中最主要的是制曲和酿造工艺。

① 酱香型白酒制曲工艺流程及排污节点。小麦在粉碎前加水润料，再进行破碎，经搅拌机搅拌均匀的曲料装入曲模用足踩成龟背形，曲块成型后，在凉堂上堆散收汗，时间约 30～

50min。曲坯入仓前先将地面清扫干净，将曲块排在稻草上。曲坯入仓后，进行两次翻曲，从入仓开始40天可除去覆盖堆的稻草，进行拆曲，将出仓的曲块堆放在有楼板的干曲仓里贮藏4～6个月后即为成品曲，可投入生产使用。酱香型白酒制曲工艺及污染排放流程见图5-3。

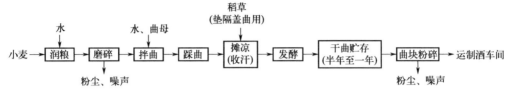

图 5-3　酱香型白酒制曲工艺流程及污染排放图

　　② 酱香型白酒酿造工艺流程及排污节点。高粱粉碎时根据工艺要求高粱磨碎程度为整粒80%，破碎率为20%。润粮加水分两次进行，后续进行蒸粮。上甑前用未烤过酒的酒醅作母糟，已收汗生粮翻糙搅拌后才开始上甑，把蒸煮后的熟沙堆放在凉堂上进行摊凉。翻糙均匀，上堆温度控制在25～27℃。将熟沙、尾酒、曲药拌匀后，温度控制在23～26℃收堆。进行糖化发酵，有微酒味即可下窖。将堆积发酵好的酒醅搬运到窖边，疏松、均匀铲入窖池，边下窖边洒尾酒。下窖完成后，撒一层稻壳，将拌柔和的窖泥均匀封盖，发酵结束后，加入适量的谷壳，用打糟机打细，待上甑用。上甑时，蒸汽压力控制在0.05～0.1MPa之间，甑上满后，温度控制在36～45℃流酒。摘酒分轮次入库。摘酒后，视其酒醅糊化程度适当延长吊水时间。将蒸酒后的酒醅下到凉堂上，一至七次酒摊凉拌曲。工艺流程及排污节点见图5-4。

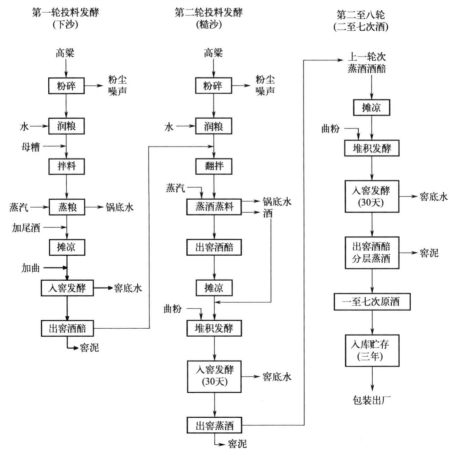

图 5-4　酱香型白酒酿造工艺流程及排污节点图

（2）浓香型白酒生产工艺及排污节点

浓香型白酒将高粱等原料粉碎后加入稻壳，经蒸馏、入窖发酵、酒库贮存、勾兑等过程。出窖时，先将窖上的一层黄泥揭去，然后起上层面糟。窖帽母糟出窖后单独堆放，入窖发酵后即得新回糟，在蒸酒时称为蒸红糟。蒸后的红糟在窖池内入窖的上层，其余母糟在滴尽黄水后，全部出清至生产场地。为了增加曲子与粮粉的接触面，曲块要进行粉碎，稻壳清蒸 30min 后，即可出甑，然后摊开、晾干备用。将高粱与母糟混合、拌匀、堆积，润料时间约 1h。将面糟、粮糟、红糟分别装甑、蒸酒、蒸煮，接着出甑、冷却。将已拌好曲粉的饭甑，放入窖中分层发酵，发酵周期 60 天。

浓香型白酒生产工艺流程及排污节点见图 5-5。

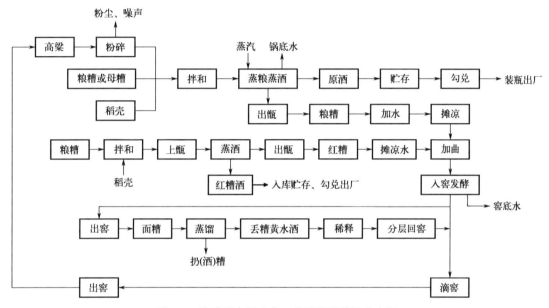

图 5-5　浓香型白酒生产工艺流程及排污节点图

5.1.4.3　污染排放及治理措施

白酒企业污染物排放及治理措施见表 5-2。

表 5-2　白酒企业污染物排放及治理措施一览表

	产污环节	预期产生量及浓度	防治措施	治理效果
大气污染物	燃煤锅炉	废气量:22000m³/h(标态) 烟尘:227kg/h(10318mg/m³) SO₂:7.3kg/h(332mg/m³) NO$_x$:4.2kg/h(191mg/m³)	采用"SNCR 脱硝＋脱硫塔(烧碱)＋布袋除尘"处理后，通过 1 根 45m 烟囱排放	《锅炉大气污染物排放标准》表 2(燃煤锅炉)标准限值
	原材料粉碎及曲块磨碎	废气量:3000m³/h 颗粒物:14kg/h(9333mg/m³)	采用布袋除尘器处理后，通过 15m 排气筒排放	《大气污染物综合排放标准》表 2 二级标准
	食堂	废气量:2000m³/h 油烟:0.14kg/h(12mg/m³)	采用油烟净化器净化后引至楼顶排放	《饮食业油烟排放标准》表 2 标准

	产污环节	预期产生量及浓度	防治措施	治理效果
大气污染物	燃料煤与炉渣堆放	粉尘	设雨棚与围挡,并定期对堆放点进行洒水降尘	《大气污染物综合排放标准》表2无组织标准
	柴油发电机	SO_2、烟尘、NO_x	—	《大气污染物综合排放标准》表2二级标准
	水处理、发酵车间和酒糟处理	臭气	设置机械排风设施,加强车间空气流通	《恶臭污染物排放标准》表1二级标准
水污染物	锅底水	废水量:167m³/d SS:0.25kg/d(1500mg/L) COD:3.0kg/d(18000mg/L) BOD_5:1.5kg/d(9000mg/L) NH_3-N:0.03kg/d(180mg/L)	经1座厂区综合污水处理站处理后,部分处理后的水回用于厂区生产、生活及景观用水等,剩余部分通过2km尾水管道排放,处理站处理规模为1000m³/d(运行时间按16h/d计),处理工艺采用"物化+生化",且污水处理站配套中水回用系统	外排尾水满足《发酵酒精和白酒工业水污染物排放标准》(GB 27631—2011)表3直接排放标准
	道路浇洒	废水量:22.5m³/d SS:0.004kg/d(180mg/L) COD:0.0027kg/d(120mg/L) BOD_5:0.0022kg/d(100mg/L) NH_3-N:0.00067kg/d(30mg/L)		
	纯水制备	废水量:15.5m³/d SS:0.003kg/d(200mg/L)		
	锅炉软水制备	废水量:2.0m³/d SS:0.0003kg/d(150mg/L)		
	洗瓶	废水量:85m³/d SS:0.017kg/d(200mg/L)		
	职工生活办公污水	废水量:41m³/d SS:0.0082kg/d(200mg/L) COD:0.0082kg/d(200mg/L) BOD_5:0.0061kg/d(150mg/L) NH_3-N:0.001kg/d(25mg/L) TP:0.0003kg/d(8mg/L)		
固体废物	原料粉碎除尘器	收尘灰:124.17t/a	收集后回用作为生产原料	不外排
	酿造	酒糟:69288t/a	收集后外售综合利用	
	锅炉	炉渣和除尘灰:1845t/a	外售给页岩砖厂综合利用	
	包装	包装废物:5000t/a	外售给废品回收站	
	水制备	废活性炭:2t/a	由设备厂家定期上门更换回收	
	酿造车间	表层窖泥:2.3t/a	收集后交当地环卫部门送至生活垃圾填埋场处置	

	产污环节	预期产生量及浓度	防治措施	治理效果
固体废物	综合污水处理站	污泥：90t/a	委托给有资质的公司处置	不外排
	实验室	废液：0.2t/a	用专用容器收集暂存于危废暂存间，定期交给有资质的公司处置	
	生产设备维护	废机油：0.1t/a		
	厂区员工	生活垃圾：150t/a	收集后交当地环卫部门送当地生活垃圾填埋场填埋	
噪声	厂区设备	设备声压级：75～100dB(A)	产生噪声设备进出口安装消声器，设备基础设置隔振垫，在噪声危害严重的岗位设置隔声操作室等降噪措施	—

5.2　屠宰及肉类加工工业污染及控制

5.2.1　概述

　　屠宰及肉类加工包括畜禽屠宰、肉制品及副产品加工两部分内容。屠宰及肉类加工是我国国民经济的重要组成部分，根据《国民经济行业分类》，屠宰及肉类加工的代码为C135。畜禽屠宰指对各种畜禽进行宰杀，以及鲜肉分割、冷冻等保鲜活动（不包括商业冷藏）；肉制品及副产品加工指主要以各种畜、禽肉为原料加工成肉制品，以及畜、禽副产品的加工活动。根据国际肉类组织公布，中国畜禽肉类生产量约占世界生产总量的 29%，居世界第一。其中猪肉（占47%）、羊肉（占28%）产量居世界第一，禽肉（占17%）居世界第二，牛肉（占10%）居世界第三。

5.2.2　屠宰及肉类加工工艺流程

　　屠宰及肉类加工基本生产工艺大致分为活畜禽入场静养、宰杀、去毛或皮、取内脏和分割剔骨、冷藏、深加工（肉制品）、入库等过程。

　　（1）宰杀

　　应用物理（如机械的、电击的、枪击的）、化学（吸入 CO_2）方法，使家畜在宰杀前短时间内致昏，能避免屠畜宰杀时挣扎而消耗过多的糖原，使屠宰后肉质保持较低的 pH 值，增强肉质的贮藏性。畜禽致昏后应立即放血，以 9～12s 为最佳，最好不超过 30s，以免引起肌肉出血。将后腿拴挂在滑轮的套脚或铁链上，经滑车吊至悬空轨道，运到放血处进行刺杀放血。

　　（2）去毛或皮

　　畜禽放血后解体前，猪需烫毛、煺毛，牛、羊需进行剥皮。

　　① 猪放血后经 6min 沥血，由悬空轨道上卸入烫毛池进行浸烫，使毛根及周围毛囊的蛋白质受热变性收缩，毛根和毛囊易于分离。同时表皮也出现分离达到脱毛的目的。煺毛（又称刮毛）过程中刮毛机中的软硬刮片与猪体相互摩擦，将毛刮去。

　　② 去皮。为适应皮革生产的需求，部分猪也需要剥皮。因猪的皮下脂肪层厚，多采用机械剥皮，在机械剥皮前，先进行烫毛、刮毛。为保护利用价值高的背部皮，用筐形容器使猪在烫毛

池中固定，使背部和侧面的皮下不浸入热水中，其他部分被浸烫后，再进行机械刮毛，然后由剥皮机剥掉背部皮。去牛皮先是手工剥头皮、四肢皮及腹皮，然后将剥离的前肢固定在铁柱上，后肢悬在悬空轨道上，再将颈、前肢已剥离皮的游离端连在滑车的排沟上，开动滑车将未剥离的背部皮分离。去羊皮应完整地剥下来，除不剥头皮和蹄皮以外，大体上与牛的剥皮法相似。

（3）取内脏和分割剔骨

① 取内脏。刮毛或剥皮后应立即取出内脏，最迟不超过 30min，否则对脏器和肌肉均有不良影响，如降低肠和胰的质量等。牛的剖腹应在高台作业，手工作业时应先将屠体后躯吊起 1m，然后剖腹取内脏。牛的内脏器官大，应将各个器官分割开。分割时应注意结扎好，避免划破肠管和胆囊。

② 分割剔骨。屠宰去毛去皮后劈成两半（猪、羊）或四半（牛）称为劈半。

（4）冷藏

屠宰后要进行宰后兽医检验，合格者盖以"兽医验讫"的印章，然后经过自动吊秤称重，入库冷藏或出厂。

（5）深加工（肉制品）

肉制品深加工通过腌、烹、酱、熏、制罐头等加工工序，把生鲜的肉类加工成肉制品。

屠宰及肉类加工生产流程及产污节点见图 5-6～图 5-10。

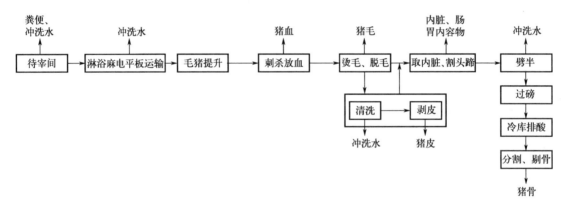

图 5-6　生猪屠宰生产工艺及产污流程图

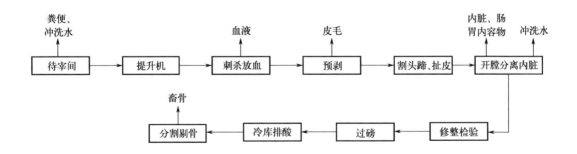

图 5-7　牛、羊屠宰生产工艺及产污流程图

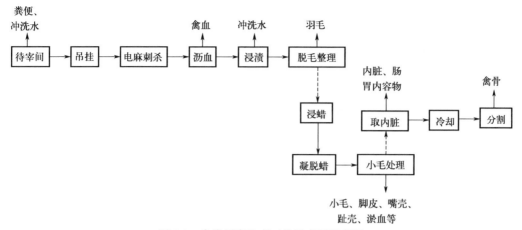

图 5-8 禽类屠宰生产工艺及产污流程图

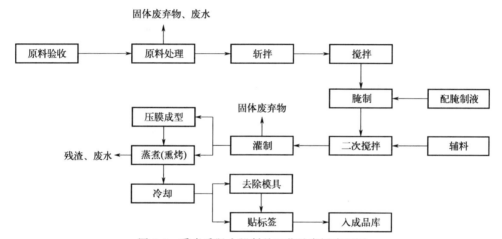

图 5-9 熏煮香肠火腿制品工艺及产污流程图

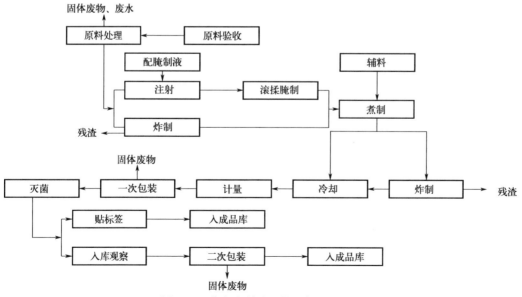

图 5-10 酱卤肉制品工艺及产污流程图

5.2.3 屠宰及肉类加工污染控制

屠宰及肉类加工的污染以废水污染最为突出，废水主要含高浓度含氮化合物、悬浮物、溶解性固体物、油脂和蛋白质，包括血液、油脂、碎肉、食物残渣、毛、粪便和泥沙等，还可能含有多种危害人体健康的细菌，如粪大肠菌、志贺氏菌、沙门氏菌等。根据《屠宰与肉类加工工业水污染物排放标准（二次征求意见稿）》编制说明，屠宰废水的 BOD_5 在 $500\sim1000mg/L$，COD一般在 $1500\sim2000mg/L$；另外废水的色度高，外观呈暗红色。屠宰及肉类加工废水中含有大量以固态或者溶解态存在的蛋白质、尿素、尿酸、脂肪和碳水化合物，此类物质通过氨化作用进一步转化为较高浓度的氨氮，使氨氮的浓度达 $50\sim200mg/L$。肉类加工废水的污染负荷相对较低，但COD一般也在 $800\sim2000mg/L$，氨氮浓度一般在 $25\sim70mg/L$。

屠宰及肉类加工业的废水量有以下几个特点：第一，不同的屠宰企业由于对象、数量、生产工艺、生产管理水平的差异，根据《屠宰与肉类加工工业水污染物排放标准（二次征求意见稿）》编制说明，每屠宰一头猪的废水量也有所差异，目前大多数屠宰场每头猪的排水量一般在 $0.5\sim1.0m^3$，屠宰1头牛排水量一般在 $1.0\sim1.5m^3$，屠宰1头羊的排水量一般在 $0.2\sim0.5m^3$，禽类屠宰场的排水量一般为 $1\sim6m^3/$百只。单独肉类加工企业的排水量一般为 $5.8m^3/t$ 原料肉，若有分割肉、化制等工序的企业，排水量一般为 $7.8m^3/t$ 原料肉。第二，由于屠宰企业的生产一般是非连续性的，每日只有一批或两批生产，所以废水量在一日之中变化较大，最大时流量与最小时流量之比可能超过 $3:1$。

屠宰与肉类加工企业在废水的末端处理中，除预处理阶段有所差异外，大多数屠宰厂的废水处理工艺基本类似。畜类动物与家禽类动物加工的处理有较大差异，后者羽毛类杂物较多，前处理不仅需要粗细格栅还要采用一些行业专用的设备如捞毛分离机、水力筛等。

目前该行业规模化企业废水处理的核心处理单元大多数以厌氧与好氧相结合的组合工艺为主。在厌氧+好氧处理工艺的基础上，氨氮得以稳定去除，但是同时大量的有机氮转化为无机氮，易导致总氮浓度升高。因此，如果要进一步去除总氮污染物，在厌氧+好氧处理的基础上，需要屠宰企业继续深化废水处理，追加反硝化脱氮处理设施。在总磷的去除方面，仅依靠生物除磷不能达到要求，需进行化学除磷。屠宰及肉类加工的废水处理工艺基本流程见表5-3。

表5-3　屠宰及肉类加工污染控制措施表

污染要素及位置		污染物	控制措施
废气	畜禽粪便、内脏、污水和污泥等	硫化氢、氨和臭气	及时对待宰圈等设施进行清洗，把固体废物封闭堆放并及时清运，对于待宰圈、污水处理站等容易产生恶臭气体的设备，需采用封闭加盖，屠宰车间内的粪便、内脏、碎肉等及时清理，车间、待宰圈保持通风和清洁卫生，恶臭处理工艺有UV光解、等离子分解、生物滤池等
	蒸汽锅炉产生的燃料燃烧烟气	SO_2、NO_x、烟尘	根据锅炉使用燃料情况采取不同措施，天然气燃烧时采取不低于8m烟囱排放，燃煤和生物质成型燃料时需进行脱硫脱硝和除尘
废水	宰前准备	含动物粪便等有机废物，毛（羽）、泥沙等固体悬浮物及血液、粪便、毛皮、内脏杂物、碎肉等，主要污染因子有pH、COD_5、BOD、氨氮、SS、色度、总磷、动植物油	厂区内设置污水收集管网和综合污水处理站，经预处理、厌氧、好氧、消毒等处理后，达《屠宰及肉类加工工业水污染物排放标准》中相应标准
	屠宰车间		
	生产设备、场地、内脏等清洗		

续表

污染要素及位置		污染物	控制措施
噪声	风机、锅炉房、水泵房、待宰间叫声等	噪声	在设备选型时，尽可能选用同功率低噪声的设备，安装时采取减振、消声、封闭围护、隔声、阻尼等措施
固废	待宰圈	粪便	做有机肥
	燃煤或生物质锅炉	灰渣	一般固废填埋场或作建材原辅料
	屠宰车间	碎肉、碎骨等	做有机肥
	污水处理设施	污泥	脱水达到要求后进入填埋场或进入垃圾焚烧发电、水泥窑协同处置系统
风险	冷库	冷媒	在可燃性制冷剂中加入阻燃组元、使用环保制冷剂、制定应急管理措施等

5.2.4　案例分析

5.2.4.1　项目概况

年屠宰 100 万头生产能力 A 级标准的现代化生猪屠宰加工厂，配套建设冷库仓储和物流配送区，年加工 10000 吨的肉制品加工生产线。

5.2.4.2　生产工艺

生猪屠宰工艺主要包括待宰、冲淋、宰前检疫、致昏、刺杀放血、烫毛、刮毛、劈半、宰后检验、预冷排酸和分割、冻结及冷藏等工序。生产工艺流程及排污节点见图 5-11。

（1）待宰

生猪由运输车辆运至厂区后，送入待宰圈。厂区最南侧设有一个占地约 460m²（容积 1000m³）的猪粪暂存间（紧靠待宰圈和屠宰车间），员工不定时清扫猪粪，暂存于猪粪暂存间，每天清运出屠宰场。待宰车间消毒剂使用消特灵、百迪康等，配药浓度均为 1∶2000，每天消毒二次，每天使用多种药物以防病毒细菌产生耐药性。

（2）冲淋

生猪进屠宰车间之前，先控制适度水压进行淋浴，洗掉污垢和微生物，同时也便于电击致昏。

（3）宰前检疫

生猪淋浴后检疫人员对其进行检疫，确定有病的生猪马上送至屠宰车间处理。病死和不合格猪当天直接委托无害化处置中心运走。

（4）致昏

采用电击瞬间致昏，以便刺杀放血，确保刺杀操作工的安全，减小劳动强度，提高劳动生产效率，保持屠宰厂周围环境的安静，降低对周边声环境的影响，同时也提高了肉品的质量。

（5）刺杀放血

击晕后的毛猪通过操作台持刀刺杀放血，通过 1～2 分钟的沥血输送，有 90％的血液流入血液收集容器内，作为副产品包装暂存入冷藏车间中。

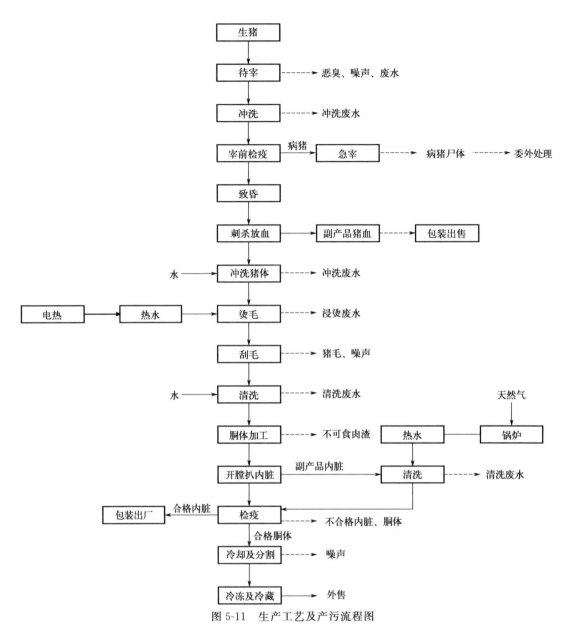

图 5-11　生产工艺及产污流程图

（6）烫毛、刮毛

将放完血的猪送至浸烫池，浸烫池采用电加热装置，使热水温度保持在 50～60℃，浸烫后，送至隧道式刮毛机进行刮毛。

（7）劈半

使用全自动劈半机将猪劈开，一分为二，劈半后应立即用水冲洗干净去残留血渍、骨渣、毛等污物。

（8）宰后检验

根据《中华人民共和国动物防疫法》和《中华人民共和国进出境动植物检疫法》中的有关规定进行卫生检验。

（9）预冷排酸

劈半检验后，符合鲜销和有条件食用的合格猪盖章后送入预冷车间进行预冷排酸，排酸时间为 24h。

（10）分割、冻结及冷藏

排酸后的白条肉部分进入分割车间进行分割加工后，可进入冻结车间冻结后送入冷藏车间准备外售。

（11）消毒

根据企业制定的《卫生消毒管理制度》进行清洗消毒，其中日常的清洗消毒每天进行一次，工作完毕后将地面、墙裙、通道、工作台、设备、用具、工作服、胶靴等彻底洗刷干净，并用热水进行消毒。另外，每天进行一次大消毒，在彻底扫除、洗刷的基础上，对生产地面、墙裙和主要设备用卫可溶液进行喷洒消毒，并冲洗干净。

（12）清粪

采用干清粪方式，即通过机械和人工收集、清除畜禽粪便，尿液、残余粪便及冲洗水则由排污道排出。

5.2.4.3　污染排放及控制措施

屠宰与肉类加工企业污染物排放及治理措施见表 5-4。

表 5-4　屠宰与肉类加工企业污染物排放及治理措施一览表

污染源		污染物产生量及污染物浓度	治理措施	治理效果
水污染物	屠宰废水（含生猪饮水排水，锅炉排入生产车间的热水）	2481.6m³/d； pH：6.5～7.5 COD：1500～2000mg/L BOD₅：750～1000mg/L SS：750～1000mg/L 动植物油：50～200mg/L 氨氮：50～150mg/L 总氮：20mg/L 粪大肠菌群：150000～180000 个/L	在厂区自建 1 座设计处理能力为 2800m³/d 的污水处理站，处理工艺采用"格栅＋隔油池＋调节池＋气浮池＋水解酸化＋A/O＋二沉池＋接触消毒池工艺"，厂区污/废水经厂区自建污水处理站处理达到附近污水处理厂进水水质要求，通过市政污水管网排入附近污水处理厂处理	满足《肉类加工工业水污染物排放标准》表 3 中"畜类屠宰加工"三级排放标准排入附近污水处理厂处理
	车辆清洗废水	8.29m³/d； 浓度较低		
	生活污水（含员工洗浴污水）	21.6m³/d； pH：6.5～7.5 COD：300mg/L BOD₅：150mg/L SS：150mg/L 动植物油：20mg/L 氨氮：30mg/L 总磷：3mg/L		
	食堂废水	7.2m³/d； pH：6～9 COD：500mg/L BOD₅：200mg/L SS：300mg/L 氨氮：35mg/L 总磷：3mg/L 动植物油：100mg/L		

污染源		污染物产生量及污染物浓度	治理措施	治理效果
大气污染物	待宰圈恶臭废气	NH_3：2.24t/a H_2S：0.198t/a	恶臭气体分类收集，通过生物除臭塔装置处理后，引入同一根15m排气筒引至高空排放	《恶臭污染物排放标准》二级标准
	屠宰车间恶臭	NH_3：0.86t/a H_2S：0.024t/a		
	猪粪暂存间臭气	NH_3：0.66t/a H_2S：0.076t/a		
	污水处理站臭气	NH_3：1.5118t/a H_2S：0.0585t/a		
固体废物	猪粪	1500t/a	收集后暂存猪粪暂存间，收集后当天送有机肥厂综合利用	
	肠胃内容物	7500t/a		
	猪蹄壳、鬃、毛等	2250t/a	收集暂存于猪粪暂存间，收集后当天送有机肥厂综合利用	
	碎肉渣	150t/a	当天及时外送销售	
	病死猪	300t/a	委托有资质单位对病疫猪、不合格内脏、不合格胴体进行无害化处理	
	不合格内脏、不合格肉质	750t/a		
	污泥	650.21t/a	定期清理脱水后送有机肥厂综合利用	
	生活垃圾	495t/a	收集后交由环卫部门转运处置	
	隔油池废油脂	24t/a	定期清理，委托具有相关处理资质的单位进行处置	
噪声	厂区设备	设备声压级75~100dB（A）	产生噪声设备进出口安装消声器，设备基础设置隔振垫，在噪声危害严重的岗位设置隔声操作室等降噪措施	厂界达到《工业企业厂界环境噪声排放标准》2类

5.3 造纸生产与污染控制

5.3.1 概述

造纸术是我国的四大发明之一，造纸工业是制造各种纸张及纸板的工业，它包括用木材、芦苇、甘蔗渣、稻草、麦秸、棉秸、麻秆、棉花等原料制造纸浆的纸浆制造业，造纸和纸板业以及生产涂层、上光、上胶、层压等加工纸及字型用纸版的加工纸制造业几个方面。根据《国民经济行业分类》（GB/T 4754—2017），造纸和纸制品业代码为C22。

造纸行业是我国轻工业的重要组成部分，是关系民生的直接消费品产业，是十分重要的基础原材料产业，与经济社会发展紧密联系。21 世纪以来，我国造纸产业蓬勃发展，蒸蒸日上，转型升级步伐加快，供给结构明显改善，科技创新能力增强，绿色制造大力发展，生产规模连续 8 年位居全球首位。

5.3.2　制浆造纸工艺流程

制浆造纸企业有直接使用商品浆生产纸张的纯造纸企业，不含制浆系统；有的含造纸和造纸后加工；也有的企业含制浆和造纸两个主要系统。其中制浆一般有化学制浆（草浆、木浆）、半化学法制浆、机械制浆、废纸制浆等不同浆种，化学制浆工艺复杂、环境污染较大，尤其以水污染问题最为突出。

造纸工艺流程一般分为原料制备、制浆、漂白及造纸等过程。制浆是用机械方法处理水中的纤维使其适合纸机抄造的需要。打好的纸浆通过配浆进入纸机系统，制成产品。通过网部、压榨部、干燥部、压光卷纸制成成品纸。

5.3.2.1　备料

造纸的原料主要是木材和各种草类（麦草、稻草、高粱秸、芦苇、龙须草、竹类和甘蔗渣等）。以木材为主要原料的备料工序含剥皮、削片、筛选等，具体的工艺流程及排污节点见图 5-12；以非木材为主要原料的备料工序含切草、干法或湿法备料。

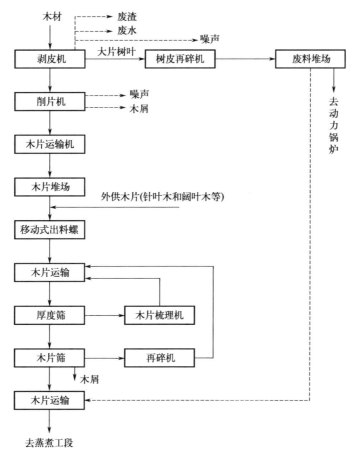

图 5-12　备料工艺流程及排污节点图

5.3.2.2 制浆

将备料送来的原料中的纤维集合体分解为便于抄纸的纤维浆料的过程叫作制浆。依据分解原料方法的不同，制浆方法大体可分为机械法、化学机械法及化学法。主要制浆方法的特点及发展情况如表5-5所示。

表5-5 主要制浆方法的特点及发展情况

制浆方法	优点	缺点	原料	发展情况
机械法	不用化学药剂，得率高于95%，水耗较低，废水量少，主要用于生产新闻纸	能耗高，制浆强度较低，白度较低	木材原料	应用很少
化学机械法	得率高达88%，原料利用率高，化学品使用量少，使用不含氯的漂白剂，废水量少	能耗高，制浆强度较低，白度较低	木材原料	应用很少
化学法-硫酸盐法	原料适用范围广、纸浆强度高、蒸煮废液回收技术和设备较完善等，纸浆的适用范围广	蒸煮时产生恶臭，纸浆的白度相对较低，较难漂白	各种植物纤维原料	发展较好，是主要的化学制浆方法
化学法-烧碱法	适用于木材和非木材原料，脱木质素速率较快	制浆的强度比硫酸盐法低，得率相对较低	棉、麻、草类等非木材原料和木材原料	目前发展一般
化学法-亚硫酸盐法	白度较高，易漂白。废液一般回收木质素磺酸盐等多种化学品	强度较低，多需要自制化学品，废液不能进行碱回收	适用于木材、非木材原料	目前应用较少
废纸浆	节约木材资源、减少污染、节省能源和投资、降低能耗和成本	脱墨较难、胶黏剂不易去除，适用的品种有限	国产废纸、进口废纸	发展迅速

（1）机械法制浆

借助机械作用（磨木浆）从木材中分离出纤维的一种制浆方法，称为机械法制浆，生产时不加入化学药剂，其污染较低。包括磨石磨木法、热磨机械法等。

（2）化学机械法制浆

原料经化学药品（碱、亚硫酸盐）适度处理而软化，再经机械作用，在加压或者常压下分离纤维的生产方法称为化学机械法。这种方法生产中引起的污染程度介于机械法和化学法之间。

主要包括化学机械法（化学热磨机械法、碱性过氧化氢机械法等），半化学法（中性亚硫酸盐法、碱性亚硫酸盐法）。

化学机械法制浆采用预处理和机械磨解处理的方法，主要使用的有化学热磨机械法和碱性过氧化氢机械法，加入少量化学药剂。其中化学热磨机械法加入的是 Na_2SO_3，碱性过氧化氢机械法加入的是 NaOH 和 H_2O_2。半化学法与化学法类似，包括预处理和机械后处理两个阶段。

（3）化学法制浆

化学法制浆是通过化学药液与植物纤维原料在高温下的反应，使木质素尽可能多地溶出，并分离成浆，化学制浆工艺复杂、环境污染较大，尤其以水污染问题最为突出。根据制浆过程中加入的化学药品不同，化学法制浆又可分为硫酸盐法、烧碱法、亚硫酸盐法、石灰法等。烧碱法是比较古老的制浆方法，目前世界上已经很少使用，在世界各国造纸业中，大多数工艺为硫酸盐法，其次为亚硫酸盐法。

① 硫酸盐法制浆工艺。硫酸盐法制浆生产工艺为备料加工的木片进入蒸煮器蒸煮，同时加入 NaOH 和 Na_2S。纤维原料和加入的化学药品在蒸煮器内，于高温高压下反应几个小时，使纤维原料中的木质素、脂肪酸及树脂等溶入溶液，与纤维分离。蒸煮器排出的纤维与液体的混合物经洗涤、筛选、漂白后送去造纸，其工艺流程及主要排污节点如图 5-13 所示。

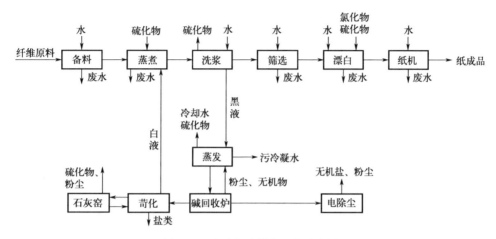

图 5-13　硫酸盐法制浆工艺示意图

② 烧碱法制浆生产工艺。此法与硫酸盐法工艺基本相同，但是使用烧碱溶液进行蒸煮，并且在碱液回收系统中以碳酸钠或烧碱来补充损失的碱，此法常用以蒸煮阔叶木和非木材植物纤维原料。烧碱法制浆生产工艺流程见图 5-14。

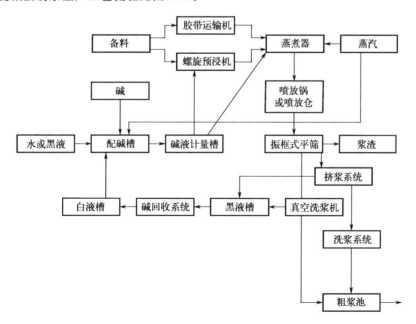

图 5-14　烧碱法制浆生产工艺流程图

③ 亚硫酸盐法制浆。此法蒸煮过程所用的化学试剂是各种亚硫酸盐（亚硫酸镁、亚硫酸钠、亚硫酸铵及亚硫酸钙），对草类原料进行处理得粗浆的制浆工艺，该工艺中原料前处理和粗浆后处理与烧碱法草浆基本相同，除蒸煮液原料不同外，蒸煮酸的制备过程也不一样。亚硫酸盐法制浆工艺流程见图 5-15。

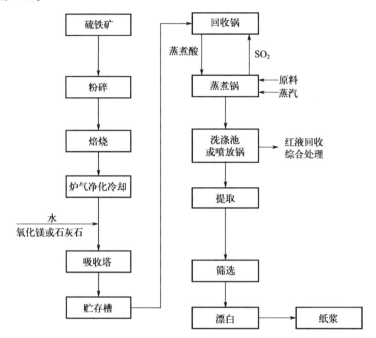

图 5-15　亚硫酸盐法制浆生产工艺流程图

（4）废纸制浆

对废纸进行回收和分类，经过破碎、筛分、脱墨等过程把废纸中的纤维和化学品、脱黏剂、油墨等物质分离制浆的过程。

5.3.2.3　纸浆漂白

由蒸煮工序制得的纸浆经洗涤后除去了纸浆中夹带的蒸煮废液，这种纸浆颜色较深，往往不能满足抄纸造纸的要求。需要使用各种化学药剂褪色，这一过程在纸浆生产中称为漂白。漂白工序一般使用多段逆流漂白，常用漂白剂有液氯、次氯酸钙、二氧化氯、过氧化氢、臭氧等。目前生产线常用的漂白工艺有氯化＋碱处理＋次氯酸盐漂白三段漂白（CEH），这种含氯元素的漂白，会产生较多的可吸附有机卤化物（AOX），经常容易发生氯气泄漏，同时残氯量相对较高，对废水处理系统产生不利影响，氯化段使用的漂白剂浓度较低，废水量较大。废纸浆生产包装纸及纸质板时大多无需漂白，生产文化用纸、新闻纸等，需进行漂白，主要使用的漂白剂是过氧化氢，漂白工序工艺流程及排污节点见图 5-16。

5.3.2.4　造纸

主要包括上浆系统、流浆箱、网部成型、压榨脱水、烘干、表面施胶、涂布、压光、卷纸、复卷、切选打包、涂料制备。造纸工序工艺流程及排污节点见图 5-17。

5.3.2.5　碱回收系统

黑液中含有大量有机物和碱，为了去除有机物并回收碱，目前比较成功的方法是碱回收。主

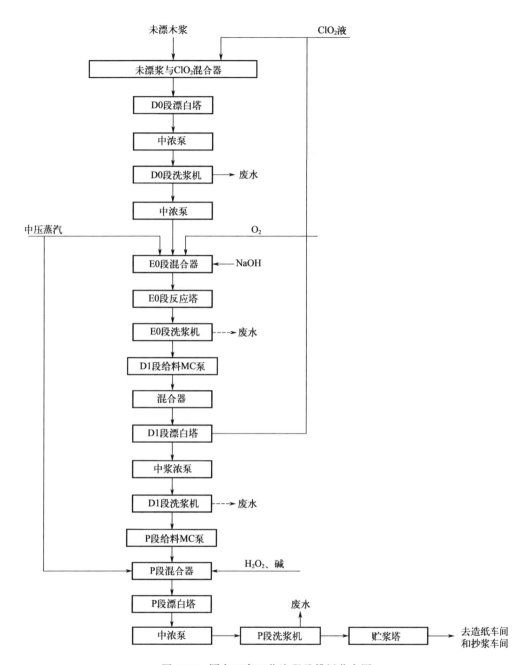

图 5-16　漂白工序工艺流程及排污节点图

要含蒸发站、燃烧（碱炉回收）、苛化、石灰回收、污冷凝水汽提、除尘系统等，造纸工艺碱回收流程见图 5-18。碱回收炉实质上是一个高温焚烧炉。其反应为：

$$NaOR + O_2 \longrightarrow Na_2O + CO_2 + H_2O \qquad （R 表示烷基）$$

$$Na_2O + CO_2 \Longrightarrow Na_2CO_3$$

$$Na_2SO_4 + 2C \Longrightarrow Na_2S + 2CO_2$$

反应生成的 Na_2S、Na_2CO_3 等在焚烧炉内均呈熔融态储于炉底，此熔融物溶于水呈绿色，故称绿液。绿液中加入石灰，则生成氢氧化钠和碳酸钙残渣，这一过程称为苛化，反应为：

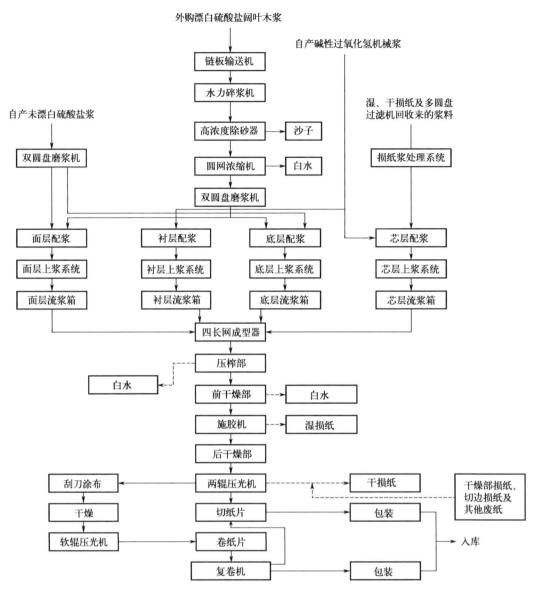

图 5-17 造纸工序工艺流程及排污节点图

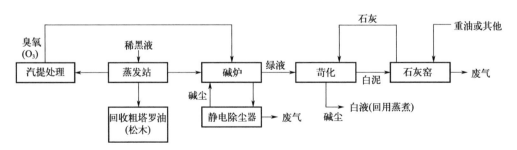

图 5-18 造纸工艺碱回收流程图

$$CaO + H_2O \Longrightarrow Ca(OH)_2$$
$$Ca(OH)_2 + Na_2CO_3 \Longrightarrow 2NaOH + CaCO_3$$

苛化得到的碱液（俗称白液）作为蒸煮的化学试剂返回蒸煮工序；苛化产生的固体（以 $CaCO_3$ 为主）俗称白泥，送到石灰窑去烧制石灰。在焚烧炉中，有机物燃烧产生的大量热能可用于蒸发浓缩黑液，经蒸发后的黑液浓度提升至 $60\% \sim 78\%$。

5.3.3　制浆造纸工业污染与防治

制浆造纸生产过程中产生的废水、废气和废渣对环境产生较大的影响，其中废水排放对环境的影响尤为严重。

5.3.3.1　废水污染控制

造纸企业废水主要来源于制浆、造纸工段，主要污染物为 COD、SS、AOX（有致畸、致癌、致突变作用）。其中制浆废水来自制浆过程中产生的高浓废液（如黑液）和废水，它含有木质素、纤维、半纤维及其降解中间产物，造纸废水主要为白水，主要成分是流失的纤维及淀粉等造纸原料。

（1）备料工段废水

原木的湿法剥皮、切片的水洗都要产生废水，尽量使生产系统用水处理之后回用，或者利用造纸系统的多余白水作为调木作业和湿法剥皮用水，都可以使废水的产生量和排放量大为减少。

非木材原料的备料工艺与木材原料不同。蔗渣的湿法储存和除髓都会产生含有大量有机物和悬浮物的废水。如果将除髓用水系统封闭，可以显著地降低排污量。竹子的备料与木材相似，在竹子的削片、洗涤和筛选过程中，一部分溶出物溶解于水中，造成水污染。竹子备料废水的污染负荷有限，除去水中的砂石、碎屑等之后，可回用。草类原料通常采用干法备料，废水主要来自净化除尘，当原料含有大量杂质和泥土时，则采用湿法或者干湿法结合的备料工艺。湿法备料废水的污染负荷变化很大，用水量取决于水的回用状况，可以利用多余稀白水或者洗浆系统的稀黑液代替新鲜水。

（2）制浆工段废水

制浆废液颜色为黑色，故称为黑液，每生产 1t 纸浆产生 $8 \sim 10$t 黑液。黑液中的 BOD_5 为 $250 \sim 350$kg/t，占全厂 BOD_5 产生量的 90%，因此黑液的治理是控制造纸污染的关键环节。黑液中含有大量有机物和碱，为了去除有机物并回收碱，目前比较成功的方法是碱回收。蒸煮排出的纤维与液体混合物经洗涤工序把非纤维部分尽量提取到液相，这种溶液（黑液）送到蒸发车间去进一步浓缩，使其固形物含量达到一定浓度后送入碱回收炉。

（3）洗涤筛选工段废水

多段逆流洗浆的工艺流程如果管理状况良好，用水系统是封闭操作的，基本上不排放废水。但是，在工厂实际操作中，由于工艺管线长，浆泵和黑液储槽多，容易发生跑冒滴漏的现象。另外，正常检修时的停机、开机、清洗也需要用水，使得洗涤筛选工段的废水量波动较大。筛选排放的废水包括浆料浓缩后脱出的水、净化尾浆的排水，其中含有蒸煮过程中溶出的各种成分和纤维类固形物等。

（4）漂白工段废水

漂白过程的污染主要是水污染，漂白废水可占废水总量的 1/3 以上。多段漂白工厂的每吨纸浆水消耗总计可达数百立方米，逆流漂白工厂的耗水量可降至 $26m^3/t$。漂白车间排放的废水含有难以生化降解的木质素及其产物，漂白废水的处理相对比较困难，可以通过以下途径降低漂白车间废液的污染负荷：a. 采用强化脱除木质素的制浆工艺，深度脱除木质素，以降低漂白处理的化学药品消耗；b.采用氧碱漂白工艺，废液可以和蒸煮工段废液一起送碱回收车间处理；c.采用浆料逆流洗涤工艺，减少废液总体积和附加固形物浓度；d.漂白工艺采用二氧化氯取代氯，减少废液中各种毒性物质的含量；e.后续漂白工段采用氧、过氧化氢、臭氧等处理工艺，进一步降低废液的污染负荷。

由于漂白工艺条件和添加化学药品种类的不同，来自漂白车间的废液中所含有害化合物的种类变化很大，其毒性不能简单地以检测某类化合物来度量，因此引入可吸附性有机卤化物（absorbable organically bound halogens，AOX）作为检测指标。AOX是反映废液中各种有机氯化物构成的比较全面的参数，不必考虑某一种特定化合物或者基团的影响，因此可以更为全面地反映污染物质的毒性。对于生态环境有严重危害的大多数产物，都是以低浓度形式存在的并且是与AOX有关的低分子量化合物。除了有机化合物之外，许多无机化合物如来自二氧化氯漂白的氯酸盐离子也对生物具有毒害作用。

现代漂白工艺技术使用的氧气、二氧化氯和过氧化氢已经大大减少了漂白废液中毒性物质和耗氧成分，随着漂白工艺和技术的不断发展，特别是臭氧漂白技术的应用，漂白废液含有的氯化有机物和其他毒性物质将会越来越少。

（5）碱回收车间废水

① 蒸发工段的废水。碱回收车间排放的废水主要包括各效蒸发器的二次蒸汽冷凝水、清洗蒸发器和储槽的废水等。这类废水中含有黑液成分和纤维类成分，并且溶解有含硫的及不含硫的水溶性有机化合物。其中的有机硫化合物使得废水具有难闻的气味，甲醇类有机物则增加了废水的耗氧量。

② 煅烧工段和苛化工段废水。煅烧工段和苛化工段的废水主要成分为可溶性的无机化合物和悬浮物。这类废水包括绿泥和消化器泥渣排放时夹带的废水、熔融物溶解槽、绿液苛化槽、消化器、苛化器、白液澄清槽的清洗用水，以及处理碱回收炉和石灰窑烟气的稀碱液洗涤用水。对于这类废水，通常经过沉淀除去悬浮物并调节pH值之后汇入总废水处理系统。

（6）造纸车间废水

造纸废水主要是来自浆料净化、网部、压料部、涂布工段的废水，主要为多余白水，主要污染物为细小纤维和淀粉等填料、颜料等，相对于制浆废水易于生化处理。

（7）不同制浆造纸工艺废水特点

根据不同的制浆造纸工艺，产生的废水特征有差别，其特点见表5-6。

表 5-6 不同制浆造纸工艺废水特点

生产工艺		废水特点	备注
一、制浆			
化学法制浆	烧碱法制浆	蒸煮废液量大，浓度高，色度高，BOD_5 和 COD 特别高	草浆含有硅酸盐，处理难度大；蒸煮废液可用碱回收装置处理
	硫酸盐法制浆	经碱回收车间出来的废水 BOD_5 和 COD 浓度较小，主要为木材浆废液	蒸煮废液进入碱回收装置
	亚氨法制浆	BOD_5 较高，N、P 元素丰富，浓度也较高	简单处理后，一般用作有机肥原料
化学机械法制浆	碱性过氧化氢机械制浆	BOD_5 和 COD 浓度高	黑液浓度低，需单独处理；处理方法：一种是先废液提取，再送碱回收蒸发浓缩，再燃烧；另一种是物化-厌氧-好氧-深度处理法

续表

生产工艺		废水特点	备注
机械制浆	磨木机械制浆	BOD$_5$ 和 COD 浓度较高，色度大	一般需要三级处理才能达到要求
半化学制浆		蒸煮黑液浓度介于化学机械制浆和化学法制浆之间	碱回收装置处理，废液处理存在难度，与化学机械法制浆类似
废纸浆		废水里含有较多杂物、脱墨剂、胶黏剂等物质	处理难度相对较小，经过气浮-酸化-两段A/O 处理即可达标
二、造纸			
造纸		主要污染物为细小纤维和一些填料、颜料等	可溶解性 COD 具有相对较好的生化性，SS 具有较好的物理沉淀性

（8）废水处理工艺选择

① 木浆。漂白硫酸盐木浆的废水在经过二级生物处理后，其 COD 浓度在 300～500mg/L，BOD$_5$ 浓度在 20～40mg/L，COD 的浓度无法达到排放标准要求，需增加三级处理系统。三级处理系统工艺主要有混凝沉淀、混凝气浮和 Fenton 法。典型木浆造纸废水处理工艺见图 5-19。

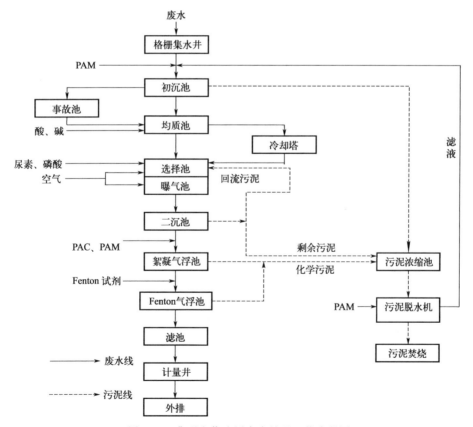

图 5-19　典型木浆造纸废水处理工艺流程图

② 非木浆。以竹浆为例，制浆废水主要来自原料堆场淋滤水、漂白废水、碱回收废冷凝水、浆板间白水等，主要污染因子是 COD、BOD$_5$、SS、AOX 等。一般采取沉淀—曝气—沉淀的二级生物法及三级脱色处理。典型非木浆造纸废水处理工艺见图 5-20。

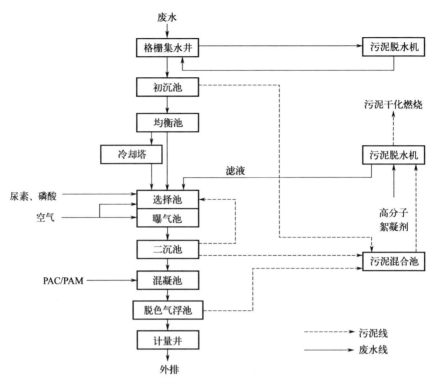

图 5-20 典型非木浆造纸废水处理工艺流程图

③ 机械浆。高得率的化学机械制浆厂的制浆废液处理方法包括传统的生化法（厌氧＋好氧生物处理）和碱回收处理方法（采用蒸发的方法浓缩制浆废液，然后送入碱炉燃烧后回收碱）。大部分机械制浆、半化学制浆废水适宜厌氧技术处理。典型化学机械法制浆废水处理工艺见图5-21。

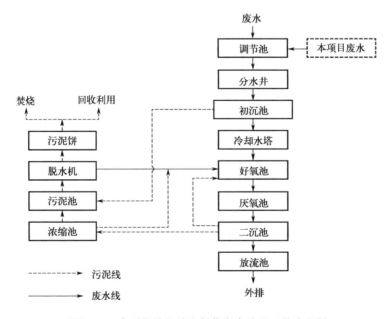

图 5-21 典型化学机械法制浆废水处理工艺流程图

④ 废纸浆。我国废纸浆废水处理方法有物理法（过滤、沉淀、气浮），化学法（氧化、还原、中和、混凝），生物法（好氧、厌氧）和物理化学法（吸附、离子交换、电渗析）。一般采用两级处理，第一级以物理法为主，辅以化学法，第二级采用生物化学法，第三级处理较少采用，包括活性炭吸附、离子交换、电渗析、超滤和反渗透等。典型废纸浆废水处理工艺见图 5-22。

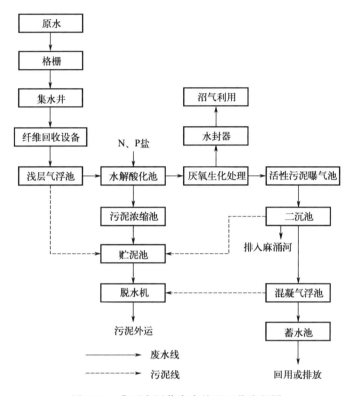

图 5-22　典型废纸浆废水处理工艺流程图

⑤ 造纸。造纸废水主要来自抄纸过程中多余的白水，其污染物相对制浆废水简单些，主要污染物为细小纤维和一些填料、颜料等。其中可溶性 COD 具有相对较好的生化性，SS 具有较好的物理沉淀性。采用二级处理就能达标。

⑥ 废水中 AOX 控制措施。AOX 发生量与漂白用的漂白剂的活性氯量有关。未漂白的卡伯值越低，意味着达到要求的纸浆白度所消耗的氯（活性氯）越少，也就意味着氯代有机物的发生量减少。降低未漂白卡伯值的方法有氧脱木素和改良的硫酸盐法蒸煮。

⑦ 废水中二噁英类控制措施。在使用含氯漂白剂的传统漂白工艺中，二噁英类污染物主要产生于纸浆的氯化阶段。氯化过程中，浆中残余木质素通过加成、取代、置换等反应过程，形成大量的有机氯代物（AOCl）。有机氯代物中的氯苯类和氯酚类物质是形成二噁英类污染物的关键前驱物，直接影响二噁英类污染物的产生量，在漂白过程中氯酚类物质则是生成多氯二苯并对二噁英（PCDDs）和多氯二苯并呋喃（PCDFs）的前驱物。

造纸工业中，二噁英类污染物主要来自含氯漂白剂，通过控制漂白的氯化过程可以实现从源头上控制二噁英类污染物的产生。主要措施有以下几种：强化漂前浆的洗涤可以降低成浆卡伯值，减少浆中的残余木素，减少漂白化学药品的用量，特别是含氯漂剂的用量，达到削减漂白废水污染程度的目的；提高漂前纸浆的洗净度，降低水相中有机物的含量，可减少氯化过程中有机氯化物的形成。

5.3.3.2 大气污染及防治

（1）蒸发工段贮槽及汽提臭气的收集处理

硫酸盐法浆厂的臭气分为高容低浓臭气（HVLC）和低容高浓臭气（LVHC）。对于蒸发工段来讲，从黑液贮槽、轻污水贮槽等排出的臭气容积流量大、浓度低，主要为空气，含少量的臭味气体，为高容低浓臭气。该部分臭气与其他系统如制浆车间等收集的浓臭气一起处理。低容高浓臭气的处理可采用单独的燃烧器，也可采用石灰窑或动力锅炉。

（2）高效除尘设备的应用

碱回收炉及石灰回收窑生产均有烟气排放，目前一般使用静电除尘器收煤烟气中的粉尘并回用于生产。碱回收炉产生的烟气中粉尘的主要成分是芒硝（硫酸盐法）或碳酸钠（碱法制浆），回收这部分粉尘在减少粉尘飞失的同时，提高了系统钠和硫的留存率，最终提高碱回收的产量。石灰窑烟气中的粉尘主要成分是碳酸钙和氧化钙，这部分粉尘回送到石灰窑，可减少系统补充的石灰石量。

5.3.3.3 固体废弃物控制

制浆造纸工业产生的固体废弃物主要包括污泥、白泥、绿泥、浆渣、石灰渣、碎屑、废纸、泥沙等。

制浆污水污泥含有很高的有机质和蛋白质，是生产肥料的良好资源，通过微生物肥料技术可以实现污水污泥无害化、资源化综合处置；木屑进入燃料锅炉燃烧回收热能，黑液进入碱回收炉回收热能和碱；盐泥主要来自制碱车间的食盐精制工段，可回收综合利用；浆渣主要成分是纤维，销售给地方造纸厂生产低档纸和蛋托，也可送入多燃料流化床锅炉燃烧，提供热量；绿泥的主要成分为 $CaCO_3$ 和水分，含少量其他成分（Na、MgO、SiO_2 等），呈碱性，目前大部分企业处理措施是填埋；白泥主要来自碱回收车间，其主要成分为 $CaCO_3$，大都回收利用；废纸回用中产生的木块、玻璃、石头、铁块、铁丝、其他金属物及塑料等，进行分拣，可用的金属、塑料等可分类售予废品回收部门，其他在生产过程中排出的废料，按国家规定填埋。

5.3.4 案例分析

5.3.4.1 项目概况

漂白硫酸盐针叶木浆年产 34 万吨、漂白阔叶木化机浆年产 16.7 万吨及涂布白卡纸年产 30 万吨。造纸林基地建设规模为 350 万亩（1 亩＝666.67 平方米）。副产 1.70 万吨/年塔罗油和 2380 吨/年松节油。

5.3.4.2 生产工艺

（1）贮木场与备料车间

设两条木片生产线，一条为供化学浆车间生产用的松木木片生产系统，另一条为供化机浆车间生产用的阔叶木木片生产系统。两条生产线均由原木贮存、剥皮、削片、木片堆存和木片筛选五个工序组成。原木剥皮采用干法剥皮工艺。

（2）化学浆车间

制浆采用硫酸盐法。由蒸煮、洗筛及氧脱木素、漂白工段组成。

木片由备料车间送至木片仓，木片蒸煮采用新型连续蒸煮生产工艺。用二次闪急蒸汽预热，然后进入汽蒸管再预热后落入高压喂料器送至浸渍罐，由浸渍罐底部出料运入蒸煮器。蒸煮出来的浆料由蒸煮器底部出料器喷至常压扩散洗涤器后进入贮浆塔贮存，从中部高温区抽出的黑液经二次闪急蒸发、热交换后送碱回收车间，闪蒸汽冷凝后，冷凝液送粗松节油回收系统，不凝气送石灰窑烧掉。

由贮浆塔来的浆料经除节、筛选、压榨洗浆后送至两段氧脱木素系统，采用中浓氧脱木素技术脱出纸浆中的木素。料浆再送入漂白工段，采用无元素氯 ECF 漂白工艺（D_0-E/O-D_1-D_2 漂白流程）对纸浆进行漂白处理后送造纸车间和抄浆车间。各段漂白料浆都配有洗涤系统，回用后多余的滤液分为酸性和碱性两种废水，分别送污水处理站处理。

（3）化机浆车间

化机浆车间以阔叶木为原料，采用碱性过氧化氢法生产化学机械浆。生产的漂白化机浆全部送造纸车间抄造低定量涂布白卡纸。

由备料车间送来的合格阔叶木片进入本车间的木片贮料仓，经洗涤、脱水，再经连续二次的预汽蒸、积压撕裂后用过氧化氢和氢氧化钠溶液进行浸渍，然后进入二段盘磨机磨浆，磨好的料浆经消潜、筛选、浓缩，进入高浓贮浆塔贮存，供造纸车间使用。

（4）造纸车间（涂布白卡纸车间）

从化学浆车间来的漂白硫酸盐针叶木浆经打浆处理后进贮浆池贮存。从化机浆车间来的漂白化机浆也进贮浆池贮存。外购的漂白硫酸盐阔叶木浆经打浆处理后也进贮浆池贮存。混合料浆经上浆、上网成型、压榨、干燥、压光、涂布、卷取、复卷后成品打包入库。

（5）浆板车间

漂白工段送来的硫酸盐针叶木浆漂白浆贮存于贮浆塔中，然后与干、湿纸浆混合经三段压力筛浆机筛选，浆渣经除渣器处理回收纤维，筛渣送综合利用。良浆进入抄造浆池，浆料进入抄浆机，经脱水、压榨，形成干度为 48%～50% 的浆板坯后进入气垫干燥机，浆板在干燥机内经加热干燥段、冷却段，干燥后的浆板由自动切纸机切成浆板，继而经整理、打包后入库，即为商品浆。

（6）碱回收车间

从稀黑液槽来的稀黑液（浓度 17%）采用带有汽提系统的六效降膜蒸发器组进行浓缩，浓度达到 72% 送浓黑液贮槽，黑液再送燃烧工段。黑液在浓缩至 25%～30% 时，进半浓黑液槽分离皂化物，分离出的皂化物和从稀黑液中分离的皂化物均收集至皂化物贮槽送粗塔罗油工段回收塔罗油。

由蒸发工段送来的浓黑液与芒硝、碱灰混合后，经加热后入碱回收炉燃烧。熔融物经溜槽进入溶解槽，用来自苛化工段的稀白液溶解得到绿液送苛化工序。碱回收炉燃烧烟气经电除尘器净化后由 100m 烟囱排放。

由燃烧工段送来的绿液送入绿液澄清器，绿泥经过滤，泥饼送渣场，澄清的绿液与回收石灰一起进入石灰消化提渣机进行消化，得到的乳液流入连续苛化器，石灰消化提渣机排出的气体经水洗涤后排空，洗涤回流到稀白液槽。苛化后的乳液泵送至白液过滤机，澄清白液送至白液贮存槽。白泥经洗涤、浓缩后送石灰回收工段煅烧，滤液送白液槽、煅烧工段溶解槽使用。

白泥及补充的石灰石进入石灰窑，以重油为燃料，白灰在窑中经加热、干燥、煅烧、冷却后生成石灰，石灰窑产生的烟气经电除尘器后由烟囱排空。

生产工艺及排污点简图如图 5-23。

5.3.4.3　污染排放及治理措施

造纸典型企业工业污染物排放及治理措施见表 5-7。

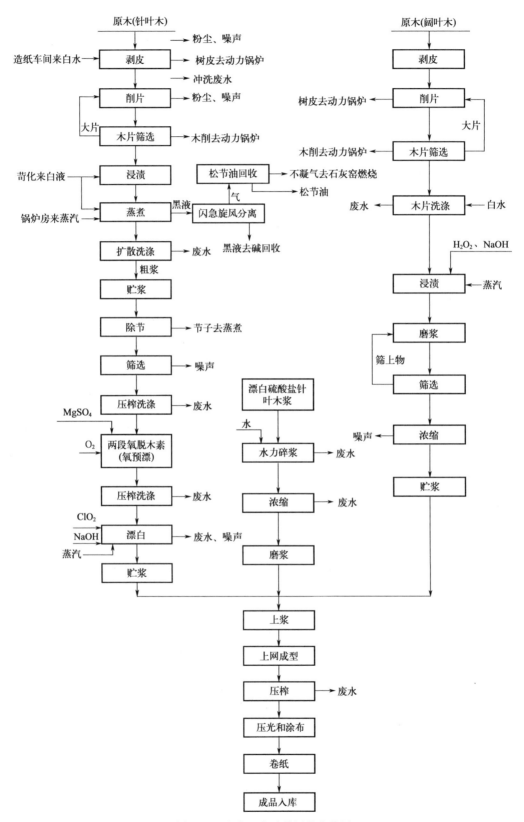

图 5-23　生产工艺及排污节点简图

表 5-7 污染物排放及治理措施

序号	污染源（物）	预期产生量及浓度	防治措施	预期排放量及浓度	排放标准
大气污染物	75t/h 循环流化床锅炉烟气	废气量（标准状况）：180000m^3/h 烟尘：1680kg/h（15000mg/m^3） SO_2：288kg/h（1600mg/m^3） NO_2：40.5kg/h（225mg/m^3）	电除尘＋SNCR＋炉外干法脱硫＋布袋除尘器处理后由 80m 烟囱排放	废气量（标准状况）：112000m^3/h 烟尘：5.04kg/h（15mg/m^3） SO_2：44.8kg/h（32mg/m^3） NO_2：25.21kg/h（45mg/m^3）	《锅炉大气污染物排放标准》（GB 13271—2014）
	碱回收炉尾气	废气量（标准状况）：25000m^3/h 烟尘：125kg/h（5000mg/m^3） SO_2：7.5kg/h（300mg/m^3）	经静电除尘后由 100m 烟囱排放	废气量（标准状况）：25000m^3/h 烟尘：1.25kg/h（50mg/m^3） SO_2：7.5kg/h（300mg/m^3）	《锅炉大气污染物排放标准》（GB 13271—2014）
	碱回收车间石灰窑烟气	烟气量（标准状况）：8000m^3/h 烟尘：40kg/h（5000mg/m^3） SO_2：1.6kg/h（200mg/m^3）	经静电除尘后由 100m 烟囱排放	烟气量（标准状况）：8000m^3/h 烟尘：0.4kg/h（50mg/m^3） SO_2：1.6kg/h（200mg/m^3）	《工业炉窑大气污染物排放标准》（GB 9078—1996）二级
	浆液蒸煮、蒸发、重污冷凝水汽提产生的臭气	臭气的主要成分 H_2S、甲硫醇等	排入臭气收集器经碱洗后送入石灰窑中煅烧	经燃烧产生二氧化硫后由烟囱排放	《恶臭污染物排放标准》（GB 14554—93）二级
水污染物	制浆工段黑液	黑液量：8310t/d pH：11 SS：2500～3000mg/L BOD_5：19000～22000mg/L COD_{Cr}：45000	黑液至碱回收车间进行碱回收	不外排 回收的白液（含NaOH）供制浆用，浓黑液燃烧热产蒸汽，白泥（石灰）回用	
	备料、漂白化学浆的制浆、浆板、碱回收等车间废水	59295m^3/d pH：5.5～6.5 SS：28kg/t 浆（474mg/L） BOD_5：30kg/t 浆（508mg/L） COD_{Cr}：70kg/t 浆（1186mg/L）	化机浆高浓度废水先经厌氧处理后的废水与化学浆等车间排放的废水一起经活性污泥二级处理后与清洁下水汇合排放	83415m^3/d pH：6.5～8.5 SS：44.0mg/L BOD_5：22.5mg/L COD_{Cr}：234mg/L	《制浆造纸工业水污染物排放标准》（GB 3544—2008）
	16.7 万吨化机浆高浓度废水	7220m^3/d pH：8.0～9.0 SS：18.7kg/t 浆（1272mg/L） BOD_5：65kg/t 浆（4422mg/L） COD_{Cr}：150kg/t 浆（10205mg/L）			
	造纸车间废水（白水）	16900m^3/d SS：5.75kg/t 纸（310mg/L） BOD_5：3.93kg/t 纸（205mg/L） COD_{Cr}：10.34kg/t 纸（540mg/L）			

序号	污染源（物）	预期产生量及浓度	防治措施	预期排放量及浓度	排放标准
水污染物	较清洁下水	6860m³/d SS：0.5kg/t 浆（72mg/L） BOD_5：0.1kg/t 浆（15mg/L） COD_{Cr}：0.3kg/t 浆（44mg/L）	直接排放	6860m³/d SS：72mg/L BOD_5：15mg/L COD_{Cr}：44mg/L	《制浆造纸工业水污染物排放标准》（GB 3544—2008）
	生活污水	150m³/d SS：30kg/d（200mg/L） BOD_5：22.5kg/d（150mg/L） COD_{Cr}：30kg/d（200mg/L） NH_3-N：3.8kg/d（25mg/L） 总磷：0.45kg/d（3mg/L）	送全厂污水处理站集中处理	150m³/d SS：10.5kg/d（70mg/L） BOD_5：3kg/d（20mg/L） COD_{Cr}：15kg/d（100mg/L） NH_3-N：2.3kg/d（15mg/L） 总磷：0.08kg/d（0.5mg/L）	《污水综合排放标准》（GB 8978—1996）一级
固体废物	备料车间树皮、木屑、废木材	82040（绝干）	作为动力锅炉燃料	利用	
	化学浆制浆、浆板车间浆渣	14900t/a（含水 55%）	脱水后作为动力锅炉燃料	利用	
	碱回收车间苛化石灰渣（包括白泥）	35000t/a（含水 50%）	通过高温煅烧可再生石灰，用作建材或渣场填埋	利用或堆存	
	碱回收车间绿泥	3915t/a（含水 50%）	渣场填埋	堆存	
	污水处理站污泥	37390t/a（含水 62%）	脱水后作为动力锅炉燃料	利用	
	锅炉煤渣	23400t/a	建筑材料	利用	
	动力锅炉废料灰渣	460t/a	作有机肥料	利用	
	生活垃圾	990kg/d	送当地环卫部门指定地点堆存	990kg/d（堆存）	
噪声	备料车间：剥皮机、削片机 90～105dB（A） 化学浆 化机浆车间：泵、风机、磨浆机 85～100dB（A） 碱回收车间：送风机、引风机 85～100dB（A） 锅炉房：风机、煤磨 90～105dB（A）		采用隔声、吸声、隔振及安装消声器等措施降噪		《工业企业厂界环境噪声排放标准》（GB 12348—2008）2 类

5.4 纺织印染生产与污染控制

5.4.1 概述

纺织品生产过程是将各种纤维原料（天然纤维，如棉、毛；人造纤维，如蚕丝；化学纤维，如涤纶等）加工成各种织物或成品的过程。根据《国民经济行业分类》（GB/T 4754—2017），纺织业代码为 C17 。我国的纺织工业已发展成为布局基本合理，产业链完整，拥有棉、毛、麻、丝、化学纤维、纺织织造、染整、针织、家纺以及产业用纺织品等原料和产品综合发展的行业。早在 20 世纪末，我国就已成为世界最大的纺织品生产国、出口国和消费国。经过改革开放几十年的快速发展，出口导向型发展战略使得中国纺织业出口贸易得到快速发展，贸易规模迅速成为全球第一。

5.4.2 纺织印染工艺流程

5.4.2.1 毛纺织

毛纺织是指以羊毛纤维或其他动物毛纤维为主要原料，进行洗毛、梳毛、纺纱、织造、染整等工序加工而成的各种纺毛印染织物。其工艺主要分为两部分：洗毛和毛纺染整，毛纺染整又分为毛粗纺和毛精纺。

（1）洗毛工艺

有的洗毛工序是在单独洗毛厂完成的，还有的是在毛纺厂设置洗毛车间进行洗毛。根据具体的生产工艺，洗毛分为碱性、中性和酸性三种，其中碱性洗毛使用最广泛。碱性洗毛是在 pH 为 8.5～9.5 的洗液中洗涤羊毛，洗出的羊毛可纺性、抗静电性和吸水性都有较大提升。碱性洗毛的操作温度不得超过 60℃。

碱性洗毛使用的溶液一般为皂液。皂液洗毛是沿用较久的洗毛方法，即肥皂与纯碱配合使用的方法。皂洗工艺装置是由多个洗涤槽和漂洗槽组成的。洗涤槽中皂碱的浓度按各种羊毛中所含油脂的性质、数量和其他杂质多少而定。一般皂液浓度达 0.2% 即可乳化羊毛脂，pH 控制在 11 以下，温度在 50℃ 以下。漂洗槽 pH 应在 9 以下，以免对羊毛纤维造成损伤。总的洗毛时间为 10～20min。

中性洗毛的洗液 pH 为 6～7，洗液的温度可适当提高至 50～60℃，这不仅能减少羊毛的损伤，还能提高洗涤效果。

酸性洗毛是在洗毛过程中，在使用合成洗涤剂的同时，加入少量醋酸、甲酸或磷酸，pH 控制在 4.8～6。酸性洗毛洗出的羊毛手感、弹性比碱性洗毛较好，色泽也较鲜明。

洗毛设备在乳化洗毛中广泛使用的是耙式洗毛机，并常和开毛、烘毛设备相联，称为开洗烘联合机。此外，还有喷射洗毛机、滚筒洗毛机、超声洗毛机等。

如果原毛中杂草较多，还需经过炭化，去除羊毛中含有的植物性杂质（草籽、草叶等）。将含杂质的洗净毛在酸液中通过，再经烘焙，使杂质变为易碎的炭质，再经过机械搓压打击，最后利用风力将其分离。去除杂质的羊毛再采用中和的办法，去除羊毛上过多的酸，经烘干成为炭化洗净毛。

洗毛废水属生化降解性能较好的高浓度有机废水。洗毛排水量在 10～30m³/t。COD 在 15000～30000mg/L，BOD 在 8000～10000mg/L，SS 在 5000～6000mg/L。

现在许多洗毛工艺中增加了回收羊毛脂工序，经脱脂的洗毛废水 COD 可降至 6000～10000mg/L，经过回收羊毛脂和厌氧处理，再与毛纺染色废水混合进行好氧处理。回收的羊毛脂，经过精细加工，可获得高附加值的精制羊毛脂，可以作为高级润滑油和化妆品的原料。有些洗毛工艺不用炭化工序，采用梳毛（粗梳和精梳）工序代替，既可去掉剩余的杂物，又可减少污染。洗毛工艺及排污节点图如图 5-24 所示。

（2）毛粗纺织染整生产工艺

洗呢工序使用水、纯碱、洗涤剂等去除呢坯中的油污、杂质等，产生洗呢废水。

缩呢工序是利用缩剂（以洗涤剂为主），在一定温度与压力下，使织物产生一定收缩，废水量很少。

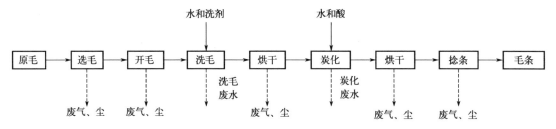

图 5-24 洗毛工艺及排污节点图

染色使用的染料主要是媒介染料和酸性染料，如织物是毛混纺，还会使用部分分散染料、阳离子染料和直接染料等，产生的染色废水含染料残液和含染料的漂洗废水。毛粗纺织物染整加工工艺流程及废水废气排污节点图如图 5-25 所示。

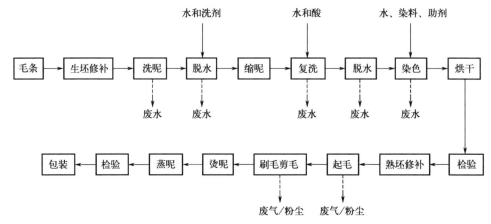

图 5-25 毛粗纺织物染整加工工艺流程及废水废气排污节点图

（3）毛精纺织染整生产工艺

毛精纺织品一般为薄织物，属高档产品，是毛纺染色中废水和污染物产生量最大的，其中染色工序水量大，有大量的漂洗废水产生，煮呢、洗呢废水中含有表面活性剂类助剂等。

毛精纺织使用的染料主要有酸性染料，还会使用部分分散染料、阳离子染料和直接染料等，除了含染料残液和含染料的漂洗水，洗呢废水还含洗涤剂和渗透剂。其生产废水的 pH 一般在 5.8～6.5，污染物浓度较低。毛精纺织物染整加工工艺流程及废水废气排污节点图如图 5-26 所示。

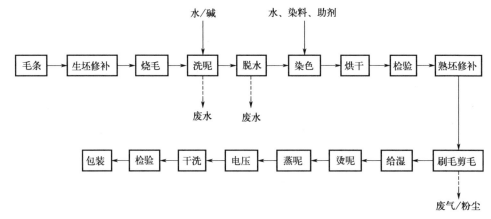

图 5-26 毛精纺织物染整加工工艺流程及废水废气排污节点图

5.4.2.2　棉与化纤纺织

坯布是供印染加工用的本色棉布。工业上的坯布是指布料，或者是层压的坯布、上胶的坯布等。纯棉面料是以棉花为原料，经纺织工艺生产的面料，具有吸湿、保湿、耐热、耐碱、卫生等特点。

化纤面料主要是指由化学纤维加工成的纯纺、混纺或交织物，不包括与天然纤维间的混纺、交织物。化纤类型包括涤纶、腈纶、丙纶、尼龙、维纶、氨纶、氯纶、芳纶等，统称化学纤维，分别由不同化学过程合成的单体，经聚合反应生成化学聚合物，再经拉丝形成纤维，也称合成纤维。

（1）棉与化纤纺织染整基本工艺

棉与化纤纺织染整厂一般分为三部分独立的生产工艺：纺纱厂、织布厂、染整厂。

纺纱厂工艺为：清棉—梳棉—条卷—精梳—并条—粗纱—细纱—络筒—捻线—摇纱。

织布厂工艺为：整经—浆纱—穿经—织造。

染整厂工艺为：原布准备—烧毛—退浆—煮练—漂白—丝光—染色（印花）—后整理（分为机械整理和化学整理）—检测—打包。

（2）前处理工序

染整的前处理是除去织物上的各类杂质，使织物成为洁白、柔软并有良好湿润性能的印染原料。前处理是印染加工的准备阶段，也称为练漂，对棉和棉混纺织物的前处理有烧毛、退浆、煮练、漂白、丝光等工序，对涤纶还有碱减量工序。

① 原布准备。包括原布检验、翻布（分批、分箱、打印）和缝头，检查坯布质量，原布的长度、幅度、重量、经纬纱线密度和强力等，后者如纺疵、织疵、各种斑渍及破损等。

经过原布准备后，坯布还要经过烧毛，去除织物表面的毛絮。工序包括：进布—刷毛—烧毛—灭火—落布。

② 退浆。烧毛后织物进退浆槽处理。退浆槽采用碱、酸、酶或氧化剂为退浆助剂，采用表面活性剂为精练剂，去除坯布中的浆料和部分杂质。

退浆废水中含大量浆料和少量植物有机物质，其中含有各种浆料及其分解物、织物上的杂物、碱和各种助剂等。退浆废水量约占总废水量的 15%，呈淡黄色，pH 为 12 左右，每升废水中 COD、BOD、SS 浓度含量达数千毫克，退浆废水中的 COD 约占整个印染过程加工废水中 COD 的 45%。

③ 煮练。为进一步去除杂质，退浆后的坯布进煮练槽高温处理。煮练槽内有高温的、加表面活性剂的碱液，除去织物纤维残存的天然杂质（蜡质、果胶等），增加织物对染料的吸附能力。

煮练废水量大，煮练废水量约占总废水量的 18%，呈深褐色，污染物浓度高，其中含有烧碱、表面活性剂、纤维素、果酸、蜡质和油脂等。废水呈强碱性、水温高，同时含大量植物有机物（如生物蜡、浆料分解物、纤维、酶等），COD、BOD 浓度高达 5000mg/L 以上。

④ 漂白。煮练后的坯布有一定色度，还需排入漂白槽处理，漂白或增白。在漂白槽内用双氧水或次氯酸钠漂白或用增白剂增白。

漂白废水水量大，但污染物和色度较低，主要含有残余的漂白剂、少量醋酸、草酸、硫代硫酸钠等。

⑤ 丝光。为提高坯布吸附能力，漂白后的坯布还需进丝光槽处理。丝光槽内有浓碱液，织物在一定张力下，经浓碱液处理，可获得蚕丝样光泽和较高吸附能力。

丝光废水含碱量高，NaOH 含量在 3%～5%，多数印染厂通过蒸发浓缩回收 NaOH，所以丝光废水一般很少排出，经过工艺多次重复使用，最终排出的废水仍呈强碱性，COD、BOD、SS 浓度均较高。

⑥ 碱减量工序。碱减量工艺主要是涤纶织物或涤纶混纺植物的一种前处理工艺，采用浓碱液刻蚀减量 18％的织物量，使纤维变细，其透气性、光泽等性能有所改善。涤纶碱减量染整工艺流程包括预缩—预定型—碱减量—染色—后处理。

（3）染色/印花工序

① 染色。染色有浸染和卷染（漂染）两种主要方法。浸染是一种常规染色方法，将被染物浸渍于含染料及所需助剂的染浴中，通过染浴循环或被染物运动或挤压，使染料逐渐染上被染物的方法；卷染是卷染机在高温高压或常温常压下浸在染液中染色。

染色废水一般色度很高，含有染料、助剂、表面活性剂等，一般是强碱性，COD/BOD 较高，可生化性较差。

② 印花。印花主要采用筛网印染法（又分水浆印染和胶浆印染），通过手工或印花机，将调好的色浆印到织物上，色浆由浆料、染料、碱（氨水、尿素）、助剂调制成；喷墨印花和热转移印花采用喷墨染料墨水，进行喷墨印染或热转移印花机印染。

印花废水量大、浓度高、色泽深，有时废水温度高，处理难度较大。染料品种的变化以及化学浆料的大量使用，使废水含难生物降解的有机物，可生化性差。因此，印花废水是较难处理的工业废水之一，部分废水含有毒有害物质，如印花雕刻废水中含有六价铬，有些染料（如苯胺类染料）有较强的毒性。

③ 后整理工序。根据产品和染整要求，不同织物使用方法不尽相同，后整理主要有手感整理、柔软整理、定型整理、外观整理、电光整理、增白整理等工艺，多数基本流程是对植物进行喷湿-挤压-烘干加工。

后整理的污染物大多数产生于印染过程中的无组织排放，也意味着织物表面会吸附上述有机污染物。在后整理过程中，织物表面的污染物在定型机的高温作用下挥发形成含有毒有害物质的废气。

④ 检测包装。染整之后，还要抽样经过织物的各项检测，包括外观质量检测、色牢度检测等。

5.4.2.3 丝绢纺织

丝绸纺织的基本原料是生丝。丝织品具有悠久的历史，可分为天然丝织品、人造丝和合成纤维品三类。天然丝织物也称为真丝，主要是桑蚕丝，其次为柞蚕丝。人造丝是指人造纤维细丝，因以棉籽绒和木材为主要原料，所以也称作再生纤维，包括黏胶纤维、铜氨纤维和醋酸纤维维等。

蚕丝中的长纤维很少上浆，可以生产绸、缎、绉、锦、罗、绫，蚕丝中的短纤维加工的织物称为绢。

丝绸印染分为真丝印染和仿真丝印染。天然丝绸是以蚕（桑蚕与柞蚕）丝为原料的纺织产品。丝绸纺织包括制丝、织造、印染。主要污染是制丝和印染的废水，废水中所含污染物主要来自原料中的蜡质、浆料，染色残余的染料和助剂，废水中的污染物浓度与毛精纺废水接近。化纤仿真丝染整过程中，产生碱减量废水和印染废水，碱减量废水中含一定量的残碱和不易生化降解的对苯二甲酸。

（1）缫丝工艺

缫丝企业是指以蚕丝为主要原料、经选剥、煮茧、缫丝、复摇、整理等工序生产生丝、土丝、双宫丝以及长吐、汰头、蚕蛹等副产品的企业，包括桑蚕缫丝企业和柞蚕缫丝企业。

缫丝加工是将蚕茧缫成蚕丝的工艺过程，即将干茧通过缫丝机缫成丝的加工过程。缫丝方法很多，按缫丝时蚕茧沉浮的不同，可分为浮缫、半沉缫、沉缫三种，工序主要包括煮茧、缫丝、绞丝等，产生脱胶废水。缫丝工艺流程图如图 5-27 所示。

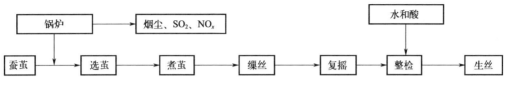

图 5-27　缫丝工艺流程图

（2）丝绸印染工艺

真丝印染工艺包括练漂、染印、整理等工序。

练漂工艺：将坯绸或生丝放入装有肥皂（或合成洗涤剂）与纯碱（碳酸钠）的混合溶液内进行加热，丝胶加热后进行水解。

染印工艺：通过染色工艺或印花（色浆直接通过筛网印花版印在丝织品上）工艺使蚕、坯绸与染料液体接触发生化学反应，让坯绸染上各种色彩的工艺。由于蚕丝属蛋白质纤维，不耐碱，染色宜在酸性或接近中性的染液中进行。目前用于丝织物染料的主要是酸性染料、活性染料、直接染料与还原染料等。

整理工艺：机械整理有拉幅整纬整理、汽熨整理、轧光等方法；化学整理主要是添加化学药剂，如柔软剂、抗静电剂、防火剂、由纯碱及磷酸三钠组成的砂洗剂等，从而达到防皱、防缩、柔软、厚实的效果。真丝产品纺织印染工艺流程图如图 5-28 所示。

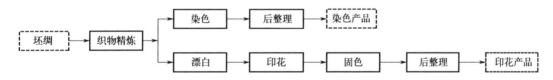

图 5-28　真丝产品纺织印染工艺流程图

（3）人造丝织物印染工艺

人造丝产品的印染工艺的精练、染色（印花）、后整理与丝绸印染工艺相仿。人造丝产品纺织印染工艺流程图如图 5-29 所示。

图 5-29　人造丝产品纺织印染工艺流程图

（4）绢纺和丝织加工工艺

绢纺和丝织的加工工艺包括精练、精梳、粗纺、精纺工序。

精练是去除绢纺原料上大部分丝胶、油脂、蜡质、无机物及其他一些杂质。按精练原理可分为化学精练和生物化学精练。精练后处理包括洗涤、脱水和干燥等工序。精梳是用精梳机将纤维中的杂质和粗短纤维排除的工艺。精纺是用精梳的丝纱织的丝织物，粗纺就是用普梳的丝纺的丝织物。

5.4.3 纺织印染生产与污染控制

5.4.3.1 废水污染控制

（1）废水来源及特征

纺织印染业属于高污染行业，主要污染物是废水及废水所含的污染物。纺织印染行业产生的污水排放量大、污染重、处理难度高、废水回用率低。COD、色度和 pH 是纺织印染废水的主要特征指标，染整工艺中的染料平均上料率为 90%，有 10% 的染料残留在废水中，色度一般在 200～500 倍，pH 在 10～11，BOD/COD 一般小于 0.2，不易生物降解。

① 毛纺织染整。主要污染因子是 COD、pH 和色度。毛纺织工业的废水包括染色残液及漂洗水、洗呢水、缩绒水等。毛纺织物染整主要使用酸性染料、阳离子染料和分散染料，废水污染物质量浓度不高，大多呈中性，可生化性较好，废水中 COD 为 500～900mg/L，BOD 为 250～400mg/L，pH 为 6～9，色度为 100～300 倍。

② 缫丝。缫丝的主产品为生丝，副产品为长吐、汰头及蚕蛹等。制丝生产过程所产生废水中的污染物主要来源于煮茧过程中所溶解的丝胶，以及缫丝、复摇过程中蚕丝从蚕茧上剥离时脱落和溶解的丝胶，混合后 COD 为 150～250mgL，BOD 为 60～100mgL，pH 为 6.5～8.5。缫丝副产品生产废水产生于蛹衬与蛹体的分离过程，水中污染物主要为丝胶、粗蛋白和破碎的蛹体，其 COD 为 7000～10000mg/L，BOD 为 3500～4000mg/L，SS 为 3000～5000mg/L，pH 为 10～11.5，是缫丝生产业重点水污染源。国内绝大多数缫丝厂的制丝生产与副产品处理是在同一厂区内进行的（但也有部分企业将副产品的生产外包）。两种污水混合在一起后，COD 为 1500～3000mg/L，BOD 为 600～1200mg/L，SS 为 300～600mg/L，pH 为 7.5～9.5。

③ 丝绸印染。真丝织物印染过程中织物精练、漂白、染色和印花均产生废水。精练主要有化学法（包括碱精练和酸精练）和酶法，精练废水含一定量丝胶、浆料和有机物，废水呈碱性；漂白一般用双氧水作为氧化剂，漂白废水有机污染物浓度较低；染色过程中产生的废水量较少，有机污染物浓度也较低；印花废水量较少，有机污染物浓度较高。因真丝品轻薄，所用的染料和助剂较少，且上染率高，所以一般真丝产品印染废水的有机污染物浓度较低，可生化性较好，其废水一般呈弱酸性。真丝绸印染练漂工序使用醋酸、碱、洗涤剂、助剂，废水中含丝胶和化学有机物，呈碱性。印染以醋酸为匀染剂，醋酸生化降解性较好，上色率高，整体废水呈弱酸性，色度污染较轻。

真丝的印染废水中 COD 为 500～800mg/L，BOD 为 200～400mg/L，pH 为 5～8，色度为 100～300 倍。仿真丝废水的有机物浓度比真丝绸废水要高，与棉纺织废水相近，COD 在 1200～1500mg/L。

④ 人造丝织物印染。人造丝织物印染过程中织物精练、染色和印花均产生废水。人造丝的印染所使用的染料助剂等与棉纺织物的印染相类似，但是由于人造丝的杂质少，因而其印染废水的污染物浓度不高，可生化性较好。人造丝印染废水中 COD 为 600～1000mg/L，BOD 为 250～400mg/L，pH 为 8～10，色度为 100～300 倍。

⑤ 纺和丝织加工。绢丝废水分高浓度废水和低浓度废水，高浓度废水来自炼蛹废水、槽洗废水和煮练废水，废水浓度达 4000～5000mg/L；低浓度废水来自水洗机、脱水机和地面冲洗，浓度约为 500mg/L。

（2）废水处理工艺

① 高浓度及特殊污染物污水采用的预处理工艺有：

a. 洗毛污水经离心等工艺回收羊毛脂；

b. 碱减量污水经碱回收并酸析回收对苯二甲酸等工艺；

c. PVA 退浆污水经热超滤浓缩、盐析凝胶法回收 PVA 等工艺；

d. 蜡染洗蜡污水经酸析、气浮回收松香等工艺；

e. 退浆精练污水厌氧、化学氧化、铁碳微电解等工艺；

f. 麻脱胶污水厌氧处理等工艺；

g. 印花污水（高氨氮）汽提、吹脱等工艺；

h. 炭化酸性污水酸碱中和；

i. 丝光污水中碱液浓度大于 40～50g/L 的，应设置碱回收装置，碱液浓度小于 40～50g/L 的，应采取套用或综合利用措施；

j. 含铬染整污水采用化学还原；

k. 含锑染色污水采用聚铁絮凝剂混凝处理。

② 物化处理宜采用絮凝沉淀或絮凝气浮处理工艺。

③ 生物处理宜采用水解酸化＋好氧生物处理工艺（或 A/O 生物脱氮）。

④ 对于生物处理后仍无法达到排放要求或有回用要求的，应进行深度处理或回用处理。

丝光废水经回收碱液后，可回用；其余废水进入厂区内设置的综合污水处理站，经预处理、厌氧、好氧、消毒等处理后，达《纺织染整工业水污染物排放标准》中相应标准。纺织染整废水处理一般工艺流程见图 5-30。

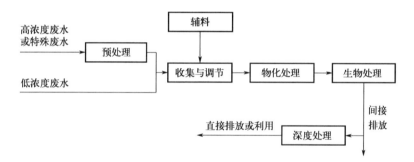

图 5-30　纺织染整废水一般处理工艺流程示意图

5.4.3.2　废气污染控制

纺织行业的废气主要来源于供热锅炉和生产工艺过程产生的废气。纺织工业的工艺废气主要来源于：

① 化学纤维尤其是黏胶纤维的生产过程需加入黏胶，在纺丝过程中黏胶的加入会释放出醛类气体（以甲醛为主）；有些化纤如黏胶纤维的黄化过程中也会伴随 CS_2、SO_2、H_2S 等恶臭气体产生。

② 在纺织品的前处理工艺，特别是在高温热定型过程中，在热定型机的排气管道口的有机气体主要是一些苯类、芳烃类等挥发气体。

③ 在纺织品功能性后整理过程中，废气来源于纺织品特别是涤纶分散染料热熔染色和棉织物免烫整理以及普通织物阻燃整理的焙烘工艺。在涤纶分散染料热熔染色工艺中，高温导致部分染料随废气排放；在棉织物的焙烘工艺中，由于添加化学助剂，在整理中会出现甲醛等有机气体和氨气释放的现象。

5.4.3.3　固体废弃物控制

纺织行业的固体废物主要来源于能源消耗过程产生的固体废物，生产过程中的固体废物

（如废纱、废布等下脚料），印花及染色过程中产生的废染料及染料桶等，粉尘处理过程中产生的粉尘，废水处理过程中产生的固体废物。纺织产品印染过程中一般染料的上染率为 $80\%\sim90\%$，剩余染料残留在废水中。废水处理后，有微量染料存在于污泥中，这类污泥被划为危险固体废物。

纺织印染污染控制措施表如表 5-8 所示。

表 5-8　纺织印染污染控制措施表

污染要素及位置		污染物	控制措施
废气	纺纱机、开棉机、浆纱机、拉经机、烧毛机等	粉尘	设置集气罩收集含尘废气，经除尘设备处理后达标排放或加强车间通风，厂区周边设置绿化隔离带，降低有机废气影响
	染料槽、印花机等	有机废气	设置集气罩收集有机废气，经吸附/吸收等处理后达标排放或加强车间通风，厂区周边设置绿化隔离带，降低有机废气影响
	蒸汽锅炉产生的燃料燃烧烟气	SO_2、NO_x、烟尘	根据锅炉使用燃料情况采取不同措施，天然气燃烧时采取不低于 8m 烟囱排放，燃煤和生物质成型燃料时需进行脱硫脱硝和除尘
废水	退浆工序	COD、BOD、SS、pH、色度等	丝光废水经回收碱液后，可回用；其余废水进入厂区内设置的综合污水处理站，经预处理、厌氧、好氧、消毒等处理后，达《纺织染整工业水污染物排放标准》中相应标准
	煮练工序		
	漂白工序	pH	
	丝光工序	COD、BOD、SS、pH 等，pH 呈碱性	
	染色工序	COD、BOD、SS、pH、色度、总氮、苯胺类、AOX 等	
	印花工序		
	后整理工序	COD、BOD、SS、总氮、色度等	
	生产设备、场地等清洗	含 SS	
噪声	风机、锅炉房、水泵房等	噪声	在设备选型时，尽可能选用同功率低噪声的设备，安装时采取减振、消声、封闭围护、隔声、阻尼等措施
固废	前处理	废纱、废布等下脚料	外售
	燃煤或生物质锅炉	灰渣	一般送往固废填埋场或作建材原辅料
	印染工序	废染料及染料桶	属于危险废物，需由有资质单位处置
	污水处理设施	污泥	属于危险废物，需由有资质单位处置

5.4.4　案例分析

5.4.4.1　项目概况

年织、染和后整理加工 3500 万米,生产高档无缝内衣。

5.4.4.2　生产工艺流程

将外购的尼龙丝、棉纱、氨纶丝等纱线通过纱嘴喂入无缝内衣针织机(即电子提花针织圆机)针筒内的织针钩内,设定相应的编织参数经编织元件加工,进行内衣织造后,送染色车间经前处理、染色、漂洗、脱水、熨烫、整理得到成品。针织内衣加工的基本过程是:

织造→精练→染色→后整理→检验→包装→成衣入库(无退浆、碱减量等前处理工序)。

织造属于一次成型,过程较为简单。内衣按照原料分类包括尼龙类及尼龙与棉(或其他化学纤维)混织类两类,工艺流程分别见图 5-31 及图 5-32。

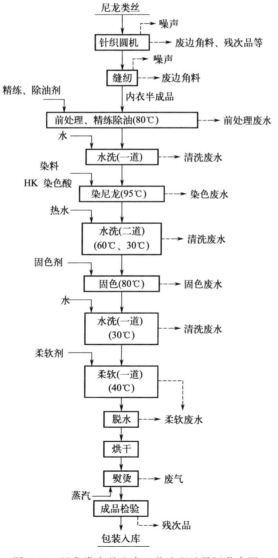

图 5-31　尼龙类产品生产工艺流程及排污节点图

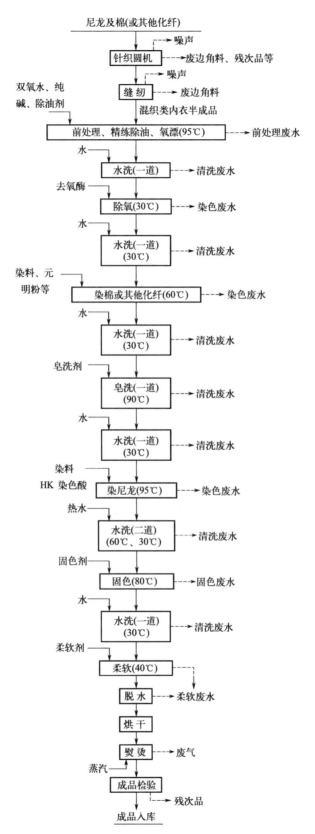

图 5-32 尼龙及棉（或其他化纤）混织类产品生产工艺流程及排污节点图

工艺说明：生产工艺包括内衣织造、染色及蒸烫后整理，本项目染色以内衣为主。本说明着重对染整工艺过程进行描述，并以尼龙及棉（或其他化纤）混织类内衣染色中的主要工序进行代表性说明。

（1）精练

在成衣染色机加水及精练剂、纯碱、双氧水等助剂，转 5min，投入织物后转 5min，升温至 80℃，保温 20min 左右后排水。

（2）水洗

各道处理工序后的水洗过程基本相同，染色机内加水洗 10～20min 后排水。

（3）染棉

在成衣染色机加水，升温至 30℃转 5min，投放助剂、染料、元明粉后各转 5min，以 1℃/min 的速率升温至 60℃，保温 10min，加入纯碱，在 60℃以下保温 50min 后排水。

（4）皂洗

在成衣染色机内加水，以 1g/L 的比例添加皂洗助剂，升温至 90℃保温 10min 后排水。

（5）染尼龙

在成衣染色机内加水，升温至 30℃转 5min，投放匀染剂等助剂，转 10min，投入染料转 5min，以 1℃/min 的速率升温至 95℃保温 30min，降温至 55℃后排水。染棉（或其他化纤）与染尼龙流程基本相同，区别在于染料类型、染色温度及染色时间不同。

（6）固色

包括阴离子、阳离子固色，在成衣染色机加水，加入助剂，pH 为 5.5，直接升温至 80℃保温 20min 后排水。以上各工序之后均设有水洗，以保持织物清洁度。

（7）柔软

在成衣染色机内加水，投入柔软剂，直接升温至 40℃保温 10min 后排水。

（8）烘干

经柔软洗之后的织物从染色机取出送至离心脱水机脱水，再送烘干机干燥，经人工整理后熨烫定型。

5.4.4.3　污染源及污染治理措施

纺织典型企业工业污染物排放及治理措施见表 5-9。

表 5-9　污染物排放及治理措施一览表

类别	排放源	污染物名称	处理前产生浓度及产生量	治理措施	处理后排放浓度及排放量	排放标准
水污染物	染整	染整废水	废水量：613m³/d pH：7～10 SS：450mg/L BOD₅：300mg/L COD：1200mg/L NH₃-N：9mg/L 苯胺类：5mg/L 色度：400（稀释倍数）	设置厂区污水处理站，设计规模 800m³/d，采用水解酸化＋好氧生化组合工艺，经处理后排入县城污水处理厂截污管网	混合废水量 659m³/d 去厂区污水处理站 pH：6～9 SS：80mg/L BOD₅：40mg/L COD：≤200mg/L NH₃-N：6mg/L 苯胺类无检出 色度：≤80	《纺织染整工业水污染物排放标准》（GB 4287—2012）（间接排放） pH：6～9 SS：100mg/L BOD₅：50mg/L COD：200mg/L NH₃-N：20mg/L 苯胺类不得检出 色度：80
	冷却水系统	排水	1.5m³/d	排入厂区污水处理站		

类别	排放源	污染物名称	处理前产生浓度及产生量	治理措施	处理后排放浓度及排放量	排放标准
水污染物	软水制备（染色用）	树脂再生及反冲洗水	10.4m³/d	经中和后，直接排入厂区总排口	混合废水量 659m³/d 去厂区污水处理站 pH：6～9 SS：80mg/L BOD$_5$：40mg/L COD：≤200mg/L NH$_3$-N：6mg/L 苯胺类无检出 色度：≤80	《纺织染整工业水污染物排放标准》（GB 4287—2012）（间接排放） pH：6～9 SS：100mg/L BOD$_5$：50mg/L COD：200mg/L NH$_3$-N：20mg/L 苯胺类不得检出 色度：80
	染整用间接加热蒸汽	冷凝水	90m³/d	冷凝水返回锅炉房使用		
	设备及地面冲洗	冲洗废水	5m³/d SS：300mg/L COD：450mg/L	冲洗废水经厂区地沟排入厂区污水处理站		
	锅炉房	锅炉排污及树脂再生废水	10m³/d	0.5m³/d用于锅炉灰渣增湿，9.5m³/d排入厂区污水处理站处理		
	生活及办公	生活污水	30m³/d SS：200mg/L BOD$_5$：120mg/L COD：200mg/L NH$_3$-N：25mg/L	经化粪池截污沉淀后排入厂区污水处理站集中处理		
大气污染物	锅炉	锅炉烟气	锅炉烟气量（标准状况）：5400m³/h 产生颗粒物：21.6kg/h（4000mg/m³）SO$_2$：0.75 kg/h（139mg/m³）NO$_x$：0.86kg/h（160mg/m³）	锅炉烟气经U形冷却管（空气间冷）→袋式收尘器净化后由35m排气筒排放	排放颗粒物：0.22 kg/h（40mg/m³）SO$_2$：0.75 kg/h（139mg/m³）NO$_x$：0.86kg/h（160mg/m³）	满足《锅炉大气污染物排放标准》（表2）（参照燃煤锅炉）
	污水处理站	污水处理站恶臭	NH$_3$：0.157kg/h；H$_2$S：0.00053kg/h	对污水处理站易于封闭的构筑物，即调节池、污泥浓缩池加盖封闭并收集废气进行脱臭处理，即3000m³/h废气进入废气净化塔吸收（活性炭吸附），去除率按85%计，经处理由15m排气筒（φ0.3m）排放	NH$_3$：0.0542kg/h；H$_2$S：0.000224kg/h	

续表

类别	排放源	污染物名称	处理前产生浓度及产生量	治理措施	处理后排放浓度及排放量	排放标准
固体废物	织造、染整	边角废料、残次品	48t/a	企业收集后由废品回收站回收		
	原料及产品包装	废纸板等包装材料	13t/a	出售给废品回收站进行综合利用		
	染整	染化料包装内衬袋	6t/a	废染化料包装内衬袋属危险废物，按危险废物进行管理和处置		
	污水处理站	厂区污水处理站污泥	360t/a	印染废水污泥属危险废物，按危险废物进行管理和处置		
	生物质燃料锅炉	锅炉灰渣	435t/a	运至农田作农肥用		
	职工生活	生活垃圾	105t/a	送县城生活垃圾填埋场		
噪声	风机、锅炉房、水泵房等			采用隔声、吸声、隔振及安装消声器等措施降噪		(GB 12348—2008) 3 类

 # 思考题

1. 白酒生产工艺中废水产生量大的工序有哪些？主要的污染物有哪些？

2. 屠宰及肉类加工废水主要有哪些特点？

3. 造纸的各生产工序的废水特点及主要的污染物？

4. 造纸的不同制浆工艺废水特点以及制浆废水处理工艺有哪些？

5. 造纸工业对环境和人体健康有什么危害？

6. 造纸工艺碱回收的工艺？

7. 纺织印染生产包括哪些工段，每个工段产生的污染物及特点有哪些？

8. 纺织印染废水处理工艺有哪些？

参考文献

[1] 曾抗美，李正山，魏文韫. 工业生产与污染控制[M]. 北京：化学工业出版社，2005.

[2] 黄生林，陈小光，马春燕等. 我国白酒废水处理工艺探讨[J]. 中国酿造，2023，42(03)：28-33.

[3] 范奇高，黎露露，骆红波等. 白酒酿造副产物的资源化利用技术研究进展[J]. 中国酿造，2023，42(09)：1-6.

[4] GB/T 15109—2021，白酒工业术语[S].

［5］孙海燕，崔波，刘亦凡等. 酿酒废水的治理技术［J］. 山东化工，1998(03)：39-41.

［6］祖军宁，粟一峰，王一旭等. 白酒工业废水治理技术研究进展［J］. 中国资源综合利用，2020，38(10)：97-106.

［7］管运涛，蒋展鹏，祝万鹏. 酿酒工业废水治理技术的现状与发展［J］. 工业水处理，1997(03)：8-10＋41＋47.

［8］叶笑风. 两级厌氧-好氧-固定化硝化细菌处理酿酒废水的试验研究［D］. 上海：上海交通大学，2007.

［9］发酵酒精和白酒工业污染物排放标准编制课题组. 发酵酒精和白酒工业污染物排放标准编制说明［M］. 北京：环境保护部与国家质量监督检验检疫总局颁发，2005.

［10］张芸嫟. 中高温大曲主发酵期微生物群落与环境因子及理化性质的关联性研究［D］. 成都：四川轻化工大学，2019.

［11］邱声强，唐维川，赵金松等. 酱香型白酒生产工艺及关键工艺原理简述［J］. 酿酒科技，2021，(05)：86-92.

［12］桑伟强，马建明. 屠宰废水处理方法研究进展［J］. 云南化工，2021，48(02)：20-21.

［13］王鸿章. 生猪屠宰管理技术操作手册［M］. 北京：中国农业科学技术出版社，2011.

［14］屠宰与肉类加工工业水污染物排放标准编制组. 屠宰与肉类加工工业水污染物排放标准编制说明［M］. 北京：国家环境保护局与国家技术监督局颁发，2017 年.

［15］卢谦和. 造纸原理与工程［M］. 北京：中国轻工业出版社，2006.

［16］制浆造纸工业水污染物排放标准编制组. 制浆造纸工业水污染物排放标准编制说明［M］. 北京：环境保护部与国家质量监督检验检疫总局颁发，2007.

［17］刘晓，陈正起. 造纸废水污染治理现状及对策探究［J］. 现代盐化工，2021，48(02)：20-21.

［18］纺织工业水污染物排放标准编制组. 纺织工业水污染物排放标准编制说明［M］. 北京：生态环境部与国家市场监督管理总局颁发，2019.

［19］张悦. 印染废水处理技术的研究进展［J］. 纺织科学与工程学报，2020，37(03)：102-109，116.

［20］上海印染工业行业协会编. 印染手册［M］. 北京：中国纺织出版社，2003.

［21］环境保护部环境影响评价工程师职业资格登记管理办公室编. 轻工纺织类环境影响评价［M］. 北京：中国环境出版社，2011.

［22］张艳青等，天津市环境影响评价中心. 中国环境科学学会学术年会论文集，2010.

［23］毛应淮，王中旭. 工艺环境学概论［M］. 北京：中国环境出版社，2018.

第**6**章

建材生产与污染控制

建材是土木工程和建筑工程中使用材料的统称。可分为结构材料、装饰材料和某些专用材料。其中结构材料包括木材、竹材、石材、水泥、混凝土、金属、砖瓦、陶瓷、玻璃、工程塑料、复合材料等。建筑材料因性质不同使用方法也不一样。如木材、石材只要将其外形加工后，即可用于建筑中；建筑陶瓷可直接应用于工程建筑中，水泥则需掺加砂、石和水制成砂浆或混凝土后才能用于建筑或工程。

6.1 水泥工业

6.1.1 概述

水泥是混凝土的主要成分之一，占混凝土体积的 10%～12%。水泥具有良好的黏结性和可靠性，凝结硬化后具有很高的机械强度，硬化过程中体积变化很小，能与钢筋配合使用制成混凝土预制构件或用于其他混凝土工程中。由于水泥具有上述性质，使它成为基本建设中重要的建筑材料之一，广泛应用于工业、民用工程、道路桥梁、水利工程、地下工程以及国防工程建设中。根据《国民经济行业分类》(GB/T 4754—2017)，水泥制造业的代码为 C3011。

随着经济快速发展，水泥在工业生产中需求量越来越高。全球水泥生产中，中国水泥产量居首位，占比约为 60%；其次是印度，占比约为 8%。预计到 2050 年的水泥需求量将在 78.0 亿～136.1 亿吨左右。

水泥品种较多，详见图 6-1。大量生产的有普通硅酸盐水泥（简称普通水泥）、火山灰质硅酸盐水泥（简称为火山灰质水泥）和矿渣硅酸盐水泥（简称矿渣水泥）等。我国普通硅酸盐水泥是以适当成分的石灰石、黏土及其他少量铁质原料等烧至部分熔融，得到以硅酸钙为主要成分的熟料，加入适量的石膏，磨成细粉，制成的水硬性胶凝材料，称为普通硅酸盐水泥。火山灰质硅酸盐水泥与矿渣硅酸盐水泥，是由掺入的混合料而得名，掺入 20%～25% 火山灰质混合材料的称为火山灰质硅酸盐水泥；掺入 20%～85% 粒状高炉渣的称为矿渣硅酸盐水泥。不同的建筑工程，对水泥的强度要求也不同。

我国 90% 的水泥为硅酸盐水泥，硅酸盐水泥的原料主要是石灰石质和黏土质两类原料，还可以加入适量铁粉、萤石来改善煅烧条件。其基本工序又可以概括为"两磨一烧"，先将原材料破碎后按照其化学成分配料，在球磨机中研磨为生料，然后放进窑中煅烧至熔融，可以得到熟料，再配适量的石膏及混合材料在球磨机中研磨至一定细度，即得到硅酸盐水泥。

6.1.2 水泥组成及作用

6.1.2.1 生料的组成

水泥生料通常有石灰石质原料、黏土质原料及校正原料。

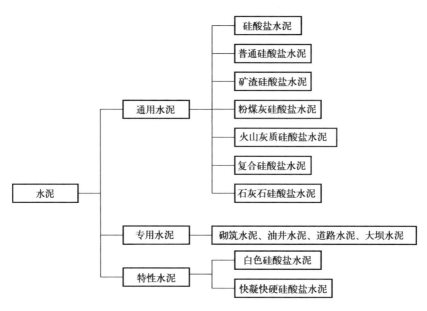

图 6-1 水泥分类

（1）石灰石质原料

石灰石质原料有以碳酸钙为主要成分的石灰石、泥灰岩、贝壳等，电石渣、糖滤泥等工业废渣也可作为石灰质原料。一般要求石灰石 CaO＞45％，MgO＞3.0％，但在新型干法水泥生产中，采用了石灰石预均化、生料均化等工艺，为低品位石灰石的利用提供了保证，使得 CaO 在 42％左右，MgO 含量在 3.0％～5％的石灰石也能应用于水泥生产。

（2）黏土质原料

主要为含 SiO_2 及少量 Al_2O_3、Fe_2O_3 的原料。天然黏土质原料有黄土、黏土、砂岩、河沙等，此外还有粉煤灰、煤矸石等工业废渣。黏土质原料一般 SiO_2＞55％。

（3）校正原料

当石灰石质原料和黏土质原料配料不能满足配料方案时，或 SiO_2 或 Al_2O_3 或 Fe_2O_3 含量不足时，根据所缺成分，分别采用相应的校正原料。校正原料通常有硅质校正原料（例如砂岩）、铝质校正原料（例如煤矸石、粉煤灰、铝矾土）、铁质校正原料（例如天然低品位铁矿石、硫酸渣、钢渣等工业废渣）。

6.1.2.2 熟料的组成

水泥的熟料是由生料经过高温煅烧化合而成的，主要含氧化钙（CaO）、二氧化硅（SiO_2）、三氧化二铝（Al_2O_3）和三氧化二铁（Fe_2O_3）等四种氧化物（总含量＞95％）以及少量 MgO、SO_3、Na_2O、K_2O、TiO_2 和 P_2O_5 等（总含量＜5％）。氧化物主要矿物组成为以两种或两种以上的氧化物经高温化学反应生成的集合体，如硅酸三钙（$3CaO \cdot SiO_2$，简写成 C_3S）、硅酸二钙（$2CaO \cdot SiO_2$，简写成 C_2S）、铝酸三钙（$3CaO \cdot Al_2O_3$，简写成 C_3A）和铁铝酸四钙（$4CaO \cdot Al_2O_3 \cdot Fe_2O_3$ 简写成 C_4AF）。正是水泥组分中含有的这些大量水硬性矿物的决定性作用，才使得硅酸盐水泥成为一种水硬性胶凝材料。水泥熟料的矿物组成波动范围如下所示。

化学成分组成：

$$\text{主要化学成分}\begin{cases}CaO & 62\%\sim67\% \\ SiO_2 & 20\%\sim24\% \\ Al_2O_3 & 4\%\sim7\% \\ Fe_2O_3 & 2.5\%\sim6\%\end{cases}\Bigg\}\text{约}95\%$$

$$\text{其他氧化物}\begin{cases}MgO、SO_3、Na_2O、 \\ K_2O、TiO_2、P_2O_5\text{ 等}\end{cases}\Bigg\}<5\%$$

矿物组成：

$$\text{主要矿物组成}\begin{cases}\text{硅酸三钙：}3CaO\cdot SiO_2 & (C_3S) \\ \text{硅酸二钙：}2CaO\cdot SiO_2 & (C_2S)\end{cases}\Big\}\text{约}75\% \\ \begin{cases}\text{铝酸三钙：}3CaO\cdot Al_2O_3 & (C_3A) \\ \text{铁铝酸四钙：}4CaO\cdot Al_2O_3\cdot Fe_2O_3 & (C_4AF)\end{cases}\Big\}\text{约}22\%\Bigg\}\text{约}95\%$$

$$\text{其他}\begin{cases}\text{离氧化钙：f-CaO} \\ \text{方镁石：（即结晶氧化镁）}\end{cases}\Big\}\text{约}5\%$$

6.1.2.3　水泥熟料中各氧化物作用

（1）氧化钙

CaO 是熟料中最主要的化学成分，它是生成 C_2S、C_3S、C_3A、C_4AF 等矿物必不可少的组分。为了生产高质量的水泥，要求熟料中的 CaO 与 SiO_2、Al_2O_3、Fe_2O_3 等氧化物完全化合成化合物，其中 CaO 含量应较高，尽量避免有游离 CaO 存在。这是因为经高温焙烧后，未化合成的 CaO 呈死烧状态，它遇水后消化速度很慢，在整个混凝土工程硬化后仍在消化，使体积增加，会造成混凝土工程胀裂。

（2）二氧化硅

SiO_2 也是熟料主要成分之一，它与 CaO 在高温下能合成 C_2S 和 C_3S，这两种矿物特别是 C_2S 对水泥强度影响最大。SiO_2 含量高时，C_2S 含量将增加，水泥早期强度会降低，但抗矿物盐水侵蚀性增大，熟料的焙烧较困难，不易结块。

（3）三氧化二铝

熟料中 Al_2O_3 多，C_3A 就增多，水泥凝结硬化速度变快，后期强度增长变慢，抗矿物盐水侵蚀性差。但是当制成水泥时石膏掺入量与 C_3A 含量相适应时，水泥的强度及抗矿物盐水侵蚀性将有所提高。生料中如含 Al_2O_3 较多，则物料在焙烧时表现为不耐火，且黏性较大，对硅酸盐矿物形成速度有影响。

（4）三氧化二铁

生料中 Fe_2O_3 多，焙烧后生成的 C_4AF 矿物就多，在焙烧时能降低熟料形成的温度，物料表现好，黏性小，加快硅酸盐矿物的形成。但含量过多时熟料易结大块，引起操作上的困难，影响产品质量且易损伤窑皮。C_4AF 含量高的熟料制成的水泥比 C_3A 含量高的水泥的抗矿物盐水侵蚀性强。

（5）氧化镁

MgO 是熟料中的有害成分，经高温焙烧后，MgO 易呈游离的方镁石（MgO 的结晶体状态）存在。方镁石的水化速度极慢，甚至能达几年之久，同时在水化过程中体积增加，故易造成工程破裂。因此对水泥熟料中 MgO 含量有严格规定，目前我国控制水泥熟料中 MgO 含量不超过 4.5%。

（6）二氧化钛

一般主要由原料中带入，含量小于 3% 时会增加水泥熟料强度，而含量过多时则会降低水泥熟料强度。

（7）五氧化二磷

原料中一般没有 P_2O_5，但用磷石膏作矿化剂时会带入少量 P_2O_5。试验证明，它在熟料中含量小于 0.3% 时，能提高水泥强度；含量大于 0.5% 时，水泥强度会下降。

（8）碱质

碱（K_2O+2H_2O）是水泥熟料中的有害成分。它由原料带入，在水泥烧成时，部分碱质挥发掉，而残留部分碱质能和熟料中的 C_2S、C_3A 形成化合物 K_2O、Na_2O、CaO、Al_2O_3 使水泥熟料中有用矿物减少，且在反应中产生游离 CaO，因而降低水泥强度。碱含量多时，还会使水泥速凝，硬化不正常。

6.1.3 石膏与混合材料作用

普通水泥中若不加石膏，则加水后凝结硬化很快，不利于工程上使用。为调节水泥的凝结时间，在磨制水泥时需加入适量的石膏作缓凝剂，使得水泥的凝结硬化时间得到控制。

在制成水泥时，加入混合材料不仅可以调节水泥标号、增加产量、降低成本，而且在一定程度上能够改善水泥的某些性能，能满足工程上对水泥的某些特殊的要求。所加混合材料包括天然和人造材料两种。按其性质可以分为三类：火山灰混合材料、粒状高炉渣、填充性混合材料。这些都可以针对专业性水泥进行调配。

6.1.4 水泥生产工艺流程

6.1.4.1 水泥生产方法及其特点

硅酸盐水泥的生产分为三个阶段：石灰质原料、黏土质原料与少量铁质校正原料经破碎后，按照一定比例进行配合、磨细并混合为成分合适、质量均匀的生料，称为生料的制备；生料在水泥窑中煅烧至部分熔融，得到以硅酸钙为主要成分的硅酸盐水泥熟料，称为熟料煅烧；熟料加入适量的石膏，有时加入适量的混合材或外加剂共同磨细为水泥，称为水泥粉磨。简称"两磨一烧"。

水泥生产按窑的结构可分为立窑（包括普通立窑、机械化立窑）、回转窑［包括湿法生产回转窑、半干法生产回转窑（立波尔窑）和干法生产回转窑］及新型干法回转窑。

水泥的生产按生料的制备过程，主要分为干法、半干法和湿法三种类型。将原料烘干与粉磨成生料粉同时完成（或先烘干后粉磨成生料粉）而后喂入干法窑内煅烧成熟料，称为干法生产；将生料粉加入适量水分制成生料球，而后喂入立窑或立波尔窑内煅烧成熟料的方法亦可归入干法，但也可将立波尔窑的生产方法称为半干法；将原料加水粉磨成生料浆后喂入湿法回转窑煅烧成熟料，则称为湿法生产；将湿法制备的生料浆脱水后，制成生料块入窑煅烧，称为半湿法，亦可归入湿法。

湿法生产生料易于均化，成分均匀，熟料质量较高，且输送方便，粉尘少，所以在 20 世纪 30 年代得以迅速发展；但热耗较高，现已淘汰。

随着生产技术发展，如烘干兼粉磨机的出现、均化技术的发展、收尘设备的改进等，使干法生产的熟料质量逐步提高、规模化效应明显，干燥过程的热耗相应降低，在环境保护方面也得到改善。因此，现在最主要的生产工艺为新型干法水泥技术。水泥厂生产主要工艺流程见图 6-2。

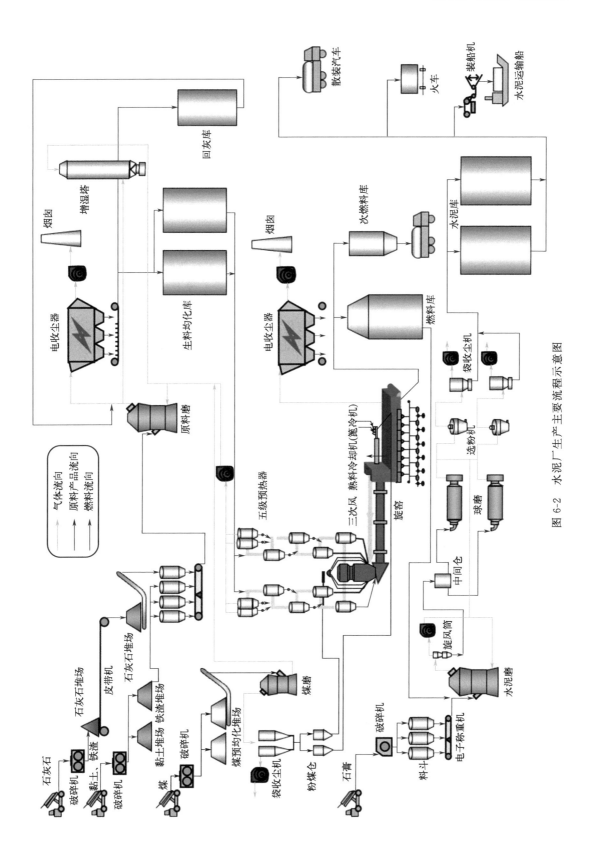

图 6-2　水泥厂生产主要流程示意图

6.1.4.2　新型干法水泥生产流程及工艺

凡是以悬浮预热和预分解技术为核心，并把矿山计算机控制网络化开采，原料预均化，生料均化，高效多功能挤压粉磨新技术，新型机械粉体输送装置，新型耐热、耐磨、耐火、隔热材料以及 IT 技术等广泛应用于水泥干法生产全过程的，称为新型干法水泥生产方法。

（1）石灰石原料的开采及破碎

水泥原料主要是石灰石质原料、硅铝质原料、校正原料。在水泥原料中，石灰质原料用量大约占 80%，是水泥工厂的主要原料。水泥的原料种类繁多，属于钙质原料的有石灰石、泥灰岩、白垩、大理岩等；属于硅铝质原料的有黏土、页岩、粉砂岩、砂岩等。原料破碎时产生较多粉尘。

（2）预均化堆场

为保证水泥厂连续生产、产品质量稳定可靠，水泥厂使用的所有原燃料的化学成分必须稳定。而水泥厂的进厂原燃料均为粒状固体物料，不同于一般化工行业所用的液体原料，在输送、储存过程中难以自行均匀化，因此其化学成分的稳定性比后者差很多，会给稳定生产带来一系列的问题。

预均化堆场主要是对开采的石灰石进行预均化。石英砂和铁矿、页岩等一般不需要预均化。在水泥生产过程中如果使用粒状高炉矿渣可预均化，许多水泥厂对燃料煤在成分波动比较大时也使用预均化堆场。

（3）生料粉磨

物料的粉磨，是通过外力挤压、冲击、研磨等作用克服其内部质点及晶体间的内聚力，使之由块状变为粉粒状的过程。对球磨机而言，外力作用于物料的有效粉碎功很少，大部分则以声、热等形式被消耗，对于耗电占水泥生产全过程 70%～80% 的各种原材料的粉磨，降低能耗更显得十分重要。

水泥生产的过程中主要生料磨为立式磨，物料由磨机上部喂入，集于磨盘形成研磨层，经磨辊研磨的物料沿磨盘挡圈边缘溢出。磨内物料分离装置可按细度要求进行粗细分级，细粉排出磨外，粗粉再次回到研磨室粉磨。粉磨力通过油压装置的控制阀调节磨辊的下压力来控制，调整螺栓可保持磨辊与磨盘衬板之间的适宜间隙，避免空磨时直接接触磨损。粉磨时产生粉尘量较大。检修时启动磨辊摇臂还可使磨辊翻出机外，以方便操作。

（4）生料均化

① 生料均化工作原理。新型干法水泥生产过程中，生料的均化是必不可少的生产环节，也是保证产品质量的重要手段。生料均化是靠具有一定压力的空气对生料进行吹射均化。通常在库底设置充气装置，充气后首先使物料松动，然后将物料流态化并翻腾搅拌，使生料混合达到均化目的。均化库会产生较多粉尘。

② 生料均化作用。出磨生料均化是其均化过程中的最后一环，其均化工作量约占均化过程总量的 40%。生料均化库的任务是消除出磨生料具有的短周期成分波动，使生料质量达到入窑生料要求，完成整个生料均化系统的全部任务，从而稳定窑的热工制度，提高窑的熟料产量和质量。

③ 生料均化方法。生料均化分气力均化和机械均化。气力均化的均化效果好，但投资较高；机械均化是一种简易的均化措施，其投资省、操作简便，但均化效果差，仅用于小型水泥厂。

（5）烧成系统

窑外预分解技术是新型干法水泥技术的核心，也是当代新型干法水泥煅烧技术发展的主流技术。一般情况下，分解炉内燃料用量占整个系统燃料的 60%。在分解炉内，同一反应温度条件下，对于燃料的燃烧放热在前，生料的分解吸热在后，在氧含量充分情况下，混合反应过程可同时进行，且反应过程比较完全，不用担心系统存在不完全燃烧的情况。对无烟煤或煅烧更轻易分解的物料如 Ca(OH)$_2$，在同一反应分解炉内，将会出现物料的分解吸热过程在前，燃料的燃烧过程在后，易造成炉温过低，难于操作和控制的问题。无论采用何种原燃料，经过预分解系统预热分解后，进入回转窑应达到应有的分解率和化学组分的控制要求，在回转窑内进一步煅烧成水泥熟料。

① 预分解工艺技术——悬浮预热器。悬浮预热器是构成预分解系统的主要气固反应单元。其分离效率、系统压降、系统热效率是预分解系统的重要指标。悬浮预热器充分利用窑尾排出的高温废气或分解炉底部燃烧产生的高温烟气，然后经最下级旋风筒收集入窑，提高系统的热效率，以降低系统热耗，提高熟料产量，是预热器的主要功能。

② 预分解工艺技术——分解炉。在预分解炉中所进行的过程可归纳为气固分散、换热、燃料燃烧、分解、传质、输送。对分解炉来说，物料的分散是前提，燃料的燃烧是关键，碳酸盐的分解是目的。

③ 煅烧工艺技术。水泥回转窑是由厚度为 10~30mm 钢板卷成筒体后，一段段地焊接而成，长径比在 10~50 之间（新型干法窑长径比一般在 10~16）。一般倾斜布置，斜度为 2%~5%，生料由较高一端（窑尾）送入，燃料（煤粉）与助燃空气从另一端（俗称窑头）喷入。气固以逆流方式相对运动，并进行换热反应。

随着窑体的转动，物料被不断地带起后，在一定的高度上滚落，同时向前端运动。预分解窑将待预热物料移到预热器，待分解物料移到分解炉，窑内只进行小部分分解反应。一般将回转窑分为三个工艺带，即过渡带（放热反应带）、烧成带和冷却带。

④ 冷却工艺技术——冷却机。水泥熟料煅烧热工艺过程中，预热、烧成和冷却是三个不可分割的工艺环节，而熟料冷却机是水泥回转窑不可缺少的重要配套设备。熟料必须进行冷却的主要原因有：

a. 回收高温熟料的热量，用以预热助燃空气，改善燃料燃烧过程，节约能源；

b. 通过急冷可以控制水泥中的 β-C$_2$S 转变成无水化活性的 γ-C$_2$S，同时也避免因冷却问题造成冷却机内的飞砂料问题，有利于提高水泥熟料的质量和水泥强度；

c. 通过冷却，确保熟料输送和储存熟料设施的安全运转；

d. 熟料急冷后，易磨性得到改善，有利于粉磨。

（6）熟料储存

熟料是生料经过烧成系统中预热分解，在窑内 1400~1450℃高温下烧结，经熟料冷却机冷却后的烧结颗粒物，是水泥生产的半成品。经冷却后的熟料，还有约 80~120℃的温度。高温的熟料不仅不利于输送、计量，还会降低水泥粉磨效率，在水泥管磨内容易造成高温糊球现象，影响磨机的生产能力和产品质量。因此设置熟料库是降低熟料温度，控制熟料质量，提高粉磨工艺效率的有效方法。熟料储存一般考虑 7~14d 的储存期。

（7）水泥粉磨

水泥粉磨是决定产品质量的关键环节。以细度为标志，粉磨的作用就是最大程度地满足水泥适宜的粒度分布，从而达到最佳的强度。资料表明，水泥强度主要取决于 3~30μm 颗粒的含量，> 60μm 的颗粒仅起微集料的作用。按此衡量，水泥生产中相当部分 > 60μm 的颗粒实际造成了大量资源和能源的浪费，若尽可能将这部分颗粒含量降低，则能进一步提升水泥强度。

（8）水泥的包装与散装

水泥成品出厂有袋装和散装两种发运方式。散装水泥具有节省包装材料、运输途中损失少、易于实现装卸自动化等优点，同时减少粉尘排放及大气污染，对环境保护起推动作用。世界各工业发达国家，早在20世纪60年代末或70年代初就普遍实现了水泥散装化，其散装率已达70％以上，近十几年来水泥散装率一直保持在90％以上。目前，我国大力推广散装水泥和商品混凝土，以满足用户对产品多样化、便利化和高质量产品市场的要求。

6.1.5 水泥生产污染与控制

水泥生产过程中主要的污染物为粉尘，水泥厂是造成粉尘污染的几个突出工业部门之一。在水泥生产中，每生产1t水泥需要处理3t左右的物料，水泥厂的粉尘就是这些物料在破碎、储存、转运、烘干、配料、粉磨、均化、烧成、包装和散装等各个环节中产生的，同时粉尘的飞损增加了原材料和燃料的消耗。除此以外还会产生气态污染物 SO_2、NO_x 以及废水及固废等。具体污染物见产排污节点图6-3。

6.1.5.1 大气污染与控制

由于水泥生产是粒状物料的加工过程，几乎所有主要工艺设备和辅助工艺设备在运转过程中都有颗粒物（烟尘或粉尘）产生，颗粒物是水泥生产过程中的主要大气污染物；同时煤在回转窑与分解炉内燃烧及原料在窑内反应产生一定量的 SO_2、NO_x、F^- 和 Hg 等污染物。因此，水泥工业的污染控制技术主要是针对工艺过程中产生的颗粒物和回转窑的大气污染物进行治理。

（1）颗粒物治理

为有效控制颗粒物的排放，各主要产尘点均设置收尘装置或采取降尘措施。

① 有组织颗粒物排放治理。水泥厂有组织排放点（包括各种物料储库）均设有收尘效率高、技术可靠的除尘器，经除尘处理后的颗粒物排放浓度满足《水泥工业大气污染物排放标准》（GB 4915—2013）的要求。各产尘点收尘器收集的灰料均回用于生产工序。

② 无组织排放颗粒物治理。为减少颗粒物的无组织排放，水泥厂采取以防为主、防治结合的方针，在工艺设计上尽量减少扬尘环节，运用无扬尘或少扬尘的设备，如物料输送采用斜槽或提升机等密闭式输送设备；对胶带机输送的物料尽量降低落差、加强密闭、减少粉尘外逸；粉状物料储存采用密闭圆库或料棚、料仓；厂内物料装卸、倒运在扬尘大时采用喷水增湿等降尘措施。

（2）回转窑窑尾烟气的治理

回转窑产生的烟气具有烟气量大、含尘浓度高（高达 $800000mg/m^3$）的特点，据统计，回转窑窑尾产尘量占水泥生产线总产尘量的54％。因此，回转窑烟气的污染控制是水泥生产中颗粒物治理的重点。回转窑烟气经分解炉、旋风预热器后，经余热回收引到原料磨作生料烘干热源，再经旋风筒和袋式除尘器除尘后由烟囱排放；如窑尾余热锅炉或生料磨发生故障，则烟气进增湿塔降低温度，再经袋式除尘器除尘后由烟囱排放。

① 窑尾除尘。目前我国成功地应用于窑尾烟气净化的有大型电除尘器和大型玻纤袋式除尘器等技术，新型干法窑窑尾推荐的除尘方式有袋式除尘器与电除尘，在水泥回转窑上运行均是成熟、可靠的。大型电除尘器与袋式除尘器优缺点比较见表6-1。

② 回转窑窑尾烟气中 SO_2、NO_x、F^- 和 Hg 的控制。

a.SO_2 的控制：新型干法窑对 SO_2 排放有良好的控制功能，因为分解炉内生料分解时，产生大量的细颗粒石灰（CaO），当燃料煤和煤矸石燃烧时产生的 SO_2 随烟气通过分解炉时，几乎全部的 SO_2 被石灰吸收生成硫酸盐进入熟料中，吸硫率高达98％以上，回转窑窑尾烟气中 SO_2 能实现达标排放。

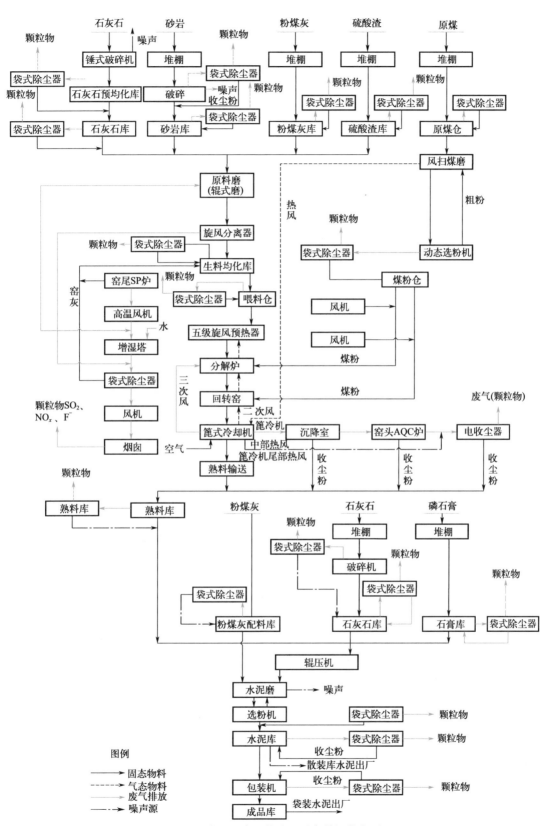

图 6-3 水泥生产工艺流程及产排污节点图

表 6-1　电除尘器与袋式除尘器优缺点比较

类型	电除尘器	袋式除尘器
优点	系统阻力低 电耗较低 超负荷时通过能力强 收尘效率高 运行费用低	操作简单可靠 设备结构较简单 收尘效率高 避免因窑尾 CO 气体浓度超限引起的非正常排放
缺点	钢材消耗多 捕集高比电阻粉尘时，除尘率降低 CO 气体浓度超过电除尘器安全阈值时，被迫停止运行，会造成非正常工况下颗粒物大量排放	运行费用较高 系统阻力大 要求进气温度低，应注意防止高温烧袋和低温结露堵塞滤袋

b. NO_x 的控制：回转窑系统排出废气中的 NO_x 主要在窑内燃烧带的高温环境时产生，水泥生产实践表明，NO_x 排放量与燃料的挥发分、燃烧温度、燃烧气氛及燃烧装置的型式等因素有关。一般说来，燃料的挥发分含量越高，燃烧温度低，空气过剩系数低时，NO_x 排放量就低。

过程控制可以采用多风道低 NO_x 燃烧器，利用燃烧器内不同风道，使气流产生内部回流，从而产生局部缺氧状态下的还原燃烧；燃料量的 50%～60% 在分解炉内低温燃烧，回转窑内过剩空气系数小，抑制 NO_x 的生成。末端治理采用选择性非催化还原反应（SNCR），在炉膛内适宜温度处（850～1100℃）喷入氨基还原剂溶液（液氨、氨水或尿素），与废气中有害的 NO_x 反应生成无害的 N_2 和 H_2O，从而去除烟气中的氮氧化物。依据《水泥工业大气污染物排放标准》（GB 4915—2013）规定，回转窑窑尾排气筒应当安装烟气颗粒物、二氧化碳和氮氧化物连续监测装置。

c. F^- 的控制：氟是水泥行业的特征污染物。原料中含有氟的矿物质如萤石（CaF_2）时，在高温下会产生一种或多种挥发性含氟的无机化合物。若存在硅酸盐化合物，则会形成 SiF_4 排入大气。目前水泥厂生产工艺主要为新型干法回转窑，熟料在回转窑煅烧过程中，要加入煤渣作为回转窑煅烧的燃料，熟料在回转窑中经过若干物理化学反应，也会生成含氟的化合物。在回转窑中 90%～95% 的氟化物存在于煤渣中，其他剩余的氟化物以氟化钙的尘粒形式稳定地存在于回转窑煅烧过程中，即水泥生产线中氟化物主要在回转窑中生成，窑尾为水泥厂排放氟化物的主要污染源。

防治氟化物污染的可靠办法是不用含氟化物高的物质作为生产原料，更不能降低烧成温度而使用萤石。

d. Hg 的控制：水泥工业是全球第四大汞排放行业，水泥中所排放的汞来源于燃料和水泥生料。水泥生产过程中，汞会在生产设施内循环富集，如高温烟气中的汞在预热器和生料磨中在低温生料表面富集；附着在袋式除尘器收集的窑灰上、电除尘器中的粉尘上以及固体燃料表面。经除尘器后的烟气中含有少量汞，若无外排窑灰，最后经过烟囱向大气排放的汞约占输入量的 90%。水泥窑汞排放浓度（标准状况）一般在 0.01～500$\mu g/m^3$，世界平均汞排放因子是 35mg/t 水泥。水泥行业中汞的控制主要分为源头控制、过程阻断和末端处理。

源头控制。一是石灰石矿山选址避开汞本底含量高的地区；二是燃料和其他原料，如煤炭及粉煤灰、铁矿粉等校正料因用量少，影响小，可通过供应链管理，控制汞输入；三是控制替代原料和燃料中的汞含量，检验频率一般高于天然原燃料。

过程阻断。从水泥生产过程控制汞的大气排放，即可阻断窑内汞循环。窑灰移除法也叫选择性穿梭除汞法（dust shuttling），通过定期把除尘器窑灰收集后直接进入水泥粉磨，减少富含汞的窑灰再次进入窑内，从而有效减少窑内汞循环链中的汞富集，是汞减排的合理可行技术之一。

末端处理。在水泥的生产过程中，原燃料中的汞挥发后，最终会随着烟气排到大气中。目前在业界使用较多的包括吸附法、湿法烟气脱硫装置协同脱汞技术、SCR 脱硝协同汞减排技术等，以及新技术中窑灰汞捕获（高温焙烧）法、窑灰汞还原法（汞捕获系统）、活性炭复合过滤膜吸附、金属硫化物改性的膨润土代替活性炭做吸附剂和脱氯协同脱汞法（熟石灰及活性炭混合物）。

（3）回转窑窑头废气的治理

① 窑头冷却机冷却熟料排除的热废气一部分作为助燃空气入窑（二次风）和分解炉（三次风），一部分作为煤磨制备系统烘干热源，剩余废气经余热回收后进入窑头除尘装置净化后排放。

② 国内箅式冷却机可适用的除尘器主要有电除尘器和玻纤袋式除尘器。回转窑工况波动常使箅式冷却机工况出现大的波动，当大量熟料涌入冷却机时，冷却机废气可达 350～400℃。因而，从保证除尘器安全运转的角度，选择高压静电除尘是适宜的。冷却机排气筒（窑头）应当安装烟气颗粒物连续监测装置。

（4）煤磨废气的治理

① 煤粉制备系统产生的颗粒物浓度较高，达 100g/m³，颗粒物（＜3μm 的占 15％～20％）是易燃、易爆的煤尘，采用袋式除尘器，除尘率 99.96％，颗粒物排放浓度为 45mg/m³，低于排放标准 50mg/m³ 的规定值。

② 煤磨废气净化采用防爆型煤磨袋除尘器，并在煤磨系统设置一氧化碳监测报警器。煤磨专用袋式除尘器结构简单，采用防静电滤料，机体设计有防爆结构，设有泄压装置，适用于易燃、易爆粉尘的收集，且设备机械运动部件少，维修工作量小，换袋方便。

6.1.5.2　水污染与控制

（1）生产废水

新型干法窑生产用水主要是水泥生产设备间接冷却水及余热发电系统冷却水，分别设置循环冷却水装置，冷却水经冷却塔冷却后自流入循环水池，再由循环水泵加压后供给各生产车间设备冷却用水点。循环过程中蒸发损失水量由生产用水管网补充。为了保持水质稳定，系统设旁滤装置，引出部分循环水经过滤后再进入循环水池，采用无阀过滤器作旁滤过滤设备，并在系统中装设多功能电子水处理仪作为防垢、除垢等水质处理设施。旁滤器装置需定时冲洗，反冲洗水经隔油、混凝、沉淀处理后用于增湿塔喷水及磨机架体淋水，不外排。实现生产废水不外排。

（2）生活污水

厂区生活污水采用地埋式一体化污水处理设施处理，再经过滤、消毒处理用于增湿塔喷淋的补充水，少部分用于厂区绿化及道路洒水，生活污水不外排。一体化污水处理措施集初沉、接触氧化、二沉于一体，经处理后达到《污水综合排放标准》（GB 8978—1996）一级标准。生活污水处理流程见图 6-4。

图 6-4　生活污水处理工艺流程

6.1.5.3　噪声污染与控制

① 设备选购时，尽量选择低噪声设备，降低噪声源强。

② 高噪声设备安装时做隔声、减振处理；罗茨风机、空压机等产生空气动力性噪声的设备，在风管处安装消声器，余热发电放气阀设消声器；在生料磨、煤磨、石灰石破碎等厂房内设隔声

操作室，对易产生噪声的机械摩擦部位及时补加润滑剂，同时厂界修筑围墙隔声。

③ 在厂区周边种植绿化防护林带。

6.1.5.4　固体废弃物处理

水泥生产企业固体废物为废润滑油，作危废送有资质单位处置；脱硝工艺产生的废催化剂由厂家回收，收集的粉尘回用于水泥生产。

6.1.6　案例分析

6.1.6.1　工程概况

某水泥厂新建一条年产 120 万吨新型干法磷渣水泥生产线，年产熟料 77.5 万吨，年产磷渣硅酸盐水泥 121.19 万吨。

主要原料为石灰质原料、砂岩、磷渣（来源于某公司磷化工的工业副产品磷渣）、铁质原料（作铁质校正原料，来源于某磷肥厂硫酸渣）、石膏（作为水泥缓凝剂，来源于某肥业公司的磷石膏），燃烧系统的燃料来源于某煤矿的优质烟煤。工程原料配合比（干基）为石灰石∶砂石∶磷渣∶硫酸渣＝75.27%∶15.83%∶7.97%∶0.93%，水泥配合比为熟料∶磷渣∶石膏＝64%∶33%∶3%。产品方案为磷渣硅酸盐水泥（42.5 等级）100%；散装率 70%。技术方案为新型干法回转窑水泥生产工艺。

6.1.6.2　建设项目工艺流程

（1）原料、燃料储存

① 石灰石。石灰石自矿山有选择地搭配开采，由皮带运经单段锤式破碎机进行破碎，碎石经皮带机、提升机送入碎石库储存，多点下料起到简易均化的效果，再经胶带输送机、提升机送入碎石配料库。

② 砂岩。由汽车运输进厂的砂岩，先卸入堆棚进行风干、破碎。再经皮带机运入矩形预均化库。由侧式悬臂堆料机堆料。预均化堆场的砂岩由取料机取料后经胶带输送机送入砂岩配料库储存。

③ 硫酸渣。硫酸渣由汽车运入厂内储库储存，再经胶带输送机送入硫酸渣配料库储存。

④ 磷渣。磷渣由汽车运入厂内储库储存，自然风干脱水后经提升机送入磷渣配料库储存，作为水泥配料使用。

⑤ 原煤。由汽车运输进厂的原煤，可直接卸至煤卸车坑，也可卸入储库进行储存。原煤通过卸车坑下的胶带输送机送进矩形原煤预均化库。预均化库的原煤由取料机取料后经胶带输送机送至煤粉制备系统。

⑥ 石膏。成品石膏由汽车运入厂后储存于工厂库房，再由提升机送入石膏库储存。供水泥配料使用。

（2）生料粉磨

生料由石灰石、砂岩、磷渣、硫酸渣组成。石灰石、砂岩、磷渣、硫酸渣经配料库库底调速皮带秤配料后送入集烘干和粉磨、选粉于一体的立式磨系统进行粉磨。磨机烘干热源来自窑尾高温风机出来的废气，气体温度 300～320℃。

随气流出磨的合格生料由旋风除尘器收集下来后进行均化储存。从磨内排出的粗料经带式输送机、斗式提升机送回料仓，由电子皮带秤计量后回磨内重新粉磨。为保证立磨安全运转，在入磨带式输送机上设有金属探测器和除铁器。

系统采用外循环，降低立磨的循环风速，降低循环风量，降低原料制备的电耗，消除人工清渣工作。当回转窑停止运转或原料综合水分较高时，原料磨所用的烘干热源也可由热风炉补充高温热风。

（3）生料均化库及生料入窑喂料系统

设置一座连续式生料均化库，储存量为6400t。来自生料磨的生料及废气处理系统收集的颗粒物，经斗式提升机空气输送斜槽入库。当原料磨系统停运时，窑灰也可直接入窑。均化后的生料经库底卸料装置卸至带荷重传感器的喂料仓，生料经仓下流量控制阀卸出，由固体流量计计量，经空气输送斜槽、提升机送入窑尾预热器系统。

（4）煤粉制备

原煤仓中的原煤，经圆盘喂料机喂入磨内。出磨煤粉经动态选粉机选粉后，粗粉重新入磨，细粉入高浓度袋式除尘器进行收尘，收下的合格煤粉进入煤粉仓储存，仓下均设有煤粉计量转子秤，经计量后的煤粉由螺旋泵分别送至窑尾与窑头，废气出袋式除尘器后由风机排入大气。煤磨热源由篦冷机抽取，并设有热风炉作为后备热源，在停窑开磨时作为烘干热源。为保证安全生产，系统管道及仓顶、收尘器等处均设有防爆阀，收尘器和煤粉仓均设置了 CO_2 灭火装置。

（5）熟料烧成及废气处理

生料经提升机送入第一、二级旋风筒间的分格轮管喂入，依次经第一、二、三、四级旋风预热器预热后，出四级旋风预热器物料通过分料阀，一部分进入流态化炉进行预分解，另一部分进入 TD 炉。进入流态化炉煤粉和生料在炉内燃烧、预分解后，通过管道进入 TD 炉，未分解完全的生料和未燃尽的煤粉在 TD 炉内与窑尾出来的烟气混合，进一步燃烧、分解，进而完成整个燃烧、换热、分解过程，最后经第五级旋风筒气固分离后进入回转窑内煅烧。

储存于煤粉仓的煤粉，一部分经粉体喂料机、转子秤计量后由螺旋输送泵、多通道喷煤管将煤粉喷入窑内，多通道喷煤管采用高压离心式鼓风机吹送净风，煤粉由罗茨风机吹送。另一部分经粉体喂料机、转子秤计量后由螺旋泵送至窑尾流态化分解炉。

窑尾废气依次由下而上出一级旋风筒后，经高温风机，一部分作为原料磨烘干热源，另一部分经增湿塔增湿、降温、调质处理后与原料粉磨排出的废气汇合，送入袋式除尘器除尘净化，最后由排尘风机抽入烟囱排向大气。窑灰经链运机送入进生料均化库的提升机。原料磨停运时，窑尾预热器排出的废气全部通过增湿塔增湿、降温、调质处理后进入袋式除尘器。

（6）熟料冷却及储存

熟料冷却采用带有熟料破碎机的 TC1268 空气梁篦式冷却机。熟料冷却机排出的气体一部分作为二次风入窑，另一部分作为热源送入煤磨，其余废气进入袋式收尘器净化后由排风机经烟囱排入大气。出冷却机的合格熟料经板链式链斗输送机、熟料输送机送入熟料库进行储存；黄料经链板链斗输送机、熟料输送机送入储存，可在生产水泥时作为混合材搭配使用。

（7）水泥配料及输送

水泥调配设熟料库、石膏库，并分别设有定量给料机，按设定的比例出库的物料经胶带输送机送至水泥粉磨系统。

配料库顶设有袋式除尘器，收尘净化后的气体排入大气。

（8）水泥粉磨

磷渣由烘干机（使用系统余热，不燃煤）烘干后和熟料及石膏从库底卸出，经调速皮带秤计量后经皮带机、提升机分别送入水泥磨进行粉磨，出磨水泥由提升机提入 O-Sepa 选粉机进行选粉，粗粉经螺运机回磨头重新粉磨，水泥磨排出的气体进入 O-Sepa 高效选粉机，出选粉机的成品与气体一起进入气箱式脉冲袋式除尘器，收集下的水泥经空气输送斜槽、斗式提升机送至水泥圆库及散装库储存。

（9）水泥储存

水泥库设置水泥圆库用于储存水泥。水泥库底设有减压锥及充气装置，由罗茨风机供气。出库水泥经库底卸料装置、空气输送斜槽、提升机送往水泥包装及水泥散装。水泥库顶及库下均设有袋式除尘器，净化后的气体排入大气。

（10）水泥包装及成品库

来自水泥库的水泥经斗式提升机送入振动筛，筛分后的水泥入包装仓，然后由两台回转式八嘴包装机进行包装，袋装水泥成品由皮带机送入成品库后人工码堆存放待发出厂。散灰由螺运机、提升机返回包装系统。

（11）水泥散装

设散装库，每个库下均设一汽车散装机。

（12）空压机站

采用五台空气压缩机作为充气阀门、气控阀门、脉冲袋式除尘器、窑尾预热器及箅冷机吹堵等设备的气源，其中一台备用。

6.1.6.3 污染排放及治理措施

（1）颗粒物污染源分析

① 颗粒物有组织排放源分析。本工程设置各种收尘器共约35台（套），对有组织排放颗粒物进行处理，处理后的颗粒物排放情况见表6-2。拟建工程颗粒物有组织排放总量为167.89t/a。其中窑尾烟囱高80m，是整个生产线最大的颗粒物排放源，颗粒物排放量83.63t/a，颗粒物排放量占生产线有组织颗粒物排放总量的49.81%；其次是窑头烟囱，颗粒物排放量35.72t/a，颗粒物排放量占生产线有组织颗粒物排放总量的21.28%。

② 颗粒物无组织排放源分析。无组织排放主要产生于原燃料堆存和装卸，扬尘的大小与物料的粒度、相对密度、落差、湿度、风向、风速等诸因素有关。

a. 石膏汽车运进厂后，先入库堆存，再由铲车卸入破碎机破碎，装卸过程中下风1m处颗粒物浓度约为130mg/m³，估算源强约3.74kg/h。拟建工程石膏用量38610t/a，一卸一装按装载量10t，每次用时4min计，则产尘约0.97t/a。

b. 生料配料中的硫酸渣、砂岩、磷渣由汽车运输进厂后，卸入储库。据对同行业其他厂的调查，卸料时下风1m处颗粒物浓度约200mg/m³，排放源强约5.76kg/h，其物料总量779393t/a，每车装载量平均按15t计，每年运输约51960车次，每车卸车时间约1.5min，由此推算颗粒物无组织排放量约7.49t/a。

c. 原煤运进厂后卸入原煤储库，经带式输送机转运到原煤预均化库，其输送和预均化库设有袋式除尘器，不存在无组织排放，原煤仅在卸车时产生无组织排放。

原煤装卸起尘量采用下式计算：

$$Q = 0.03V^{1.6}H^{1.23}e^{-0.28W}G$$

式中　Q——煤场年起尘量，kg/a；

　　　H——煤炭装卸平均高度，m，取1.5m；

　　　G——年装卸煤量，t；

　　　W——煤的含水率，%；

　　　V——平均风速，m/s。

经计算，原煤卸车起尘量约6.07t/a。由以上估算，拟建工程水泥生产厂区主要无组织颗粒物排放点排放量合计为14.53t/a。其难以估算污染源排放量按30%计约4.36t/a，则厂区颗粒物无组织排放总量约18.89t/a。

表6-2　水泥厂有组织产尘点颗粒物排放情况

序号	车间工段名称	污染源 扬尘点	数量	污染物 种类	排放温度/℃	烟囱 直径/m	距地面高度/m	环境保护治理设备规格及名称	数量/台	治理前 处理风量①/(m³/h)	净化效率/%	含尘浓度①/(g/m³)	治理后 含尘浓度/(mg/m³)	允许排放浓度/(mg/m³)	颗粒物排放量 小时排放量/(kg/h)	年排放量/(t/a)	吨产品排放 实际排放量/(kg/t)	排放标准/(kg/t)
1	石灰石破碎	PC-2519单段锤式破碎机	1台	颗粒物	20	0.80	20	PPCD64-4气箱脉冲袋式除尘器	1	21474	99.98	70	13.04	30	0.28	0.23	0.0003	0.024
2	石灰石均化储存库	φ12m×26m	2座	颗粒物	20	0.45	35	HMC-96脉冲单机袋式除尘器	2	7433	99.90	20	18.63	30	0.14	0.11	0.0001	0.024
3	砂岩预均化	26m×75m×10m	1台	颗粒物	15	0.45	35	HMC-96脉冲单机袋式除尘器	1	7394	99.90	20	20.00	30	0.15	0.12	0.0002	0.024
4	原煤均化库	26m×75m×10m	1台	颗粒物	15	0.45	35	HMC-96脉冲单机袋式除尘器	1	5630	99.90	20	20.00	30	0.11	0.09	0.0001	0.024
5	原料配料库	φ8m×18m / φ8m×16m / φ6m×16m	3座 / 1座 / 1座	颗粒物	20	0.45	25	HMC-96脉冲单机袋式除尘器	5	18584	99.90	20	18.63	30	0.35	2.60	0.0034	0.024
6	生料均化库	φ15m×47m圆库	1座	颗粒物	20	0.75	65	LPM6A-180气震式袋式除尘器	1	10737	99.90	25	23.29	30	0.25	1.87	0.0024	0.024
				颗粒物	20	0.45	15	HMC-96脉冲单机袋式除尘器	1	3717	99.90	25	23.29	30	0.09	0.67	0.0008	0.024

典型工业生产与污染控制

续表

序号	车间工段名称	污染源 扬尘点	数量	污染物 种类	烟囱 排放温度/℃	烟囱 直径/m	烟囱 距地面高度/m	环境保护设施 环境保护治理设备规格及名称	数量/台	治理前 处理风量①/(m³/h)	治理前 净化效率/%	治理前 含尘浓度①/(g/m³)	治理后 含尘浓度/(mg/m³)	治理后 允许排放浓度/(mg/m³)	颗粒物排放量 小时排放量/(kg/h)	颗粒物排放量 年排放量/(t/a)	吨产品排放 实际排放量/(kg/t)	吨产品排放 排放标准/(kg/t)
7	熟料煅烧及废气处理	φ4.0m×60m 回转窑	1台	颗粒物	150	3.40	80	袋式除尘器	1	381023	99.95	80	29.50	50	11.24	83.63	0.1079	0.15
		TRM36 立式磨	1台	颗粒物														
8	熟料冷却	TC1268 篦冷机	1台	颗粒物	150	3.00	30	袋式除尘器	1	185934	99.80	20	25.80	50	4.80	35.7	0.0461	0.15
9	煤粉制备	φ3.2m×8.5m 风扫煤磨	1台	颗粒物	70	1.50	30	LPM2×7C 煤磨气震式袋式除尘器	1	57149	99.99	536	42.70	50	2.44	12.6	0.0163	0.15
10		熟料库 φ20m×40m	1座	颗粒物	50	0.80	45	HMC-96 脉冲单机袋式除尘器	5	3989	99.90	20	18.63	30	0.07	0.5	0.0006	0.024
		黄料库 φ10m×18m	1座	颗粒物		0.45	25			3989					0.07	0.5	0.0007	
		磷渣库 φ10m×18m	2座	颗粒物		0.45	25			7978					0.14	1.0	0.0013	
		石膏库 φ8m×16m	1座	颗粒物		0.45	25			3989					0.07	0.5	0.0007	
11	混合材烘干	φ3.2m×25m 回转式烘干机	1台	颗粒物	90	1.00	25	LPM8C-740 气震式袋式除尘器	1	32000	99.95	70	26.33	50	0.84	2.1	0.0017	0.024

续表

序号	车间工段名称	污染源		污染物		烟囱		环境保护设施					治理前	治理后		颗粒物排放量		吨产品排放	
		扬尘点	数量	种类	排放温度/℃	直径/m	距地面高度/m	环境保护治理设备规格及名称	数量/台	处理风量①/(m³/h)	净化效率/%	含尘①浓度/(g/m³)	含尘浓度/(mg/m³)	允许排放浓度/(mg/m³)	小时排放量/(kg/h)	年排放量/(t/a)	实际排放量/(kg/t)	标准/(kg/t)
12	水泥磨	φ4.2m×11m球磨机	2台	颗粒物	80	2.20	40	LPM2×8C气箱脉冲袋式除尘器	2	157678	99.996	792	24.50	30	3.86	20.0	0.0167	0.024
13	水泥储存库	φ15m×40m圆库	6座	颗粒物	20	0.50	46	HMC-96脉冲单机袋式除尘器	10	22300	99.98	20	18.63	30	0.42	3.2	0.0026	0.024
	水泥散装库	φ7m×18m圆库	4座			0.45	25			15956					0.28	2.1	0.0017	
14	包装车间	回转式八嘴包装机	2台	颗粒物	20	0.80	25	LPM5A-150气震式袋式除尘器	2	16684	99.95	40	18.64	30	0.31	0.3	0.0002	0.024
合计															25.91	167.9		

① 标准状况。

拟建工程颗粒物的有组织排放与无组织排放量总计为 186.78t/a，详见表 6-3。

表 6-3　水泥厂颗粒物排放量统计汇总表

排放方式	颗粒物排放量/(t/a)
有组织排放	167.89
无组织排放	18.89
合计	186.78

（2）废气污染源分析

拟建工程排放的废气中主要污染物为熟料煅烧产生的 SO_2、NO_2、氟化物和 Hg（工程不采用复合矿化剂技术，氟化物和 Hg 来自燃煤）。

① SO_2。烧成窑尾排放的 SO_2 主要由煤粉在窑内燃烧产生，由于熟料生产过程中有吸硫作用，当窑内温度在 800～1000℃时，燃料燃烧所产大部分 SO_2 被物料中的氧化钙和碱性氧化物吸收形成硫酸钙及亚硫酸钙等中间物质，吸硫率可高达 98％以上。本工程 SO_2 排放情况见表 6-4。

表 6-4　本工程熟料煅烧 SO_2、NO_x 和氟化物排放情况

项目		SO_2	NO_2	氟化物	Hg
排放浓度(标准状况)/(mg/m^3)		37.00	342.00	3.00	—
排放源强/(kg/h)		14.10	130.31	1.14	—
排放量/(t/a)		104.89	968.72	8.53	—
吨产品排放量/(kg/t)		0.13	1.25	0.011	—
GB 4915—2013 中的二级标准	排放浓度/(mg/m^3)	200.00	400.00	5.00	0.05
	吨产品排放量/(kg/t)	0.60	2.40	0.015	—

② NO_2。水泥厂排放的 NO_2 主要产生于窑内高温煅烧过程，其排放量与煅烧温度、空气含氧量和反应时间有关，窑内煅烧温度越高，氧气浓度越大，反应时间越长，生成的 NO_2 气体就越多。拟建工程采用窑外分解技术，把 50％～60％的燃料从窑内高温带转移到温度较低的分解炉内燃烧，并采取 NCR 或 SNCR 等脱硝技术，可对氮氧化物有一定去除效果（去除率 30％～50％），因而 NO_2 的生成量较低，经计算拟建工程 NO_2 排放情况见表 6-4。

③ 氟化物。水泥原料中的氟含量一般很低，如石灰石中含氟（质量分数）仅为 0.01％～0.06％，燃料煤含氟与煤产地有关，研究结果表明，氟可结合在熟料中，回转窑氟的溢出率仅为 2％，烟气再经增湿塔和布袋除尘器净化后，浓度很低，类比水泥行业计算拟建工程氟化物排放情况见表 6-4。

由表 6-4 可见，拟建工程废气中 SO_2、NO_2 和氟化物的排放浓度、吨产品排放量均符合《水泥工业大气污染物排放标准》（GB 4915—2013）中的标准限值要求。

（3）废水

生产系统不直接产生废水，主要是回转窑、各类磨机、空压机和部分仪表等的高温、高速运转设备需要的间接冷却水，冷却水作为热交换介质，不与原燃料及产品接触，水质变化不大，循环冷却水系统排水 120t/d，经隔油、沉砂处理后循环利用。工程产出的污水主要为生活污水和实验室废水，产生量为 60.0t/d。

废水经生活污水处理站进行处理后回用，不对外排放污水。污水中主要含 SS、COD_{Cr}、BOD_5、氨氮等污染物。据生物接触氧化法污水处理设施资料及类比现有水处理设施的运行效果，处理后水质符合《污水综合排放标准》（GB 8978—1996）中一级标准：pH 为 6～9、悬浮物

70mg/L、COD 100mg/L、BOD₅ 20mg/L、氨氮 15mg/L，处理后的水回用至增湿塔。本工程废水污染物产生量见表 6-5。

表 6-5 本工程废水污染物产生量表

污水来源	污水量/(t/d)	CODcr/(mg/L)	氨氮/(mg/L)	BOD₅/(mg/L)	SS/(mg/L)
生活污水	36	300	25	200	200
实验室废水	24	50	13	75	200
混合废水	60	200	20	150	200
产生量/(t/d)	60	0.012	0.0012	0.009	0.012
治理效果	处理后水质符合《污水综合排放标准》(GB 8978—1996) 中一级标准回用，不对外排放污水				

（4）噪声

水泥生产线噪声主要来自各种破碎机、磨机、风机、空压机、包装机、水泵及运输车辆等，类比同类工程，设备运转噪声强度一般在 80～120dB（A）之间。本工程主要设备噪声强度、处理措施及处理效果见表 6-6。

表 6-6 生产装置主要噪声设备表

设备名称	噪声级/dB(A)	设备名称	噪声级/dB(A)
破碎机	80～105	原料磨机	90～95
煤磨	100～105	空压机	100～120
水泥磨	95～105	包装机	95～105
冷却塔	70～75	电力变压器	70～80
处理工艺	产生噪声设备进出口安装消声器，设备基础设置隔振垫，在噪声危害严重的岗位设置隔声操作室等降噪措施		
处理效果	厂界达到《工业企业厂界环境噪声排放标准》2 类		

（5）磷渣的放射性分析

水泥作为建筑的主体材料，被列为强制放射性监控对象。根据《建筑材料放射性核素限量》(GB 6566—2010)，当建筑主体材料天然放射性核素镭 266、钍 232、钾 40 的放射性比活度同时满足 I_{Ra}≤1.0 和 I_r≤1.0 时，其产销和使用范围不受限制。

本工程所使用磷渣放射性检测结果见表 6-7。由表可见，本工程产品产销与使用范围不受限制。

表 6-7 本工程使用磷渣放射性检测结果

物料名称	I_{Ra}（内照射指数）	I_r（外照射指数）	检测结论
磷渣	0.9	0.9	I_{Ra}≤1.0 和 I_r≤1.0 满足 GB 6566—2010 规定

6.2 陶瓷工业

6.2.1 概述

陶瓷工业是指原料经过制备、成型、烧成等过程而制成各种陶瓷制品的工业，其制品主要包括建筑陶瓷、卫生陶瓷、特种陶瓷、日用陶瓷、陈设艺术陶瓷、园艺陶瓷和其他陶瓷等。建筑陶瓷指用于建筑物饰面、构件与保护建筑物、构筑物的板状或块状陶瓷制品；卫生陶瓷指用于卫生设施的有釉陶瓷制品；特种陶瓷指用于工业等部门的陶瓷材料总称，主要包括电工陶瓷和化工陶瓷等；日用陶瓷和陈设艺术陶瓷指供日常生活使用或具有艺术欣赏和珍藏价值的各类陶瓷制品。在所有陶瓷中，建筑陶瓷使用量最大。建筑陶瓷用于建筑的内、外墙及地面装饰或耐酸腐蚀的陶瓷材料（不论是否涂釉），以及应用于水道、排水沟的陶瓷管道及配件。建筑陶瓷产品分为釉面砖、瓷质砖、地砖、耐酸砖、建筑用琉璃制品及陶瓷管。根据《国民经济行业分类》（GB/T 4754—2017），陶瓷制品制造业的代码为 C307。

我国的建筑陶瓷产业在近十几年的时间里得到了快速发展，凭借内外部的发展优势与机遇，已成为世界建筑陶瓷的生产和消费大国，全球过半的建筑陶瓷产自我国，如 2015～2020 年，我国建筑陶瓷出口年均总额为 432 亿～474 亿元，而相对出口来说进口陶瓷总额较少（52 亿～93 亿元），由此可见我国建筑陶瓷在国际上占据了重要的地位。我国建筑陶瓷产区覆盖了大部分地区，其中以广东、山东等地区最具代表性，不少地区形成了独具特色的建筑陶瓷集群。

6.2.2　生产成分与原理

陶瓷原料包括高岭土、黏土、瓷石、瓷土、着色剂、青花料、石灰釉、石灰碱釉等。高岭土陶瓷原料，是一种主要由高岭石组成的黏土。其化学实验式为：$Al_2O_3 \cdot 2SiO_2 \cdot 2H_2O$，质量占比依次为：39.50%、46.54%、13.96%。纯净高岭土为致密或疏松的块状，外观呈白色、浅灰色。被其他杂质污染时，可呈黑褐、粉红、米黄色等，具有滑腻感，易用手捏成粉末，煅烧后颜色洁白，耐火度高，是一种优良的制瓷原料。瓷土原料由高岭土、长石、石英等组成，主要成分为二氧化硅和三氧化二铝，并含有少量氧化铁、氧化钛、氧化钙、氧化镁、氧化钾和氧化钠等。它的可塑性能和结合性能均较高，耐火度高，是被普遍使用的制瓷原料。

6.2.3　陶瓷生产工艺流程

陶瓷生产工艺流程主要包括原料制备、成型、烧成和后加工等工序。常见的成型工艺包括干压成型、可塑成型和注浆成型。干压成型的建筑陶瓷后加工工序包括烧成后制品切割、磨边和表面抛光。陶瓷生产原料主要包括长石类、石英类和黏土类矿物原料，以及少量钙镁质等矿物原料和化工原料。建筑陶瓷生产能源种类主要包括发生炉煤气、水煤浆、煤粉和天然气，其他陶瓷生产用能源种类主要包括天然气、液化石油气和电能。

陶瓷生产过程中，烧成工序窑炉、烤花工序窑炉和喷雾干燥工序喷雾干燥塔产生烟气污染物，湿法备料和成型工序产生无组织排放；湿法备料、喷雾干燥、后加工等工序产生生产废水；全工艺流程均产生固体废物和噪声。典型生产流程和主要产污点节见图 6-5～图 6-7。

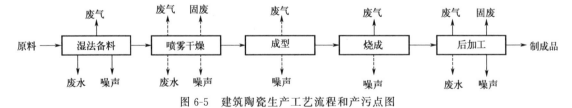

图 6-5　建筑陶瓷生产工艺流程和产污点图

图 6-6　日用陶瓷和陈设艺术陶瓷生产工艺流程和产污点图

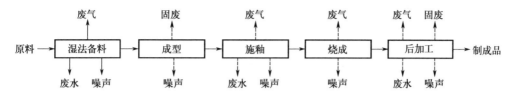

图 6-7 卫生陶瓷生产工艺流程和产污点

6.2.4 陶瓷生产污染分析与控制

6.2.4.1 废气污染控制

（1）废气来源与特征

主要有烧成和烤花过程中辊道窑、隧道窑和梭式窑等陶瓷工业窑炉排放窑炉烟气，产生的大气污染物主要包括颗粒物、二氧化硫（SO_2）、氮氧化物（NO_x）、氯化物、氟化物、铅及其化合物、镉及其化合物和镍及其化合物；建筑陶瓷和特种陶瓷工业喷雾干燥过程中排放喷雾干燥塔烟气，产生的大气污染物主要包括颗粒物、SO_2 和 NO_x。窑炉烟气和喷雾干燥塔烟气污染物中的颗粒物、SO_2 和 NO_x 初始排放浓度常见范围见表 6-8。

表 6-8 陶瓷工业窑炉烟气污染物排放初始浓度常见范围　　单位：mg/m^3

行业类别	燃料	窑型	颗粒物	SO_2	NO_x
有喷雾干燥工序的建筑陶瓷和有喷雾干燥工序的特种陶瓷工业企业	天然气、液化石油气、煤层气、焦炉煤气	辊道窑	50～100	50～300	90～250
	发生炉煤气	辊道窑	50～200	70～600	90～250
卫生陶瓷、日用陶瓷、陈设艺术陶瓷、非干压成型的建筑陶瓷和非干压成型的特种陶瓷工业企业	天然气、液化石油气、煤层气、焦炉煤气	隧道窑、梭式窑、辊道窑等	5～30	10～50	30～180（一般<100）

陶瓷生产过程中的无组织排放主要来源包括原料制备和成型工序。采用干压成型的建筑陶瓷工业企业的无组织排放主要来源还包括粉料制备工序和干法切割、磨边及表面抛光等后加工工序。

（2）大气污染治理

① 颗粒物污染治理。袋式除尘技术：适用于陶瓷原料制备、干压成型、修坯和后加工等工序产生的颗粒物以及喷雾干燥塔烟气中颗粒物的捕集。因喷雾干燥塔烟气具有含湿量较大、有腐蚀性、启塔和洗塔操作过程中温度波动范围大（80～250℃）、高浓度颗粒物（8000～12000mg/m³）对滤料磨损大等特点，袋式除尘器宜选用耐酸、耐腐蚀、耐磨损及经防水处理的滤料。喷雾干燥塔烟气颗粒物治理采用袋式除尘器有以下特点：运行温度通常小于250℃，且根据夏冬季以及南北方差异，一般高于烟气露点温度10℃或15℃以上；当采用化纤滤料时，过滤风速一般为 0.8～1.0m/min，除尘器的系统阻力通常小于1500Pa，除尘器出口颗粒物浓度通常小于 20mg/m³。

湿式电除尘技术：适用于湿法脱硫系统或喷淋除尘系统后的烟气深度治理，具有协同脱除 SO_3 和气溶胶的作用。湿式电除尘器内部应具备良好的防腐蚀措施。入口颗粒物浓度一般宜控制

在 $30\sim60mg/m^3$，出口颗粒物排放浓度通常小于 $10mg/m^3$。

其他除尘技术：其他除尘技术包括旋风除尘、水膜除尘和喷淋除尘技术。旋风除尘可用于喷雾干燥塔烟气初级除尘以回收大颗粒物料，水膜除尘技术适用于卫生陶瓷、日用陶瓷、陈设艺术陶瓷喷釉工序颗粒物治理，喷淋除尘技术通常用于湿法脱硫处理后对排放前的烟气降尘。

② 烟气脱硫技术。

a. 石灰-石膏湿法脱硫技术：适用于陶瓷工业喷雾干燥塔烟气和连续性生产的窑炉烟气 SO_2 治理。陶瓷工业石灰-石膏法脱硫技术的主要特点为：当烟气在脱硫装置中的停留时间大于 4s、钙硫比（摩尔比）在 $1.0\sim1.1$、系统阻力小于 1200Pa 的条件下，脱硫率一般不小于 95%，出口 SO_2 浓度通常不超过 $20mg/m^3$，对颗粒物、氯化物、氟化物和重金属及其化合物有协同治理效果，出口颗粒物浓度通常不超过 $30mg/m^3$。

b. 钠碱法湿法脱硫技术：适用于窑炉烟气和喷雾干燥塔烟气 SO_2 治理。脱硫剂通常采用纯碱或烧碱。当吸收液 pH 值在 $6\sim7$ 之间和烟气停留时间大于 4s 的条件下，脱硫率通常不小于 95%，出口 SO_2 浓度通常不超过 $20mg/m^3$，对颗粒物、氯化物、氟化物和重金属及其化合物有协同治理效果，出口颗粒物浓度通常不超过 $30mg/m^3$。含钠盐的脱硫废水可适度加入到生料球磨机进行利用，但存在运行维护成本较高、浆液池占地面积大等问题。

c. 烟气循环流化床半干法脱硫技术：适用于窑炉烟气和喷雾干燥塔烟气联合治理组合技术，具有能协同除尘和无废水产生等特点。烟气循环流化床半干法脱硫系统应配置袋式除尘装置。陶瓷工业烟气循环流化床半干法脱硫技术的主要特点是入口烟气温度一般控制在 160℃ 以下，当吸收塔内烟气流速在 $4\sim6m/s$、袋式除尘器过滤风速小于 $0.8m/min$ 的条件下，脱硫率可达 $80\%\sim95\%$，出口 SO_2 浓度通常不超过 $20mg/m^3$，出口颗粒物浓度通常不超过 $20mg/m^3$，对氯化物、氟化物和重金属及其化合物有协同治理效果。

③ 氮氧化物治理技术。选择性非催化还原（SNCR）脱硝技术主要适用于喷雾干燥塔配备的热风炉烟气 NO_x 治理。喷雾干燥塔 SNCR 脱硝效率通常大于 50%，出口 NO_x 浓度通常不超过 $100mg/m^3$。脱硝还原剂对陶瓷产品和窑炉有负面影响，如对窑炉烟气进行 NO_x 治理，宜将烟气引出到窑外进行脱硝。

④ 窑炉烟气治理组合技术。

a. 窑炉烟气湿法脱硫（石灰-石膏法或钠碱法）协同除尘技术：适用于不采用脱硝技术即可实现稳定达标排放的陶瓷工业窑炉烟气治理。窑炉烟气经湿法脱硫后排放，湿法脱硫后可选配喷淋除尘。脱硫率通常不小于 95%，除尘率通常不小于 50%，对氯化物、氟化物和重金属及其化合物有协同治理效果。

b. 窑炉烟气湿法多污染物协同控制技术：适用于以发生炉煤气为燃料的陶瓷工业窑炉烟气治理。窑炉烟气在吸收设备中与含有钙基脱硫剂和尿素等成分的复合吸收剂浆液发生作用，去除 SO_2、NO_x 等污染物后排放。湿法多污染物协同控制技术的特点是：当液气比不小于 $3L/m^3$、吸收液 pH 值在 $6\sim7$ 之间和烟气停留时间不小于 4s 的条件下，脱硝率通常大于 50%，脱硫率一般不小于 95%，对颗粒物、氯化物、氟化物和重金属及其化合物有协同治理效果。

⑤ 喷雾干燥塔烟气治理组合技术。

a. 喷雾干燥塔热风炉 SNCR 脱硝＋喷雾干燥塔烟气袋式除尘＋湿法脱硫（石灰-石膏法或钠碱法）协同除尘组合技术：适用于必须采用脱硝、脱硫和除尘技术才可实现稳定达标排放的喷雾干燥塔烟气治理，喷雾干燥塔配备的热风炉采用水煤浆或发生炉煤气为燃料。喷雾干燥塔热风炉烟气经 SNCR 脱硝，喷雾干燥塔烟气经袋式除尘和湿法脱硫后排放，其中袋式除尘前可选配旋风除尘，湿法脱硫后可选配喷淋除尘。出口颗粒物浓度通常在 $15\sim30mg/m^3$ 之间，出口 SO_2 浓度通常不超过 $20mg/m^3$，出口 NO_x 排放浓度通常在 $60\sim100mg/m^3$ 之间。

　　b. 喷雾干燥塔烟气袋式除尘＋湿法脱硫（石灰-石膏法或钠碱法）协同除尘组合技术：适用于必须采用除尘和脱硫技术才可实现稳定达标排放的喷雾干燥塔烟气治理，喷雾干燥塔配备的热风炉采用水煤浆或发生炉煤气为燃料，且热风炉采用低氮燃烧技术等大气污染预防技术。喷雾干燥塔烟气经袋式除尘和湿法脱硫后排放。袋式除尘前可选配旋风除尘，湿法脱硫后可选配喷淋除尘。出口颗粒物浓度通常在 $15\sim30\mathrm{mg/m^3}$ 之间，出口 SO_2 浓度通常不超过 $20\mathrm{mg/m^3}$。

　　c. 喷雾干燥塔烟气袋式除尘＋喷淋除尘组合技术：适用于只采用除尘技术即可实现稳定达标排放的喷雾干燥塔烟气治理，喷雾干燥塔配备的热风炉采用天然气为燃料或链条式热风炉采用低硫煤煤粉为燃料，且热风炉采用低氮燃烧技术等大气污染预防技术。喷雾干燥塔烟气经袋式除尘和喷淋除尘后排放，其中袋式除尘前可选配旋风除尘。出口颗粒物浓度通常在 $15\sim30\mathrm{mg/m^3}$ 之间。

　　d. 喷雾干燥塔烟气旋风除尘＋喷淋除尘＋湿式电除尘组合技术：适用于只采用除尘技术即可实现稳定达标排放的喷雾干燥塔烟气治理，喷雾干燥塔配备的链条式热风炉采用低硫煤煤粉为燃料，且热风炉采用低氮燃烧技术等大气污染预防技术。喷雾干燥塔烟气经旋风除尘、喷淋除尘和湿式电除尘处理后排放，出口颗粒物浓度通常在 $10\sim25\mathrm{mg/m^3}$ 之间。

　　⑥ 窑炉烟气和喷雾干燥塔烟气联合治理组合技术。当大气污染排放口数量受限制、需要采用循环流化床半干法脱硫和需要共用包括湿法脱硫设施、湿式电除尘环保设施情况下，有喷雾干燥工序的建筑陶瓷和有喷雾干燥工序的特种陶瓷工业企业可采用窑炉烟气和喷雾干燥塔烟气联合治理组合技术。采用低氮燃烧的喷雾干燥塔热风炉可不配 SNCR 脱硝治理设施。

　　a. 喷雾干燥塔热风炉 SNCR 脱硝＋喷雾干燥塔烟气袋式除尘＋窑炉烟气与喷雾干燥塔烟气湿法脱硫（石灰-石膏法或钠碱法）协同除尘组合技术：适用于窑炉烟气和喷雾干燥塔烟气集中排放的陶瓷工业企业烟气治理。喷雾干燥塔热风炉烟气经 SNCR 脱硝，喷雾干燥塔烟气经袋式除尘，喷雾干燥塔烟气和窑炉烟气进行集中湿法脱硫后排放。其中袋式除尘前可选配旋风除尘，湿法脱硫后可选配喷淋除尘。出口颗粒物浓度通常在 $15\sim30\mathrm{mg/m^3}$ 之间，出口 SO_2 浓度通常不超过 $20\mathrm{mg/m^3}$，出口 NO_x 排放浓度通常在 $60\sim100\mathrm{mg/m^3}$ 之间，对氯化物、氟化物和重金属及其化合物有协同治理效果。

　　b. 喷雾干燥塔热风炉 SNCR 脱硝＋喷雾干燥塔烟气袋式除尘＋窑炉烟气与喷雾干燥塔烟气湿法脱硫（石灰-石膏法或钠碱法）协同除尘技术＋湿式电除尘组合技术：适用于窑炉烟气和喷雾干燥塔烟气集中排放的陶瓷工业企业烟气治理，通常为共用湿法脱硫设施和湿式电除尘设施以达到颗粒物深度减排。喷雾干燥塔热风炉烟气经 SNCR 脱硝，喷雾干燥塔烟气经袋式除尘，喷雾干燥塔烟气和窑炉烟气进行集中湿法脱硫和湿式电除尘后排放。其中喷雾干燥塔烟气袋式除尘前可选配旋风除尘。出口颗粒物浓度通常不超过 $10\mathrm{mg/m^3}$，出口 SO_2 浓度通常不超过 $20\mathrm{mg/m^3}$，出口 NO_x 排放浓度通常在 $60\sim100\mathrm{mg/m^3}$ 之间，对氯化物、氟化物和重金属及其化合物有协同治理效果。

　　c. 喷雾干燥塔热风炉 SNCR 脱硝＋喷雾干燥塔烟气旋风除尘＋窑炉烟气与喷雾干燥塔烟气循环流化床半干法脱硫协同除尘组合技术：适用于采用循环流化床半干法脱硫的陶瓷工业企业烟气治理。喷雾干燥塔热风炉烟气经 SNCR 脱硝，喷雾干燥塔烟气经旋风除尘，喷雾干燥塔烟气和窑炉烟气集中进行循环流化床半干法脱硫和袋式除尘。其中旋风除尘与半干法脱硫之间可选配袋式除尘。出口颗粒物浓度通常在 $10\sim20\mathrm{mg/m^3}$ 之间，出口 SO_2 浓度通常不超过 $20\mathrm{mg/m^3}$，出口 NO_x 排放浓度通常在 $60\sim100\mathrm{mg/m^3}$ 之间，对氯化物、氟化物和重金属及其化合物有协同治理效果。

6.2.4.2 废水污染控制

（1）废水来源及特征

陶瓷生产废水主要包括原料制备工序产生的含泥废水和含釉废水。建筑陶瓷生产废水还包括陶瓷砖后加工废水和脱硫废水。陶瓷生产废水污染物主要包括悬浮物（SS）、化学需氧量（COD_{Cr}）、五日生化需氧量（BOD_5）、氨氮和石油类等。

（2）废水控制措施

① 含泥和含釉废水处理技术。陶瓷工业企业含泥废水和含釉废水宜分类回收，适当就地回用或采用絮凝沉淀处理工艺，沉淀物经压滤脱水后回收利用，废水经处理后可循环利用。

② 陶瓷砖后加工废水治理技术。陶瓷砖后加工废水一般采用絮凝沉淀处理工艺，沉淀物经压滤脱水后回收利用，废水经处理后可循环利用。

③ 脱硫废水治理技术。湿法脱硫废水可进入集中废水处理站处理，处理后的废水可循环利用。

6.2.4.3 固体废物综合利用和处置

（1）固体废物来源及特征

陶瓷生产过程产生的一般固体废物主要包括原料制备等工序产生的废泥、废釉料和煤灰渣，成型工序产生的废坯和废石膏模具，烧成工序产生的废耐火材料和废窑具，烧成和后加工工序产生的抛光废渣、废砖和废瓷，以及烟气脱硫设施产生的脱硫固废。陶瓷生产过程产生的危险废物主要包括使用油墨和有机溶剂过程中产生的废物、煤气生产过程中产生的煤焦油和含酚废水。

（2）资源化利用技术

① 废泥、废坯、废釉料、废砖、废瓷经分类收集处理后利用；

② 生产废水处理站沉淀物经压滤脱水后可回到原料制备系统利用；

③ 外排废瓷可用于生产发泡陶瓷、透水砖等陶瓷制品；

④ 废匣钵、棚板等窑具和废耐火材料可由相应材料的供应或使用企业回收利用；

⑤ 废石膏模具主要用作水泥缓凝剂或制作石膏板；

⑥ 煤灰渣主要用于生产烧结砖、蒸压砖及加气混凝土砌块；

⑦ 建筑陶瓷砖抛光等后加工废渣泥可用作发泡陶瓷、轻质陶瓷砖和陶粒等生产原料。

（3）安全处置措施

① 陶瓷工业企业使用油墨和有机溶剂过程中产生的废物和煤气生产过程中产生的煤焦油等属于《国家危险废物名录》所列危险废物，以及根据国家规定的危险废物鉴别标准和鉴别方法认定的具有危险特性的固体废物，企业必须按照国家有关规定处置危险废物或委托有相关资质的单位进行处置。贮存、转移和处置应满足《危险废物贮存污染控制标准》（GB 18597—2023）及其 2013 年修改单及其他国家有关危险废物管理规定。

② 无法进行资源化利用的一般固体废物的贮存和处置，应满足《一般工业固体废物贮存和填埋污染控制标准》（GB 18599—2020）的相关规定要求。

6.2.4.4 噪声治理

陶瓷生产过程产生的噪声主要来源于运转的设备设施，包括物料破碎设备、球磨机、窑炉风机和空压机。建筑陶瓷生产过程产生的噪声来源还包括干压成型工序的压机和后加工工序的磨边机和抛光机。企业规划布局宜使主要噪声源远离厂界和噪声敏感点。陶瓷工业企业主要的降噪措施包括减振、隔声和消声。

6.2.5　案例分析

6.2.5.1　项目概况

某公司 5D 立体彩喷陶瓷生产项目属于新建项目。建设规模共有两条生产线，年产 5D 立体彩喷陶瓷 $2000 \times 10^4 \, m^2$。项目占地 260 亩（用地属于站街工业园建设用地），建设内容包括原料加工车间、成型车间、烧成车间、抛光车间、污水处理系统、煤气发生炉、配套辅助生产设施（纸箱、熔块、腰线生产线）、成品仓库、食堂、职工宿舍、办公楼等。

6.2.5.2　建设项目工程分析

陶瓷生产过程单元包括两段式煤气发生炉、辊道窑、喷雾干燥塔、干燥器、熔块炉、烧花窑、原料仓库等。

（1）煤气发生炉

两段式煤气发生炉系统，生产过程可分为制气阶段和净化阶段。本工程共有两套煤气发生炉，每套配置两台 $\phi 3.6m$ 煤气发生炉，两段式煤气发生炉无煤气储气柜。

① 制气阶段：由液压加煤阀加入到炉内的煤先经过由气化段上升的煤气逐渐加热，进行干燥、干馏，析出挥发分，干燥、干馏过程生成的干馏煤气由顶部煤气管道引出，其特点是温度低，并含有大量焦油。煤炭经过干燥干馏形成半焦后下移进入高温气化阶段，经过系列氧化还原反应，生成以 CO、H_2 为主要可燃成分的气化煤气，其特点是温度高，含有粉尘而基本不含焦油。其中一部分经中心管和四周的耐火砖通道引出形成底部煤气，另一部分经干馏段，同干馏煤气混合由顶部引出形成顶部煤气。

② 净化阶段：顶部煤气进入电捕焦油器捕焦后进入洗涤间冷器，对轻质焦油和水进一步析出处理。底部煤气进入旋风除尘器除尘后，经强制风冷器冷却，随之与顶部煤气混合进入间冷器冷却后进入电捕轻油器捕除轻质焦油，经充分净化冷却后直接进入煤气加压机送入用户车间。

（2）陶瓷生产线

陶瓷生产过程中首先要制备坯料，把小块状原料按一定配料比进行混合，然后输入球磨机采用湿法粉磨，把磨好的浆过筛后抽入高位浆池内进行搅拌。搅拌均匀的浆液由高压泵送入喷雾干燥塔内雾化，把链条炉产生的热风送入喷雾干燥塔内对泥浆进行干燥而制得粉料，粉料经压机压制成型。成型后的坯砖通过自动进砖机送入辊道窑干燥；配置好的釉水原料经配料后进入球磨机进行研磨，釉浆达生产要求后进浆池备用。经干燥后的砖坯由自动出砖机输出，冷却检选后进入多功能全自动施釉线。施釉原料经湿式球磨机球磨后，经过过筛和釉浆贮存后、进入施釉印花工序，施釉的半成品，由施釉线进入主窑炉。施釉工序产生的废水，经收集后，送到原料球磨机作为补充水。出窑后的成品经冷却检测后包装入库。

总体工艺流程及排污节点见图 6-8，纸箱及熔块工艺流程见图 6-9 及图 6-10。

6.2.5.3　污染排放及治理措施

陶瓷企业污染排放及治理措施见表 6-9。

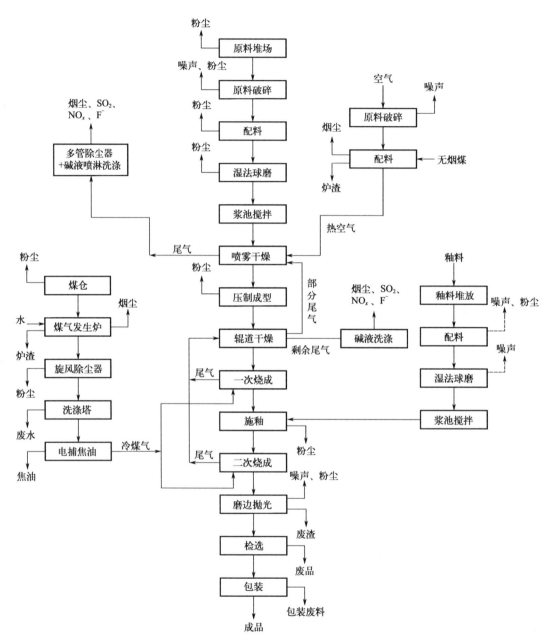

图 6-8 生产工艺流程及排污节点图

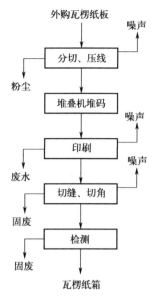

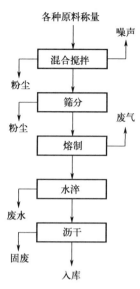

图 6-9 纸箱生产工艺流程及排污节点图 　　图 6-10 熔块生产工艺流程及排污节点图

表 6-9　本工程污染物排放及治理措施

类别	排放源	污染物名称	处理前浓度及产生量	治理措施	排放浓度及排放量
废气污染物	煤气发生炉	SO₂、烟尘、NO$_x$、CO 等	少量	打开煤气放散管，在放散管上装有火炬，排放的废气可点燃后燃烧	少量
		粉尘	烟气量：5000m³/h 1000mg/m³（5.0kg/h）	布袋除尘器处理	烟气量：5000m³/h 20mg/m³（0.1kg/h）
	喷雾干燥塔	烟尘、氟化物、SO₂、NO$_x$	烟气量：2×80000m³/h 烟尘：1050mg/m³（168kg/h） F⁻：6.5mg/m³（1.04kg/h） SO₂：680mg/m³（108.8kg/h） NO$_x$：140mg/m³（22.4kg/h）	采用多管除尘＋碱液喷淋洗涤	烟气量：2×80000m³/h 烟尘：21mg/m³（3.36kg/h） F⁻：1.0mg/m³（0.16kg/h） SO₂：85mg/m³（13.6kg/h） NO$_x$：112mg/m³（17.9kg/h）
	熔块炉及烧花炉尾气	烟尘、SO₂、NO$_x$	烟气量：9000m³/h 烟尘：160mg/m³（0.72kg/h） SO₂：100mg/m³（0.9kg/h） NO$_x$：230mg/m³（1.62kg/h）	碱性水膜脱硫除尘	烟气量：9000m³/h 烟尘：20mg/m³（0.18kg/h） SO₂：80mg/m³（0.72kg/h） NO$_x$：180mg/m³（1.62kg/h）

类别	排放源	污染物名称	处理前浓度及产生量	治理措施	排放浓度及排放量
废气污染物	辊道窑	烟尘、氟化物、SO_2、NO_x	烟气量:$2\times20000m^3/h$ 烟尘:$80mg/m^3$($3.2kg/h$) F^-:$30mg/m^3$($1.2kg/h$) SO_2:$100mg/m^3$($4.0kg/h$) NO_x:$260mg/m^3$($10.4kg/h$)	碱液洗涤	烟气量:$2\times20000m^3/h$ 烟尘:$24mg/m^3$($0.96kg/h$) F^-:$2.25mg/m^3$($0.09kg/h$) SO_2:$40mg/m^3$($1.6kg/h$) NO_x:$210mg/m^3$($8.4kg/h$)
	原料破碎、配料	粉尘	烟气量:$8000m^3/h$ $800mg/m^3$($6.4kg/h$)	布袋除尘器处理	烟气量:$8000m^3/h$ $16mg/m^3$($0.13kg/h$)
	抛光工序	粉尘	烟气量:$20000m^3/h$ 粉尘:$1000mg/m^3$ ($20.0kg/h$)	布袋除尘器处理	烟气量:$20000m^3/h$ 粉尘:$20mg/m^3$($0.4kg/h$)
	食堂油烟	油烟	油烟:$7.8mg/m^3$ 油烟量:$0.38t/a$	油烟净化器处理后引至楼顶排放	油烟:$1.2mg/m^3$ 油烟量:$0.058t/a$
废水污染物	煤气发生炉冷凝水	酚类、氰化物、焦油、悬浮物、硫化物和氨氮等	废水量:$18m^3/d$ 含酚量:$8500\sim10000mg/L$	返回球磨机作为补充水	不外排
	煤气发生炉洗涤水	SS、酚类、氰化物、焦油	废水量:$20m^3/d$	沉淀、降温、隔油	不外排
	煤气发生炉间接冷却水	热量	—	冷却后循环利用	0
	陶瓷生产线废水	SS、COD	废水量:$80m^3/d$ SS:$1000mg/L$($80.0kg/d$) COD:$800mg/L$($64.0kg/d$)	格栅+旋转型反应器+沉淀池	0
	食堂、宿舍及办公楼	生活污水	废水量:$94.3m^3/d$ SS:$200mg/L$($18.86kg/d$) BOD_5:$150mg/L$($14.15kg/d$) COD:$300mg/L$($28.29kg/d$) NH_3-N: $30mg/L$($2.83kg/d$) 磷酸盐:$2.97mg/L$($0.28kg/d$)	食堂废水经隔油处理后与办公及宿舍废水一起经化粪池预处理后进入厂区地埋式一体化污水处理设施处理后回用	不外排
	地坪冲洗	冲洗废水	废水量:$3.6m^3/d$ SS:$800mg/L$($1.1kg/d$) 少量油类	经二级沉淀后进入清水池循环使用	不外排

类别	排放源	污染物名称	处理前浓度及产生量	治理措施	排放浓度及排放量
固体废物	食堂、宿舍及办公楼	生活垃圾	164.5t/a	日产日清,运至生活垃圾卫生填埋场填埋	164.5t/a
	煤气发生炉、热风炉	电捕焦油	200t/a	外售	不外排
	煤气发生炉、热风炉	炉渣	7500t/a	外售做建材	
		除尘灰	45t/a		
		收集粉尘	58.8t/a		
		脱硫石膏	2000t/a		
	陶瓷生产线	抛光切边、压机废料及次品	2160t/a	全部回用于生产工序做原料	
	包装	废料	2t/a	由废品回收站回收	
	机械维修车间	废机油	1.0t/a	设置危废暂存间集中收集后定期交有资质单位处置	1.0t/a(处置量)
	污水处理设施	污泥	100t/a	污泥送生活垃圾填埋场填埋	100t/a(堆存量)

6.3 节能减排

6.3.1 水泥生产节能减排

"十四五"时期是我国建材行业提高质量、创新发展、实现碳达峰和碳中和目标的重要时期。水泥行业是我国二氧化碳排放的重点行业,实现低碳减排十分重要。水泥行业通过改进生产工艺、加强能源消耗管理、使用替代原燃料、余热发电、水泥窑协同处置固体废物、实行水泥行业强制性清洁生产、提高熟料质量和产品合格率等节能环保技术改造减少碳排放。

6.3.1.1 推广节能技术和污染防治技术

通过水泥生产线球磨机粉磨改造,把进球磨机钢球粒径控制在 2mm 以下,并对球磨机内部衬板、隔仓及分仓长度和研磨体级配进行优化改进,有效降低系统粉磨电耗;采用高压挤压料层粉碎原理,配以适当的打散分级装置,降低能耗;用富氧代替空气助燃,改善产品质量、降低能耗和减少二氧化碳排放;采用热回流和浓缩燃烧技术,减少常温一次空气吸热量,通过二次空气补偿和加装分焰器等,提高火焰梯度的燃烧强度,节能减排效果明显;选择和控制水泥生产的原(燃)料品质,如合理的硫碱比,较低的 N、Cl、F、重金属含量等,应用新型干法窑外预分解技术、低氮燃烧技术、节能粉磨技术、原(燃)料预均化技术、自动化与智能化控制技术等,从源头上削减污染物。

6.3.1.2 余热发电

水泥行业是支撑国民经济的重要基础产业，粗放式高能耗发展模式已经无法满足我国资源节约型社会建设的要求。水泥生产过程中会产生冷却高温固态半成品的高温烟气，此类烟气含尘量较高，通常不低于 2g/m³，温度较高，通常在 300～400℃ 之间。如直接排放，一方面会增加除尘装置负荷，增加电耗；另一方面，高温烟气直接造成工厂附近的热污染。改造水泥回转窑窑头的原有排烟风道，接入余热锅炉可以有效利用这部分原本废弃的热量用于发电。

以华中地区某 5500t/d 熟料生产线配套建设的余热发电工程为例，设计建设一台窑头 AQC 余热锅炉以回收窑头冷却机 [280000m³/h（标准状况）] 温度为 385℃ 的废气余热，烟气排出温度降到 90℃。设计建设一台窑尾 SP 余热锅炉以回收窑尾预热器 [330000m³/h（标准状况）] 温度为 330℃ 的废弃余热，烟气排出温度降低到 210℃。考虑换热效率、余热电站的发电效率可以推算出可行的装机容量为 10000kW。按照年运行时间 7200h 计算发电量，每年可发电 7200 万千瓦时，扣除自用电 7%，每年可对外供电 6696 万千瓦时。从社会效益分析，如果以我国现在装机数量最多的（60～66）万千瓦的火电机组平均煤耗 300g/(kW·h) 进行计算，该配套余热发电项目每年可节省 20088 吨标准煤，每年减少 CO_2 排放 5 万吨。从经济效益的角度分析，装机容量 10000kW 的纯低温余热发电系统的建设期为 1 年。工程总投资合计为 7100 万元，其中静态投资为 6700 万元，年供电量为 6696 万千瓦时，供电单价按照含税价 0.65 元/(kW·h) 计算，一年可节省电费 4352.4 万元。

6.3.1.3 余热资源利用

如图 6-11 所示，方案的关键是烟气取风口的选择，水泥生产工艺中总量较大且温度有利用价值的烟气有两处，一处为回转窑窑头箅冷机中的熟料冷却风，另一处为窑尾旋风的煤粉燃烧废气。将锅炉（AQC 锅炉）布置在窑头箅冷机和余风风机之间，锅炉形式可以为立式结构也可以为卧式结构。根据箅冷机温度分布可采取中部取风或者尾部取风的方式，烟气通过 AQC 锅炉

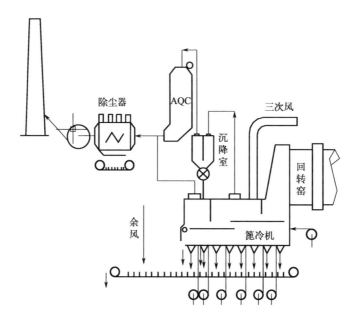

图 6-11　水泥工艺系统锅炉中部取风方案示意图

温度从 350～400℃降低到 100℃以下完成换热。因为熟料冷却风会带走大量飞灰，在 AQC 锅炉受热面之前应布置有沉降室，要求将余风中的固体颗粒含量降低至 70％以下，以减轻对 AQC 锅炉的磨损。在回转窑窑尾一级旋风筒出口与高温风机之间取风，原烟气通道通过蝶阀进行隔离，安装旁路余热锅炉（SP 炉），窑尾废气经余热锅炉吸热温度从 300℃降至 200℃，高温风机将余热锅炉出口的烟气送还至原工艺系统，途经生料磨，用于烘干生料。

6.3.1.4　水泥窑协同处置生活垃圾

在水泥生产过程中，水泥窑可以产生大量高温、余热和负压。这些特有资源为无害化处置生活垃圾和工业废渣创造了良好的条件。利用水泥窑炉协同处理城市生活垃圾，并实现联产的方法，不仅实现了生活垃圾无害化、减量化和资源化利用，而且为垃圾填埋场的生态恢复、节约土地资源打下基础。因此，利用水泥窑炉处置生活垃圾，与其他处置方法相比，具有投资少、效果好、残渣利用、无二次污染等优点，是解决我国"生活垃圾围城"困局的一条新路。当前工艺有：水泥窑结合回转窑炉、炉排炉、流化床炉等方式。

（1）水泥窑与回转窑炉结合技术方案

根据生活垃圾热值低、水分大的特征，水泥窑结合回转窑炉隔热好，生活垃圾停留时间长，烟气温度高，可以使生活垃圾的废物料层充分地进行翻动等，从而使生活垃圾能够充分地进行燃烧。但回转窑炉处理技术产生的飞灰处理难度大，处理量相对较小，生活垃圾的燃烧不好控制，生活垃圾处理成本相对较高。

（2）水泥窑与炉排炉结合技术方案

水泥窑和炉排炉相结合技术方案，使生活垃圾处理技术相对成熟，水泥窑结合炉排炉分为 3 个区：主燃区、预热干燥区以及燃尽。水泥窑结合炉排炉后，可以使燃烧和着火变得更容易。生活垃圾在炉排炉当中进行充分高温焚烧，焚烧后的高温气体进入预分解窑系统分解炉中，从而将生活垃圾的有机有毒物进行彻底分解，有效避免二噁英再次生成。

水泥窑结合炉排炉技术，可以使工作人员在健康卫生的环境中进行工作。水泥窑结合炉排炉技术是当前较为成熟的处置生活垃圾的方式，生活垃圾在处理时不用进行分拣，处理生活垃圾的状态相对稳定。我国生活垃圾含水量相对较大、热值低，水泥窑结合炉排炉技术符合我国生活垃圾处理的基本特征，这种技术可以不用对生活垃圾的粒度做任何的要求。有一部分水泥原料可以用炉渣作为代替，铝以及游离态铁等可以进行分类回收。水泥窑结合炉排炉技术不仅能使燃烧热量得到充分利用，也能协同处置生活垃圾等固体废弃物，一定程度上既能节约经济成本，也能创造良好的环境效益。

（3）水泥窑与流化床炉结合技术方案

水泥窑结合流化床炉进行生活垃圾处理技术方案，是通过炉膛内的传热、高温流化床料的高热容量作用，将送到炉膛的生活垃圾进行快速升温着火，并能在流化床层内进行均匀的燃烧。在这个过程中生活垃圾充分气化，生活垃圾中的不燃物沉降直至排出。水泥窑结合流化床炉的技术方案，适用于任何的生活垃圾，对周围的环境污染较小，生活垃圾的利用率高，生活垃圾处理过程相对简单且无气味污染。但该方案还存在一些不足，在进行生活垃圾协同处理之前，应对燃料进行预热，在燃烧生活垃圾时，应当根据生活垃圾变化，如水分变化、热值变化等，随时调整给料量。

6.3.1.5　污染源削减

（1）合理用风

关于水泥厂窑煅烧系统和粉磨通风系统用风量，我国通常是以经验来进行计算的，导致会有较大的风量储备，在风能用量上造成了一定程度的浪费。为了实现准确用风量，减少废气量，在设计较大风量的通风系统时应进行"风洞"模拟实验。另外，部分水泥厂通过调节排风机闸门或者通过串级调速来实现风量多少的控制，但这两种方法都存在一定的弊端，即闸门调节风量会损耗风机压头，同时还会造成能量浪费。串级调速无法实现无级连续调节风速风量，从而造成风量难以调节，增大废气量。为了实现用风量的准确连续调节，建议水泥厂窑煅烧和粉磨等系统的排风机尽量采用变频无级调速技术，以实现废气量的减少。

（2）从工艺与操作中削减

就清洁生产技术来说，其与生产工艺系统、工艺参数、控制操作等都是密不可分的，为了降低粉尘污染量，则需要对工艺技术进行不断改进和优化。为了实现上述目的，可从以下几方面入手：第一，在必要的高落差放料处应用"软着陆"，或者在输送、提升粉料的转落处采用一定方法降低落差，从而实现扬尘的大幅度减降；第二，加强工艺系统的密封，使得水泥厂产尘点扬尘量减少；第三，改善回转窑筒体、烘干机筒体两端动态连接处，提高其密封性，减少漏风、跑灰、物料流失等现象发生；第四，优化窑前工艺、实现均匀煅烧，搞好生料均化等窑前工艺、实现均匀煅烧，并采用闭门烧窑方式，进行浅暗火操作，从而实现产尘浓度和废气量的大幅度减降。

（3）清洁燃烧

除了有效预防粉尘污染，还应通过清洁燃烧来降低 SO_2、NO_x、氟化物等污染物的产生，从而减少大气环境的污染。如燃烧中、低硫煤等清洁燃料；NO_x 的控制主要采用新型干法窑技术，并注重降低火焰的峰值温度，尽量降低一次风用量，采用脱氮型分解炉，有效控制和降低 NO_x 的生成。

6.3.1.6　提高资源效率技术

（1）合理、有效地利用原料资源

充分合理地利用资源，可以减少能源的消耗和环境的污染，从而实现水泥的清洁生产。对于水泥生产原材料的充分利用，可以从以下几方面进行：第一，石灰石资源的合理开采和利用，可以借助计算机控制技术建立石灰石的相关模型，从而对矿体中质量分布情况进行全面反映，相关开采企业应编制中长期配矿计划，对不同品位的矿石进行合理开采，从而实现石灰石不同品位的搭配利用，进而实现石灰石资源的有效利用；第二，原材料的物料均化、预均化，可以应用在线计量连续测试物料成分的自动分析系统，或者通过原料预均化机电一体化设备提升物料的均化效果等技术措施，实现生料及水泥质量的提高和高效、低耗的生产，从而提高资源的利用效率；第三，促进散装水泥的发展，不仅减少拆袋粉尘的污染和水泥的浪费，同时还保护了环境，提高了资源利用。

（2）余热回收利用

为了提高资源的利用效率，应实施窑头、窑尾余热回收。该过程的实现主要包括：分别加设余热回收装置于窑头、窑尾，在满足水泥生产工艺要求，保障煤磨和原料磨烘干所需的热量的前提下，通过余热锅炉回收生产蒸汽将剩余的热量用于纯中低温余热发电。

（3）环境负荷削减技术

为了削减环境负荷，可以选择合适的材料或组合来代替水泥生产的原、燃料，当采用新型干法水泥窑进行水泥生产时，可采用低热值、低挥发分的燃料，不仅可以节约优质燃料、降低成本，还满足了削减环境负荷的要求。此外，还可以采用超细粉磨技术利用工业废渣，如利用超细粉磨技术生产矿渣、粉煤灰微粉，在节约煤炭、石灰石能源的同时，还能减少 CO_2 和 NO_x 等气体的排放。

（4）提高效能技术

在市场经济的背景下，各行业中企业都面临着市场竞争、技术更新等挑战，水泥行业也不例外。因此，提高效能是保障经济和环境双赢的重要途径，也是实现清洁生产的重要技术手段之一。就提高效能技术来说，主要包括以下几方面：第一，开发水泥熟料沸腾煅烧技术，采用水泥熟料沸腾煅烧技术的流沸窑是经济实用的清洁生产型设备，同时可对水泥窑系统进行改造，从而提高这些水泥窑的生产水平和效能，从而实现真正的清洁生产；第二，对新型干法窑烧成系统工艺技术和装备水平进行优化，对新型干法窑烧成系统进行完善，即通过对预热器旋风筒、换热管道结构的优化，达到高效低阻的目的。

6.3.2　陶瓷生产节能减排

6.3.2.1　新型干法短流程原料制备工艺

陶瓷墙地砖新型干法短流程制粉工艺有别于高能耗的湿法制粉工艺，其工艺流程可概述为：各种不同的软质原料和硬质原料经颚式破碎机或对辊式破碎机进行粗碎，再经悬辊式磨粉机或立式磨粉机粗磨细碎，细粉料进入各自的料仓。按配方用电子秤从各料仓分别取料，进入混合均化式混料器，将细粉料按配方混合均匀。混合均匀的细粉料进入造粒系统，在造粒机中加入10%～12%的水分（相对水分），进行"过湿"造粒，"过湿"造粒的粉料颗粒进入流化床干燥器干燥至含水率为6%～8%，同时流化床干燥器系统的收尘装置将未造粒的细粉末回收，重新进入造粒机系统。干燥后的粉料经筛分装置过筛，筛上大颗粒经优化整形机整粒，同筛下合格料一同进入料仓，供大生产压制成型使用。

6.3.2.2　低温一次快烧工艺

陶瓷属于高能耗的行业，在陶瓷生产中，烧成温度越高，能耗就越高。以瓷质砖为例，传统生产技术的烧成温度一般在1200℃以上，烧成时间为12～24h以上，其烧成周期长，能耗和成本高，产量低，严重阻碍了行业的发展。为解决或缓解这种局面，低温快烧技术应运而生。针对陶瓷行业而言，低温快烧技术是指烧成温度降低80～100℃以上，烧成时间明显缩短，产品性能与采用传统技术生产的产品性能相同或相近的烧成工艺；且根据热力学平衡计算可知，烧成温度降低100℃，单位产品热耗可降低10%以上；烧成时间缩短10%，产量可增加10%，热耗降低4%。因此，应用低温快烧技术，不但可以增加产量，节约能耗，而且还可以降低成本。

某企业采用超低温配方烧成，将现有的建筑陶瓷产品的烧成温度降低约200℃，达到1000℃以下，单位制品的燃耗降低了25%，能耗为3～5MJ/kg瓷，能耗仅为普通烧成技术的75%左右，大大降低了生产成本。采用一次烧成技术比一次半烧成（900℃左右低温素烧，再高温釉烧）和二次烧成更节能，综合效应更佳，同时可以解决制品的后期龟裂，延长制品的使用寿命。

由此可知，低温快烧技术在增加陶瓷制品产量的同时，也可显著降低企业的单位能耗和成本，实现节能减排，从而为陶瓷行业的发展提供了一条可实现持续发展和转型升级的途径。综合众多学者一直以来的研究可知，陶瓷低温快烧技术的关键在于开发和利用低温熔剂原料选择合适的烧成工艺和热工设备等，通过这些措施，使得陶瓷行业的烧成温度下降明显，如卫生陶瓷烧成温度降低50～100℃；釉面砖素烧温度降低80～130℃；硬质日用陶瓷烧成温度降低50～150℃；耐火硅砖烧成温度降低60～100℃等，且其烧成时间显著缩短，节能降耗效果显著。

6.3.2.3 陶瓷工业产品的薄型化，轻量化新工艺、新技术

（1）陶瓷薄板原料配方研发

陶瓷砖的薄型化生产必须在原料选择和配方设计时考虑陶瓷砖的增强和增韧技术对于生坯强度的提高，可选用可塑性好、干燥强度高、品质稳定的黏土；可利用非全瘠性原料（如瓷石）代替瘠性长石原料，增加坯料的可塑性；应用合理的高性能坯体增强剂；配方设计时，应尽量减少坯料的烧失量。

（2）陶瓷薄板强度提高技术

对于陶瓷薄板瓷坯强度的提高，可采用以下措施：

① 增加瓷坯的晶相含量，减少玻璃相和气孔；

② 在瓷坯中形成高强度的晶相，如针状莫来石刚玉相等。

（3）陶瓷薄板成型技术

陶瓷薄板的生产主要有干法和湿法两种工艺。干法工艺主要体现在成型效率高、产量大，但干压法受压机吨位模腔和压制工作台尺寸等限制，成型较大尺寸一般都会受到限制，但目前的工艺技术已可生产大尺寸的陶瓷砖；湿法工艺生产过程没有粉尘污染，生产更清洁，但生产工艺过程控制较多。流延法是一种制备大面积薄平陶瓷材料的重要成型方法，可做厚度小于 1mm 的陶瓷薄板。其可用作室内装修，即陶瓷墙纸，因此，该生产技术对传统建筑陶瓷行业是一个新的革新技术，其发展前景广阔。

6.3.2.4 陶瓷工业窑炉节能减排新技术

（1）合理选用喷嘴

过去喷嘴使用时的温度控制容易出现偏差。由于高温火焰流因浮力而上升，形成窑内温度上高下低，使热电偶检测到的温度偏高，故造成热电偶仪表显示温度与窑内制品实际温度发生很大的偏差。采用新型高速喷嘴或脉冲烧成技术，可以使窑内温度变得均匀，减小了窑内上下温差，不但能缩短烧成周期，降低能耗，而且可以提高制品的烧成效果。特别对于宽断面的窑炉，采用脉冲比例烧嘴或高速烧嘴；对于烧成用水煤气的辊道窑，采用预混式烧嘴，不但可以减小窑断面温差，而且可以节约能源 20%～30%。

（2）余热回收循环利用

积极采用先进的烟气余热回收技术，降低排烟热损失是实现工业窑炉节能的主要途径。当前国内外烟气余热利用主要用于干燥、烘干制品和生产的其他环节。采用换热器回收烟气余热来预热助燃空气和燃料，具有降低排烟热损失、节约燃料和提高燃料燃烧效率、改善炉内热工过程的双重效果。一般认为：空气预热温度每提高 100℃，即可节约燃料 5%。现有余热利用方式主要有：

① 在换热器中用烟气余热加热助燃空气和煤气；

② 设置预热段或辊道干燥窑，用烟气余热干燥湿坯；

③ 设置余热锅炉，用烟气余热生产蒸汽；

④ 加热空气作为烘干坯体的热源；

⑤用烟气余热发电和供暖等。

（3）计算机自动监控技术

使用自动监控技术是目前国外普遍采用的有效节能方法，它主要用在窑炉的自动控制系统，使窑炉的调节控制更加精确，对节省能源，稳定工艺操作和提高烧成质量十分有利。同时，还为

窑炉烧成的优化提供可靠的数据。先进的窑炉应配置自动点火、熄火监测、窑内压力监测、氧浓度监测、气体泄漏监测及喷嘴用热电偶记录仪等一系列监测仪器，从而可以保证制品的快速烧成，采用这一技术可节能 $10\%\sim15\%$。

 ## 思考题

1. 水泥的主要成分有哪些？试分析硅酸盐水泥熟料的烧成机理？
2. 水泥熟料的 C_2S、C_3S、C_3A、C_4AF 各有哪些特性？它们对水泥性能有何影响？对固体废物资源化有何实际意义？
3. 哪些固体废物可以用作水泥混合材？为什么？
4. 常用水泥外加剂有哪些类型？它们各起什么作用？
5. 水泥生产过程中产生粉尘的主要环节有哪些？有哪些措施可以控制粉尘污染？
6. 简述水泥行业中氟化物产生的源与汇。
7. 简述水泥行业中汞的污染防治措施。
8. 陶瓷的主要成分有哪些？
9. 建筑陶瓷行业中的主要污染有哪些？
10. 如何有效减缓建筑陶瓷行业生产污染对环境产生的影响？
11. 陶瓷生产可以从哪些方面节能减排？

参考文献

[1] 林宗寿. 水泥工艺学[M]. 武汉：武汉理工大学出版社，2012.
[2] 张锐，王海龙，徐红亮. 陶瓷工艺学[M]. 北京：化学工业出版社，2007.
[3] 李辉. SNCR 烟气脱硝还原剂选择的分析[J]. 硫磷设计与粉体工程，2016(03)：4-8.
[4] 刘祥凯. 水泥行业主要气态污染物（SO_2、NO_x 和氟化物）排放特征研究[J]. 环境与可持续发展，2016，41(4)：239-240.
[5] The free encyclopedia. Cementkiln [EB/OL]. https：//en. wikipedia. org/wiki/Cement_kiln.
[6] 李尚才. 水泥厂的氟化物污染[J]. 新世纪水泥导报，2000(4)：30-31.
[7] 陈友德. 拉丁美洲的汞排放[J]. 水泥技术，2015(2)：107-109.
[8] Kline J，Schreiber R. Mercury balances in modern cement plants[C]. Orlan do，FL，USA：2013 IEEE-IAS/PCA Cement Industry Technical Conference. 2013：1-16.
[9] Renzoni R，Ullrich C，Belboom S，et al. Mercury in the cement industry[R]. Universitéde Liège. Independently commissioned by CEMBUREAU-CSI，2010.
[10] 杜文尧. 建筑陶瓷行业废气污染治理现状及环境管理建议[J]. 陶瓷，2021(05)：112-113.
[11] 黄玉琼，殷茵. 建筑陶瓷企业废气处理现状分析[J]. 中国陶瓷工业，2019，26(06)：30-34.

第 **7** 章
机电工业与污染控制

7.1 表面处理与污染控制

表面处理是利用现代物理、化学、金属学和热处理等学科的边缘性新技术来改变零件表面的状况和性质，使之与芯部材料作优化组合，以达到预定性能要求的工艺方法。表面处理技术主要是针对不同的工件表面，大幅度改善和提高工件表面材料的性能，比如耐磨性、摩擦性和隔热性等，提高表面抗擦伤以及抗咬合等性能。在工件的制造领域表面处理技术被广泛应用，一般而言可以弥补工件材料上的不足，从而使工件趋于多样化方向发展。

7.1.1 表面处理技术

（1）物理表面处理法

物理表面处理法主要有高频表面淬火、火焰表面淬火、镀层三类。高频表面淬火是利用电磁感应原理，使工件在交变磁场中切割磁感线，在工件表面产生感应电流，根据交流电的趋肤效应，以涡流的形式将零件表面快速加热，而后急剧冷却的淬火方法。一般电流有比较高的频率，电流的加热层非常薄，因此高频淬火后的工件表面硬度比一般淬火提高 2~3HRC（HRC：洛氏硬度），脆性较低，疲劳强度显著地提高（小尺寸工件是其强度的两倍）。火焰表面淬火技术是利用氧乙炔，将工件表面进行加工并快速冷却，使工件表面的厚度范围在 2~10mm 之内，加强其工件材料的耐磨性，同时在工艺装配之后，在保证工件装配精度的基础上科学地简化工件零件的制造工序，让工件的补焊修复得到保证，提高工件材料的质量，使工件更趋向于多元化。表面涂镀层技术是利用外加涂镀层的性能以及最基本的性能对工件进行加工，其原理和工艺将在7.1.2 节详细介绍。

（2）化学表面处理法

化学表面处理是将工件置于适当温度的活性介质中加热、保温，使工件表面上渗入一种或者多种元素，以改变工件表面的化学成分、组织结构和力学性能的热处理工艺。按照表面渗入元素的不同，化学表面处理工艺分为渗碳、渗氮、渗氰、渗硫、碳氮共渗、硫氰共渗等。渗碳使工件表面硬度和耐磨性得以提高，广泛应用于飞机、汽车等机械零件，如齿轮、轴、凸轮等。钢件渗氮后形成氮化物为主的表面层，硬度提高到 1000~1100HV，且该渗氮层体积增大形成表面压应力，使渗氮钢具有很高的热硬性、耐磨性和抗疲劳性能。同时渗氮化合物稳定性较好，因而渗氮零件表面耐腐蚀性提高。主要用于一些要求疲劳强度高、耐磨性好、尺寸精度高的传动件，如磨床主轴、汽车曲轴等零件。

（3）表面覆层处理法

采用离子注入的方法将金属元素蒸汽或者气体通入电离室，使其电离为正离子并由高压电场进行加速，从而高速将正离子嵌入固体中。离子注入可以快速形成非晶态、饱和固溶体等结构,使工件表层的力学性能得到良好的改善,提高工件的耐磨性和疲劳强度等性能。采用热喷技术对工件进行金属陶瓷涂层的热喷涂,可以提高零件的冲击韧性、热疲劳性等。电镀可以提高工件的耐腐蚀性、耐磨性、装饰性、导电性、导磁性等。还可以修复表面受磨损和破坏的工件。

常见的表面处理方法如表 7-1 所示。

表 7-1　表面处理方法

方法		工艺	备注
电化学方法	电镀	在电解质溶液中,工件为阴极,在外电流作用下,使其表面形成镀层的过程,称为电镀。镀层可为金属、合金、半导体或含各类固体微粒,如镀铜、镀镍等	利用电极反应,在工件表面形成镀层
	氧化	在电解质溶液中,工件为阳极,在外电流作用下,使其表面形成氧化膜层的过程,称为阳极氧化,如铝合金的阳极氧化	
化学方法	化学转化膜处理	在电解质溶液中,金属工件在无外电流作用,由溶液中化学物质与工件相互作用从而在其表面形成镀层的过程,称为化学转化膜处理。如金属表面的发蓝、磷化、钝化、铬盐处理等	利用化学物质相互作用,在工件表面形成镀层
	化学镀	在电解质溶液中,工件表面经催化处理,无外电流作用,在溶液中由化学物质的还原作用,将某些物质沉积于工件表面而形成镀层的过程,称为化学镀,如化学镀镍、化学镀铜等	
热加工方法	热浸镀	金属工件放入熔融金属中,令其表面形成涂层的过程,称为热浸镀,如热镀锌、热镀铝等	在高温条件下令材料熔融或热扩散,在工件表面形成涂层
	热喷涂	将熔融金属雾化,喷涂于工件表面,形成涂层的过程,称为热喷涂,如热喷涂锌、热喷涂铝等	
	热烫印	将金属箔加温、加压覆盖于工件表面上,形成涂覆层的过程,称为热烫印,如热烫印铝箔等	
	化学热处理	工件与化学物质接触、加热,在高温态下令某种元素进入工件表面的过程,称为化学热处理,如渗氮、渗碳等	
	堆焊	以焊接方式,令熔敷金属堆积于工件表面而形成焊层的过程,称为堆焊,如堆焊耐磨合金等	
真空法	物理气相沉积(PVD)	在真空条件下,将金属气化成原子或分子,或者使其离子化成离子,直接沉积到工件表面,形成涂层的过程,称为物理气相沉积,其沉积粒子束来源于非化学因素,如蒸发镀、溅射镀、离子镀等	在高真空状态下令材料气化或离子化沉积于工件表面而形成镀层的过程
	离子注入	高电压下将不同离子注入工件表面令其表面改性的过程,称为离子注入,如注硼等	
	化学气相沉积(CVD)	低压(有时也在常压)下,气态物质在工件表面因化学反应而生成固态沉积层的过程,称为化学气相镀,如气相沉积氧化硅、氮化硅等	

方法		工艺	备注
其他方法	涂装	用喷涂或刷涂方法，将涂料（有机或无机）涂覆于工件表面而形成涂层的过程，称为涂装，如喷漆、刷漆等	主要是机械的、化学的、电化学的、物理的方法
	冲击镀	用机械冲击作用在工件表面形成涂覆层的过程，称为冲击镀，如冲击镀锌等	
	激光表面处理	用激光对工件表面照射，令其结构改变的过程，称为激光表面处理，如激光淬火、激光重熔等	
	超硬膜技术	以物理或化学方法在工件表面制备超硬膜的技术，称为超硬膜技术。如金刚石薄膜、立方氮化硼薄膜等	
	电泳及静电喷涂	①工件作为一个电极放入导电的水溶性或水乳化的涂料中，与涂料中另一电极构成电解电路。在电场作用下，涂料溶液中已离解成带电的树脂离子，阳离子向阴极移动，阴离子向阳极移动。这些带电荷的树脂离子，连同被吸附的颜料粒子一起电泳到工件表面，形成涂层，这一过程称为电泳。②在直流高电压电场作用，雾化的带负电的涂料粒子定向飞往接正电的工件上，从而获得漆膜的过程，称为静喷涂	

7.1.2 电镀技术

电镀是一种利用电解原理在某些金属或非金属表面镀上一层其他金属或者合金的技术。通过电解原理使材料表面附着一层金属，以改善或提高材料的耐腐蚀性、耐磨性、导电性及装饰性等，从而使其能够满足各种实际需求，在机械、电子、汽车、航天等各个领域具有广泛的应用。电镀工艺种类众多，包括镀锌、镀铜、镀铬、镀镍等多个镀种。镀锌主要用于钢铁材料表面的防护，对于钢铁材料而言，镀锌层是阳极镀层，兼有电化学保护和机械保护的双重作用；镀铜用于以锌、铁为基体的材料，镀铜层是阴极镀层，用作其他镀层的中间镀层，以提高表面镀层金属与基体的结合力；镀铬除使机械零件的耐腐蚀性、耐磨性和强度等性能改善外，还可提高零件表面的光反射性从而提高装饰美化性能；电子产品除了对导电性有较高的要求外，对微波特性、磁特性、光学特性、热稳定性能等也有着更多的功能要求，通过在电子元器件表面进行功能性镀锌、镀铜、镀镍等能使电子元器件的各项功能得到更好的呈现。电镀在航天材料的表面改性中也广泛应用，资料表明，通过电镀可在航天材料表面形成可承受 2000℃ 以上高温的钨合金层。随着研究的进展，钛合金镀镍也成了新的趋势，钛合金等材料在航空航天等高端技术产业中发挥着越来越重要的作用。总之，随着新材料的不断诞生，电镀技术在不同材料应用技术的突破，电镀工业在国民生产中将占据更加重要的地位。但是，电镀过程中耗能高、用水量大，需要涉及大量化学药剂，容易产生重金属、酸碱污染，对环境影响较大。

（1）电镀基本原理

电镀主要应用电化学原理，把预镀工件置于装有电镀液的镀槽中，镀件接直流电源的负极，作为阴极；而镀层金属或石墨等置于镀槽中并接直流电源的正极，作为电镀时的阳极。通电后，镀液中的金属离子在阴极附近因得到电子而还成金属原子，进而沉积在阴极工件表面，从而获得镀层，见图 7-1。下面以镀镍为例说明电镀的基本过程。

将待镀零件浸在 $NiSO_4$ 电镀液中作为阴极，镍金属

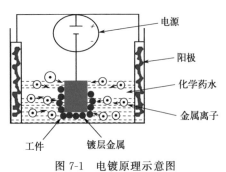

图 7-1 电镀原理示意图

（图中标注：电源、阳极、化学药水、金属离子、工件、镀层金属）

板作为阳极，接通电源后，在电场作用下，阴离子向阳极移动，阳离子向阴极移动，Ni^{2+} 在阴极发生还原反应沉积成镀层，阳极镍金属被氧化成 Ni^{2+}。

阴极：Ni^{2+} 得电子发生还原反应，即：

$$Ni^{2+} + 2e^- \rightarrow Ni$$

阳极：镍金属失电子发生氧化反应，即：

$$Ni - 2e^- \rightarrow Ni^{2+}$$

电镀后的镀层要完整、均匀、致密，达到一定的厚度要求且与基体金属结合牢固，还要具有一定的物理化学性能，这样的镀层才能起到良好的保护作用。

（2）影响镀层质量的因素

影响镀层质量的因素很多，这里主要介绍镀液组成、阴极电流密度和温度三个主要方面。

① 镀液组成

镀液的组成主要包括以下两个部分。

主盐体系。每一镀种都会发展出多种主盐体系及与之相配套的添加剂体系。如镀锌有氰化镀锌、锌酸盐镀锌、氯化物镀锌（或称为钾盐镀锌）、氨盐镀锌和硫酸盐镀锌等体系。每一体系都有自己的优缺点，如氰化镀锌液分散能力好，镀层结晶细致，与基体结合力好，耐蚀性好，工艺范围宽，镀液稳定易操作，对杂质不太敏感等优点。但氰化物剧毒，外排则严重污染环境。氯化物镀锌液是不含络合剂的单盐镀液，废水易处理，镀层的光亮性和整平性优于其他体系，电流效率高，沉积速度快；氢过电位低的钢材如高碳钢、铸件、锻件等容易施镀。但是由于氯离子对设备有一定的腐蚀性，另外此类镀液不用于需加辅助阳极的深孔或管状零件。

添加剂。添加剂包括光泽剂、稳定剂、柔软剂、润湿剂、低区走位剂等。光泽剂又分为主光泽剂、载体光亮剂和辅助光泽剂等。对于同一主盐体系，使用不同厂商的添加剂，所得镀层在质量上有很大差别。优秀的添加剂能弥补主盐某些性能的不足。如氯化物镀锌添加剂与氯化物主盐配合得到的镀液深镀能力比许多氰化镀锌镀液的深镀能力好。电镀液中都含有高浓度的镀层金属主盐和导电盐、络合剂、添加剂等，当工件从电镀液中取出时，工件将部分电镀液带出槽外，滴落地面或者清洗时，对环境造成污染，特别是滚镀生产带出液的量更大，可能随电镀带出液排出的金属离子有锌、铜、镍、铬等。

② 阴极电流密度

阴极电流密度与电镀液的成分、主盐浓度、镀液 pH 值、温度、搅拌等因素有关。电流密度过低，阴极极化作用减小，镀层结晶粗大，甚至没有镀层。电流密度由低到高，阴极极化作用增大，镀层变得细密。但是电流密度增加过多，会使结晶向镀液内部迅速生长，镀层会产生结瘤和树枝状晶，尖角和边缘甚至会烧焦。同时，电流密度过大，阴极表面会强烈析出氢气，pH 值变大，金属的碱盐就会夹杂在镀层之中，使镀层发黑。而且，电流密度过大，也会导致阳极钝化，从而使镀液中缺乏金属离子，可能会获得海绵状的疏松镀层。每种镀液都有一个最理想的电流密度范围。

③ 温度

温度也是电镀时要考虑的一个重要因素。随着温度的升高，粒子扩散加速，阴极极化下降；温度升高也使离子脱水过程加快，离子和阴极表面活性增强，也会降低电化学极化。因此，镀液温度升高，阴极极化作用下降，镀层结晶粗大。升高镀液的温度是为了增加盐类的溶解度，使镀液导电能力和分散能力提高，还可以提高电流密度上限，提高生产率。电镀温度也要合理控制，使其在最佳温度范围内。

（3）电镀工艺流程

① 前处理　电镀前处理包含机械处理、除油工序、化学浸蚀三道工序。

机械处理：包括磨光、抛光、滚光、喷砂等。磨光是借助粘有磨料的特制磨光轮的旋转，对工件表面进行削磨，以除去工件表面的毛刺、氧化皮、焊渣、焊瘤等表面宏观缺陷。抛光是利用涂有抛光膏的抛光布轮在抛光机上高速旋转，对工件表面进行光饰，降低工件表面的微观不平，获得光亮外观。滚光是将零件放入装有磨料和表面活性溶液的滚筒中，借助滚筒旋转力使零件与磨料相互摩擦，达到去除油迹、锈迹、毛刺，降低表面粗糙度等目的，喷砂是将零件放入抛光机中去除毛刺、氧化皮等的过程。

除油工序：工件上油污的存在会影响除锈及磷化的质量，降低涂层与基体间的结合力。化学脱脂的原理是通过脱脂剂对各类油脂的皂化、增溶、润湿、分散、乳化等作用，使油脂从工件表面脱离，变成可溶性的物质，或被乳化、均匀稳定地分散于槽液内；电解脱脂是一种采用工件作阴极或阳极，在碱性清洗溶液中电解，从而除去油脂及其他污物的方法。电解产生的大量气体可从表面上除去油脂及其他污物。清洗液的化学和物理作用为：乳化、渗透、分散。

化学浸蚀：化学浸蚀也称活化，是将工件浸入酸性（或碱性）浸蚀液中，将工件表面的氧化皮、锈蚀产物等溶解，达到净化工件表面的目的。多数浸蚀液由酸类组成。浸蚀后的工件必须经过水洗，清洗水中含有的残余酸和工件溶解后产生的金属离子。化学浸蚀液是有一定寿命的，当溶液中积聚的金属离子达到一定浓度时，浸蚀液必须更新。浸蚀液中含大量金属离子和残酸，必须进行处理或综合利用。

② 水洗　镀件在从一种溶液进入另一种溶液前，几乎都要清洗，以除去镀件表面滞留的前一种溶液。在整个电镀过程中，有多道水洗工序。清洗是电镀废水的最主要来源，采用不同的电镀工艺和不同的清洗方式，废水中的有害物质的种类、浓度、排放量等可能有很大的差别。

③ 后处理　镀后的处理工艺也十分重要，工艺条件若掌握不好很容易影响镀层的性能。常见的镀后处理工艺有钝化、着色、封闭三种。

钝化处理：在一定的溶液中，如硝酸、盐酸及其混合溶液中进行化学处理，在镀层上形成坚实紧密的氧化膜，提高镀件的耐腐蚀性、抗污染性和表面光泽。

着色处理：在特定溶液中采用电化学、化学、热交换等方法在镀件表面形成一层颜色各异的膜层，改变金属的外观，达到装饰美化等目的。

封闭处理：根据镀件的使用需求，在镀件表面涂覆一层膜层如焊料层等。

电镀工艺流程见图 7-2。

7.1.3　电镀污染物的产生与控制

7.1.3.1　废气污染控制

电镀工艺产生的大气污染物包括颗粒物和多种无机污染废气。无机污染废气根据电镀工艺不同有酸性废气、碱性废气、含铬酸雾、含氰废气等。常见镀铬工艺大气污染物及来源见表 7-2。

表 7-2　常见镀铬工艺大气污染物及来源

废气种类	产污环节	主要污染物
含尘废气	抛光（喷砂、磨光等）	粉尘、金属氧化物
酸性废气	酸洗、出光和酸性镀液等	氯化氢、磷酸和硫酸雾等
碱性废气	化学、电化学脱脂、碱性镀液等	氢氧化钠等
含铬酸雾废气	镀铬工艺	铬酸雾
含氰废气	氰化镀铜、镀锌、铜锡合金及仿金等	氰化氢

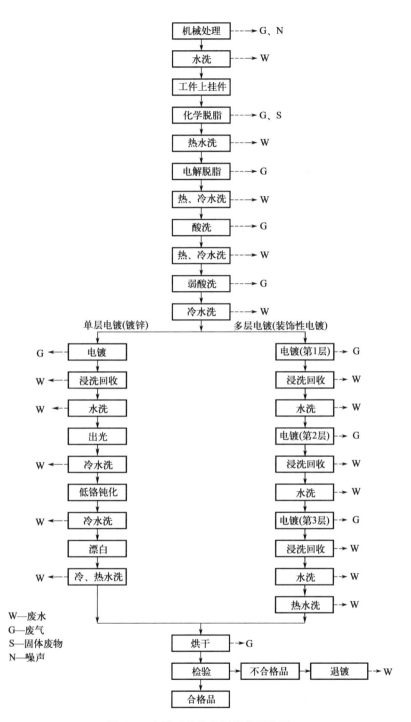

图 7-2　电镀工艺及产污节点流程图

（1）酸性废气的净化

酸性废气的净化工艺流程为：酸性气体→三级碱液喷淋→烟囱排放。见图 7-3。

① 硫酸雾气的中和处理：一般可用质量分数为 10%、pH>10 的 Na_2CO_3 碱性溶液对硫酸雾进行中和处理。

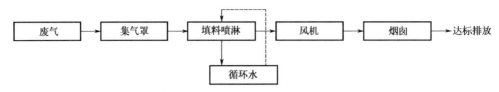

图 7-3 酸性废气净化工艺

② 盐酸雾气的中和处理：可用低浓度 NaOH 溶液进行中和处理。一般以 $2\% \sim 5\%$（质量分数）的 NaOH 溶液作吸收液。

③ 氢氟酸雾气的中和处理：可用 5% 的 Na_2CO_3 和 3% 的 NaOH 溶液混合进行中和处理。

根据选用的吸收剂和装置种类，电镀酸性废气的治理方法有喷淋式水吸收工艺、喷淋式碱液吸收工艺和喷淋填料碱液吸收工艺等。

（2）铬雾的净化

镀铬溶液的温度多在 45℃ 上下，产生大量铬酸雾，为此可采用网格式铬酸雾净化器回收。即利用铬酸雾在通过多层塑料网板制成的过滤网格时，因受阻而凝聚成液体，再让凝聚的液体逐步流入回收容器中，这种净化器的效率在 98% 以上。剩余铬酸雾进一步通过管道进入酸雾净化塔采用焦亚硫酸钠法将酸雾中的六价铬还原为三价铬：

$$Cr^{6+} + Na_2S_2O_5 \longrightarrow Na_2S_2O_3 + O_2 + Cr^{3+}$$

（3）氰化氢废气的净化

氰化物废气可用 1.5%（质量分数）氢氧化钠和次氯酸钠溶液或硫酸亚铁溶液吸收。如硫酸亚铁吸收法净化氰化氢废气的工艺中，氰化氢废气采用低阻力的高效离心净化塔配备硫酸亚铁溶液吸收处理，主要反应方程式：

$$6HCN + 3FeSO_4 \cdot 7H_2O === Fe_2[Fe(CN)_6] + 3H_2SO_4 + 7H_2O$$

用含 $0.1\% \sim 0.7\%$（质量分数）硫酸亚铁的水溶液在高效离心净化塔中作喷淋吸收，当流速为 $1.5 \sim 1.8 m/s$、洗涤时间为 $3 \sim 4 s$ 时，净化效率可在 95% 以上。

（4）挥发硝酸废气的净化

挥发硝酸会形成棕（红）黄色烟雾，治理方法有干法、湿法和干湿法等。一般的处理工艺流程为：三级还原吸附—二级还原吸附—活性炭吸附—烟囱排放。采用还原性碱液吸附法，将 NO_x 还原为 N_2，同时将挥发的硝酸中和。

主反应：　　　$10NO_2 + 4Na_2S === 4NaNO_3 + 4NaNO_2 + 4S + N_2 \uparrow$

副反应：　　　$4NO_2 + 2Na_2S === Na_2S_2O_3 + NaNO_3 + NaNO_2 + N_2 \uparrow$

也有用 8%（质量分数）的氢氧化钠与 10%（质量分数）的硫化钠混合水溶液作吸收液，或用氢氧化钠溶液多级喷淋后再加一级硫化钠水溶液喷淋吸收，其吸收率在 90% 以上，使用中注意硫化钠不能与 HNO_3 溶液接触，引起致命 H_2S 中毒事故。也可采用 10%（质量分数）弱酸性尿素处理，吸收率高达 90% 以上，无二次污染，但成本高。

（5）碱性废气的净化

在电镀中，大量的碱性废气一般来自化学除油以及碱性镀种。碱性废气通过管道经"碱雾净化塔"用酸液喷淋将碱性废气中和掉。另外，也可将碱性废气引进"酸雾净化塔"中与酸性废气同时中和而去掉（含氨废气的治理除外）。因含氨废气与酸性废气中的含氯或含氟废气反应生成氯化铵或氟化铵沉淀物，易导致排气管道和净化塔内填料堵塞，因而含氨废气选用稀硫酸作为喷淋液单独净化。

7.1.3.2　废水污染控制

电镀工业的主要污染是废水污染（见表7-3），电镀废水主要是酸洗废水、电镀漂洗废水、钝化废水和刷洗地面产生的废水。电镀工艺流程中有多次清洗、碱洗、酸洗、滚洗等，产生大量清洗废水，由于用过的清洗水和废弃的电镀液及生产过程中的泄漏，会排出多种有毒的重金属元素，对环境造成严重污染。电镀污水的水质复杂，其中可能含有铬、锌、镉、镍、铜等重金属和氰化钠等剧毒污染物，同时，由于有机溶剂和氢氟酸的使用又会产生其他化学物质和氟污染物。

（1）电镀废水的类别及来源

电镀废水含有数十种无机和有机污染物，其中无机污染物主要为铜、锌、铬、镍、镉等重金属离子以及酸、碱、氰化物等；有机污染物主要为烃的含氧有机物、氨氮、油脂等。电镀废水主要分为以下几类：

① 酸碱废水：包括预处理及其他酸洗槽、碱洗槽的废水，主要污染物为盐酸、硫酸、氢氧化钠、碳酸钠、磷酸钠等。

② 含氰废水：包括氰化镀铜，碱性氰化物镀金，中性和酸性镀金、银、铜锡合金，仿金电镀等氰化电镀工序产生的废水，主要污染物为氰化物、络合态重金属离子等。该类废水有剧毒，须单独收集、处理。

③ 含铬废水：包括镀铬、镀黑铬、退镀以及塑料电镀前处理粗化、铬酸阳极化、电抛光等工序产生的废水。主要污染物为六价铬、总铬等。该类废水毒性大，须单独收集、处理。

④ 其他重金属废水：包括镀镍、镉、铜、锌等金属及其合金产生的废水，焦磷酸盐镀铜废水，钯镍合金电镀废水，化学镀废水以及阳极氧化，磷化工艺产生的废水。主要污染物为镍、镉、铜、锌等金属盐，金属络合物和有机络合剂（如柠檬酸、酒石酸和乙二胺四乙酸等）。

⑤ 有机废水：包括工件除锈、脱脂、除蜡等电镀前处理工序产生的废水。主要污染物为有机物、悬浮物等。

⑥ 混合废水：包括多种工序镀种混排的清洗废水和难以分开收集的地面废水。组分复杂多变，主要污染物因厂而异，一般含有镀种配方的成分材料，如镀种金属离子、添加剂、络合剂、分散剂等物质。

表 7-3　水污染物及来源

来源	废水污染物种类	备注
前处理废水	碱洗废水、酸洗废水、含有重金属离子及少量有机添加剂	成分复杂
镀层漂洗废水	重金属、CN^-、添加剂、络合剂、分散剂等	
镀后处理废水	常含有 Cr^{6+}、Cu^{2+}、Ni^{2+}、Zn^{2+}、Fe^{2+} 等重金属；H_2SO_4、HCl、H_3BO_3、H_3PO_4、NaOH、Na_2CO_3 等酸碱物质；甘油、氨三乙酸、六亚甲基四胺、防染盐、醋酸等有机物质	
废镀液、废退镀液	重金属、酸洗废液等	

（2）废水污染控制

① 化学沉淀法。化学沉淀法是指向废水中投加某些化学试剂（NaOH、石灰等），废水中溶解态的污染物可以直接和碱的氢氧根离子发生化学反应，生成不溶于水的氢氧化物沉淀下来，经过固液分离可以达到去除水中重金属的目的。化学沉淀法无论是操作还是管理都很简单，技术很成熟投资又比较少，可以同时去除多种金属离子，且具有较好的抗冲击负荷，是一种应用广泛且非常经济的电镀废水处理方法。然而对沉淀物的分离还有污泥的二次污染问题也使该方法的应用受到一定的限制。化学沉淀法按所选用的沉淀剂可划分为：氢氧化物沉淀法，用于处理铬、镉、铅、铜等；加入碱性沉淀剂来调节 pH，生成氢氧化物沉淀分离；铬酸盐沉淀法用于处理六价铬，将固相钡盐如氯化钡加入含六价铬的废水中，使其与铬酸接触，生成不溶于水的铬酸

钡；铁氧体沉淀法用于处理重金属混合电镀废水，由生产铁氧体的原理发展起来，通过该方法处理废水产生的污泥化学性质比较稳定，且易于固液分离处理。

② 氧化还原法。化学氧化法用于处理含氰废水、络合废水。游离态的氰离子、与金属络合的氰离子以及与金属络合的络合剂通过 O_2、O_3、H_2O_2、氯系氧化剂等氧化成 CO_2 和 N_2。化学还原法用于处理六价铬。通过还原剂硫酸亚铁、铁屑、亚硫酸盐等将剧毒的 Cr^{6+} 还原成毒性较低的 Cr^{3+}，然后再通过中和反应产生沉淀以便除去。利用该方法含铬废水，通常用石灰进行碱化处理，但会产生更多的废渣；有些人选择用 Na_2CO_3 或 NaOH 进行处理以减少污泥，但这样做增加了药剂费，处理成本大。光催化降解法主要用于处理有机废水、络合废水。TiO_2 等光催化剂在紫外线照射下可将有机污染物及与金属络合的络合剂彻底降解为二氧化碳和水，而在反应过程中自身无损耗。

③ 蒸发浓缩法。蒸发浓缩法主要用于处理铜、铬、银和镍。该方法对重金属电镀废水进行蒸发浓缩处理，并进行回收利用。通常该方法都与其他方法联合使用，例如将逆流漂洗系统与常压蒸发器联合使用，可以闭路循环，处理效果很好。该方法工艺简单、成熟，无须化学试剂，不会造成二次污染，可以回用水及回收有价值的重金属，环境效益和经济效益良好。但是该方法耗能大，操作费用较高，应用具有局限性，现只能作为一种辅助处理手段。

④ 物理化学法。离子交换法用于处理银氰、金氰、铬、铁、锌、镍、铜等离子。利用离子交换剂中的可交换基团与溶液中各种离子间的离子交换能力的不同，将废水中的有害物质分离出来。该方法操作简单、方便、残渣稳定、无二次污染，处理后水质较好，可回收有用物质，但一次性投资大、技术要求较高，应用受限。电解法用于处理铜、金、锌、锡及银。利用电解产生的金属氢氧化物或直流电的凝聚作用，处理并回收重金属。该方法通常用于处理离子比较单一或浓度较高的电镀废水。电解法金属离子去除率高而且能够同时去除多种金属离子，处理过程中产生的泥渣量少，且益于金属的回收再利用，但是需要消耗铁材且耗能大，处理成本较高。此外，高压脉冲电絮凝系统也可以很好地去除电镀混合废水中的氰化物、铬、镉、锌等污染物。它比传统电解法的电流效率更高、电解时间更短、产生的污泥量更少、能耗更低、重金属去除率更高。

⑤ 吸附法。通过活性炭等吸附剂去除重金属离子。水中的重金属离子由于吸附剂的多孔性被吸附到固体表面进而被除去。不同吸附剂的吸附机理也不一样，一般来讲主要分为两种，物理吸附和化学吸附，有的吸附剂还兼具絮凝作用。吸附法的投资少、处理效果好、装备和操作都很简单，受到越来越多的关注。然而吸附剂的再生效率低，并且出水也难以达到回用标准，因此通常采用该方法对废水作预处理。膜分离法利用特殊膜对液体中的某些成分进行选择性透过，根据孔径大小不同将膜分离技术分为微滤（MF）、超滤（UF）、纳滤（NF）和反渗透（RO），因为膜孔径的不同和耐压性能的差异，分别用于含不同粒径杂质的废水的处理。电渗析也是常用的膜分离方法，在外加直流电场作用下，利用离子交换膜选择性透过溶液中的离子，使溶液中的阴、阳离子分别通过阴、阳离子交换膜发生定向迁移，实现除盐或浓缩的目的。膜分离法装置简单，易操作、控制、维修，选择性强，净化效率高，绿色无污染，而且能将废水中的重金属回收再利用，经济效益和环境效益良好。

⑥ 生物法。生物法是利用重金属离子与生物有机物或其代谢产物的相互作用来处理废水。根据不同的去除机理，可将生物法分为生物吸附法、生物絮凝法、植物修复法和生化法。生物法简单实用，过程控制简单，二次污染少，污泥量少，效益高。且微生物处理作为一项高新生物技术，在运行过程中微生物可以持续大量"增殖"，是传统的理化处理技术所没有的优势。以废酿酒酵母（WSC）为吸附剂，采用生物吸附-沉淀法处理浓度为 26mg/L 的电镀废水，在最佳反应条件下，镉的去除率达到 89.85%。利用嗜酸铁氧化细菌从电镀废水中选择性回收铁、锌和镍等

有价值的金属，但由于功能菌的繁殖速度缓慢，导致反应的效率低，处理后的出水也不易达到回用标准，这限制了生物法的应用。

⑦ CZB 矿物法。采用矿粉 CC 和 NMSTA 天然矿物污水处理剂，再加入一些辅助剂对电镀废水进行混合处理。处理剂的原料都是纯天然矿物，经过特殊的加工工艺改性加工而成。CZB 矿物法装置设备简单、操作便捷、处理成本低。

⑧ 螯合沉淀法。重金属捕集剂可与重金属离子形成稳定的螯合物，可有效地去除废水中的胶质重金属离子和重金属共存盐及络合盐（如：氨、乙二胺四乙酸、柠檬酸络合物等）。螯合沉淀法具有广泛的 pH 适用范围，方法简单、絮凝效果好、处理效果佳、污泥量少。在常温下螯合剂（DTC）等重金属捕集剂就能和废水中重金属离子迅速发生反应，在少量有机或（和）无机絮凝剂的辅助絮凝作用下，生成絮状的不溶水的螯合盐沉淀。重金属捕集剂不仅可以同时去除电镀废水中的多种重金属离子及以络合盐形式存在的重金属离子，还能去除胶质重金属，共存盐类也不会影响它的作用效果，应用前景好。如利用腐殖酸钠作为重金属捕获剂从水溶液中去除 Hg^{2+}，连续再生实验表明，在五次捕获—再生循环后，腐殖酸盐对 Hg^{2+} 的捕获效率保持在 51% 左右。

（3）固体废物的回收

电镀污泥可分为分质污泥和混合污泥。分质污泥主要包括单一重金属元素，如铜污泥、镍污泥、铬污泥等，混合污泥则是由不同种类电镀废水共同处理所得到，包括多种金属元素。由于电镀工艺的多样性，实际电镀废水处理所得污泥大部分为混合污泥。因此，电镀污泥处理方式主要为金属回收。

① 湿法工艺金属回收。湿法工艺的基本流程是：在合适的浸出剂及浸出环境下，电镀污泥中有价金属被浸出进入浸出液，实现有价金属与杂质的初步分离，浸出液经净化、有价金属分离后得到较纯净金属离子溶液，进而提取金属或金属产品。因此，浸出过程作为湿法工艺的首要步骤直接影响后续处理及金属回收率。电镀污泥的处理主要有酸浸和氨浸两种工艺。

酸浸法。酸浸法在处理电镀污泥中应用比较广泛。硫酸体系因其成本低、稳定性高、对设备腐蚀性小等特点而被广泛采用。国内外学者对酸法工艺处理电镀污泥的优势、酸性体系的选择、酸性浸出的影响因素、浸出液的后续处理等进行了大量分析与研究，表明酸法工艺条件下浸出效果好，浸出液离子浓度高，后续处理水量小。经过近年来的发展与完善，酸法处理电镀污泥工艺日趋成熟，但该工艺也存在浸出选择性差、浸出液净化过程复杂、酸碱及除杂剂消耗量大等缺点。

氨浸法。氨浸法是基于浸出过程中，铜、镍、锌等有价金属与游离氨形成配合离子 $Me(NH_3)_n^{z+}$ 进入溶液，而杂质元素如铁、钙等不能或很少与氨形成配合离子留在渣中，从而实现目标金属与杂质的分离。因此，与酸浸法相比，氨法浸出具有更高的选择性，尤其适合处理碱性脉石成分含量高的金属矿物。氨浸法浸出剂主要有氨、铵盐或氨与铵盐的混合体系。

由于氨易挥发、氨氮废水处理及排放标准严格等原因，采用氨法处理电镀污泥的生产实践报道较少，科研工作者对氨性浸出工艺以及浸出液后续处理的研究仍处于初期阶段。有研究采用 NH_3-$(NH_4)_2SO_4$、NH_3-$(NH_4)_2CO_3$ 体系浸出电镀污泥中铜、镍，结果表明以上工艺条件下铜、镍浸出率均可达 80% 以上。

② 火法工艺金属回收。火法工艺处理电镀污泥是在污泥熔炼过程中，通过添加还原物质及造渣剂，经高温条件下反应得到金属或金属中间产品的过程，国外回收单质污泥中有价金属一般采用火法冶炼工艺。如镍污泥用于炼不锈钢，铜污泥用于炼粗铜等。由于电镀污泥含水量大、金属品位低、成分复杂，且火法工艺本身具有能耗高、投资大、金属回收率不高的特点，因此在处理电镀污泥中应用较少。

③ 火法焙烧-湿法浸出联合工艺。火法焙烧-湿法浸出联合工艺即先通过火法工艺对电镀污泥进行预处理，使水、有机物及部分杂质脱除，有价金属分类、富集，再利用合适的浸出剂对有价金属进行浸出。该工艺对处理有机物杂质含量高，成分复杂污泥有较明显意义。污泥成分及浸出工艺的不同决定了焙烧预处理的目的亦不尽相同，总体上可分为两种。一是通过焙烧脱水、脱有机，实现目标金属的富集；二是在焙烧过程中添加添加剂实现污泥中部分金属物相的转变。火法焙烧-湿法浸出联合工艺有利于实现湿法工艺中部分难分离金属的提取、分离，但该工艺仍存在工艺流程长、能耗高、生产投入大的缺点，实际生产中推广应用较困难。

④ 固化稳定化技术。固化稳定化技术是一种行之有效的电镀污泥处理方法。该方法是将污泥与固化剂加以混合，通过强化处理，将污泥中的重金属离子固定在固化体晶格中不被浸出，从而达到防止重金属离子迁移的目的。常见的固化技术包括水泥固化、石灰固化、热塑性固化、熔融固化、自胶结固化等。

⑤ 热化学处理技术。热化学处理技术是电镀污泥经高温作用后，水分及可挥发物质脱除、有毒成分降低、污泥体积减小，从而实现有价金属的富集，为回收利用创造条件。常见的热化学处理技术包括焚烧、离子电弧、微波等。电镀污泥含水率一般在70%以上，高水分对污泥后续处理非常不利，且污泥主要成分为氢氧化物、碳酸盐，致使有价金属提取过程中水处理量及酸碱消耗量大、生产成本提高。热化学处理时焚烧温度对铜、镍等元素的浸出及迁移特性影响较大。研究直流等离子电弧作用下电镀污泥中重金属离子的相变规律和迁移过程，认为该方法可实现有价金属的回收且残渣稳定性高。热化学处理技术在污泥体积减小、无害化处理及资源化回收等方面有显著优势，但是该方法处理污泥能耗较高，对设备尤其是灰分收集装置要求严格。因此，从经济方面考虑，该技术很难在一般电镀污泥处理行业广泛推广。

⑥ 微生物处理技术。微生物处理技术主要包括微生物吸附、污泥堆肥、微生物浸出等。微生物吸附主要有细胞直接吸附和代谢产物固定两种类型。细胞吸附是基于微生物细胞壁表面基团对金属离子的络合作用，实现污泥中重金属的脱除与富集。代谢产物固定机理是微生物生长过程中释放的代谢产物与金属离子反应从而吸附金属离子。对酵母菌的吸附作用进行研究，结果表明：升高温度，提高体系 pH 有利于酵母菌对金属离子的吸附。相关研究以球衣菌 FQ32 制备生物吸附剂并考察其对 Cu^{2+} 耐受能力及吸附条件，结果表明：球衣菌 FQ32 对 Cu^{2+} 的耐受程度大于 $150mg/L$，在最优条件下对 Cu^{2+} 的吸附量可达到 $91.2mg/g$。电镀污泥堆肥是在一定条件下通过微生物作用，实现有机物降解及部分有害重金属离子转型，并产生有利于植物吸收和生长的肥料。研究表明，植物中锌、铜离子对提高植物叶片中叶绿素含量有明显作用，而含锌、铜电镀污泥即可加工成锌、铜微肥，实现污泥资源化利用，但要注意重金属钝化等。

微生物浸出技术是利用微生物及其代谢产物对矿物资源的直接作用或间接作用，氧化、溶解矿物资源中有价成分的浸出方法。其中最常见的微生物有氧化亚铁硫杆菌、氧化硫硫杆菌等，其浸出机理可与矿山固废微生物浸出基本一致，见第 1 章。微生物浸出具有资金投入少、工艺流程容易控制、SO_2 排放少等优点，在低品位矿藏及二次资源方面具有广阔的应用前景。氧化亚铁硫杆菌、氧化硫硫杆菌等可有效浸出电镀污泥中的有价金属，但该技术在工业实践中应用较少，其原因主要是：电镀污泥中重金属含量高，对微生物毒害作用大。电镀污泥成分主要为金属盐或氢氧化物，缺少微生物生长、代谢所需的氮、磷等元素。由于电镀污泥特殊的理化性质和浸出体系的苛刻性，培养或驯化出具有特定浸出功能及较强适应能力的微生物还存在较大困难。

⑦ 填海与堆放。废弃物填海处理即将废弃物丢弃在距离和深度适宜的海域，充分利用海洋系统自净能力，实现废弃物的合理处置。沿海及岛屿国家由于土地面积、废弃物处理成本等各方面原因多采用该方法处理生产与生活废弃物。如英国填海固体废物量占总固体废物量 25%～30%，爱尔兰则达到 45%。19 世纪末期，美国就曾将电镀污泥倒入海洋进行填海处理，在爱尔

兰的 Dublin 海湾，每年倾倒重金属污泥约 2.5 万吨。由于电镀污泥中镉、铬、氰等较大毒性成分的存在，处置场海域出现了不同程度海洋污染现象。为了规范废弃物填海制度，美国于 1972 年颁布了《海洋保护、研究和自然保护区法》，国际上也先后达成了一系列协议，协议规定禁止大量电镀污泥作填海处理，对于镉、汞等毒性物质含量高的电镀污泥填海前必须经过固化处理。伴随海洋环境问题日益受到人们的关注，填海方式处理电镀污泥必将受到严格的限制。

（4）噪声污染

电镀工艺产生的噪声分为机械噪声和空气动力性噪声，主要噪声源包括磨光机、振光机、滚光机、空压机、水泵、超声波、电镀通风机、送风机等设备以及压缩空气吹干零件发出的噪声。噪声源强通常为 65～100dB（A）。通常从声源、传播途径和受体防护三个方面进行噪声污染防治，尽可能选用低噪声设备，采用消声、隔声、减振等措施从声源上控制噪声，采用隔声、吸声、阻尼、减振等措施在传播途径上降噪。

7.1.4　案例分析

对某年表面处理 $830×10^4 m^2$ 的项目进行分析。

7.1.4.1　工艺流程

生产工艺以"镀锌（热镀锌）、镀铜、镀铬、镀镍、镀金（银）、铝及铝合金阳极氧化、发蓝处理"等作为表面中心项目建设的重点。电镀主要工艺流程如下：

① 普通镀铬工艺流程与排污节点见图 7-4。

② 热镀锌工艺流程与排污节点见图 7-5。

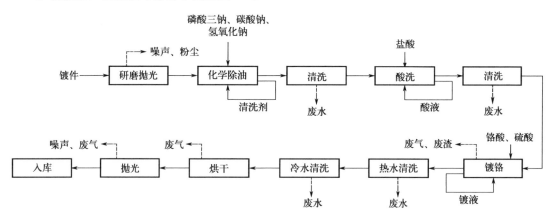

图 7-4　普通镀铬工艺流程与排污节点图

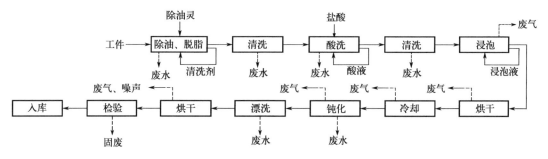

图 7-5　热镀锌工艺流程与排污节点图

③ 铝合金阳极氧化工艺流程与排污节点见图 7-6。

④ 镀金工艺流程与排污节点见图 7-7。

⑤ 镀铜工艺流程与排污节点见图 7-8。

⑥ 镀锌镍合金工艺流程与排污节点见图 7-9。

⑦ 镀银工艺流程与排污节点见图 7-10。

⑧ 碱性氧化发蓝处理工艺流程与排污节点见图 7-11。

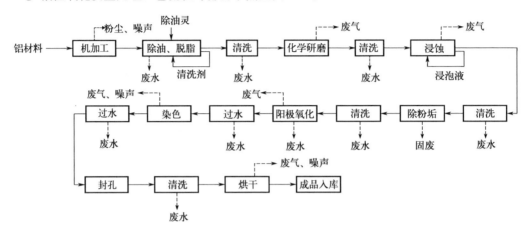

图 7-6　铝合金阳极氧化工艺流程与排污节点图

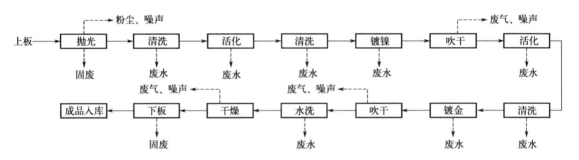

图 7-7　镀金工艺流程与排污节点图

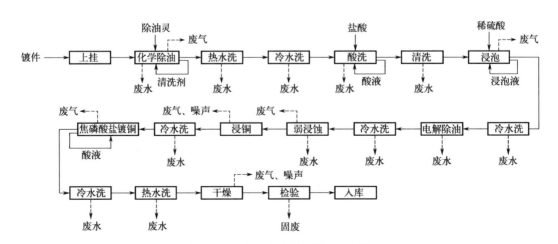

图 7-8　镀铜工艺流程与排污节点图

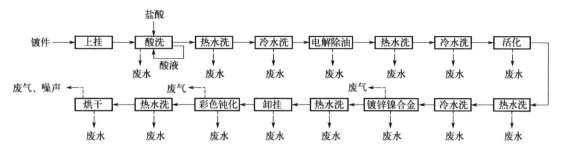

图 7-9 镀锌镍合金工艺流程与排污节点图

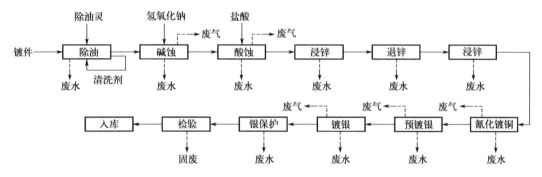

图 7-10 镀银工艺流程与排污节点图

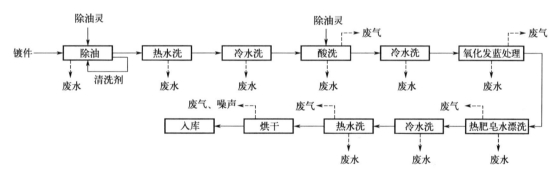

图 7-11 碱性氧化发蓝工艺流程与排污节点图

7.1.4.2 污染控制

（1）大气污染控制

生产过程中排放的废气主要为抛光粉尘及电镀过程中的盐酸雾、硫酸雾、铬酸雾和氰化氢等。生产过程产生的工艺废气排放情况如表 7-4、表 7-5 所示。

表 7-4 项目有组织废气源强及排放情况

污染源	废气量/(m³/h)	污染物	产生情况			排放情况			排放参数		
			/(mg/m³)	/(kg/h)	/(t/a)	/(mg/m³)	/(kg/h)	/(t/a)	高度/m	直径/m	温度/℃
盐酸槽	12235	盐酸雾	150	1.835	13.21	7.50	0.092	0.66	30	0.5	常温

续表

污染源	废气量/ (m³/h)	污染物	产生情况			排放情况			排放参数		
			/(mg/m³)	/(kg/h)	/(t/a)	/(mg/m³)	/(kg/h)	/(t/a)	高度/ m	直径/ m	温度/ ℃
铬酸槽	7719	铬酸雾	2.0	0.015	0.11	0.04	0.0003	0.002	30	0.5	常温
硝酸槽	1395	硝酸雾	10.0	0.014	0.10	1	0.0014	0.01	30	0.5	常温
镀银	120	氰化氢	20.0	0.002	0.01	0.5	0.00006	0.0004	30	0.5	常温
硫酸槽	27666	硫酸雾	150	4.150	29.88	7.50	0.207	1.49	30	0.5	常温
普通镀铬抛光	12000	金属粉尘	550	6.6	15.8	108	1.3	3.1	30	0.5	常温
铝合金阳极氧化机加工	12000	金属粉尘	400	4.8	11.5	75	0.9	2.2	30	0.5	常温
镀金抛光	6000	金属粉尘	550	3.3	7.9	100	0.6	1.4	30	0.5	常温

表 7-5　项目无组织排放废气源强

序号	污染物名称	污染源	排放量/(t/a)
1	HCl	盐酸槽	0.07
2	NO_x	硝酸槽	0.003
3	铬酸雾	铬酸槽	0.0002
4	硫酸雾	硫酸槽	0.15
5	氰化氢	镀银	0.00002
6	粉尘	抛光、机加工	0.6

在普通镀铬、铝合金阳极氧化及镀金工艺中对镀件预处理抛光及机加工工序会产生粉尘，采用集风罩收集、布袋除尘后通过 15m 排气筒排放。电镀生产线产生的酸性废气主要来源于盐酸槽、铬酸槽、硝酸槽、镀银及硫酸槽工序，在有盐酸、铬酸、硝酸、硫酸废气产生的镀槽内添加酸雾抑制剂等以抑制酸雾挥发，同时在产生废气的槽边设抽风装置，将收集的酸雾送入酸雾吸收塔，净化后酸雾达《电镀污染物排放标准》（GB 21900—2008）表 5 标准，气体通过 30m 高排气筒排放。氰化氢废气采用水溶液喷淋洗涤塔吸收，吸收剂可采用硫酸亚铁，硫酸亚铁浓度为 0.1%～0.7%，此法净化效率可达 97%，净化后氰化氢酸雾达《电镀污染物排放标准》（GB 21900—2008）表 5 标准，气体通过 30m 高排气筒排放。

（2）水污染物分析

电镀废水水质预处理部分通过采用中和＋絮凝＋沉淀＋气浮＋过滤＋超滤＋反渗透工艺处理，满足《城市污水再生利用　工业用水水质》（GB/T 19923—2005）工业用水水质要求；部分通过采用中和＋絮凝＋沉淀＋气浮＋过滤＋渗析工艺处理后达到《金属镀覆和化学覆盖工艺用水水质规范》（HB 5472—91）C 类标准，回用于生产中，剩余浓水经蒸干器处理。

（3）固体废弃物

生产过程中产生的固废主要有：生产过程产生的边角料和废包装材料；表面处理过程中酸活化、镀锌、钝化、镀铜、镀镍、镀铬等工序定期更新的废液；退镀产生的残液（废酸）和废渣；工业污水处理站产生的污泥；酸雾净化器更新的废碱液。边角料和废包装材料回收和再利用，无法回收和再利用的送一般工业固体废物填埋处置。退镀残酸、酸雾净化废碱液、阳极泥、电镀液、钝化液、废水站污泥、退镀残渣作为危险废物，送危废中心处置。普通镀铬抛光、铝合金阳极氧化机加工、镀金抛光工序产生的粉尘通过布袋除尘器收集的金属粉尘统一出售。

7.2　电子工业与污染控制

电子工业可分为半导体器件生产、电子真空与光电子器件生产、电子元件生产、电子专用材料生产和电子终端产品装配 5 个主要专业生产环节。电子产品一般从高纯硅制造的芯片开始，通过互连形成部件，互连部件由陶瓷、玻璃、有机聚合物、稀有金属以及有毒金属制成。

7.2.1　半导体集成电路制造业概述

伴随着传统个人计算机、通信类芯片产品的市场复苏，以及数码相机、拍照手机图像传感芯片、医疗、汽车专用芯片等新的集成电路应用需求的增长，全球半导体产业保持了稳定增长趋势。半导体产业由三个主要部分组成。一是中游制造半导体固态器件和电路的企业，生产过程称为晶圆制造。二是上游支撑企事业单位，包括半导体材料和半导体设备企业以及科研机构等；三是基于芯片的终端市场产品和销售的企业，包括通信及智能手机、PC/平板电脑、工业/医疗等消费电子等企业。本节主要介绍半导体固态器件生产。

固态器件的制造有材料准备、晶体生长和晶圆准备、晶圆制造和分选、封装、终测等 5 个阶段。材料准备阶段是半导体材料的开采并根据半导体标准进行提纯。以硅石为原料通过转化可成为具有多晶硅结构的纯净硅。晶体生长和晶圆准备阶段，材料首先形成带有特殊的电子和结构参数的晶体。之后，在晶体生长和晶圆准备工艺中，晶体被切割成称为晶圆的薄片，并进行表面处理。另外半导体工业也用锗和不同半导体材料的混合物来制作器件与电路。第三个阶段是晶圆制造，也就是在其表面上形成器件或集成电路。在每个晶圆上通常可形成 200～300 个同样的器件，也可多至几千个。在晶圆上由分立器件或集成电路占据的区域称为芯片。晶圆的制造有几千个步骤，它们可分为两个主要部分：前端工艺线（FEOL）是晶体管和其他器件在晶圆表面上的形成；后端工艺线（BEOL）是以金属线把器件连在一起并加一层最终保护层。晶圆上的芯片完成后。下一步每个芯片都需要进行电测（称为晶圆电测）来检测是否符合客户的要求。晶圆电测是晶圆制造的最后一步或封装（packaging）的第一步。封装是通过一系列的过程把晶圆上的芯片分割开，然后将它们封装起来。这个阶段还包括与客户规范要求一致的芯片最终测试。工业界也把这一阶段称为装配和测试（A/T）。封装起到保护芯片免于污染和外来伤害的作用，并提供坚固耐用的电气引脚以和电路板或电子产品相连。封装由半导体生产厂的另一个部门或其他工厂来完成。

7.2.2　芯片生产工艺

（1）清洗
清洗工作是在不破坏外延片表面特性的前提下，有效的使用化学溶液清除外延片表面的各种残留污染物。将外延片按要求依次经过酸洗（盐酸）、碱洗（氨水）、离子清洗（O_2 等）、有机清洗、纯水洗等。集成电路芯片生产的清洗包括外延片的清洗和工器具的清洗。由于半导体生产污染要求非常严格，清洗工艺需要消耗大量的高纯水；且通过特殊"过滤和纯化"的半导体级化学试剂、有机溶剂才能被使用。几乎每一道工艺前后都必须对硅片进行清洗，清洗后通过氮气吹干，送入下道工序。清洗主要废气为硫酸雾、HCl、Cl_2、HF、NO_x 等酸性废气，NH_3，有机废气（丙酮、异丙醇）。

（2）氧化

当硅表面暴露在氧气当中时，都会形成二氧化硅钝化层，在有氧化剂及逐步升温的条件下，在光洁的硅表面上生成 SiO_2 的工艺叫热氧化。热氧化生长过程通常是将成批的硅晶圆片放入洁净的石英炉管中，石英炉管一般阶梯式升温加热到 800～1200℃。在常压下将氧化剂，如干燥的氧气、纯水水汽，从炉管的一端通入并从另一端排出。

（3）光刻蚀

光刻蚀工艺是和照相、蜡纸印刷比较接近的一种多步骤的图形转移过程。首先是在掩模版上形成所需要的图形，之后通过光刻工艺把所需要的图形转移到晶圆表面的每一层。一次掩膜光刻过程通常包括：清洗、涂胶、曝光、显影、刻蚀（湿法、干法）、去胶等工艺步骤。光刻过程中使用的光刻胶，主要由树脂、感光剂、有机溶剂和添加剂四部分组成，其中有机溶剂占主要成分的 65%～85%。常用的显影液有四甲基氢氧化铵、KOH 溶液、酮类或乙酸酯类物质等，有机废气来源于光刻胶的软烘焙和硬烘焙过程，及光刻胶和显影液在使用中的少量挥发，NH_3 源于显影液中四甲基氢氧化铵的挥发。

（4）刻蚀

在光刻工艺中，经过曝光和显影后，光刻胶薄膜层中形成了微图形结构，为获得器件的结构，需要通过刻蚀，在光刻胶下面的材料上重现光刻胶层上的图形，实现图形的转移。刻蚀技术主要包括液态的湿法刻蚀和气态的干法刻蚀两大类，见表 7-6。两种方法的主要目标是将光刻掩模版上的图形精确地转移到晶圆表面。其他刻蚀工艺的目标包括一致性、边缘轮廓控制、选择性、洁净度和拥有成本最低化。典型的湿法刻蚀是采用酸性溶剂在硅片表面进行刻蚀，湿法刻蚀后的硅片表面用去离子水冲洗，然后再进行干燥。干法刻蚀是在等离子气氛中选择性地腐蚀硅片表面的过程，主要是采用各种各样的气体对不同类型的材料进行选择性刻蚀。

刻蚀后剥离去胶工艺中，湿法去胶工艺产生的污染物主要来自去胶剂挥发出的酸性废气和有机废气，干法去胶工艺产生的污染物主要为刻胶未完全分解生成的有机废气和 CO、CO_2 一般废气。

表 7-6　湿法刻蚀和干法刻蚀一览表

名称	工艺	环境影响	排放处理措施
湿法刻蚀	通过特定的溶液与需要刻蚀的薄膜材料发生化学反应，除去光刻胶未覆盖区域的薄膜，称为湿法刻蚀	废气主要为酸、碱、有机废气，还包括一些气态副产物（如 H_2、NO、NH_3 等），来源于刻蚀液的挥发。废水主要为酸性废水、腐蚀性废水及含氟废水、废溶剂等	废气经废气喷淋器处理后可进入中央洗涤塔进行二级处理；含氟废水排入含氟废水处理系统，再与酸性废水纳入酸碱废水处理系统；废溶剂排入废溶剂处理系统或腐蚀性废溶剂收集系统
干法刻蚀	干法刻蚀是指利用等离子体激活的化学反应或者利用高能离子束轰击完成去除物质的方法。由于在刻蚀中不使用液体，故称为干法刻蚀	废气为 PFC（CF_4、SF_6、CHF_6 等）、Cl_2、HF、HBr、HCl 等酸性气体	

（5）掺杂

半导体材料的独特性质之一是它们的导电性和导电类型（N 型或 P 型）能被产生和控制。使晶体管和二极管工作的结构就是 PN 结。结是富含电子的区域（N 型区）与富含空穴的区域（P 型区）的分界处。具体位置是电子浓度与空穴浓度相同的地方。掺杂工艺是将特定量的杂质源（磷、硼、砷等）通过薄膜开口掺入硅晶体表层，以改变其电学特性。热扩散和离子注入是主要掺杂工艺。扩散是一种自然的物理过程，利用杂质的扩散运动，将所需要的杂质掺入硅衬底中，并使其具有特定的浓度分布。扩散的发生需要两个必要的条件：浓度差及过程所必需的能量。目前的扩散工艺已基本被离子注入取代，只有在进行重掺杂时才用扩散工艺。采用离子注入技术进行掺杂，可以达到改变材料电学性质的目的。离子注入的基本原理是把掺杂物质（原子）离子化后，在数千到数百万伏特电压的电场下得到加速，以较高的能量注入到硅片表面或其他薄膜中。经高温退火（RTP）后，消除因离子注入造成的衬底晶圆片晶格的损伤；同时注入的杂质离子被活化，恢复晶圆片中少数载流子寿命和载流子迁移率。掺杂产生的废气主要为含磷烷、砷烷的酸性废气。

（6）薄膜淀积

掺杂的区域和 PN 结是形成电路中的电子元件的核心，但是仍需要各种其他的半导体、绝缘介质和导电层才能形成器件，并促使这些器件集成为电路。将这些层加到晶圆表面的过程为薄膜淀积。方法有：化学气相淀积、物理气相淀积、旋涂、镀/电镀等。化学气相沉积是由两种或两种以上的气体在硅片表面上沉积形成一层薄膜。生产工艺的不同决定了沉积形成的薄膜为绝缘膜或导电膜。在等离子气相沉积或溅射中，是将金属物质从金属靶材（源电极）中驱赶出来，然后在硅片表面的另一电极上沉积下来。最常用的是热氧化工艺、化学气相沉积工艺（CVD）。热氧化工艺产生的酸性废气主要来源于未反应的含卤素氧化剂。CVD 工艺合成不同固态薄膜材料产生的废气种类是不同的，来源于未反应的原料气和生成酸性气体，常见废气有 SiH_4、$SiCl_4$、SiH_2Cl_2、PH_3、HF、HCl、NH_3 等。具体见表 7-7。

表 7-7　工艺原料及处理措施

薄膜工序使用的主要化学品	潜在环境影响的排放物	排放处理措施
化学气相沉积（CVD）：SiH_4，O_2，B_2H_6，SiF_6，WF_6，H_2，N_2O，NH_3，N_2，NF_3，$Ti[N(CH_3)_2]_4$	PFC 和含氟尾气	首先由现场去除设备（POU）处理，然后进入中央洗涤塔进行二级处理
离子注入：BF_3，PH_3，AsH_3，GeF_4，PFCs，N_2，Ar	含砷危险废弃物	砷的零部件将视为危险废物处理
等离子气相沉积（PVD）：Ar，He，H_2，多种金属	无重大污染物	产生废气直接排至普通排气装置
电镀：$CuSO_4$/H_2SO_4	腐蚀性废水少量含铜废弃物	腐蚀性废水排入酸碱中和系统，浓缩含铜废液厂外处置/厂内处理

（7）平坦化

平坦化主要采用化学机械抛光（CMP），CMP 主要就是指在化学研磨剂的参与下，利用抛光头高速旋转与硅片表面接触进行抛光，CMP 后的清洗是重要环节，产生的废气为后续清洗过程中挥发出的酸、碱、有机废气。

芯片生产工艺流程见图 7-12。

7.2.3　污染物控制

（1）废气治理

芯片生产过程产生的工艺废气包括酸性废气、碱性废气、有机（VOCs）废气、含尘废气、焊锡烟气、有毒废气等。见表 7-8。

表 7-8　工艺制造中产生废气的来源和处理工艺

工艺	使用原辅材料	主要废气
热氧化	含氯氧化剂	Cl_2、HCl、$C_2H_2Cl_2$、C_2HCl_3 等
CVD	反应气体和携带气体	SiH_4、$SiCl_4$、NH_3、SiH_2Cl_2、PH_3、HF、HCl 等
光刻	光刻胶、显影液	有机废气、NH_3
湿法刻蚀	刻蚀液	HCl、HF、硫酸雾等、NH_3

工艺	使用原辅材料	主要废气
干法刻蚀	特种气体	PFC（CF_4、SF_6、CHF_6）、Cl_2、HF、HBr、HCl 等酸性气体
湿法去胶	强酸去胶液和有机去胶液	硫酸雾、NO_x、有机废气
干法去胶	O_2、Ar	CO、CO_2，还有少量的 NO_x
掺杂工艺	有毒气体	AsH_3、PH_3、BH_3
CMP	含氨水抛光液	NH_3
清洗工艺	酸、碱、有机清洗液	硫酸雾、HCl、Cl_2、HF、NO_x 等酸性废气，NH_3、有机废气（丙酮、异丙醇等）

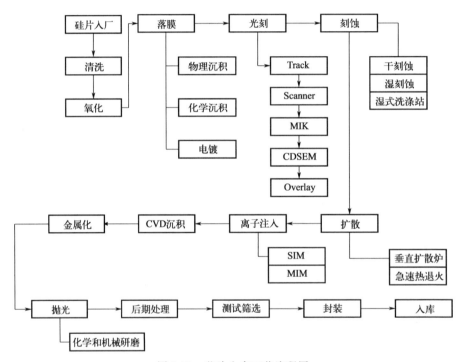

图 7-12　芯片生产工艺流程图

① 酸性废气。酸性废气主要来源于用酸液进行腐蚀、氧化、抛光处理，芯片外延、扩散、干刻、金属化、CVD、器件封装外引脚电镀等工序，主要污染物有氟化物、氯化氢、硫酸雾、氮氧化物、氯气等，一般采用 2%～10% 碱液吸收法去除酸性废气污染物，处理系统主要由废气吸收塔、风机、管道和吸收液循环泵等组成，净化装置可选用喷淋吸收塔、填充式洗涤塔、无泵吸收塔、板式吸收塔等。常用的碱液有氢氧化钠、石灰乳溶液等，处理效率可达 90% 以上。

② 碱性废气。碱性废气主要来源于曝光显影、脱脂、刻蚀、剥膜、扩散、清洗、外延、化学气相沉积等工序使用的碱液、氨气、氨水、有机胺类溶剂，主要污染物为氨气（NH_3）、恶臭（胺类污染物如乙胺、乙二醇胺、二乙基羟胺等），通常以 5%～10% 硫酸溶液或水作为吸收剂，采用湿式吸收法处理，处理效率可达 90% 以上。酸性/碱性废气处理流程如图 7-13 所示。

③ 有机废气。有机废气主要来源于芯片表面清洗工艺使用的有机脱脂剂、脱水剂，感光成像工艺中的光刻胶稀释剂、显影剂、脱胶剂等使用的有机溶剂，常用的有乙醇、异丙醇、乙二醇、丙酮、丁酮（甲基乙基酮）、环戊酮、甲基异丁基酮（MIBK）、环己酮、醋酸乙酯、醋酸丁酯、醋

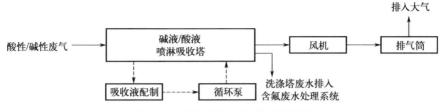

图 7-13　酸性/碱性废气处理流程图

酸戊酯、三氯乙烯、二氯甲烷、丙二醇甲基醚（PGME）、丙二醇甲醚醋酸酯（PGMEA）、乙二醇乙醚、乙二醇丁醚、乙醇胺（MEA）等，其中主要是以 150℃ 以下的低沸点有机溶剂为主，去光刻胶类化合物如二甲基亚砜（DMSO）、MEA、N-甲基吡咯烷酮（NMP）、二甲基乙酰胺（DMAC）、二甘醇胺（DGA）则属于高沸点的硫类和胺类有机溶剂且具有恶臭，主要污染物为 VOCs。

　　电子企业通常选用活性炭固定床吸附法、转轮浓缩燃烧法、转轮浓缩蓄热燃烧法、蓄热燃烧法（RTO）、蓄热催化燃烧法（RCO）法、冷凝法、吸收法等单独或组合进行处理，处理效率可达90％以上。

　　活性炭固定床吸附法。活性炭固定床吸附法适用于非极性化合物，但不适用于吸附沸点高于200℃、分子量大于 130 的化合物。其有机废气处理流程如图 7-14 所示。

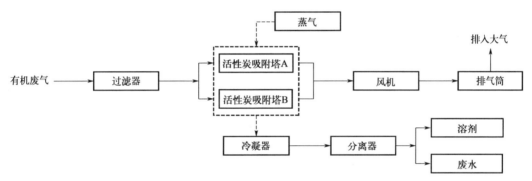

图 7-14　活性炭吸附床处理有机溶剂废气处理流程示意图

　　冷凝法＋沸石转轮吸附浓缩燃烧法。冷凝法＋沸石转轮吸附浓缩燃烧法主要适用于高沸点（＞150℃）、具有恶臭的硫类和胺类的 VOCs 废气，如 N-甲基吡咯烷酮（NMP）、二甲基乙酰胺（DMAC）等。含 VOCs 废气进入沸石转轮，废气中 VOCs 大部分均被转轮上的沸石吸附而使废气中VOCs 的含量大幅降低成为较干净的空气，一部分干净的气体排放至大气中，另一部分气体则进入再生区，将经由高温再生空气加以脱附再生。经再生区后的废气则含有高浓度的 VOCs 气体，可降低后续处理程序的操作成本。利用沸石浓缩转轮将大风量低浓度的废气浓缩为小风量高浓度，再以直热式（燃气式）焚化的方式处理，以达到去除 VOCs 的目的。其有机废气处理流程如图 7-15 所示。

　　含尘废气来源于器件的切割、喷砂、打磨工序，主要污染物为颗粒物，通常采用袋式除尘器回收粉尘，回收后的废气从排气筒排放。也有的采用水雾喷淋吸收法，处理效率可达90％以上。焊锡烟气主要来源于电池组件封装焊接、芯片封装等工艺中使用的锡焊料（膏）、助焊剂，在熔化温度下，除挥发出松香树脂等烟尘微粒外，还含有锡金属烟尘（锡蒸气）、微量铅、醇类溶剂等有害气体，主要污染物为锡和锡化合物，通常采用活性炭固定床吸附法、纤维过滤器＋活性炭吸附器进行处理，处理效率可达90％以上。有毒废气（毒性工艺尾气）主要来源于半导体器件制造（如集成电路、分立器件）的氧化、干法刻蚀（DE）、外延、扩散、离子注入掺杂、化学气相沉积（CVD）、金属化等工序，光电子器件制造（如硅太阳能电池、LED、LCD 等）的磊晶、薄膜生长、干法刻蚀、CVD 等工序，

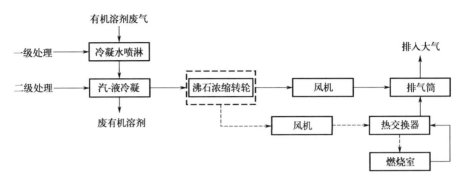

图 7-15　冷凝法＋沸石转轮吸附浓缩燃烧法处理有机废气流程示意图

使用多种高纯特殊工艺气体如 SiH_4、SiH_3CH_3、$SiCl_4$、$SiHCl_3$、SiH_2Cl_2、SiF_4、CF_4、CHF_3、$C_2H_2F_6$、WF_6、SF_6、NF_3、BF_3、BCl_3、PH_3、AsH_3、GeH_4、HBr 等。此类气体毒性大，属有毒或剧毒化合物，同时亦有高度的腐蚀性和爆炸性，因此作为安全生产的必要条件，这类有毒气体受到严格管理，污染处理系统独立设置，以局部处理设备（local scrubber）在使用点进行工艺尾气源头处理（POU），并且各电子企业生产过程中一般都设有在线报警装置。

（2）废水控制

半导体工厂的浓酸、溶剂、浓缩电镀液直接收集委托处理，其余废水均由工厂内处理合格后排放。一般工厂设有酸碱废水中和系统、含氟废水处理系统、含铬废水处理系统、生活污水处理系统、氨氮处理系统、有机废水处理系统、水回收系统。

① 酸碱废水中和系统。中和系统根据酸碱中和原理，采用投加酸碱的方式来调节 pH。使之达到中性。中和系统由收集槽、中和槽、放流槽以及加药系统组成，图 7-16 为中和系统流程图。收集工厂内排放的不含氟的酸碱废水，pH 值为 2～4。收集槽的目的是中和生产直接排放到调整槽的各种酸碱废水，节约药剂，为后续处理提供稳定的水质。中和系统酸碱反应分为两段，第一段（中和槽 A）为粗调，pH 由 1～13 调整到 5～9 左右，第二段（中和槽 B）为微调，pH 由 5～9 调整到 6～8。两段的加药系统均通过气动阀间歇动作控制加药量，因酸碱加药量与 pH 呈指数关系，第一段中和所需要的加药量比第二段中和所需要的加药量大得多，故其气动阀动作时间和频度相对第二段要大些。放流水槽通过中和处理的废水最终排放至放流水槽，通过泵排放至总排放口，放流水槽设置取样槽，用于监测 pH 等，当 pH 超标时水将被自动切回调整槽。

② 含氟废水处理系统。氟处理的原理主要是利用氟化钙的不溶性，使之沉淀下来。其反应方程式如下：

$$HF \Longrightarrow H^+ + F^-$$
$$Ca^{2+} + 2F^- \Longrightarrow CaF_2 \downarrow$$

根据上面的电离方程式，pH 增加有利于平衡向右移动，所以要想获得良好的沉淀效果，首先要通过加入 NaOH 调整反应槽的 pH，然后通过加入 $CaCl_2$ 来结合 F^- 使之充分反应生成 CaF_2，接下来通过加入 PAC 和 PAM 进行混凝絮凝使悬浮在水中的 CaF 颗粒絮凝并在沉淀池沉淀，最后通过压滤机固化，达到去除氟离子的目的。含氟废水处理系统包括收集槽、反应槽、沉淀槽、污泥系统以及加药系统，其流程如图 7-17 所示。

高浓度、低浓度含氟废水收集槽收集从工厂排放下来的高浓度和低浓度的含氟废水，其目的是均和废水水质使后续处理更加稳定。含氟废水反应槽通过加入 NaOH 和 H_2SO_4 调节废水的 pH，使 Ca^{2+} 和 F^- 达到最佳反应条件，即 pH 8.5～9.5。加入 $CaCl_2$ 使 Ca^{2+} 和 F^- 充分反应。加入 PAC 使之充分与废水混合，为下部混凝反应作准备。设置 pH 计和 F 计控制 NaOH、H_2SO_4 和 $CaCl_2$ 加药量。反应槽均设置搅拌机混合药剂和废水并使之充分反应。

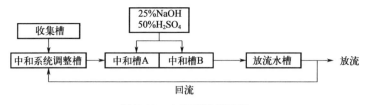

图 7-16　中和系统流程图

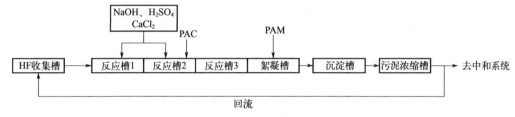

图 7-17　含氟废水处理系统流程图

絮凝槽。水中悬浮固体的密度若大于水，则可利用重力作用而沉淀去除；当粒子直径小于 $100\mu m$ 时，其沉降性不佳，此类粒子可分为胶体粒子及分子性粒子，前者直径介于 $1\sim100\mu m$，后者则小于 $1\mu m$，可采用化学混凝去除。

污泥脱水系统。通过化学反应所产生的 CaF_2 污泥，经沉淀槽、污泥浓缩槽处理后，含水率一般在 $97\%\sim99\%$（SS 30000mg/L）。污泥脱水系统主要是把含水率高的浓缩污泥，经板框式压滤机再脱水使之成为含水率低（$50\%\sim70\%$）的泥饼，方便外载处理。

③ 含铬废水处理系统。在半导体芯片制造过程中使用了重铬酸盐作为电镀液，使该废水中含有 Cr^{6+}，而铬中毒毒性最强的是六价铬（Cr^{6+}），其次是三价铬（Cr^{3+}）。目前对电镀废水主要的处理方法有化学法、物理化学法、物理法和组合法等几种。见表 7-9。

表 7-9　电镀废水处理方法一览表

方法		工艺	其他
化学法	化学还原法	最常用的方法是亚硫酸法，另外还有 SO_2 法、$FeSO_4$ 法、硫化物法及水合肼还原法等	设备简单、投资小、处理量大，能将毒性很大的六价铬还原成毒性次之的三价铬，利于回收利用
	电化学腐蚀法	利用微电池的腐蚀原理，采用铁屑处理电镀含铬废水	净化效果好，而且设备简单，投资少，但是处理时间长，铁屑容易结块，影响处理系统
	钡盐法	利用固相碳酸钡与废水中的铬酸接触反应，形成溶度积比碳酸钡小的铬酸钡，以除去废水中的 Cr^{6+}	除铬效果好，且工艺简单，但由于钡盐货源、沉淀物分离以及污泥的二次污染问题尚待进一步解决
物理化学法	离子交换法	可以净化废水，又可以回收利用废水中的有害成分	技术要求较高，一次性投资大，而且在回收的铬酸中还有余氯，影响了回收利用
	电解法	由于在电解过程中铁阳极不断溶解，产生亚铁离子使废水中的六价铬还原成三价铬，同时亚铁离子被氧化成三价铁离子，并与水中的 OH^- 结合形成氢氧化铁，起到了凝聚和吸附作用	不需要投加处理试剂，处理后水中基本不增添其他离子和带入其他的污染物，对以后水的重复使用较为有利。但电解法处理含铬废水要消耗一定量的钢板和电能，所产生的污泥还需进一步处理
	活性炭吸附法	处理电镀废水的一种有效方法	该方法存在活性炭再生操作复杂和再生也不能直接回镀槽利用等问题

方法		工艺	其他
物理法	蒸发浓缩法	通过蒸发手段减少镀液中的水分，进而达到浓缩镀液的目的	不单独使用，而是作为组合处理中的一个单元
	膜分离法	包括液膜分离法和采用固膜分离的反渗透法	能够作为净化技术，同时可以回收金属，并且具有分离效率高、能耗低的优点，适用于低浓度的电镀液

组合法：使用两种以上的方法组合在一起，相互补充，以达到最好的技术经济效果。如利用电解-铁氧化法解决电镀污泥的利用问题；采用离子交换-铁氧化法可较好地解决离子交换法所存在的二次污染问题；将化学沉淀法与气浮法结合在一起，解决了再生液的重复利用问题。多元组合技术尚在发展之中，主要方向是多功能、小型化及控制的自动化。

半导体制造工厂内的含铬废水主要来源于电镀工序，浓缩液回收处理，清洗液通常含有 0.7mg/L 左右的六价铬，设计采用硫酸酸化，再投加 $FeSO_4$ 或 $NaHSO_3$ 将六价铬还原成三价铬，然后沉淀去除，如图 7-18 所示。

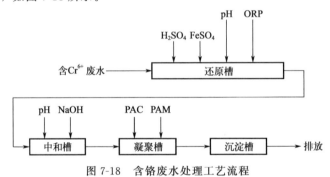

图 7-18　含铬废水处理工艺流程

④ 氨氮处理系统。半导体行业氨氮废水主要来自化学清洗和机械研磨两道制程上产生的废水。收集的氨水污染物指标为 NH_3-N 1200～1500mg/L、F^- 100～150mg/L、H_2O_2 100～400mg/L、pH 9.8。半导体行业传统的氨氮处理系统流程如图 7-19。

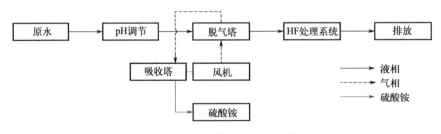

图 7-19　氨氮处理系统示意图

⑤ 有机废水处理系统及水回收系统。芯片生产是一个高耗能的产业，不仅耗电，而且耗水，大量的超纯水用来清洗硅片，大量的自来水作为冷却和洗涤之用，从而产生大量的被污染的废水。一条生产能力为 5 万片的生产线，每天的耗水量将在 $7500m^3$ 左右。

有机废水处理方法：水质特点为芯片清洗液，主要成分为异丙醇（IPA，$CH_3CHOHCH_3$）、柠檬酸（CTS，$C_6H_8O_7$）。COD400～450mg/L、BOD150～180mg/L。可采用接触氧化法。其流程见图 7-20。

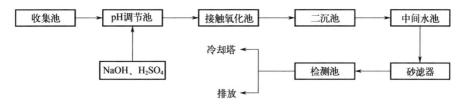

图 7-20　有机废水处理系统示意图

高 TOC 的纯水回收水，水回收系统进水水质见表 7-10。

采用混凝沉降的方法，去除浊度并调整 pH 至中性，产水回用至冷却塔。其流程如图 7-21 所示。

表 7-10　处理方法一览表

废水水质	pH	SS/(mg/L)	电导率(25℃)/(μS/cm)	总硬度/(mgCaCO$_3$/L)	SiO$_2$/(mg/L)	浊度(NTU)
DCMP 清洗	5.8	17	60	24	191.6	75
砂滤活性炭塔	8.58～8.61	—	19.9	—	—	—
离子交换塔	11.2～11.5	—	270～330	—	—	—
生化场出水	6.89～7.4	18	926～950	—	—	—
仪表排水	5.5～8.0	—	500～900	—	—	—
纯水回收系统超标排水	2.9～3.5	—	1200～2000	—	—	—

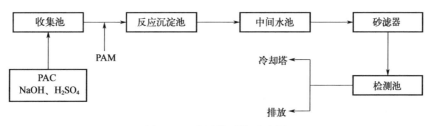

图 7-21　水回收系统示意图

水回收系统出水水质见表 7-11。

表 7-11　水回收系统出水水质表

项目	pH	SS/(mg/L)	电导率(25℃)/(μS/cm)	总硬度/(mgCaCO$_3$/L)	SiO$_2$/(mg/L)	浊度(NTU)
标准	6～8	＜50	＜900	＜150	＜10	＜5
实测值	7.56	—	600～850	120～150	3.5～5.0	0.6

（3）固废治理资源化

电子产品的淘汰速度很快，寿命终结后产生的固体废弃物处理是一个问题。有人预测每年大约有 6500 万台计算机被淘汰。当它们被作为垃圾掩埋时，印刷线路板的焊料和阴极射线管（用于显示器）中含有的有毒有害物质会产生危害。

废弃电子设备的资源化过程分 3 步：①修理或升级后的整机再利用；②拆解的元器件回收利用；③物料的回收利用。通过修理或升级后的整机重新使用以及元器件的回收利用，可以充分利用电子废弃物，减少环境污染。物料回收是在电子废弃物无法再利用的情况下通过回收其有用成分达到电子废弃物资源化的目的。电子废弃物的材料组成和结合方式复杂，处置起来困难。目前回收技术主要有火法处理、湿法处理、机械处理等方法。

① 火法处理。火法处理是借助焚烧、熔炼、烧结、熔融等手段，去除电子废弃物中的塑料和其他有机成分，以富集金属的方法。该法的优点是可以处理所有形式的电子废弃物，具有非常高的金属回收率。缺点是焚烧过程会造成有毒气体逸出，对环境产生严重的危害；同时电子废弃物中的陶瓷及玻璃成分使熔炼炉的炉渣量增加，金属元素熔融到炉渣中，造成金属的损失；废弃物中高含量的铜会增加熔炼炉中固体粒子的析出量，减少贵重金属的直接回收。随着电子工业的发展，电子产品中贵金属的用量正在逐渐减少，回收价值相应降低，此方法难以推广。

② 湿法处理。湿法处理是一种相对较快的提取贵金属的方法。它将破碎后的电子废弃物颗粒浸入溶液中，借助氧化、还原、中和、水解、络合、萃取等过程，对原料中金属或化合物进行提取和分离，得到金属或化合物。湿法与火法相比，具有废气排放少，提取贵金属后的残留物易于处理、经济效益显著、工艺流程简单等优点。目前的研究主要集中在：a. 在一定的温度和压力下，选择合适的浸滤溶液；b. 优化萃取过程操作。

湿法处理缺点包括处理前需将复杂的电子废弃物粉碎成颗粒，不能直接处理；部分金属的浸出效率低，作用有限，如贵金属被耐腐蚀材料陶瓷等包裹则很难被处理；处理用浸滤溶液普遍带有强腐蚀性，可与金属反应，使用后若不经处理而直接外排必将造成严重的环境污染。随着电子产品中的贵金属逐渐被金属取代，该法的处理效益将进一步降低。

③ 机械回收。电子废弃物的机械回收主要是指利用电子废弃物各组分间的物理性质的差异对它进行拆解、粉碎、物料的分选等机械处理过程。其主要优点在于可对电子废弃物中的金属及非金属等各种成分综合回收利用，成本低，操作简单，不易造成二次污染，易实现规模化生产等。但只能得到含有一定杂质的金属或非金属的富集体，仍需进一步处理。回收时先将电子废弃物拆解，分类检测，选出可重新使用和需进一步回收的。然后根据物料的物理性质选择破碎的方法，将物料粉碎到较小的粒径。最后利用破碎后的物料的密度、电性和磁性的差异进行分选。电子废弃物机械回收流程见图 7-22。

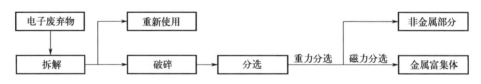

图 7-22　电子废弃物机械回收流程

拆解：电子废弃物中含有多种电子元器件，如变压器、电池、电容、晶体管等，这些元器件中含有铅、汞、镉等多种重金属和有害物质，处理时可预先将其拆解下来单独进行处理，这样不仅能富集回收物质，还可以防止对后续工艺的污染，减少处理成本。

破碎：单体的充分解离是实现高效机械分选的前提，破碎是实现单体解离的有效方法。因此，根据物料的物理特性选择有效的破碎设备，进一步选择物料的破碎粒度范围，不仅可以提高破碎效率，减少能源消耗，而且还能为不同物料的有效分选提供前提和保证。

分选：电子废弃物的特征是成分的显著差异性。其有机物和无机物组成都是极端多样化的。因电子废弃物中多样的物种，提供了通过机械回收和分选的可能性。通过分选，可以得到各种物质的富集体，经后续精炼处理使其浓度、性能等指标达到一定标准便可重新投入使用。机械分选主要利用物质间的物理性质差异（如密度、电性、磁性、形状及表面性质等）来实现不同物质的分离。目前常用的机械分选有气流分选、电选和磁选等。

按密度差异分选——由于电子废弃物中各组分密度的不同，可通过密度分离法使其分离。密度分离是指由于颗粒密度的不同，在流体中分别受到不同重力和其他外力，颗粒间产生相对运动，从而使颗粒分离。以水为分离介质，采用垂直振动技术可以从电子废弃物中分离塑料和青铜混合物。当等粒径的塑料和青铜混合物被推直振动时，它们常常被分成两层，在较低的振动频率下，富集的青铜在塑料层的上面；在较高频率下，青铜被夹在两层塑料层中间。

选择两个不同的混合比率进行分离实验，结果发现高密度的物料在质量分数为 25％时，仍然可以分离。在经过 2min 垂直振动之后混合物中高密度物质的含量超过了 50％。当颗粒粒径较大时，水可以作为一种提高分离效果的媒介。在密度不同的颗粒间的动量传递和动量差异是分离过程的主要推动力。

采用阻尼式脉动气流分选装置研究电子废弃物中可回收组分的回收，试验采用自制的气流分选装置，分选装置法兰连接多节柱状体，阻尼块安装在法兰处，即阻尼式脉动气流分选的加速减速区域可以通过调节改变。对于加入阻尼块的装置，有效分选的气流流速范围是 8.4～10.2m/s，与传统气流分选装置（10.1～11.1m/s）相比，加入阻尼块的装置不仅使有效分选流速的操作范围变宽，而且降低了有效分选流速。

密度分离操作简单，不易对周围环境造成二次污染。但是不能得到纯度较高的金属，需要进一步处理。密度分离不仅取决于颗粒之间的密度大小，同时也受到颗粒粒径和形状的影响，对废弃物的预处理提出更高的要求。

根据磁电差异性分选——电子废弃物包含铁磁体和有色金属或合金。电子废弃物破碎后，可以将金属物质从碎料混合物中分离出来。金属磁选利用电子废弃物中各组分的铁磁件实现分选，多用于除去废弃电路板中的电性差异，对废弃物再生处理十分有效。物料通过高压电场中的电晕电极荷电，当所有颗粒与接地圆筒接触后，导体物料所带的电荷很快就消失，而非导体物料则能长时间地保留所带电荷。

印刷电路板经过粗破和细破后，金属与非金属基本解离。金属是以铜和铝为主的富集体（所含的铁磁性物料已通过磁选分离出来），非金属主要是玻璃纤维和树脂、热固性塑料、碳化硅等，绝大部分属于绝缘材料，因此十分适合静电分选。

对金属在电路板中的存在状态进行分析，并根据电路板的特点采用高效冲击破碎机实现金属与非金属的有效解离，通过调节滚筒静电分选机的参数，实现废弃电路板中金属富集体的有效回收。试验结果表明：插槽中的铝和铜在 5mm 左右已经解离，电路板基板上的铜在 0.5mm 左右基本解离；通过静电分选，得到的 2mm 粒级的金属富集体中，铜和铝的回收率分别达到 95％和 90％，0.5mm 粒级中的绝大部分金属也得到了回收。

静电分离有较高的回收能力，对能量的需要较低，且不会造成二次污染。同时分离效率只与物料之间的导电性有关，与颗粒的形状无关。但是与密度分离相同，不能得到纯度较高的金属，需要进一步处理。

热裂解是指有机物在隔氧或缺氧的条件下加热分解的过程，是目前广泛应用于固体废弃物处理的一种有效方法。在热解过程中，将发生下述反应：解聚，产生单体；分子链断裂，产生低分子量的材料；不饱和化合物产生，聚合物交联。最终生成 3 种产物：气体（不可凝的挥发物）、液体（可凝的挥发物）和固体（炭）。3 种产物的相对比例在很大程度上取决于热裂解的反应方法和反应条件。

（4）噪声污染及治理

电子工厂的噪声源主要来自辅助动力设备及配套工程，如动力站、冷却塔等。通常，电子工厂的生产工艺设备布置在封闭的净化厂房内，声级较小，主要产噪设备为净化/空调系统风机、废气净化系统风机、空压机、冷冻机组、真空泵、冷却塔、水泵、备用发电机等动力设备以及为项目配套的气体站房等。

7.2.4　案例分析

对贵州某半导体技术有限公司年产 60 万片瞬态电压抑制二极管（transient voltage suppressor，TVS）项目进行分析。

7.2.4.1　工艺流程

项目设置 1 条生产线，生产线设置清洗车间（扩散前清洗、光刻前清洗、沟槽刻蚀）、扩散车间（扩散、钝化）、喷砂车间（喷砂）、光刻车间（光刻）、测试划片区（划片、测试）、化学镀镍车间和出货包装区（包装）。生产线主要生产工艺包括：扩散前清洗→扩散→喷砂→光刻前清洗→光刻→沟槽刻蚀→钝化→化学镀镍→划片→测试、包装入库→待售。生产工艺流程及产排污节点见图 7-23。

7.2.4.2　污染控制

（1）大气污染控制

本项目有组织废气产生于扩散前清洗、喷砂、光刻前清洗、光刻、刻蚀和钝化等工序，各工序对应特征污染物情况见表 7-12，生产车间采用排风系统加强通风换气，车间换气次数达每小时 6 次。无组织废气污染物为氟化物、氯化氢、硫酸雾、氮氧化物和颗粒物等。大气污染物排放情况见表 7-13。

表 7-12　生产线主要特征大气污染物（有组织排放废气）

序号	类型	污染工序	特征污染物
G1	酸性废气	扩散前清洗	氮氧化物、氟化物
G2	粉尘	喷砂	粉尘
G3	酸性废气、氨气	光刻前清洗	氟化物、氨气、氯化氢
G4	有机废气	光刻	甲苯与二甲苯、VOCs
G5	酸性废气、氨气	刻蚀	氮氧化物、氟化物、硫酸雾、氨气
G6	有机废气	钝化	VOCs

酸性废气及氨气通过通风橱集气系统（收集效率为 90%）收集后，采取碱液喷淋塔（处理效率为 70%～90%）吸收处理，经排气筒（25m 高）排放。其中氮氧化物、氟化物、HCl、硫酸雾排放浓度达到《大气污染物综合排放标准》（GB 16297—1996）表 2 二级标准，氨气排放浓度达到《贵州省环境污染物排放标准》（DB 521864—2022）表 2 二级标准。喷砂工序中金刚砂高速喷射时产生粉尘，一般设置于密闭车间。废气通过集气罩收集（收集效率为 90%）后经排气筒（25m 高）排放。粉尘排放浓度（速率）为 86mg/m³（0.38kg/h），排放浓度达到《大气污染物综合排放标准》（GB 16297—1996）表 2 二级标准限值。光刻胶、显影液和负胶漂洗液产生的有机废气经通风橱收集后（收集效率为 90%），采用活性炭吸附装置吸附处理后，经排气筒（25m 高）排放，钝化工序使用的硅橡胶在高温固化阶段产生的 TRVOC 废气经密闭的烟道收集后采用活性炭吸附装置吸附处理后经 25m 排气筒排放。

（2）水污染物分析

项目生产废水主要为生产线（扩散前清洗、光刻前清洗、沟槽刻蚀清洗、化学镀镍清洗、划片清洗等工序）产生的清洗废水、纯水制备产生的浓水、酸性废气洗涤产生的废水。

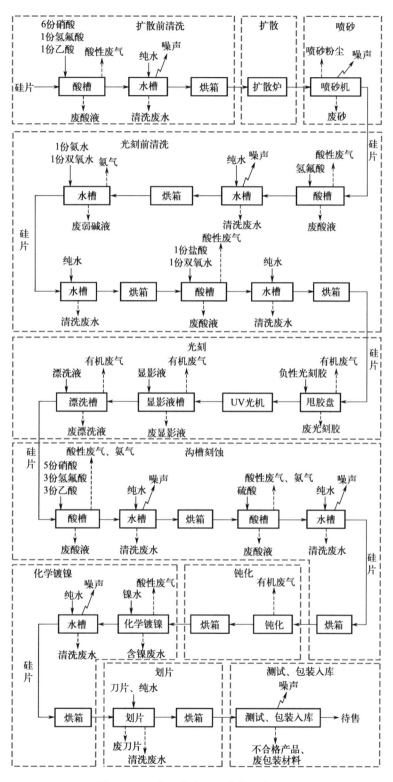

图 7-23　生产工艺流程及产排污节点图

表 7-13　废气污染物产排污统计一览表

类型	产排污工序	类型	污染物	产生速率/(kg/h)	产生浓度/(mg/m³)	治理措施	排放速率/(kg/h)	排放浓度/(mg/m³)
有组织废气污染物	扩散前清洗、光刻前清洗、沟槽刻蚀	酸性废气及氨	氟化物	0.18	40	设置1套碱液喷淋塔处理后通过1号排气筒（25m高）排放，处理效率70%～90%，废气量4500m³/h	0.16	4
			氯化氢	1.04	231		0.094	21
			硫酸雾	1.10	244		0.099	22
			氮氧化物	0.58	129		0.157	34.9
	沟槽刻蚀		氨	0.03	6		0.003	0.6
	喷砂	粉尘	粉尘	0.43	95	设置1套集气罩收集后通过2号排气筒（25m高）排放，收集效率90%，废气量4500m³/h	0.38	86
	光刻	有机废气	甲苯与二甲苯合计	0.08	39	设置1套活性炭吸附装置处理后通过3号排气筒（25m高）排放，处理效率90%，废气量2000m³/h	0.01	3.5
	光刻		VOCs	0.30	150		0.027	13.5
	钝化			0.001	0.53		0.001	0.05
无组织废气污染物	—	—	氟化物	—	0.02	—	—	0.02
			氯化氢	—	0.1	—	—	0.1
			硫酸雾	—	1.0	—	—	1.0
			氮氧化物	—	0.1	—	—	0.1
			颗粒物	—	0.8	—	—	0.8
			氨	—	0.5	—	—	0.5
			VOCs	—	1.5	—	—	1.5

生产线化学镀镍产生的含镍废水经含镍废水处理设施处理（采取 pH 调节＋H_2O_2 破络＋Na_2S 化学沉淀工艺），生产线其他生产废水经含氟废水处理设施处理（采取 pH 调节＋$CaCl_2$ 化学沉淀＋絮凝沉淀工艺）。生产废水预处理达《电子工业水污染物排放标准》（GB 39731—2020）表1间接排放标准后经市政污水管排入污水处理厂处理。

纯水制备产生的浓水经市政污水管排至污水处理厂处置。

酸性废气洗涤废水经碱液喷淋塔处理，采取浓度为 10% 的氢氧化钠溶液，吸收处置率为 70%～90%，碱液循环使用，定期更换并排放废水，酸性废气洗涤废水由含氟废水处理设施处理达《电子工业水污染物排放标准》（GB 39731—2020）表1间接排放标准后经市政污水管排入污水处理厂处理。

（3）固体废弃物

生产过程中产生的一般固废主要有喷砂工序产生的废金刚砂，划片工序产生的废刀片，测试、包装阶段产生的不合格产品和废包装材料以及含氟废水处理设施产生的污泥。一般固废集中收集后暂存于一般固体废物暂存间，定期外售；含氟处理设施产生的污泥定期清淘后运至某生活垃圾综合处置场处理。产生的危险废物主要为生产线清洗车间清洗产生的废酸液和废浸洗液、光刻车间光刻产生的有机废液（废显影液、废光刻胶、废刻蚀液）、废酸液，化学镀镍废镍液，废气产生的废活性炭，含镍废水处理产生的污泥以及设备维修或更换产生的废机油等，暂存于危废暂存间，定期交有资质单位处置。

（4）噪声及降噪措施

项目投产后，主要生产设备噪声源为扩散炉、喷砂机、烘箱、刻蚀机、划片机、真空泵、测试机，其源强范围约为 70～95dB（A）。

 ## 思考题

1. 在使用表面技术之前为何要进行表面预处理？表面平整、清洗、表面磷化处理、表面钝化、喷砂有何作用？

2. 解释电镀工艺过程中铬、镍、锌、铜镀层的作用是什么？

3. 简述各类表面处理工艺的适用条件及优缺点。

4. 请说明非金属材料的电镀类别，并简述工艺及环境污染特征。

5. 绘制刻蚀工艺流程图，并简述刻蚀工艺及产排污情况。

6. 简述二极管生产工艺及产排污情况。

7. 表面处理、电子工业企业在生产过程中如何实现减污降碳？

参考文献

[1] 冯绍彬. 电镀清洁生产工艺[M]. 北京：化学工业出版社，2006.

[2] 贾金平，谢少艾，陈虹锦. 电镀废水处理技术及工程实例[M]. 北京：化学工业出版社，2003.

[3] 王拥军，石香玉. 分离富集[M]. 开封：河南大学出版社，2008.

[4] 袁明华，李德，普仓凤. 低品位硫化铜矿的细菌冶金[M]. 北京：冶金工业出版社，2008.

[5] 周长征. 制药工程原理与设备[M]. 北京：中国医药科技出版社，2015.

[6] 周全法，尚通明. 电镀废弃物与材料的回收利用[M]. 北京：化学工业出版社，2004.

[7] 李彩丽. 含镍电镀污泥中镍的回收和综合应用[D]. 太原：太原理工大学，2010.

[8] 李飞. 电子废弃物处理技术与生命周期评价[D]. 广州：华南理工大学，2004.

[9] 马进. 基于知识的集成电路光刻工艺设计系统研究[D]. 上海：上海交通大学，2011.

[10] 王春伟. 湿法刻蚀均匀性的技术研究[D]. 上海：复旦大学，2012.

[11] 魏金秀. 废弃印刷线路板中金回收的试验研究[D]. 上海：东华大学，2005.

[12] 蔡建宏. 电镀清洁生产改造的依据[J]. 电镀与精饰，2008(7)：13-16，19.

[13] 张晓春. 浅谈小电镀企业清洁生产审核重点及目标设置[J]. 广州化工，2014，42：127-129.

[14] 魏立安，丁园，蒋青山. 电镀清洁生产管理之探讨[J]. 材料保护，2010，43：43-45.

[15] 周东晓，鲁宪，支宗琦，等. 电镀行业污染物产生与防治措施[J]. 科技资讯，2008(14)：224-225.

[16] 谢芳. 浅谈目前电镀废水处理的几种方法[J]. 中国高新技术企业，2009(11)：103-104.

[17] 薛婧. 电镀废水处理技术的研究进展[J]. 机械管理开发，2010，25(3)：32-33.

[18] 黄其祥，胡衍华，徐凑友，等. 电镀废水处理技术研究现状及展望[J]. 广东化工，2010，37(4)：128-130.

[19] 王文星. 电镀废水处理技术研究现状及趋势[J]. 电镀与精饰，2011，33(5)：42-46.

[20] 郭燕妮，方增坤，胡杰华，等. 化学沉淀法处理含重金属废水的研究进展[J]. 工业水处理，2011，31(12)：9-13.

[21] 曾武. 电镀废水处理技术的研究和发展[J]. 广东化工，2011，38(4)：173-174.

[22] 姜玉娟，陈志强. 电镀废水处理技术的研究进展[J]. 环境科学与管理，2015，40(3)：45-48.

[23] 张厚，施力匀，杨春，等. 电镀废水处理技术研究进展[J]. 电镀与精饰，2018，40(2)：36-41.

[24] 叶作彦，吴志勇，胡素荣. 超高浓度含氰废液处理[J]. 电镀与精饰，2018，40(11)：27-31.

[25] 胡翔，陈建峰，李春喜. 电镀废水处理技术研究现状及展望[J]. 绿色电镀及表面处理新技术，2008(12)：5-10.

[26] 王亚东，张林生. 电镀废水处理技术的研究进展[J]. 安全与环境工程，2008，15(3)：69-72.

[27] 杨月明等. 我国电镀废水处理现状及展望[J]. 广州化工，2011，39(15)：60-62.

[28] 刘飞. 电解法处理含镍废水的研究[J]. 云南化工，2018，45(4)：102-104.

[29] 解维闵，何东升，黄文杰，等. 电解法处理高质量浓度的含镍电镀废水[J]. 电镀与环保，2018，38(1)：57-60.

[30] 徐国仁，颜真，江博涵. 高压脉冲电絮凝和交变电场水处理技术在电镀企业水资源管理中的应用[J]. 电镀与涂饰，2017，36(4)：216-219.

[31] 肖晓，孙水裕，严苹方，等. 高效重金属捕集剂 EDTC 的结构表征及对酸性络合铜的去除特性研究[J]. 环境科学学报，2016，36(2)：537-543.

[32] 邱伊琴，孙水裕，肖晓，等. 磁絮凝耦合重金属捕集剂 EDTC 对酸性络合镍的深度脱除[J]. 中国环境科学，2017，37(2)：560-569.

[33] 刘培，葛黎明，程智，等. 重金属捕集剂 DTC(EDA)处理含锌废水的应用研究[J]. 现代化工，2016，36(9)：100-103.

[34] 戴文灿，周发庭，黄晴. NaS-DDTC 深度处理络合 Ni 高浓度电镀废水[J]. 中国环境科学，2016，36(3)：768-777.

[35] 张学洪，王敦球，黄明，等. 电镀污泥处理技术进展[J]. 桂林工学院学报，2004，24(4)：502-505.

[36] 安战威，韩伟，房永广. 回收电镀污泥中镍和铜的研究[J]. 华北水利水电学院学报，2007，28(1)：91-93.

[37] 王春花，曾文荣，张喜斌. 电镀污泥中重金属最佳浸出条件的实验研究[J]. 电镀与环保，2011，31(2)：31-39.

[38] 曾佑生. 电镀镍污泥氨浸出工艺中氨回收的技术[J]. 中国资源综合利用，2004，4：23-26.

[39] 程洁红，陈娴，孔峰等. 氨浸-加压氢还原法回收电镀污泥中的铜和镍[J]. 环境科学与技术，2010，33(6)：135-140.

[40] 张广柱，童张法，高大明. 电镀污泥中镍的回收技术研究[J]. 环境科学导刊，2010，29(3)：67-70.

[41] 项长友，王娟. 电镀污泥资源化无害化处置探讨[J]. 环境科学与技术，2005，28(12)：35-36.

[42] 陈可，石太宏，王卓超，等. 电镀污泥中铬的回收及其资源化研究进展[J]. 电镀与涂饰，2007，26(5)：43-46.

[43] 陈娴，程洁红，顾冬梅. 还原焙烧—酸浸回收电镀污泥中的铜[J]. 环境污染与防治，2011，33(6)：48-51.

[44] 郭茂新，沈晓明，楼菊青. 中温焙烧/钠化氧化法回收电镀污泥中的铬[J]. 环境污染与防治，2009，31(4)：21-23.

[45] 张仪. 从氨溶液中萃取镍的试验研究[J]. 湿法冶金，2009，28(2)：96-98.

[46] 彭滨. 电镀污泥中铜和镍的回收[J]. 山东化工，2006，35(1)：7-10.

[47] 刘建华，王瑞祥. 离子交换法处理贫铜浸出液的研究[J]. 江西有色金属，2002，16(3)：22-23

[48] 郭学益，石文堂，李栋，等. 采用旋流电积技术从电镀污泥中回收铜和镍[J]. 中国有色金属学报，2010，20(12)：2425-2430

[49] 袁学韬，吕晓东，华志强，等. 电积铜用铅合金阳极的腐蚀行为研究[J]. 湿法冶金，2010，29(1)：20-23.

[50] 张冠东，张登君，李报厚. 从氨浸电镀污泥产物中氢还原分离铜、镍、锌的研究[J]. 化工冶金，1996，17(3)：214-219.

[51] 智建辉. 电镀重金属污泥综合利用研究[J]. 天津化工，2009，23(4)：10-13.

[52] 王继元. 电镀重金属污泥的水泥固化处理试验研究[J]. 化工时刊，2006，20(1)：44-47.

[53] 宁丰收，赵谦，陈盛明. 铬渣水泥固化体稳定性研究[J]. 化工环保，2004，24.

[54] 陈永松，周少奇. 电镀污泥处理技术的研究进展[J]. 化工环保，2007，27(2)：144-148.

[55] 廖昌华，孙水裕，张志. 焚烧温度对电镀污泥后续处理影响研究[J]. 再生资源研究，2002，5：34-36.

[56] 刘刚，蒋旭光，池涌，等. 危险废物电镀污泥热处置特性研究[J]. 环境科学学报，2005，25(10)：1355-1360.

[57] 赵永超. 电镀污泥焚烧预处理研究[J]. 河南化工，2006，23(9)：20-21.

[58] 李明春，姜恒，侯文强，等. 酵母菌对重金属离子吸附的研究[J]. 菌物系统，1998，17(4)：367-373.

[59] 沈锚，张太平，贾晓珊. 利用氧化亚铁硫杆菌和氧化硫硫杆菌去除污泥中的重金属的研究[J]. 中山大学学报(自然科学版)，2005，44(2)：111-115.

[60] 王琪. 我国固体废水处理的发展现状及趋势[J]. 环境保护，2012，15：23-26.

[61] 徐盈，等. 电镀废水处理与回用[J]. 材料保护，2000，12：33-34.

[62] 周军，等. 电解法处理废水的研究进展[J]. 电镀与环保，2000，3：130-135.

[63] 黄国林. 活性炭吸附处理含铬废水的研究[J]. 林产化工通讯，1999，5：24-27.

[64] 曹亦俊，赵跃民，温雪峰. 废弃电子设备的资源化研究发展现状[J]. 环境污染与防治，2003，25：289-292.

[65] 李运清，秦政席，席国喜. 废旧碱性二氧化锰电池特点和湿法再资源化研究[J]. 环境科学与技术，2006，29：82-85.

[66] 王海锋，段晨龙，温雪峰，等. 电子废弃物资源化处理现状及研究[J]. 中国资源综合利用，2004，3：7-9.

[67] 温雪峰，范英宏. 用静电选的方法从废弃电路板中回收金属富集体的研究[J]. 环境工程，2004，22：78-80.

第 **8** 章
火力发电与污染控制

8.1 火电厂概述

火力发电厂简称火电厂，是利用可燃物作为燃料生产电能的工厂。基本生产过程是燃料在燃烧时加热水生成蒸汽，将燃料的化学能转变成热能，蒸汽压力推动汽轮机旋转，热能转换成机械能，然后汽轮机带动发电机旋转，将机械能转变成电能。

根据国家统计局发布数据，2020年我国全年发电量77.79亿兆瓦时，同比增长了3.7%，其中，火力发电53.3亿兆瓦时，发电量占比68.52%。目前我国发电供热用煤占全国煤炭生产总量的50%左右。大约全国90%的二氧化硫排放由燃煤发电产生，80%的二氧化碳排放量由燃煤发电排放。

2020年我国发电结构中，有69%的发电量来自火电，燃煤发电量在火电发电量中的占比在80%以上，从2014—2020年的发电量结构变化能够看出我国火电发电占比是逐渐下降的，风电、光伏、核能等其他能源发电占比逐渐升高。但同时受能源结构、历史电力装机布局等因素影响，国内电源结构仍将长期以火电为主。

8.1.1 火力发电类型

火力发电厂按燃料类型可分为燃煤、燃气、燃油、生物质、余热、以垃圾及工业废料为燃料的多种发电厂；按原动机可分为凝汽式汽轮机发电厂、燃气轮机发电厂、蒸汽燃气轮机发电厂等；按输出能源分为热电厂和凝汽式发电厂；按蒸汽压力和温度可分为低温低压发电厂、中温中压发电厂、高温高压发电厂、超高压发电厂、亚临界压力发电厂、超临界压力发电厂、超超临界压力发电厂等，见表8-1。目前，我国火力发电以燃煤发电、燃气发电和垃圾焚烧发电为主。

表 8-1　火力发电厂类型

	类型	概述
按照燃料分类	燃煤发电	以煤作为燃料的发电厂
	燃油发电	以石油（实际是提取汽油、煤油、柴油后的渣油）为燃料的发电厂
	燃气发电	以天然气、煤气等可燃气体为燃料的发电厂
	余热发电	用工业企业的各种余热进行发电的发电厂。此外还有利用垃圾及工业废料作燃料的发电厂

类型		概述
按原动机分类	蒸汽式汽轮机发电	蒸汽式汽轮机是指蒸汽在汽轮机内膨胀做功以后，除小部分轴封漏气之外，全部进入凝汽器凝结成水的汽轮机
	燃气轮机发电	以高温气体为工质，按照等压力加热循环工作燃料中的化学能转变为机械能和电能的工厂
	内燃机发电	用内燃机带动发电机发电的电厂。分为固定式和移动式两类，前者多用于工矿企业自备电厂或孤立电厂，后者则指汽车或列车电站
	蒸汽-燃气轮机发电	燃气轮机及发电机与余热锅炉、蒸汽轮机共同组成的循环系统，它将燃气轮机排出的功和高温烟气通过余热锅炉回收转换为蒸汽，再将蒸汽注进蒸汽轮机发电
按输出能源分类	凝汽式发电	只向外供应电能的电厂
	热电	同时向外供应电能和热能的电厂
按发电厂总装机容量分类	小容量发电	装机总容量在 100MW 以下的发电厂
	中容量发电	装机总容量在 100～250MW 范围内的发电厂
	大中容量发电	装机总容量在 250～600MW 范围内的发电厂
	大容量发电	装机总容量在 600～1000MW 范围内的发电厂
	特大容量发电	装机容量在 1000MW 及以上的发电厂
按蒸汽压力和温度分类	中低压发电	蒸汽压力在 3.92MPa（40kgf/cm²）、温度为 450℃ 的发电厂，单机功率小于 25MW
	高压发电	蒸汽压力一般为 9.9MPa（101kgf/cm²）、温度为 540℃ 的发电厂，单机功率小于 100MW
	超高压发电	蒸汽压力一般为 13.83MPa（141kgf/cm²）、温度为 540℃/540℃[①] 的发电厂，单机功率小于 200MW
	亚临界压力发电	蒸汽压力一般为 16.77MPa（171 kgf/cm²）、温度为 540℃/540℃ 的发电厂，单机功率为 300MW 直至 1000MW 不等
	超临界压力发电	蒸汽压力大于 22.11MPa（225.6kgf/cm²）、温度为 550℃/550℃ 的发电厂，机组功率为 600MW 及以上
按供电范围分类	区域性发电	在电网内运行，承担一定区域性供电的大中型发电厂
	孤立发电	不并入电网内，单独运行的发电厂
	自备发电	由大型企业自己建造，主要供本单位用电的发电厂（一般也与电网相连）

① 表示从锅炉出去的蒸汽温度是 540℃（550℃），到汽轮机高压缸做功后，通过管道再回到锅炉，再次被加热至 540℃（550℃），然后送到汽轮机的中压缸-低压缸继续做功，这种工艺的锅炉就被标志为 540℃/540℃ 或 550℃/550℃。

8.1.2　火力发电系统组成

火力发电系统主要由燃烧系统（以锅炉为核心）、汽水系统（主要由各类泵、给水加热器、凝汽器、管道、水冷壁等组成）、发电系统、控制系统等组成。前二者产生高温高压蒸汽；发电系统实现由热能、机械能到电能的转变；控制系统保证各系统安全、合理、经济运行。

8.1.2.1 燃烧系统

燃烧系统是由原料输送、锅炉、除尘、脱硫等组成，其流程如图 8-1 所示。以某燃煤电厂为例，其燃烧由皮带输送机从煤场通过电磁铁、碎煤机送到煤仓间的煤斗内，再经过给煤机进入磨煤机进行磨粉，磨好的煤粉通过空气预热器的热风，将煤粉打至粗细分离器，粗细分离器将合格的煤粉（不合格的煤粉送回磨煤机），经过排粉机送至粉仓，给粉机将煤粉打入喷燃器送到锅炉进行燃烧。

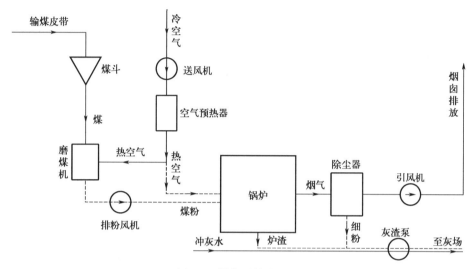

图 8-1　燃烧系统流程图

① 输煤　电厂的用煤量很大，一座装机容量 120×10^4 kW 的现代火力发电厂，每天耗煤 1 万吨以上。据统计，我国用于发电的煤约占总产量的 25%，主要靠铁路运输，约占铁路全部运输量的 40%。

② 磨煤　煤运至电厂的储煤场后，经初步筛选处理，用输煤皮带送到锅炉间的原煤仓。煤从原煤仓落入旋风分离器，使煤粉与空气分离后进入煤粉仓。

③ 锅炉与燃烧　煤粉由可调节的给粉机按锅炉需要送入一次风管，同时由旋风分离器送来的气体，经排粉风机提高压头后作为一次风将进入一次风管的煤粉经喷燃器喷入炉膛内燃烧。

④ 风烟系统　送风机将冷风送到空气预热器加热，加热后的气体一部分经磨煤机、排粉风机进入炉膛，另一部分经喷燃器外侧套筒直接进入炉膛。炉膛内燃烧形成的高温烟气，沿烟道经过热器、省煤器、空气预热器逐渐降温，经除尘、脱硫、脱氮后，经引风机送入烟囱，排向空中。

⑤ 灰渣系统　炉膛内煤粉燃烧后生成的小灰粒，被除尘器收集成细灰排入冲灰沟，燃烧中因结焦形成的大块炉渣，下落到锅炉底部的渣斗内，经过碎渣机破碎后也排入冲灰沟，再经灰渣水泵将细灰和碎炉渣经冲灰管道排往灰场。

8.1.2.2 汽水系统

火力发电厂的汽水系统是由锅炉、汽轮机、凝汽器、高低压加热器、汽包、水冷壁、凝结水泵和给水泵等组成，它包括给水系统、补水系统和冷却水系统等，其流程见图 8-2。水在锅炉中被加热成蒸汽，经过过热器进一步加热后变成过热蒸汽，再通过主蒸汽管道进入汽轮机。由于蒸汽不断膨胀，高速流动的蒸汽推动汽轮机的叶片转动从而带动发电机。

① 给水系统　由锅炉产生的过热蒸汽沿主蒸汽管道进入汽轮机，高速流动的蒸汽冲动汽轮

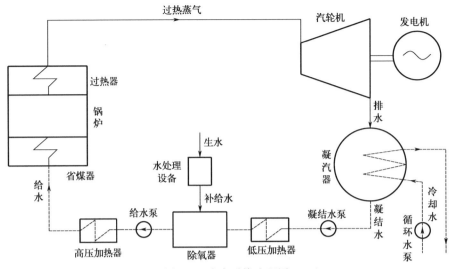

图 8-2　汽水系统流程图

机叶片转动，带动发电机旋转产生电能。在汽轮机内做功后的蒸汽，其温度和压力大大降低，最后排入凝汽器并被冷却水冷却凝结成水（称为凝结水），汇集在凝汽器的热水井中。凝结水由凝结水泵打至低压加热器中加热，再经除氧器除氧并继续加热。由除氧器出来的水（叫锅炉给水），经给水泵升压和高压加热器加热，最后送入锅炉汽包。

②　补水系统　在汽水循环过程中总难免有汽、水泄漏等损失，为维持汽水循环的正常进行，必须不断地向系统补充经过化学处理的水，这些补给水一般补入除氧器或凝汽器中。

③　冷却水（循环水）系统　为了将汽轮机中做功后排入凝汽器中的乏汽冷凝成水，需由循环水泵从凉水塔抽取大量的冷却水送入凝汽器，冷却水吸收乏汽的热量后再回到凉水塔冷却。冷却水是循环使用的。

为了进一步提高其热效率，一般都从汽轮机的某些中间级后抽出做过功的部分蒸汽，用以加热给水。在现代大型汽轮机组中都采用这种给水回热循环。其中，汽包是工质加热、蒸发、过热三过程的连接枢纽，保证锅炉正常的水循环，内部有汽水分离装置，保证锅炉蒸汽品质，且有一定水量，具有一定蓄热能力，缓和汽压的变化速度，汽包上有压力表、水位计、事故放水、安全阀等设备，以保证锅炉安全运行。水冷壁的作用是吸收炉膛中高温火焰或烟气的辐射热量，在管内产生蒸汽或热水，并降低炉墙温度，保护炉墙。在大容量锅炉中，炉内火焰温度很高，热辐射强度很大。锅炉中有 40%～50% 甚至更多的热量由水冷壁所吸收。除少数小容量锅炉外，现代的水管锅炉均以水冷壁作为锅炉中最主要的蒸发受热面。水冷壁最初设计时，目的并不是受热，而是为了冷却炉膛使之不受高温破坏。后来，由于其良好的热交换功能，逐渐取代汽包成为锅炉主要受热部分。图 8-3 为水冷壁，图 8-4 为汽包。

图 8-3　水冷壁

图 8-4　汽包

此外，在超高压机组中还采用再热循环，即把做过一段功的蒸汽从汽轮机的高压缸的出口抽出，送到锅炉的再热汽中加热后再引入汽轮机的中压缸继续膨胀做功，从中压缸送出的蒸汽，再送入低压缸继续做功。在蒸汽不断做功的过程中，蒸汽压力和温度不断降低，最后排入凝汽器并被冷却水冷却，凝结成水。凝结水集中在凝汽器下部由凝结水泵打至低压加热器加热再经过除氧器除氧，给水泵将预加热除氧后的水送至高压加热器，经过加热后的热水加入锅炉，在过热器中把水加热为过热蒸汽，送至汽轮机做功。这样周而复始不断地做功。在汽水系统中的蒸汽和凝结水，由于疏通管道很多并且还要经过许多的阀门设备，这样就难免产生跑、冒、滴、漏等现象，这些现象都会或多或少地造成水的损失，因此必须不断地向系统中补充经过化学处理过的软化水，一般补入除氧器中。

8.1.2.3 发电系统

发电系统是由副励磁机、励磁盘、主励磁机（备用励磁机）、发电机、变压器、高压断路器、升压站、配电装置等组成，其流程见图 8-5。发电是由副励磁机（永磁机）发出高频电流，副励磁机发出的电流经过励磁盘整流，再送到主励磁机，主励磁机发出电后经过调压器以及灭磁开关经过碳刷送到发电机转子。发电机转子通过旋转其定子线圈感应出电流，强大的电流通过发电机出线分两路，一路送至厂用电变压器，另一路则送到高压断路器，由高压断路器送至电网。

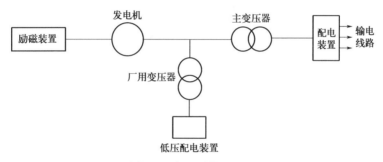

图 8-5　发电系统流程图

8.1.3　火力发电工艺流程及排污节点

以燃煤发电、燃气发电与垃圾焚烧发电三种代表性工艺为例进行工艺分析。

8.1.3.1　燃煤发电

燃料输送系统主要是煤通过皮带运送到原煤斗，通过磨煤机、粗粉分离器、细粉分离器、给粉机等输送到炉膛，一般燃煤电厂热效率在 30%～58%。电厂送风系统主要由送风机提供，包含一次风、二次风、三次风，一次风输送煤粉，二次风主要是为煤粉提供氧量，三次风是制粉系统的泛气。燃煤电厂工艺流程及排污节点见图 8-6。

8.1.3.2　燃气发电

燃气发电是最稳定的分布式供能方式之一，常规采用燃气-蒸汽联合循环方式，这是由于循环热效率高，发电热耗率（标煤耗率）低。联合循环由布雷顿循环与朗肯循环组成，燃气轮机进气温度可达 1300℃以上，排烟温度 500～600℃，简单循环热效率高达 45%～50%。余热锅炉可进一步回收余热，提高热效率。燃气发电大气污染物（烟尘、SO_2、NO_x）排放较低，CO_2 等温室气体排放也是燃煤电厂的一半左右，环保优势十分突出。表 8-2 为 500MW 机组年运行 5500h，燃气电厂与燃煤电厂污染物排放比较。

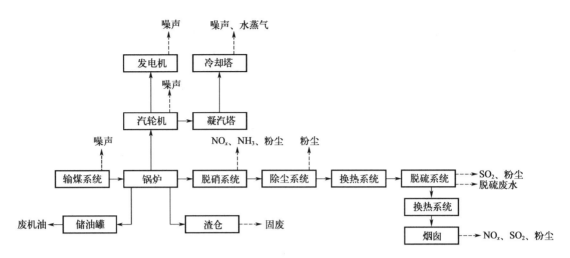

图 8-6　燃煤发电工艺流程及排污节点图

表 8-2　**500MW 燃气与燃煤电厂污染物排放比较**　　　　　单位：t/a

发电方式	SO_2	NO_x	CO_2	灰	渣	可吸入颗粒物
燃气电厂	7	971	1241272	0	0	21
燃煤电厂	8043	5056	2942375	125000	350000	428

　　燃气电厂主要由燃气轮机、余热锅炉、蒸汽轮机、发电机及各辅助设施组成。燃气轮机包括三个主要部件：压气机、燃烧室和透平涡轮。天然气进入燃气轮机的燃烧室，与压气机压入的高压空气混合燃烧，产生高温高压气流推动燃气轮机旋转做功；联合循环是通过余热锅炉回收燃气轮机尾部排放的烟气余热，加热给水生成高温高压的蒸汽，推动蒸汽轮机发电，增加发电效率。燃气电厂的生产工艺流程及排污节点图见图 8-7。

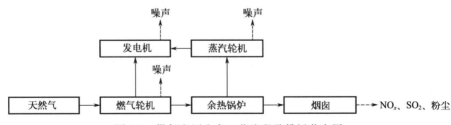

图 8-7　燃气电厂生产工艺流程及排污节点图

8.1.3.3　垃圾焚烧发电

　　垃圾焚烧发电是当前解决我国垃圾问题较为合适、成熟、可靠的方式之一。垃圾焚烧发电厂主要由垃圾池、焚烧炉、余热锅炉、渣池、汽轮机发电组、烟气净化系统和渗滤液处理系统组成。垃圾池用于垃圾发酵，通常垃圾进入电厂后会先在垃圾池发酵 5～7 天，以提供垃圾热值与燃烧的稳定性，产生的垃圾渗滤液，收集至渗滤液处理系统处理；垃圾在焚烧炉中燃烧，未燃尽的炉渣（垃圾）被推入渣池待综合利用；垃圾燃烧热经锅炉换热水蒸气至 400℃，推动汽轮机发电；锅炉烟气经过烟气处理系统进行处理，部分发电厂也利用炉内烟气处理技术进行脱硫、脱硝处理。垃圾焚烧发电工艺流程及排污节点图见图 8-8。

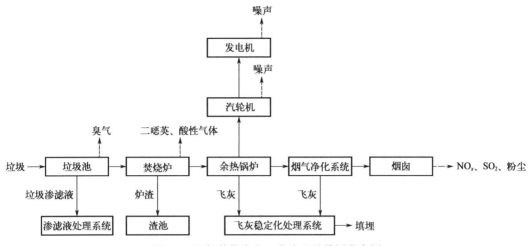

图 8-8　垃圾焚烧发电工艺流程及排污节点图

8.2　火电厂污染控制

　　火力发电厂生产过程中的主要污染为大气污染，主要来自锅炉内煤等燃料在燃烧过程中产生的气态污染物（SO_2、NO_x）和颗粒污染物。除此之外，还有一定量的废水和固体废物。燃煤电厂烟气具有排放量大、气体污染物浓度低等特点。燃煤电厂锅炉烟气量虽因煤种和锅炉设备状况不同有一定差别，但因其额定蒸发量大，排放的烟气量远大于其他工业炉窑。如一台 200MW 机组的锅炉（670t/h）每小时排放烟气 $80000 \sim 96000 m^3$。此外，火电厂排放的气态污染物浓度较低，由于全国燃煤电厂燃煤含硫量多在 $0.5\% \sim 2.5\%$ 范围，加之烟气量大，故气态污染物浓度一般较低，在 $10^2 \sim 10^3 \mu L/L$ 数量级，远低于有色金属冶炼、化工厂烟气的浓度。正因如此，要在大量烟气中对这些气态物质进行回收利用，设备投资和运行费用高，工作难度大，直接影响回收利用的经济效益。

8.2.1　燃煤发电污染控制

8.2.1.1　燃煤发电大气污染控制

　　（1）燃煤烟气中二氧化硫的治理

　　煤中的硫以无机硫（黄铁矿和硫酸盐）和有机硫（硫醇和硫醚）形式存在，燃烧时大部分与氧反应生成二氧化硫随烟气排出。二氧化硫的大量排放不仅严重污染大气环境，还造成我国大面积酸性降水。燃煤电厂 SO_2 的控制技术基本上可分成三大类：燃烧前脱硫、燃烧过程脱硫和燃烧后脱硫。

　　① 燃烧前脱硫。燃烧前脱硫，是通过各种方法对煤进行净化，去除原煤中所含的硫分、灰分等杂质。洗煤技术有物理法、化学法、物理化学法和微生物法等。目前工业上广泛采用的是物理选煤方法。物理选煤主要利用清洁煤、灰分、黄铁矿的密度不同，以去除部分灰分和硫铁矿硫，但不能除去煤中的有机硫。在物理选煤技术中，应用最广泛的是跳汰选煤。跳汰分选是各种密度、粒度和形状的物料在不断变化的流体作用下的运动过程。

　　燃煤电厂燃料煤的选择与燃烧工艺决定了锅炉的产热效率及燃烧过程中产生大气污染物的种类与浓度。锅炉效率与煤质及运行条件有关，但主要取决于煤质。煤质是设计电厂锅炉的基础，锅炉只有在燃用接近设计煤质时，才能取得较好的效益。煤主要由碳、氢、氧、氮、硫和磷等元素组成，碳、氢、氧三者总和约占有机质的 95％以上。根据煤化程度可以将煤分为褐煤、烟煤、无烟煤，褐煤煤化程度最低，燃烧时对空气污染最严重，无烟煤煤化程度最大。目前，许多电厂不止燃烧单一煤种，而是使用混煤，例如低热值燃煤电厂使用煤泥、中煤、煤矸石和劣质煤混合燃烧发电，其优点在于加强低热值煤的应用，变废为宝，而由于混煤特性并不是单一煤种的简单叠加，根据不同煤种的组成成分要求进行一定比例的掺混，尽管在煤种适应性上有一定效果，但在燃烧效率、结渣积灰、污染物排放等方面仍不尽如人意。不同地区的煤质其组成均有差异，因此在计算燃煤电厂的排污量时，应先了解、调查其煤质组分，结合燃煤量理论分析产污量。表 8-3 为某电厂锅炉设计煤种和校核煤种分析。

表 8-3　某电厂锅炉设计煤种和校核煤种分析

项目	数据					
	中煤	煤泥	煤矸石	劣质煤	设计煤	校核煤
水分/％	11.0	25.2	6.8	10.8	13.96	13.55
碳/％	56.23	31.86	24.27	45.48	37.181	34.5225
氢/％	3.44	2.16	1.75	2.86	2.433	2.293
氧/％	3.51	3.25	5.94	3.36	4.131	4.3815
氮/％	1.06	0.63	0.37	0.74	0.66	0.607
硫/％	0.85	0.72	0.59	0.88	0.739	0.7115

② 燃烧过程脱硫。燃烧过程脱硫就是在煤燃烧过程中加入吸收剂（多为石灰石）吸收燃烧所生成的 SO_2。在煤燃烧过程中加入石灰石或白云石粉作脱硫剂，$CaCO_3$、$MgCO_3$ 受热分解生成的 CaO 和 MgO 与烟气中 SO_2 反应生成硫酸盐，随灰分排出。石灰石粉在氧化性气氛中的脱硫反应为：

$$CaCO_3 = CaO + CO_2$$

$$CaO + SO_2 + \frac{1}{2}O_2 = CaSO_4$$

在我国，采用煤燃烧中脱硫的技术主要有型煤固硫和循环流化床燃烧脱硫技术两种。

将不同的原料经筛分后按一定的比例配煤、粉碎后同经过预处理的黏结剂和固硫剂混合，经机械设备挤压成型及干燥，即可得到具有一定强度和形状的成品工业固硫型煤。型煤用固硫剂，按化学形态可分为钙系、钠系及其他三大类。石灰石粉、大理石粉、电石渣等是制造工业固硫型煤较好的固硫剂。固硫剂的加入量，视煤炭含硫量的高低而定，如石灰石粉加入量一般为 2％～3％。

流化床技术应用于煤燃烧的研究始于 20 世纪 60 年代。由于流化床燃烧技术具有煤种适应性宽、易于实现炉内脱硫和低 NO_x 排放等优点，作为清洁高效煤炭利用技术之一而受到世界各国的普遍关注。循环流化床锅炉是指利用高温除尘器使飞出的物料又返回炉膛内循环利用的流化燃烧方式。由于它能使飞扬的物料循环回到燃烧室中，因此所采用的流化速度比常规流化床要高，对燃烧粒度、吸附剂粒度的要求也比常规流化床要低。由于循环流化床锅炉比传统的燃烧锅炉和常规流化床锅炉有较大的优越性，因此越来越受到重视。

循环流化床具有以下几方面的特点：

a. 不仅可以燃烧各种类型的煤，而且可以燃烧木材和固体废物，可以实现与液体燃料的混合燃烧；

b. 流化速度较高，燃料在系统内不断循环，实现均匀稳定的燃烧；

c. 燃料在炉内停留时间较长，燃烧效率高达 99％以上，锅炉效率可达 90％以上；

d. 燃烧温度较低，NO_x 生成最少；

e. 石灰石在流化床内反应时间长，使用少量的石灰石（钙硫比小于 1.5）即可使脱硫率达 90％；

f. 燃料制备和给煤系统简单，操作灵活。

③ 燃烧后脱硫。燃烧后脱硫又称为烟气脱硫。烟气脱硫（flue gas desulfurization，FGD）是目前世界上唯一大规模商业化应用的脱硫技术。世界各国研究开发的烟气脱硫技术达 200 多种，但商业应用的不超过 20 种。按脱硫产物是否回收，烟气脱硫可分为抛弃法和回收法。前者是将 SO_2 转化为固体残渣抛弃掉，后者则是将烟气中 SO_2 转化为硫酸、硫黄、液体 SO_2、化肥等有用物质回收。按脱硫过程是否加水和脱硫产物的干湿形态，烟气脱硫又可分为湿法和干法（半干法）两类工艺。前者如电子束氨法、喷雾干燥法、活性炭吸附法脱硫工艺等。干法、半干法的脱硫产物为干粉状，处理容易，工艺较简单，投资一般低于传统湿法，但石灰（石灰石）作脱硫剂的干法、半干法的 Ca/S 比高，脱硫率和脱硫剂的利用率低。世界上已开发的湿法烟气脱硫技术主要有石灰石/石灰洗涤法、双碱法、氧化镁法及氨法等。湿法脱硫技术成熟，效率高，Ca/S比低，运行可靠，操作简单，但脱硫产物的处理比较麻烦，烟气降温大不利于从烟囱排出和扩散，工艺较复杂，占地面积和投资较大。其中，石灰石/石灰-石膏法因其工艺具有技术成熟、效率较高（＞90％）、运行可靠、操作简单、原料来源丰富、成本低廉等优点，其装机容量占现有工业脱硫装置总容量的 85％。一种典型的湿法脱硫装置见图 8-9，我国主要的脱硫技术一览见表 8-4。

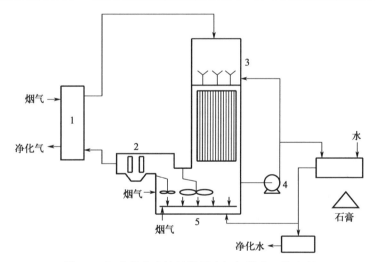

图 8-9　气液并流式填料塔湿法烟气脱硫工艺流程

1— 换热器；2— 除雾器；3—吸收塔；4—循环泵；5— 持液槽

表 8-4　脱硫技术一览表

序号	脱硫技术	概述
1	石灰石/石灰-石膏法	石灰石/石灰-石膏法是技术最成熟、应用最多、运行状况最稳定的方法，其脱硫率在 95％以上。石灰石/石灰-石膏湿法是 300MW 及以上机组中最广泛采用的脱硫方式。世界各国（如德国、日本等）在大型火电厂中，90％以上采用石灰石/石灰-石膏湿法烟气脱硫工艺。石灰石/石灰-石膏法是世界上应用最多的一种 FGD 工艺，对高硫煤脱硫率可在 90％以上，对低硫煤脱硫率可在 95％以上
2	喷雾干燥法	喷雾干燥法烟气脱硫是最先由美国 JOY 公司和丹麦 NiroAtomier 公司共同开发的脱硫工艺，20 世纪 70 年代中期得到发展，第 1 台电站喷雾干燥脱硫装置于 1980 年在美国北方电网河滨电站投入运行，并在电力工业迅速推广应用

序号	脱硫技术	概述
3	炉内喷钙炉后增湿活化法（LIFAC）	LIFAC工艺即在燃煤锅炉内适当温度区喷射石灰石粉，并在锅炉空气预热器后增设活化反应器，用以脱除烟气中的SO_2。炉内喷钙脱硫技术早在20世纪50年代中期就已开始研究，但由于脱硫率不高（只有15%～40%），钙利用率低（15%）而被搁置。到20世纪70年代又重新研究，80年代初，芬兰Tampella和IVO公司以炉内喷钙为基础，开发附加尾部增湿活化的烟气脱硫工艺，即炉内喷钙炉后增湿活化法（LIFAC），使脱硫率和脱硫剂利用率都有了较大提高
4	烟气循环流化床法	循环流化床烟气脱硫工艺是德国鲁奇（Lurgi）公司开发的一种新的干法脱硫工艺。该工艺以循环流化床原理为基础，通过脱硫剂的多次再循环，延长脱硫剂与烟气的接触时间，大大提高了脱硫剂的利用率。该法主要优点是脱硫剂反应停留时间长、对锅炉负荷变化适应性强

（2）燃煤烟气中氮氧化物的治理

① 炉内脱硝。炉内脱硝是通过改变运行条件与改善燃烧来减少NO_x的形成，目前应用较多的有低NO_x燃烧器以及改进现有锅炉的燃烧和流化床燃烧。

低NO_x燃烧器通常是改变空气与燃料的引入方法，减缓二者的混合速度，以减少NO_x主要形成区的氧量，或减少火焰最高温度区的燃料量。低NO_x燃烧器燃烧NO_x的排放浓度可降低50%左右，但它需要精确的自动控制系统，否则会造成灭火现象增多和飞灰含碳量升高，影响发电的安全经济性。改进现有锅炉的燃烧，达到燃料分级、空气分级和火焰降温，可以抑制燃烧过程中NO_x的形成。主要措施有部分燃烧器不投燃料；改变燃料分配，增加燃烬风，低过剩空气燃烧（即炉膛下部欠氧，上部富氧），烟气再循环（将炉后烟气的10%～20%再循环到炉膛，以降低燃烧温度和减少过剩空气）及再燃烧（即在主燃烧区下游建立另一欠氧燃烧区）。前述各种措施若配合得当，可使NO_x的排放量降低40%～70%。流化床燃烧锅炉的燃烧温度低（在843～900℃之间），限制了NO_x的形成。

② 烟气脱硝。采用改变燃烧和运行的方法，可以降低烟气中的NO_x含量，但这些方法降低NO_x往往都在50%左右，因而为了使烟气中的NO_x控制在排放标准以下，必须进行烟气脱硝工作。一些欧洲国家（如德国）和日本对NO_x控制较严，烟气脱硝技术发展较快。烟气脱硝技术中有工业实用价值的主要有选择性催化还原（SCR）工艺和选择性非催化还原（SNCR）工艺。

a. 选择性催化还原烟气脱硝技术。选择性催化还原烟气脱硝技术于20世纪80年代初逐渐应用于燃煤锅炉烟气脱除NO_x。目前已在日本、德国、美国以及北欧的一些国家的燃煤电厂广泛应用。选择性催化还原是基于金属催化剂的作用，喷入的氨把烟气中的NO_x还原成N_2和CO_2。还原剂以NH_3为主，催化剂有贵金属和非贵金属两类。SCR系统主要由内反应器、催化剂、氨储存罐和氨喷射器等组成。

反应方程式如下：

$$4NO+4NH_3+O_2 \rlap{=}{=} 4N_2+6H_2O$$
$$6NO_2+8NH_3 \rlap{=}{=} 7N_2+12H_2O$$
$$NO+NO_2+2NH_3 \rlap{=}{=} 2N_2+3H_2O$$

SCR可获得大于90%的NO_x还原率。由于采用催化剂，SCR可以使NO_x与氨之间的化学反应在较低的温度下（180～600℃）进行，并可获得更高的还原剂利用效率。在此工艺中，氨-空气或者氨-水蒸气的混合物注入烟气中，气流在湍流区充分混合后再通过催化剂床层，在这里NO_x被还原。对于不同的气体温度可以使用不同的催化剂，基本的金属催化剂含有钴、钒、铝、钨。金属催化剂的使用温度范围为230～425℃，而对于更高温度比如360～600℃，则可使用分子筛催化剂；对于更低温度，比如180～290℃，可使用含有一些贵金属如铂和铝的金属催化剂。但选择性催化还原脱除NO_x的运行成本主要受催化剂寿命的影响。

b. 选择性非催化还原技术。研究发现，在炉膛 850～1100℃这一狭窄的温度范围内、在无催化剂作用下，NH_3 或尿素等氮基还原剂可选择性地还原烟气中的 NO_x，基本上不与烟气中的 O_2 作用，据此发展了选择性非催化还原（selective non-catalytic reduction，SNCR）工艺。将尿素或氨的水溶液喷入热的燃烧气中，在适当高的温度下，还原剂水溶液释放出 NH_3，将 NO_x 还原成 N_2 和水。该方法以炉膛为反应器，可通过对锅炉进行改造实现。SNCR 技术的工业应用是从 20 世纪 70 年代中期日本的一些燃油、燃气电厂开始的，80 年代末欧盟国家一些燃煤电厂也开始 SNCR 技术的工业应用。美国的 SNCR 技术在燃煤电厂的工业应用是 20 世纪 90 年代初开始的，目前世界上燃煤电厂 SNCR 工艺的总装机容量在 2GW 以上。

图 8-10 为 SNCR 工艺布置图，由 SNCR 还原剂储槽、多层还原剂喷入装置和与之相匹配的控制器组成。SNCR 反应物储存和操作系统同 SCR 系统是相似的，但它所需的氨和尿素的量比 SCR 工艺要高一些。

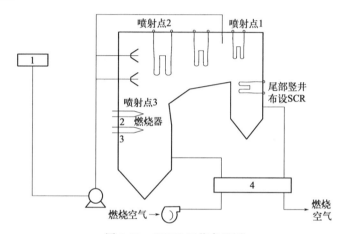

图 8-10 SNCR 工艺布置图

1—氨或尿素储槽；2—燃烧器；3—锅炉；4—空气加热器

各种脱硝技术对比见表 8-5。

表 8-5 脱硝技术一览表

类型	脱硝技术	概述
低氮燃烧技术	空气分级燃烧	通过将燃烧所需空气量分为两级送进炉膛。第一级燃烧区过量空气系数为 0.8，燃料先在富燃料条件下燃烧，燃烧温度和速度都逐渐降低，从而抑制热力型 NO_x 的生成；在第二级燃烧区将剩余燃料输入炉膛，使区域变为富氧燃烧区。该方法不适合所有类型锅炉，而且可能造成炉膛结渣和腐蚀，降低锅炉燃烧效率
	烟气再循环技术	将锅炉尾部低温烟气经过再循环风机回抽入助燃空气中，经过燃烧器直接送入炉膛或者与一、二次风混合后送入炉膛，达到降低燃烧区氧浓度和温度的效果，从而降低 NO_x 生成量。烟气再循环技术能够改善混合燃料燃烧性能，进而防止炉膛结渣。但该技术可能导致不完全燃烧热损失增大，不适应难燃烧类煤种
	低氮燃烧器技术	低氮燃烧器技术主要分为阶段燃烧器、自身再循环燃烧器、浓淡型燃烧器、混合促进型燃烧器和低 NO_x 预燃室燃烧器。该技术主要通过改变空气与燃料混合比例，达到控制 NO_x 生成量的目的。低氮燃烧器结构比普通燃烧器更加复杂，降低燃烧效率较低。新型低氮燃烧器将烟气再循环，并将燃料分级后和空气混合在一起，显著提高脱硝效果，脱硝率达到 50%～70%

类型	脱硝技术	概述
烟气脱硝技术	选择性非催化还原（SNCR）技术	选择性非催化还原技术工作原理是在没有催化剂情况下，在炉内喷入 NH_3 或者尿素等还原剂与高温烟气中的 NO_x 反应生成 H_2O 和 N_2。当温度低于850℃时，反应将不完全，氨的逃逸率也比较高，而且反应后还会生成二次污染物；当温度过高时，NH_3 被氧化生成 NO，同样会对空气造成污染。因此，选择性非催化还原技术问题在于氨利用率不高，导致脱硝效率偏低，所以需要对锅炉内部进行改造，以降低氨逃逸率
	选择性催化还原（SCR）技术	选择性催化还原技术的工作原理是通过喷氨格栅将 NH_3 喷入烟道中，利用还原剂，在180～600℃温度下，优先将 NO_x 转化为 N_2 和 H_2O。 与 SNCR 相比，SCR 烟气脱硝效率较高，脱硝率可达90%以上，技术含量高且技术成熟。但影响 SCR 脱硝效率的因素也有很多，如当烟气量增加时，会导致脱硝反应器内流入过量烟气，NO_x 生成量增多而烟气脱硝效率降低，无法达到规定脱硝率

（3）燃煤烟气中颗粒物的治理

颗粒物利用除尘设备去除，主要包括静电除尘、袋式除尘和电袋复合除尘等，目前我国火电厂静电除尘方式占比82%。

大气污染物除上述有组织排放外，还有在煤料储存、煤料运输过程中产生的煤粉尘以及灰库装卸灰过程产生的灰尘。这一部分无组织排放废气通过定期维护运输车辆、设置篷布遮挡、定期洒水等措施进行污染防治，避免二次污染，减轻其对环境的影响。

8.2.1.2　燃煤发电水污染物控制

火力发电厂主要污水有生活污水、变压器油罐区含油废水、煤场含煤废水、脱硫废水、循环水排污水（高盐废水）。废水需经过物化和生化处理后进行排放或者回收利用。目前，国内处置循环水排污水的方式主要是初步处理后达标排放。因此，电厂湿法脱硫废水及循环水排污水是电厂实现零排放的最大难点和关键。

（1）脱硫废水

石灰石-石膏湿法烟气脱硫是燃煤电厂脱硫技术中应用最广、发展最成熟的一种脱硫工艺，该法不仅运行稳定、高效、适应性强，而且其产物石膏可资源化利用。为了保证脱硫工艺的稳定运行，在浆液杂质达到一定浓度时，需要从系统中排放部分浆液，使该系统达到较高的脱硫率，此过程中产生的废水称为脱硫废水。由于 SO_2 吸收剂的循环使用，吸收塔浆液中盐分与悬浮杂质不断富集，因此系统排出废水含盐量较高；脱硫废水水量较小，工艺补水量及水质、锅炉烟气飞灰含量、石灰石质量及浆液中 Cl^- 浓度等直接决定其排放量；脱硫废水是间断性排放的，受机组负荷、氯离子含量等多方面因素影响。脱硫废水中污染物来源于烟气、工艺水和石灰石，具有硬度高、腐蚀性强、含盐量高、悬浮物高和有机物含量高等特点。

环保部于2017年颁布的《火电厂污染防治技术政策》中明确指出脱硫废水宜经石灰处理、混凝、澄清、中和等工艺处理后回用，鼓励采用蒸发干燥或蒸发结晶等处理工艺，实现脱硫废水不外排。目前，国内现有脱硫废水深度处理工艺一般包括预处理、浓缩减量和蒸发固化单元，如图8-11所示。燃煤电厂一般采用"预处理＋浓缩减量＋固化处理"的工艺路线以实现水盐分离的目的。

① 预处理单元。预处理单元主要包括软化澄清-过滤、电絮凝以及管式微滤（TMF）技术，目的是去除废水中大量悬浮物、钙镁离子、化学需氧量及重金属离子。

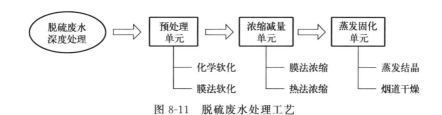

图 8-11　脱硫废水处理工艺

目前，石灰（或烧碱）-纯碱法是稳定且可靠的软化工艺，但是其化学药剂和污泥沉淀处理成本较高。石灰-硫酸钠-碳酸钠法通过减少碳酸钠用量降低了约 50％的药剂成本。管式微滤膜是利用错流微滤的原理，能够一直保持较高的膜通量，自动化程度高且无需投加絮凝剂，综合成本较低，可用于化学软化后的深度处理工段。

预处理减轻了高盐、高浊度、成分复杂的脱硫废水对后续单元的影响，是"零排放"的基础。

②浓缩减量单元。浓缩减量技术分为热法浓缩技术和膜法浓缩技术。其中热法浓缩技术包括多级闪蒸（MSF）技术、蒸汽动力压缩（TVR）技术、多效强制循环蒸发（MED）技术和机械蒸汽再压缩（MVR）技术等。蒸发浓缩技术设备投资成本较高、运行费用高，但是工艺流程简单且运行较为稳定。其中，多效强制循环蒸发（MED）系统较为成熟，能够同时进行浓缩和结晶流程，但是该系统消耗的蒸汽量较大且占地面积较大。MVR 技术包含立管 MVR 和卧式 MVR 两种，MVR 蒸发器只在启用时期需要产生蒸汽，并且运行效率理论上为 MED 系统的 20 倍，运行能耗小于 MED 的 10％，具有占地面积小、单位能耗低、处理效率高等优点。与 MVR 技术相比，TVR 系统能源利用率较低，但其优点在于流程简单，投资较小，只消耗蒸汽从而节能。

③固化处理单元。目前，蒸发结晶、烟气余热蒸发等工艺在燃煤电厂"零排放"固化处理单元的应用备受关注，其本质是通过对废水的物理蒸发以实现固液分离。蒸发结晶技术较为成熟，主要包含了热力蒸汽再压缩、机械蒸汽再压缩和低温多效蒸发等技术手段。其中机械再压缩技术是我国近些年才从国外引进的新技术，采用的基本都是卧式喷淋平管膜蒸发器（MVC）。总的来说，蒸发结晶技术在一定程度上实现了废水的"零排放"，但是其投资和运行成本巨大，运行流程复杂，产生的结晶盐大多属于杂盐，因此开发新型蒸发器、与良好的浓缩和分盐工艺结合对蒸发结晶技术的广泛应用起到关键作用。固化处理单元通过物理蒸发实现脱硫废水的结晶，是"零排放"的主要实现环节。

（2）循环水排污水

循环水排污水含盐量、Cl^- 质量浓度、SO_4^{2-} 质量浓度、硬度均较高，结垢和腐蚀性较强，排水量较大，除少量可回用于脱硫和灰渣系统外，富余水量难以直接厂内回用。采用"两级软化澄清＋介质过滤＋超滤（UF）＋纳滤（NF）＋反渗透（RO）"组合工艺处理循环水排污水和末端废水处理系统电渗析产水。循环水排污处理工艺如图 8-12 所示。

8.2.2　垃圾焚烧发电污染控制

8.2.2.1　垃圾焚烧发电大气污染控制

垃圾焚烧发电造成的大气污染是 70 年代的重点环境敏感污染之一，主要包括在垃圾池中垃圾发酵产生的臭气以及垃圾在焚烧炉中焚烧产生的废烟气，其成分包括颗粒物、酸性气体（HF、HCl、SO_2、NO_x 等）、重金属、有机剧毒污染物（呋喃、二噁英）四大类。除此之外，在烟气脱硝过程会有氨逃逸，在垃圾渗滤液处理过程中也会产生沼气和臭气等，产生的沼气和臭气可通过风机送至焚烧炉焚烧。垃圾焚烧发电的产污环节主要有垃圾池发酵和焚烧炉燃烧。

循环排污水、末端废水电渗析产水

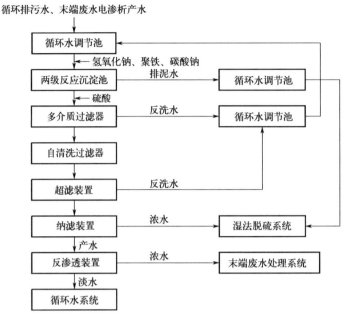

图 8-12　循环水排污处理工艺

（1）垃圾池发酵排污分析与污染控制

垃圾焚烧前需在垃圾池（垃圾储仓）预发酵 5～7 天，达到一定热值后经抓斗抓至推料机，运输至垃圾焚烧炉焚烧。在垃圾发酵过程中，产生的臭气，通常经一次风机抽至焚烧炉焚烧，也可以经风机抽至处理室用活性炭吸附、光解或生物填料等工艺处理后排放。

（2）焚烧炉燃烧排污分析与污染控制

按照燃烧方式的不同，可以将焚烧炉分为机械炉排焚烧炉、流化床焚烧炉和旋转窑焚烧炉。机械炉排焚烧炉在对垃圾进行焚烧的过程中，垃圾是在炉排上进行层状燃烧，然后再经过干燥、燃烧，在燃尽后将灰渣排出炉外，无论是哪一种炉排，往往都会采取不同的方式来使得垃圾料层能够不断地得到松动，从而使得垃圾和空气充分接触，使得燃烧更为充分。流化床焚烧炉则是通过对流态化的技术加以利用来进行垃圾的焚烧，在利用流化床焚烧炉时，往往都需要先通过喷油燃烧的方式把炉内的石英砂加热到 600℃ 以上。旋转窑焚烧炉是在由钢铁所制成的圆筒内部装设耐火涂料或者是直接由冷水管与钻孔钢板焊接成圆筒状，然后使得筒体沿着轴线方向呈小角度倾斜，在对垃圾进行焚烧的时候，垃圾由上部供应，筒体缓慢地旋转，便于垃圾逐渐地干燥和燃烧。

焚烧烟气中的酸性气体主要由 SO_x、NO_x、HCl、HF 组成，均来源于相应垃圾组分的燃烧。SO_x 由含硫化合物焚烧时氧化生成，大部分为 SO_2。NO_x 包括 NO、NO_2、NO_3 等，主要由垃圾中含氮化合物分解转换或由空气中的氮在燃烧过程中高温氧化生成。HCl 来源于垃圾中的有机氯化物和无机氯化物：含氯有机物如 PVC 塑料、橡胶、皮革等高温燃烧时分解生成 HCl；大量的无机氯化物 NaCl、$MgCl_2$ 等与其他物质反应也会产生 HCl，这是垃圾焚烧炉烟气中 HCl 的主要来源，如

$$H_2O + 2NaCl + SO_2 + 0.5O_2 \Longrightarrow Na_2SO_4 + 2HCl$$

HF 由含氟塑料燃烧产生。除酸性气体外，垃圾中的氯、碳水化合物等在特殊温度场和特殊催化剂作用下反应生成的微量有机化合物，如多环芳烃（PAHs）、多氯联苯（PCBs）、甲醛、二噁英类物质等不仅会污染环境，更会对人体健康造成危害。

由于 Cl 原子在 1～9 的取代位置不同，构成了有 75 种异构体的多氯代二苯并对二噁英（PCDDs）和有 135 种异构体的多氯二苯并呋喃（PCDFs），通常总称为二噁英类物质。其中有 17 种（2、3、7、8 位被 Cl 取代的）被认为对人类和生物危害最为严重。其结构如图 8-13。其中，2,3,7,8-四氯二苯并对二噁

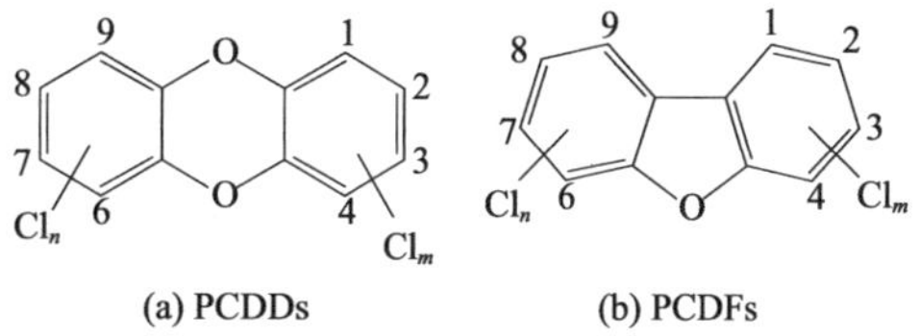

图 8-13　二噁英类物质分子结构

英是目前人类发现的最毒物质，其毒性相当于氰化钾的 1000 倍以上。我国《生活垃圾焚烧污染物控制标准》（GB 18485—2014）规定二噁英类物质的排放标准为 0.1ng TEQ/m³。

垃圾焚烧是二噁英类物质的最大来源，全球范围内，由垃圾焚烧产生的二噁英类物质占总排放量的 10%～40%，垃圾本身可能含有微量的二噁英类物质，主要是焚烧过程中形成的。其形成途径可以归纳为两条：一是携带着过渡金属元素和有机氯化合物的垃圾在焚烧炉内高温分解后，能够产生分子氯和氯游离基以及各种二噁英类物质的前驱物，它们通过分子重排、自由基缩合、脱氯或者其他分子反应等过程形成二噁英类物质；二是由于燃烧不充分，烟气中存在过多的未燃尽物质（如残碳），与适量的催化剂（主要是过渡金属，特别是铜）在 200～350℃ 的温度环境下作用，使高温燃烧中已经分解的二噁英类物质重新生成。

对于焚烧炉烟气的净化技术，可以采用半干法加布袋除尘工艺，分为两步：第一步脱酸，除去酸性气体；第二步除尘，收集颗粒物、重金属和二噁英类物质。酸性气体 HCl、SO_2、HF 通常利用 $Ca(OH)_2$、NaOH 等碱性物质采用湿法、干法或半干法中和吸收去除。其中，湿法技术脱除率高，可达 97% 以上，但有大量污水排出，造成再次污染。干法技术无污水排放，但脱除率仅达 60%～70%。半干法技术有较高的脱除率（可达 90% 左右），药品用量少，且无废水排放，因此为烟气脱酸的主要适用技术。除尘系统位于烟气净化系统的末端，静电除尘对烟气中细小颗粒的收集不如袋式除尘效果好，且其最佳工作温度是二噁英合成的最佳温度。同时，袋式除尘器不仅收捕一般颗粒物，而且能收除挥发性重金属或其氯化物、硫酸盐或氧化物凝结成直径≤0.5μm 的气溶胶，还能除去吸附在灰分或活性炭颗粒上的二噁英类物质等。脱硝技术同燃煤电厂与燃气电厂相同，采用 SNCR 或 SCR 法脱硝。

二噁英类物质及重金属在飞灰和炉渣中的比例差别很大，由于飞灰的比表面积很大，对二噁英类物质有很强的吸附作用，导致飞灰中二噁英类物质浓度很高，通常占焚烧过程二噁英类物质总排放量的 70% 左右，而大部分重金属（＞70%）都仍留存于炉渣中，仅 Hg 和 Cd 在高温下挥发，进入飞灰中或小部分随焚烧烟气排放。为提高烟气中二噁英类物质和重金属污染物的去除率，可采取以下三种方法：一是减少烟气在 200～350℃ 温度的停留时间，有利于减少二噁英类物质的生成，控制除尘器入口烟气温度小于 200℃，有利于有机类及重金属污染物的脱除；二是保持焚烧炉与余热锅炉之间温度高于 850℃，烟气停留时间超过 2s，以减少二噁英类物质前驱物的合成，转化率可达 95% 以上；三是在喷雾反应塔与除尘器之间，通过混粉器在烟气中喷入活性炭和多孔性吸附剂，可吸附二噁英类物质和重金属污染物，再用布袋除尘器收集。

8.2.2.2　垃圾焚烧发电水污染控制

垃圾焚烧发电厂产生的废水主要是垃圾渗滤液，该废水主要来源于垃圾料坑（垃圾池），是垃圾发酵腐烂后由垃圾内水分排出造成的，含有较多难降解有机物，如果处理不当，将严重污染环境。由于垃圾焚烧发电厂产生的渗滤液的高负荷和复杂性，对处理工艺要求严格，国内外数十年研究证明，单纯的生化措施不能满足渗滤液的处理要求，目前通常将生物法与膜法结合起来处理渗滤液，效果良好，并且可实现废水零排放。

在此介绍一种适用于垃圾焚烧发电厂废水零排放的渗滤液处理工艺。利用升流式厌氧污泥

床（UASB）＋膜生物反应器（MBR）＋纳滤（NF）组合工艺处理垃圾渗滤液，处理效果良好，工艺流程见图 8-14。

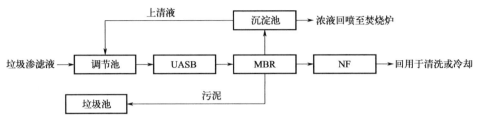

图 8-14　UASB＋MBR＋NF 组合工艺流程

一般垃圾渗滤液 BOD/COD＞0.3，可生化性好。垃圾渗滤液由泵提升经过布水器进入 UASB 反应器底部，由下向上流动，与厌氧污泥充分接触，有机质被吸附分解。MBR 包括硝化池、反硝化池和超滤（UF）系统，在硝化池通过好氧曝气，降解大部分有机物，由于垃圾渗滤液 NH_3-N 浓度较高，影响微生物活性，必须通过反硝化降低 NH_3-N 浓度，再通过超滤膜分离净化水和菌体，对水中难降解的有机物进行降解。最后经过 NF 进一步分离难降解有机物和部分 NH_3-N，同时进行脱盐深度处理，确保出水 COD 达到要求。经过本工艺处理后，垃圾渗滤液大部分水质指标可以达到《城市污水再生利用 城市杂用水水质》（GB/T 18920—2020）、《城市污水再生利用 工业用水水质》（GB/T 19923—2005）要求。

除垃圾渗滤液外，在生产过程中同样包括循环冷却水排水、锅炉给水系统产生的酸碱废水、含盐废水、锅炉补给水处理系统的反渗透浓水、膜处理产生的浓水以及生活污水等，这部分废水特征与处理手段同燃煤电厂相同。

8.2.2.3 垃圾焚烧发电固体废物控制

垃圾焚烧发电厂产生的固废主要是除尘设备收集焚烧飞灰和垃圾焚烧炉炉渣，除此之外，也包括水处理系统产生的污泥、废离子交换树脂和员工产生的生活垃圾。

飞灰与炉渣应分别收集、贮存和运输，飞灰由于含二噁英类有机物，按危险废物处理，而炉渣按一般固体废物处理。除尘器收集下来的飞灰，经过调湿后送至灰斗贮存，再送出填埋，填埋前必须先进行固化处理或稳定化处理。炉渣有机物浓度很低，可以认为基本无毒，被收集与冷却后，输送至炉坑，再由运输车运往填埋场作最终处理，或用作建筑材料。

水处理系统产生的污泥由于有机质含量较高，可回收至垃圾池，待焚烧；废离子树脂按照危废处理，暂存于危废暂存间，定期交有资质单位处理。

8.3 火电厂超低排放控制

8.3.1 超低排放概念由来

2011 年 7 月 29 日发布《火电厂大气污染物排放标准》（GB 13223—2011）以来，针对现有与新建燃煤发电机组提出了更严格的大气污染物排放限值，分别为烟尘 $30mg/m^3$、二氧化硫 $100mg/m^3$（广西、贵州、重庆、四川的火力发电锅炉执行 $200mg/m^3$）、氮氧化物 $100mg/m^3$（采用非 W 形火焰炉膛的火力发电锅炉、现有循环流化床火力发电锅炉，以及 2003 年 12 月 31 日前建成或投产或通过建设项目环境影响报告书审批的火力发电锅炉执行 $200mg/m^3$）。近年来，电力企业纷纷提出按照"超低排放"设计或者改造燃煤电厂。2014 年 9 月，国家发展改革委、环境保护部和国家能源局共同发布《煤电节能减排升级与改造行动计划（2014～2020 年）》（发改能源〔2014〕2093 号），明确指出东部地区（辽宁、北京、天津、河北、山东、上海、江苏、浙江、福建、广东、海南等 11 省市）新建燃煤发电机组大气污染物排放浓度应基本达到燃气轮机组排放限值，即在基准含氧量 6% 的情况下，烟尘、SO_2 和 NO_x 分别达到 $10mg/m^3$、$35mg/m^3$ 和 $50mg/m^3$，对于中部地区（黑龙江、吉林、山西、安徽、湖北、湖南、河南、江西等 8 省）要求原则上接近或达到超低排放限值，鼓励西部地区新建机组接近或达到燃气轮机组排放限值。至此，超低排放概念正式开始在全国火电行业推广。

超低排放，指的是火电厂燃煤锅炉在运行和治理过程中，运用污染物高效脱除集成技术，使得排放的大气污染物符合超低排放标准和排放限值。

8.3.2　超低排放下的除尘改造技术

目前国内技术成熟且实用性广的除尘技术主要是静电除尘和布袋除尘，以这两种除尘技术为基础。近年来应用较广的改造技术有湿式电除尘技术、低温电除尘技术、电袋复合除尘技术、旋转电极式电除尘技术、高频高压电源技术等。以下以湿式电除尘技术与电袋复合除尘技术为例详细说明。

8.3.2.1　湿式电除尘技术

燃煤电厂湿法脱硫系统可通过惯性碰撞、布朗扩散等物理作用对燃煤烟气中细颗粒物进行捕集脱除，在一定程度上可以实现颗粒物的协同脱除，但同时脱硫过程也会产生新的颗粒物。为达到超低排放标准，脱硫系统后一般需要加装湿式电除尘器进行深度除尘。湿式电除尘器与干式除尘器的区别在于清灰方式，与干式电除尘器的振打清灰不同，湿式电除尘器无振打装置，而是通过在集尘极上形成连续的水膜将捕集到的粉尘冲刷到灰斗中。湿式电除尘的清灰方式有效避免了二次扬尘和反电晕问题，对酸雾和重金属也有一定协同脱除效果。湿式电除尘器根据阳极类型不同可分为金属极板、导电玻璃钢和柔性极板。

8.3.2.2　电袋复合除尘技术

电袋复合除尘技术是基于静电除尘器和布袋除尘器两种成熟的除尘技术提出的一种新型复合除尘技术，近年来发展迅速。研究表明，电袋复合除尘器除尘机理不仅仅是静电除尘和布袋除尘的叠加，两者在除尘过程中存在相互影响，颗粒在电场中荷电、极化、凝并，增强了布袋对颗粒物的捕集能力。珠海发电厂 1、2 号炉（$2 \times 700MW$）燃煤机组在 2014 年采用电袋复合除尘技术对原有电除尘器进行超低排放改造，结果表明，改造后 1、2 号炉排放浓度由原先的 $70 \sim 100mg/m^3$ 降为 $3.15mg/m^3$、$2.55mg/m^3$，提效显著。

8.3.3　超低排放下的脱硫改造技术

三十多年来，烟气脱硫技术逐渐得到了广泛应用，综合考虑技术成熟度和费用等因素，广泛采用的烟气脱硫技术仍是湿法石灰石脱硫工艺。在实际案例中，双塔技术的应用效果较好，双塔技术包括双塔串联技术与双塔并联技术。双塔串联技术指在原先"一炉一塔"的基础上再增设一座脱硫塔，与原塔串联布置。烟气首先进入预洗涤塔，脱除部分 SO_2 的同时可除去烟气中的其他杂质，如烟尘、HF、HCl 等。预洗涤塔浆液 pH 值控制较低，有利于石膏的结晶。烟气经预洗涤塔后进入吸收塔，吸收塔的脱硫浆液 pH 值控制较高，可以保证很高的脱硫率。串联两塔的操作参数一般相互独立，适应性好，能有效提高整体脱硫率。除脱硫率提高以外，测试研究表明双塔串联脱硫系统对燃煤烟气中细颗粒物脱除率较单塔系统有明显提高。测试对象为某 600MW 电站一和某 300MW 电站二，两电站烟气处理工艺流程相近，脱硫系统均采用石灰石-石膏法烟气脱硫技术，电站一脱硫塔采用单塔喷淋结构，烟气直接进入吸收塔进行脱硫。电站二脱硫塔采用双塔串联结构，烟气首先进入预洗涤塔进行降温除尘及预洗涤，再进入吸收塔脱除烟气中剩余 SO_2，脱硫率均高于 99%。经过 2 次喷淋作用，流场更为均匀，对粉尘的拦截效果增大，提高了浆液滴与颗粒物碰撞捕集概率，实现 SO_2、细颗粒物的协同脱除。双塔并联技术指新建的脱硫塔与原塔在作用上与原塔完全相同，通过烟气分流减少进入原吸收塔的烟气量，延长烟气停留时间。双塔并联系统的安全性较高，当其中一塔出现故障时不影响整个系统的运行，但由于单塔脱硫率的限制，并联运行达到超低排放标准仍有一定难度。

8.3.4 超低排放下的脱硝改造技术

我国目前有许多火电厂都已经启动了机组超低排放改造工作，其主要方案在于启动催化剂备用层，并且将原本的两层催化剂增加到三层。此外在改造过程中，还需要对原有还原剂的喷射量进行提升，也就需要进行液氨热解系统的进一步改造，其具体改造方案主要有以下几种：①直接将液氨溶液喷射到锅炉内的高温烟气之中，从而进行相应的还原反应产生 N_2。②在原有热解炉系统中通过烟气换热器来替代电加热器进行相应的改造工作。③在原有基础上进行风电加热器的增容改造工作，从而进一步提升该火电企业的脱硝超低排放效果。以下介绍液氨炉内直喷脱硝工艺。

通过脱硝液氨炉内直喷热解制氨工艺的应用，其具备良好的安全性以及节能性，因此可以广泛应用到现阶段的脱硝系统中。该技术主要采用的是高转氨效率锅炉液氨直喷脱硝工艺，并能够在对锅炉内部结构以及运行参数进行研究的基础上，来进行液氨溶液分解区域的合理选择。较之传统的脱硝技术，该技术可以直接将液氨溶液喷射器放置在烟气温度为 $300\sim700℃$ 的锅炉转向室内，并能够将大部分的液氨溶液直接分解成氨气，从而使得液氨的利用率以及脱硝率得到大幅度的提升。借助于在锅炉中进行液氨溶液的直接喷射这一形式，其能够通过锅炉内自带的烟气热量来进行液氨溶液的加热与分解处理，并能够有效避免传统的电加热器加热环节。此外在传统的脱硝液氨热解工艺中其设备比较复杂，并需要大量的前期投资与运行成本，而液氨炉内直喷脱硝工艺则可省略电加热装置以及液氨热解装置，使得该火电厂的生产效益得到进一步的提升。

8.3.5 超低排放主要参考技术建议

综上所述，实现超低排放的核心在于对工艺过程中参数的精准控制，燃煤电厂节能减排主要参考技术见表 8-6。

表 8-6 燃煤电厂节能减排主要参考技术

序号	技术名称	技术原理及特点	节能减排效果	成熟程度及适用范围
一	新建机组设计优化和先进发电技术			
1	提高蒸汽参数	常规超临界机组汽轮机典型参数为 24.2MPa/566℃/566℃，常规超超临界机组典型参数为 $25\sim26.25$MPa/600℃/600℃。提高汽轮机进汽参数可直接提高机组效率，综合经济性、安全性与工程实际应用情况，主蒸汽压力提高至 $27\sim28$MPa，主蒸汽温度受主蒸汽压力提高与材料制约一般维持在 600℃，再热蒸汽温度提高至 610℃ 或 620℃，可进一步提高机组效率	主蒸汽压力大于 27MPa 时，每提高 1MPa 进气压力，降低汽机热耗 0.1% 左右。再热蒸汽温度每提高 10℃，可降低热耗 0.15%。预计相比常规超超临界机组可降低供电煤耗 $1.5\sim2.5$g/（kW·h）	技术较成熟 适用于 66 万千瓦、100 万千瓦超超临界机组设计优化

序号	技术名称	技术原理及特点	节能减排效果	成熟程度及适用范围
2	二次再热	在常规一次再热的基础上，汽轮机排汽二次进入锅炉进行再热。汽轮机增加超高压缸，超高压缸排汽为冷一次再热，其经过锅炉一次再热器加热后进入高压缸，高压缸排汽为冷二次再热，其经过锅炉二次再热器加热后进入中压缸	比一次再热机组热效率高出 2%～3%，可降低供电煤耗 8～10g/(kW·h)	技术较成熟　美国、德国、日本、丹麦等国家部分 30 万千瓦以上机组已有应用。国内有 100 万千瓦二次再热技术示范工程
3	管道系统优化	通过适当增大管径、减少弯头、尽量采用弯管和斜三通等低阻力连接件等措施，降低主蒸汽、再热、给水等管道阻力	机组热效率提高 0.1%～0.2%，可降低供电煤耗 0.3～0.6g/(kW·h)	技术成熟　适于各级容量机组
4	外置蒸汽冷却器	超超临界机组高压加热器抽汽由于抽汽温度高，往往具有较大过热度，通过设置独立外置蒸汽冷却器，充分利用抽汽过热焓，提高回热系统热效率	预计可降低供电煤耗约 0.5g/(kW·h)	技术较成熟　适用于 66 万千瓦、100 万千瓦超超临界机组
5	低温省煤器	在除尘器入口或脱硫塔入口设置 1 级或 2 级串联低温省煤器，采用温度范围合适的部分凝结水回收烟气余热，降低烟气温度从而降低体积流量，提高机组热效率，降低引风机电耗	预计可降低供电煤耗 1.4～1.8g/(kW·h)	技术成熟　适用于 30 万～100 万千瓦各类型机组
6	700℃超超临界	在新的镍基耐高温材料研发成功后，蒸汽参数可提高至 700℃，大幅提高机组热效率	供电煤耗预计可达到 246g/(kW·h)	技术研发阶段
二	现役机组节能改造技术			
7	汽轮机通流部分改造	对于 13.5 万千瓦、20 万千瓦汽轮机和 2000 年前投运的 30 万千瓦和 60 万千瓦亚临界汽轮机，通流效率低，热耗高。采用全三维技术优化设计汽轮机通流部分，采用新型高效叶片和新型汽封技术改造汽轮机，节能提效效果明显	预计可降低供电煤耗 10～20g/(kW·h)	技术成熟　适用于 13.5 万～60 万千瓦各类型机组
8	汽轮机间隙调整及汽封改造	部分汽轮机普遍存在气缸运行效率较低、高压缸效率随运行时间增加不断下降的问题，主要原因是汽轮机通流部分不完善、汽封间隙大、汽轮机内缸接合面漏汽严重、存在级间漏气和蒸汽短路现象。通过汽轮机本体技术改造，提高运行缸效率，节能提效效果显著	预计可降低供电煤耗 2～4g/(kW·h)	技术成熟　适用于 30 万～60 万千瓦各类型机组
9	汽机主汽滤网结构型式优化研究	为减少主再热蒸汽固体颗粒和异物对汽轮机通流部分的损伤，主再热蒸汽阀门均装有滤网。常见滤网孔径均为 φ7mm，已开有倒角。但滤网结构及孔径大小需进一步研究	可减少蒸汽压降和热耗，暂无降低供电煤耗估算值	技术成熟　适于各级容量机组
10	锅炉排烟余热回收利用	在空预器之后、脱硫塔之前烟道的合适位置通过加装烟气冷却器，用来加热凝结水、锅炉送风或城市热网低温回水，回收部分热量，从而达到节能提效、节水效果	采用低压省煤器技术，若排烟温度降低 30℃，机组供电煤耗可降低 1.8g/(kW·h)，脱硫系统耗水量减少 70%	技术成熟　适用于排烟温度比设计值偏高 20℃以上的机组
11	锅炉本体受热面及风机改造	锅炉普遍存在排烟温度高、风机耗电高，通过改造，可降低排烟温度和风机电耗。具体措施包括：一次风机、引风机、增压风机叶轮改造或变频改造；锅炉受热面或省煤器改造	预计可降低煤耗 1.0～2.0g/(kW·h)	技术成熟　适用于 30 万千瓦亚临界机组、60 万千瓦亚临界机组和超临界机组

序号	技术名称	技术原理及特点	节能减排效果	成熟程度及适用范围
12	锅炉运行优化调整	电厂实际燃用煤种与设计煤种差异较大时，对锅炉燃烧造成很大影响。开展锅炉燃烧及制粉系统优化试验，确定合理的风量、风粉比、煤粉细度等，有利于电厂优化运行	预计可降低供电煤耗0.5～1.5g/(kW·h)	技术成熟 现役各级容量机组可普遍采用
13	电除尘器改造及运行优化	根据典型煤种，选取不同负荷，结合吹灰情况等，在保证烟尘排放浓度达标的情况下，试验确定最佳的供电控制方式（除尘器耗电率最小）及相应的控制参数。通过电除尘器节电改造及运行优化调整，节电效果明显	预计可降低供电煤耗约2～3g/(kW·h)	技术成熟 适用于现役30万千瓦亚临界机组、60万千瓦亚临界机组和超临界机组
14	热力及疏水系统改进	改进热力及疏水系统，可简化热力系统，减少阀门数量，治理阀门泄漏，取得良好节能提效效果	预计可降低供电煤耗2～3g/(kW·h)	技术成熟 适用于各级容量机组
15	汽轮机阀门管理优化	通过对汽轮机不同顺序开启规律下配气不平衡气流力的计算，以及机组轴承承载情况的综合分析，采用阀门开启顺序重组及优化技术，解决机组在投入顺序阀运行时的瓦温升高、振动异常问题，使机组能顺利投入顺序阀运行，从而提高机组的运行效率	预计可降低供电煤耗2～3g/(kW·h)	技术成熟 适用于20万千瓦以上机组
16	汽轮机冷端系统改进及运行优化	汽轮机冷端性能差，表现为机组真空低。通过采取技术改造措施，提高机组运行真空，可取得很好的节能提效效果	预计可降低供电煤耗0.5～1.0g/(kW·h)	技术成熟 适用于30万千瓦亚临界机组、60万千瓦亚临界机组和超临界机组
17	高压除氧器乏汽回收	将高压除氧器排氧阀排出的乏汽通过表面式换热器提高化学除盐水温度，温度升高后的化学除盐水补入凝汽器，可以降低过冷度，一定程度提高热效率	预计可降低供电煤耗约0.5～1g/(kW·h)	技术成熟 适用于10万～30万千瓦机组
18	取较深海水作为电厂冷却水	直流供水系统取、排水口的位置和形式应考虑水源特点、利于吸收冷水、温排水对环境的影响、泥沙冲淤和工程施工等因素。有条件时，宜取较深处、水温较低的水。但取水水深和取排水口布置受航道、码头等因素影响较大	采用直流供水系统时，循环水温每降低1℃，供电煤耗降低约1g/(kW·h)	技术成熟。适于沿海电厂
19	脱硫系统运行优化	具体措施包括：吸收系统（浆液循环泵、pH值运行优化、氧化风量、吸收塔液位、石灰石粒径等）运行优化；烟气系统运行优化；公用系统（制浆、脱水等）运行优化；采用脱硫添加剂。可提高脱硫率、减少系统故障、降低系统能耗和运行成本、提高对煤种硫分的适应性	预计可降低供电煤耗约0.5g/(kW·h)	技术成熟 适用于30万千瓦亚临界机组、60万千瓦亚临界机组和超临界机组
20	凝结水泵变频改造	高压凝结水泵电机采用变频装置，在机组调峰运行可降低节流损失，达到提效节能效果	预计可降低供电煤耗约0.5g/(kW·h)	技术成熟 在大量30万～60万千瓦机组上得到推广应用

续表

序号	技术名称	技术原理及特点	节能减排效果	成熟程度及适用范围
21	空气预热器密封改造	回转式空气预热器通常存在密封不良、低温腐蚀、积灰堵塞等问题，造成漏风率与烟风阻力增大，风机耗电增加。可采用先进的密封技术进行改造，使空气预热器漏风率控制在6%以内	预计可降低供电煤耗0.2～0.5g/(kW·h)	技术成熟 适用于各级容量机组
22	电除尘器高频电源改造	将电除尘器工频电源改造为高频电源。由于高频电源在纯直流供电方式时，电压波动小，电晕电压高，电晕电流大，从而增加了电晕功率。同时，在烟尘带有足够电荷的前提下，大幅减小了电除尘器电场供电能耗，达到了提效节能的目的	可降低电除尘器电耗	技术成熟 适用于30万～100万千瓦机组
23	加强管道和阀门保温	管道及阀门保温技术直接影响电厂能效，降低保温外表面温度设计值有利于降低蒸汽损耗。但会对保温材料厚度、管道布置、支吊架结构产生影响	暂无降低供电煤耗估算值	技术成熟 适于各级容量机组
24	电厂照明节能方法	从光源、镇流器、灯具等方面综合考虑电厂照明，选用节能、安全、耐用的照明器具	可以一定程度减少电厂自用电量，对降低煤耗影响较小	技术成熟 适用于各类电厂
25	凝汽式汽轮机供热改造	对纯凝汽式汽轮机组蒸汽系统适当环节进行改造，接出抽汽管道和阀门，分流部分蒸汽，使纯凝汽式汽轮机组具备纯凝发电和热电联产两用功能	大幅度降低供电煤耗，一般可达到10g/(kW·h)以上	技术成熟 适用于12.5万～60万千瓦纯凝汽式汽轮机组
26	亚临界机组改造为超（超）临界机组	将亚临界老机组改造为超（超）临界机组，对汽轮机、锅炉和主辅机设备做相应改造	大幅提升机组热力循环效率	技术研发阶段
三	污染物排放控制技术			
27	低（低）温静电除尘	在静电除尘器前设置换热装置，将烟气温度降低到接近或低于酸露点温度，降低飞灰比电阻，减小烟气量，有效防止电除尘器发生反电晕，提高除尘率	除尘率最高可达99.9%	低温静电除尘技术较成熟，国内已有较多运行业绩 低温静电除尘技术在日本有运行业绩，国内正在试点应用，防腐问题国内尚未有实例验证
28	布袋除尘	含尘烟气通过滤袋，烟尘被黏附在滤袋表面，当烟尘在滤袋表面黏附到一定程度时，清灰系统抖落附在滤袋表面的积灰，积灰落入储灰斗，以达到过滤烟气的目的	烟尘排放浓度可以长期稳定在20mg/m³以下，基本不受灰分含量高低和成分影响	技术较成熟 适于各级容量机组
29	电袋除尘	综合静电除尘和布袋除尘优势，前级采用静电除尘收集80%～90%粉尘，后级采用布袋除尘收集细粒粉尘	除尘器出口排放浓度可以长期稳定在20mg/m³以下，甚至可达到5mg/m³，基本不受灰分含量高低和成分影响	技术较成熟 适于各级容量机组

序号	技术名称	技术原理及特点	节能减排效果	成熟程度及适用范围
30	旋转电极除尘	将静电除尘器末级电场的阳极板分割成若干长方形极板,用链条连接并旋转移动,利用旋转刷连续清除阳极板上粉尘,可消除二次扬尘,防止反电晕现象,提高除尘率	烟尘排放浓度可以稳定在 30mg/m³ 以下,节省电耗	技术较成熟适用于 30 万～100 万千瓦机组
31	湿式静电除尘	将粉尘颗粒通过电场力作用吸附到集尘极上,通过喷水将极板上的粉尘冲刷到灰斗中排出。同时,喷到烟道中的水雾既能捕获微小烟尘又能降电阻率,利于微尘向极板移动	通常设置在脱硫系统后端,除尘率可达到 70%～80%,可有效除去 $PM_{2.5}$ 细颗粒物和石膏雨微液滴	技术较成熟国内有多种湿式静电除尘技术,正在试点应用
32	双循环脱硫	与常规单循环脱硫原理基本相同,不同在于将吸收塔循环浆液分为两个独立的反应罐和形成两个循环回路,每条循环回路在不同 pH 值下运行,使脱硫反应在较为理想的条件下进行。可采用单塔双循环或双塔双循环	双循环脱硫率可达98.5%或更高	技术较成熟适于各级容量机组
33	低氮燃烧	采用先进的低氮燃烧器技术,大幅降低氮氧化物生成浓度	炉膛出口氮氧化物浓度可控制在 200mg/m³ 以下	技术较成熟适于各类燃煤锅炉

8.4 火电厂降碳途径

目前,以 CO_2 为主的温室气体导致的气候变暖问题已成为全球环境治理的焦点,我国在国际上面临着严峻的碳减排压力。电力行业中燃煤电厂的碳排放量巨大,是进行碳减排的重点对象之一。欧盟等发达地区已开始采用碳排放交易机制来激励高碳排放企业主动进行碳减排,我国也正逐步建立完善的碳交易市场及相关法律机制,探索制定碳税政策。自 2020 年 1 月 1 日起,电力部门取消煤电联动机制和标杆电价,煤电电价实现全部市场化,且规定工业用电价格只降不升。煤电市场化改革和即将到来的碳排放收费政策会进一步增加燃煤电厂的生产成本。总的来说,降低燃煤电厂的碳排放强度,既是我国进行 CO_2 减排、发展低碳经济的迫切要求,也是降低煤电成本的重要途径之一。

8.4.1 建立火电厂锅炉节能降碳运行新体系

为了配合节能降碳政策,火电厂应该建立新的节能降碳体系。提高相关技术人员和管理人员素质,以科学合理的方法管理锅炉,建立有效的管理监督机制,从设备正规运营,工人正确操作等多个方面提高锅炉效率,同时降低用电率,控制锅炉能源消耗和二氧化碳排放。

8.4.2 减少排烟热损失

由于灰渣传热系数较小,如果受热面灰渣积结,传热效率会大幅降低,锅炉内各部分温度就会升高,因而排出的烟灰温度就会上升。所以,要定期清理锅炉炉壁及受热面,保证热量顺利传递到下一系统。避免因为受热面积灰结渣,阻止热量传递造成炉温升高,从而避免烟灰排出时温度过高的现象。

同时,要控制进入锅炉内的总风量,在保证燃料充分燃烧的前提下,尽量减少炉内空气,从而在根本上减少排烟量。为控制炉内总风量,需要提高锅炉安装和日常检修的质量,减少锅炉漏风量。此外,还需要正确监视分析锅炉的氧量表和风压表,实现合理配风。减少不必要的空气进入锅炉，降低排烟量，减少排烟造成的热损失。

8.4.3　减少机械不完全燃烧热损失

为减少机械不完全燃烧造成的热损失，首先要合理调整喷入锅炉的煤粉细度。一般来说，煤粉越细，越有利于燃烧，燃烧后剩余的可燃烧物越少。但是，偏细的煤粉燃烧后更有可能在锅炉受热面积灰成渣，降低传热效率，造成锅炉内部温度过高，同时，使用细煤粉也会增大制粉过程中的能源消耗。如果使用粗煤粉，则更有可能造成不完全燃烧。因此，要综合考虑各方面因素，选择较细的煤粉喷入锅炉。

8.4.4　降低电厂汽水损失率

火电厂中水蒸气和凝结水的损失，主要包括阀门泄漏、管道泄漏、疏水、排汽等损失，称为汽水损失。汽水损失率是火电厂重要的技术经济指标，其计算公式如下：

汽水损失量＝锅炉补充水量－对外供汽量

电厂汽水损失率＝（电厂汽水损失量/电厂锅炉蒸汽流量）×100%

为降低电厂汽水损失率，电厂应该加强设备检修，检查日常运行中，疏水门、排污门等有无泄漏；提高锅炉供水品质，降低排污；加强对锅炉中水位、气压、温度等的监控，出现问题及时处理，减少不必要的汽水损失，提高锅炉热效率，减少二氧化碳排放和燃煤使用量。

8.4.5　火电厂碳排放量计算方法

8.4.5.1　煤炭燃烧 CO_2 排放量计算方法

火电厂能够提供出全年逐月煤耗量、燃煤元素分析报告、燃烧灰渣含碳量报告的计算方法：

$$W_{gr} = W_{coal} \times (C_{ar} - A_{ar} \times C) \times 44/12$$

式中　W_{gr}——煤炭固定燃烧 CO_2 排放量（统计值），t。

$\quad\quad W_{coal}$——消耗的原煤量（统计值），t。

$\quad\quad C_{ar}$——煤炭加权平均含碳量（加权平均，统计值，质量分数）；

$\quad\quad A_{ar}$——煤炭灰分（加权平均，统计值，质量分数）；

$\quad\quad C$——灰渣平均含碳量，即灰渣中平均含碳量占燃煤灰量的质量分数；

$\quad\quad 44$——CO_2 的摩尔质量，t/Mmol；

$\quad\quad 12$——C 的摩尔质量，t/Mmol。

火电厂无法提供出全年逐月煤耗量、燃煤元素分析报告、燃烧灰渣含碳量报告的计算方法：

$$W_{gr} = W_{coal} \times C_{ar} \times (1 - q_4) \times 44/12$$

式中　q_4——锅炉固体未完全燃烧热损失（统计值），可以取火电厂内部机组统计值；无统计值时可参照如下取值：烟煤、褐煤，$q_4 = 1\%$；贫煤，$q_4 = 1.5\%$；无烟煤，$q_4 = 2.5\%$；劣质无烟煤，$q_4 = 4\%$。

火电厂能够提供出全年逐月煤耗量、煤种低位发热量报告的计算方法：

$$W_{gr} = (W_{coal} \times Q_{net,ar} \times C_{heat} \times R \times 44/12)/1000$$

式中　$Q_{net,ar}$——收到基低位发热量，MJ/kg；

$\quad\quad C_{heat}$——《省级温室气体清单编制指南（试行）》（以下简称《省级清单指南》）提供的单位热值含碳量，t碳/TJ；

$\quad\quad R$——碳氧化率，由用户提供，可选用《省级清单指南》里建议的燃煤发电锅炉平均值98%；

1000——kg 与 t 的换算系数。

8.4.5.2 石灰石湿法脱硫 CO_2 排放量计算方法

$$W_{se} = W_{CaCO_3} \times 44/100 = W_{LS} \times K_{CaCO_3} \times 44/100$$

式中　W_{se}——湿法脱硫消耗石灰石引起的 CO_2 排放量，t；

　　　W_{LS}——石灰石消耗量，t；

　W_{CaCO_3}——碳酸钙消耗量，t；

　K_{CaCO_3}——石灰石中碳酸钙含量（质量分数），无统计值时可取 92%；

　　　100——$CaCO_3$ 的摩尔质量，t/Mmol。

8.4.5.3 煤电面临改造，清洁能源将成为重点

随着新能源加速发展和用电特性的变化，系统对调峰容量的需求将不断提高。我国具有调节能力的水电站少，气电占比低，煤电是当前最经济可靠的调峰电源，煤电市场定位将由传统的提供电力、电量的主体电源，逐步转变为提供可靠容量、电量和灵活性的调节型电源，煤电利用小时数将持续降低。

国家"十四五"规划"双碳"目标下，针对电力行业提出深化供给侧结构性改革发展低碳电力，将通过能源高效利用、清洁能源开发、减少污染物排放，实现电力行业的清洁、高效和可持续发展。我国在光电、水电、核电等方面均提出了相关规划，要求清洁能源发电要能够开始承担主要发电任务。

8.5 案例分析

8.5.1 某低热值煤矸石发电厂

8.5.1.1 基本概况

某低热值煤矸石发电厂 $2 \times 300MW$ CFB 机组锅炉最大连续蒸发量为 1036t/h，电厂燃用煤质由煤矸石、煤泥、中煤和劣质煤按照一定比例混合而成，设计煤种的配比为中煤∶煤泥∶煤矸石∶劣质煤＝0.18∶0.20∶0.42∶0.2。

8.5.1.2 生产工艺

该低热值煤发电厂平面布置分为八大区域，主厂区包括汽机房、除氧煤仓间、集控楼、锅炉房（CFB）、引风机室、烟囱、烟道、渣仓等；电气区包括输电设备、线路等；输煤区包括卸煤沟、碎煤机室、煤场、煤泥处理系统、输煤综合楼、推煤机库及输煤栈桥、转运站等；除灰区包括灰库、风机房等；燃油区包括汽车卸油场、油罐、防火堤、油泵房、污油池等；水务区包括化学水车间、淡水供应站等；冷却塔区包括双曲线自然通风冷却塔、循环水泵房、循环水加药间等；办公、生活区包括生产、行政办公附属综合楼、宿舍区及室外活动场地。

电厂锅炉为 $2 \times 300MW$ 循环流化床汽包锅炉，锅炉为亚临界参数、一次中间再热、自然循环、平衡通风、露天布置、固态排渣、全钢架悬吊结构的循环流化床锅炉。尾部竖井采用双烟道结构，前烟道中布置低温再热器，后烟道中布置低温过热器和二级省煤器，合并后的烟道依次布置一级省煤器和四分仓回转式空气预热器。工艺流程见图 8-15。

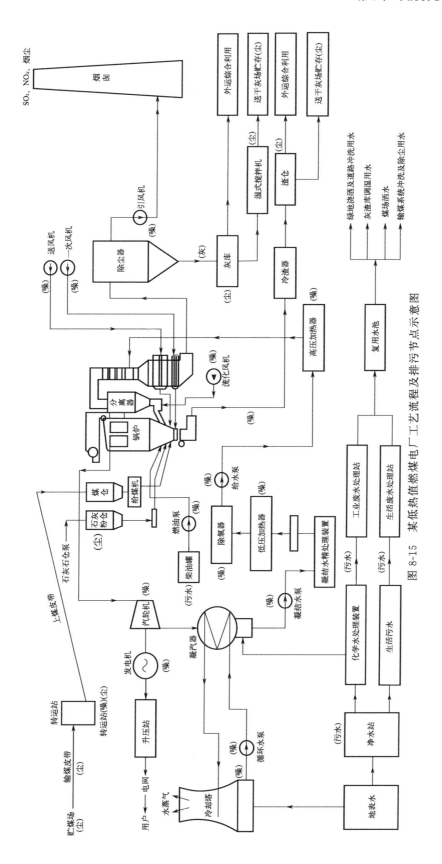

图 8-15　某低热值燃煤电厂工艺流程及排污节点示意图

8.5.1.3 污染排放及治理措施

（1）大气污染物控制

① 大气污染物来源及特征。由图 8-15 可知，该电厂主要大气污染物产生源为燃煤锅炉，由烟囱排放，该低热值燃煤发电厂锅炉污染物产生情况见表 8-7。

表 8-7　低热值燃煤发电厂污染物产生及排放情况

污染物数据	SO_2	NO_x	烟尘	汞
锅炉产生烟气浓度/(mg/m³)	2700	300	48000	0.01
改造后排放量/(t/a)	342.1	525.9	85.2	0.136
污染物排放浓度/(mg/m³)	25.3	42.6	6.3	0.01

由表 8-7 得，锅炉产生的烟气中污染物原始浓度为 SO_2 2700mg/m³、NO_x 300mg/m³、烟尘 48000mg/m³（该浓度为设计浓度，实际浓度通常低于此数值），先后经过 SNCR 脱硝，电袋除尘与湿式石灰石-石膏法脱硫协同除尘后，将排放烟气中污染物浓度降低至 SO_2 25.3mg/m³、NO_x 42.6mg/m³、烟尘 6.3mg/m³，脱除率分别达到 99.06％、85.8％ 与 99.99％，各污染物排放浓度均达到超低排放标准。其中 SNCR 脱硝段产生的氨逃逸浓度约为 9.2mg/m³。

② 大气污染控制措施。烟气净化工艺为 SNCR 脱硝＋电袋除尘＋湿法石灰石-石膏脱硫。烟气处理流程框图见图 8-16。

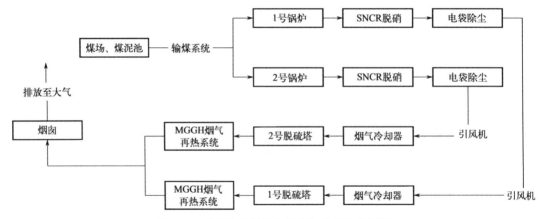

图 8-16　某低热值煤发电厂烟气处理流程框图

如图 8-16 所示，混煤经过输煤系统输送至锅炉燃烧，与水汽换热产生水蒸气推动汽轮机做功发电，燃烧产生的烟气若含硫量过高，会先经过炉内喷钙脱硫降低硫含量至 2700mg/m³ 以下，再经 SNCR 脱硝处理。

脱硝工艺：SNCR 脱硝选用尿素作还原剂，脱硝后的烟气经过电袋除尘后进入 MGGH 换热系统的烟气冷却段降温，降温至 90℃后进入 FGD 脱硫系统，经石灰石浆液喷淋脱硫后温度进一步降低至 52℃，排至 MGGH 换热系统的烟气再热器将烟气温度提升至 80℃后进入烟囱排放。该电厂烟气净化系统按照超低排放标准设计，要求排放烟气的浓度限值为 $SO_2 \leq 35$mg/m³、$NO_x \leq 50$mg/m³、颗粒物 ≤ 10mg/m³。

SNCR 脱硝系统按照入口 NO_x 浓度 300mg/m³ 设计，需保证脱硝率在 84％ 以上。SNCR 系统主要由四个子系统构成，其中包括干尿素储存系统、尿素溶液制备及储存输送系统、计量分配系统、喷射系统。为达到超低排放要求，电厂对传统 SNCR 系统进行优化调整，根据流体三维软件模拟结果，将大喇叭型分离器入口烟道进行浇注调整，改变烟气流场，消除煤粉直接冲刷水冷壁拐角、烟气短路等问题，提高烟气流速，逐步加速，使流线更通畅，并调整尿素喷射系统，使喷嘴伸入炉膛的距离小于 5cm，依靠多喷射点来提高还原剂的投送范围与混合均匀性，从而提高脱硝率。由于该电厂为低热值燃煤电厂，设计煤质中掺杂大量煤泥，因此锅炉生成的 NO_x 浓度实际已经远低于电厂提出的设计入口浓度值。但是当电厂低负荷运行下，脱硝系统入口 NO_x 浓度与烟气温度较低时，通过减少炉膛位置的换热面积（应结合实际情况，设置合理换热面积达到高负荷与低负荷下烟气温度的平衡点），提高烟气温度，同时也需要喷大量还原剂方能达到要求的脱硝率，此时造成的氨逃逸较高，因此需要实时检测氨逃逸浓度，结合实际情况调整还原剂喷射量。

除尘工艺：除尘系统设置在脱硝系统之后，电厂采用电袋除尘＋湿法脱硫协同除尘，除尘器出口平均烟尘浓度 $21mg/m^3$，除尘率达到 99.96％，按照超低排放标准设计，经核算，要求在进入脱硫塔前，烟尘浓度需保证在 $25mg/m^3$ 以下方可达到负荷。

脱硫工艺：脱硫系统为石灰石-石膏湿法喷淋脱硫工艺，两台锅炉每台各配套一个脱硫塔，按照入口 SO_2 浓度 $2700mg/m^3$ 设计，若入口处 SO_2 浓度＞$2700mg/m^3$，则启动炉内喷钙脱硫系统，保证脱硫系统入口 SO_2 浓度≤$2700mg/m^3$，要达到 $35mg/m^3$ 要求，则需保证脱硫率＞98.8％。系统包括两台机组脱硫公用的石灰石浆液制备输送系统、石膏脱水系统、工艺水系统、工业水系统、压缩空气系统、排放系统，以及每台炉单独设置的烟气系统、吸收塔系统。

在烟气脱硫处理过程中，不仅需要考虑烟气中 SO_2 浓度，还应考虑其他会与碱性物质发生反应的酸性气体，如 SO_3、HCl、HF 等，表 8-8 为该电厂 FGD 入口烟气条件。

表 8-8　该电厂 FGD 入口烟气条件

项　目	单　位	数　据	备　注
1　烟气参数			
烟气量（湿基）	m^3/h	1245492	标准状况，湿基，实际含氧量
烟气量（干基）	m^3/h	1229084	标准状况，干基，6％O_2
FGD 工艺设计入口烟温	℃	90	
FGD 工艺设计出口烟温	℃	52	
2　FGD 入口处污染物浓度			
SO_2	mg/m^3	2700	标准状况，干基，6％O_2
SO_3	mg/m^3	156	标准状况，干基，6％O_2
HCl	mg/m^3	88.7	标准状况，干基，6％O_2
HF	mg/m^3	36	标准状况，干基，6％O_2
烟尘	mg/m^3	25	标准状况，干基，6％O_2

石灰石-石膏脱硫工艺中吸收塔石灰石浆液的温度对脱硫率影响较大，研究表明在低温下有利于 SO_2 的吸收，但这也就要求整个浆液洗涤过程中的烟气温度必须维持在一个较低水平，必然导致尾部烟气温度过低，若低于烟气中 SO_2 的酸露点温度时，则 SO_2 容易凝结而生成强腐蚀性的硫酸，这对烟囱的长期稳定运行是不利的。因此，如表 8-8，设置入塔烟温 90℃，处于最佳反应温度范围内，出塔烟温为 52℃，低于酸露点，需再经烟气换热器加热至 80℃后经烟囱排放。

该脱硫塔设置四层喷淋层，吸收塔（脱硫塔）喷淋量为 29000m³/h，单台炉石灰石消耗量为 5.34t/h，对应液气比 L/G 为 22.73～28.22，采用空心锥喷嘴，吸收塔浆池液位 10m，容积为 2137m³，浆液循环停留时间为 4.5min，每塔设两台石膏排出泵，将吸收塔石膏浆液排入脱水系统，流量 80m³，电机功率 30kW。

为了提高脱硫装置去除粉尘与脱硫的效果，均布烟气流场，在每个吸收塔入口烟道顶部和第一层喷淋层之间安装一个多孔合金托盘，来均布吸收塔内的气、液分布，而且托盘上一定的持液高度可以使烟气穿过托盘时，气液两相接触良好，大大提高传质效果，获得很高的脱硫率。

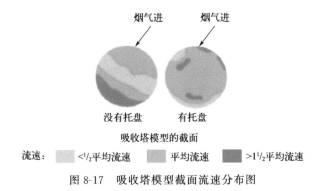

图 8-17 吸收塔模型截面流速分布图

由图 8-17 分析得出，设置托盘后，进入吸收塔的气体流速得到了很好的均布作用，大部分气体流速处在平均流速范围内；而没有托盘时，气体的流速分布范围较宽。因此，设置托盘后能提高烟气流场的稳定性，从而提高脱硫率与除尘率。

（2）水污染物控制

生产废水：电厂运营时将产生一定量的工业生产废水，这些生产废水主要包括化学废水、锅炉补给处理系统排水、实验室、取样系统排水、主厂房内工业排水、凝结水系统排水、锅炉化学清洗排水、空气预热器清洗排水、除尘器冲洗水及循环系统排水。除循环冷却水排水外，其他工业废水经过厂内工业废水处理站处理后达到《污水综合排放标准》（GB 8978—1996）表 1 第一类污染物标准限值要求与表 4 一级标准限值要求，进入复用水池进行回用，回用途径包括绿地浇洒、道路冲洗、灰渣调湿、煤场洒水和输煤系统冲洗等。工业废水处理流程图见图 8-18。

含油污水处理工艺为：含油废水→隔油池→油水分离装置→含油废水→工业废水处理站→复用水池。

经处理后的废水水质可达到《污水综合排放标准》（GB 8978—1996）中一级标准的要求。工业废水经处理后回用于厂区冲洗，其水质满足《城市污水再生利用 城市杂用水水质》（GB/T 18920—2020）中道路清扫标准（pH6～9）的要求。

生活污水：经收集后进入生活污水处理系统处理，处理工艺采用生物曝气滤池，流程为：生活污水→格栅→污水调节池→初沉池→曝气生物滤池→接触消毒池→回用或达标排放，初沉池污泥排至工业废水处理站污泥浓缩池。

（3）固体废弃物

电厂运营过程中产生的灰渣暂存于厂内的两座粗灰库、一座细灰库，灰库有效容积约为 2000m³，每座灰库设 2 个接干灰装车机，1 个接加湿搅拌机。灰库顶设有袋式除尘器，灰库底部设有汽车散装机和调湿装置，通过密闭罐车运输。排渣系统设置 1 座直径约为 12m 的全钢结构渣仓，有效容积约为 1100m³，采用圆筒锥底结构。

电厂灰渣与石膏产生量分别为 896153t/a 和 50080t/a，收集后定期收集至外设灰场堆存。在与某公司合作后，该公司将购置灰渣及石膏用作建筑材料、制水泥、制砖和铺路等，预计灰渣可

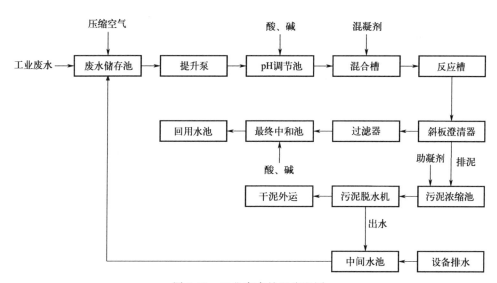

图 8-18　工业废水处理流程图

达 70％的综合利用率，石膏可达 100％的综合利用率，由此推算，该堆场现库存能使用 19 年。

（4）危险废物

电厂的引风机、泵等设备使用后产生的废润滑油量约为 6.24m³/a，若不妥善处置，泄漏后其中的金属残屑、烃类有机物等会对环境造成污染。集中收集后送至危险废物暂存间储存，定期交有资质单位收集外运处置。

8.5.1.4　超低排放优化方案

该低热值煤矸石发电厂原烟气执行标准为《火电厂大气污染物排放标准》（GB 13223—2011），2016 年起开展超低排放改造，改为执行超低排放标准（详见表 8-9），其为达到更高处理效率采取的技术改造措施如下。

表 8-9　该厂污染物排放相关标准对比一览表

污染源	污染物名称	原排放浓度/ （mg/m³）	GB 13223—2011 标准 （mg/m³）	超低排放限值/ （mg/m³）
1 号锅炉	NO_x	83.7	200	50
	SO_2	153.9	400	35
	颗粒物	10.4	30	10
2 号锅炉	NO_x	46.5	100	50
	SO_2	56.8	200	35
	颗粒物	10.9	30	10
烟囱	NO_x	65.1	100	50
	SO_2	105.4	200	35
	颗粒物	10.7	30	10

（1）SNCR 脱硝改造

该电厂 CFB 燃烧技术本身就是一种低 NO_x 燃烧技术，根据电厂资料，SNCR 装置停运时炉

膛出口 NO_x 浓度基本能够稳定控制在 $200mg/m^3$（机组性能试验数据），在大比例掺烧煤泥情况下，NO_x 浓度更低。

超低排放脱硝改造按照入口 NO_x 浓度 $300mg/m^3$ 进行设计，要求将 NO_x 排放控制到 $50mg/m^3$ 以下。计划进行锅炉本体优化＋SNCR 系统提效改造。

① 锅炉本体优化。锅炉本体优化改造包括布风板和风帽改造、二次风喷口布局优化改造等，但将造成床温进一步降低。电厂当前已经大比例掺烧煤泥，锅炉生成的 NO_x 浓度已经远低于电厂提出的设计入口浓度值，已经可以通过 SNCR 系统优化来达到超低排放改造的目标。故超低排放改造可以首先进行 SNCR 系统提效改造，SNCR 改造完成后根据氨逃逸浓度、煤质变动等考虑是否进行锅炉本体优化改造。

② SNCR 系统提效改造。基于 CFB 锅炉良好的温度窗口和还原剂停留时间，对现有的 SNCR 装置进行优化布置，主要内容如下：

a. 旋风分离器入口烟温为 $820 \sim 950℃$，在 SNCR 工艺高效"温度窗"内。

b. 锅炉燃烧后烟气分三部分经过左中右旋风分离器，在分离器内剧烈混合且停留时间接近 $1.5 \sim 2s$，为 SNCR 工艺提供了天然的优良反应器，能够保证较高的脱硝率。

c. SNCR 反应是靠锅炉内的高温烟气驱动，不需要昂贵的催化剂系统和脱硝反应器等钢结构材料，因此投资成本和运行成本较低。

d. 本次改造可以利用原有尿素溶液制备储存系统，只需要对计量分配系统和喷射系统等进行优化设计，工作量较小。

③ 重点影响因素分析。

a. 反应温度。反应温度过高或过低均不利于脱硝反应的进行，当反应温度过高时，还原剂被氧化成 NO_x；当反应温度过低时，还原剂与 NO_x 的反应速率降低，会增加氨逃逸。理想状态下，以尿素作为还原剂时，最合适的反应温度区间为 $900 \sim 1150℃$。

CFB 锅炉旋风分离器入口的烟气温度分布取决于锅炉设计与操作，尤其是锅炉负荷的变化，将导致对流区域的烟气温度变化在 $100 \sim 200℃$。

b. 停留时间。停留时间指的是还原剂在炉内完成与烟气的混合、液滴蒸发、分解成 NH_3，NH_3 转化成游离氨基—NH_2、脱硝化学反应等全部过程所需要的时间，本次优化后停留时间为 $1.5 \sim 2s$。

c. 混合程度。SNCR 在实验室应用中能取得 90％以上的脱硝率，而在实际的工业应用中，其脱硝率一般在 30％～50％，循环流化床效率稍高一些，且脱硝率随着锅炉容量的增大而降低，其中最重要的原因之一就是还原剂与烟气中 NO_x 的混合。

d. 初始 NO_x 浓度。脱硝化学反应的最佳温度随着 NO_x 浓度降低而降低，从而导致化学反应动力随着 NO_x 浓度逐渐降低。本工程由于采用流化床燃烧方式，NO_x 浓度约 $200 \sim 400mg/m^3$（$100 \sim 200\mu L/L$），因此 SNCR 可获得良好脱硝效果。

e. 化学当量比。脱硝还原剂在反应过程中会因其他反应而损失，还有一小部分未反应的还原剂以 NH_3 的形式随烟气排出，因此，需要比理论化学当量比更多的还原剂喷入炉膛，故本次超低排放化学当量比取 2.3。

f. 氨逃逸。SNCR 装置局部喷射还原剂溶液过量时，部分已经分解成的 NH_3 还原剂没有参与反应就随烟气进入下游烟道。烟气中的气态 NH_3 在低温下大部分被飞灰吸收，灰中 NH_3 含量超过 $100\mu g/g$ 时，会因嗅到氨味而影响销售。本次超低排放改造后的氨逃逸浓度约为 $10mg/m^3$。

g. 分离器入口整形。分离器入口断面风速分布十分不均匀，上部明显偏高，下部明显偏低，这种速度分布的不均匀结合离心力的作用直接导致大量煤粉冲刷拐角对面的水冷壁，加剧磨损，容易造成爆管事故。另外分离器入口烟道沿着高度方向布置尿素溶液注入喷嘴时，很容易造成脱硝率降低。分离器入口数值模拟画面见图 8-19。

故此次改造在每个分离器入口烟道加装浇注料，运用流体三维软件模拟每个分离器入口烟道速度场、浓度场的分布，在合适的位置浇注料能改变烟气流场，消除煤粉直接冲刷水冷壁拐角，提高入口烟气速度，逐步加速，流线更通畅，优化分离器入口烟道流场分布，提高脱硝率。分离器入口横截面数值模拟画面见图 8-20。

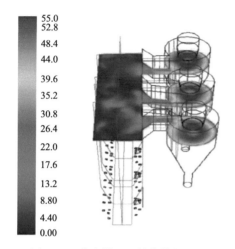

图 8-19　分离器入口数值模拟画面

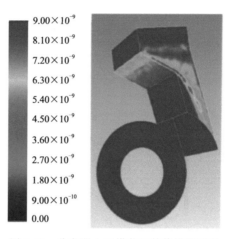

图 8-20　分离器入口横截面数值模拟画面

（2）湿法脱硫改造

该电厂 1 号锅炉于早期建设完成，使用炉内喷钙脱硫，不设脱硫塔脱硫。2 号机组采用炉内喷钙脱硫＋炉外石灰石-石膏湿法脱硫工艺，系统采用一炉一塔形式。脱硫系统包括两台机组脱硫公用的石灰石浆液制备输送系统、石膏脱水系统、工艺水系统、工业水系统、压缩空气系统、排放系统，以及每台炉单独设置的烟气系统、吸收塔系统。

原脱硫塔工艺概述如下：锅炉引风机来的全部烟气进入脱硫装置（FGD），烟气通过吸收塔上游的烟气换热器（GGH）后进入吸收塔。烟气中的污染物（主要是 SO_2、SO_3）在吸收塔洗涤区域内被由上而下喷出的吸收剂（石灰浆，即 $Ca(OH)_2$ 悬浊液）吸收生成 $CaSO_3$，在吸收塔反应池内被空气氧化生成石膏。其主要化学反应如下。

$$Ca(OH)_2 + SO_2 === CaSO_3 \downarrow + H_2O$$

$$CaSO_3 + \frac{1}{2}O_2 === CaSO_4$$

目前在国内电厂应用的烟气脱硫方法主要有：循环流化床烟气半干法、海水法、湿式氨法、石灰石/石灰-石膏湿法。石灰石/石灰-石膏湿法烟气脱硫工艺是技术最成熟、应用最广泛的烟气脱硫技术，我国 90％左右的电厂烟气脱硫装置都是采用该种工艺。对于本次改造，由于原系统为石灰石-石膏法，采用本工艺改造还可以利用原有的石灰石制浆、供浆、排浆、石膏脱水和氧化系统等，可以大大减少改造工程量，大大缩短改造工期和节省改造费用。故该电厂仍采用石灰石-石膏湿法烟气脱硫工艺。

① 1 号锅炉脱硫改造。1 号机组新建一座吸收塔，浆池直径 16.5m，液位 10m，容积为 2137m^3；吸收区直径 13.5m，设四层喷淋层，最下部两层喷淋层可利用原 2 号机组拆除的循环泵和循环管道，上部新增的两层喷淋层规格与 2 号机组吸收塔上部喷淋层相同。

脱硫塔内无托盘情况下，烟气进入脱硫塔后在喷淋作用下易形成"短路"现象。为了提高脱硫装置去除粉尘的效果，均布烟气流场，在每个吸收塔入口烟道顶部和第一层喷淋层之间安装一个多孔合金托盘，来均布吸收塔内的气、液分布，形成一个涡流区。烟气由下至上通过合金托盘后流速降低，并均匀通过吸收塔喷淋区，从图 8-21 看出，设置托盘后，进入吸收塔的气体流速得到了很好的均布，大部分气体流速处在平均流速范围内；而没有托盘时，气体的流速分布比例范围较宽，而且托盘上一定的持液高度可以使烟气穿过托盘时，气液两相接触良好，大大提高传质效果，获得很高的脱硫率。

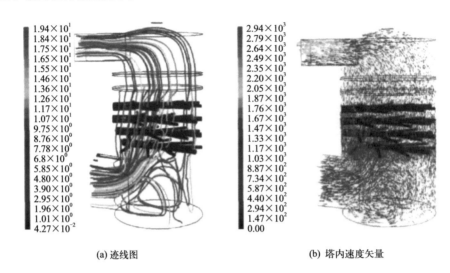

(a) 迹线图   (b) 塔内速度矢量

图 8-21　有托盘情况下脱硫塔内烟气速度场（有喷淋）

② 2 号锅炉脱硫改造。2 号机组吸收塔原本设有四层喷淋层，本次改造将其最上层两层喷淋层全部更换，对应循环泵流量改为 8000m³/h，扬程分别为 23m、25m，改造后 2 号吸收塔喷淋量为 29000m³/h，对应液气比 L/G（标湿，吸收塔后）为 22.73，采用空心锥喷嘴，材质采用 SiC。烟气入口上方增加一层托盘，改造除雾器协同除尘，根据核算，采用此方案仅能够保证入口 2400mg/m³ 的 SO_2 浓度。

③ 烟道换热器改造。

a. 锅炉增设烟气冷却器后，1、2 号炉脱硫塔入口烟气温度分别由 140℃、164℃下降到 90℃，回收烟气余热，1、2 号炉热媒水的温度分别从 77℃升高到 110℃、119℃。

b. 再热器装置布置在脱硫塔至烟囱之间的竖直烟道上，利用烟气冷却器加热后的水去加热脱硫后的净烟气，烟气温度由 52℃上升到 80℃，水温由 110℃、119℃降至 77℃，降温后的热媒水重新进入循环系统。烟气被加热至 80℃进烟囱，将大大缓解冒白烟的现象，提高污染物的扩散能力，降低烟气对烟囱的腐蚀。

c. 由于在烟道中设置了换热器，烟气侧阻力会增加。为了避免阻力增加太多，引风机出力不够，必须进行烟道扩展，同时控制烟气流速。两台炉烟冷器的烟气阻力均在 560Pa 左右，再热器的烟气阻力分别在 400Pa、380Pa 左右。

d. 考虑到受热面的磨损和烟气侧阻力情况，烟气流速宜控制在 10m/s 左右。

e. 换热器的吹灰器采用蒸汽吹灰，吹灰器工质可采用辅汽联箱的蒸汽。

烟道换热系统改造后，脱硫塔入口烟气温度为 90℃，净烟气进/出口温度分别为 52℃、80℃。

（3）除尘系统改造

本次超低排放改造拟对 1 号机组新增炉外湿法脱硫吸收塔，并对 2 号机组脱硫吸收塔进行改造。根据当前湿法脱硫协同除尘的技术现状，由于电袋除尘器出口是微细粉尘，湿法脱硫对微细粉尘的协同除尘率略低。若要求烟囱入口烟尘浓度≤10mg/m³，则电袋除尘器出口烟尘浓度应≤25mg/m³，而当前1、2号机组电袋除尘器出口烟尘浓度是满足这一条件的。故湿法脱硫协同除尘技术路线可行。

该低热值煤发电厂超低排放优化后排放及治理措施见表8-10。

表 8-10 低热值煤发电厂超低排放优化后排放及治理措施一览表

类型	排放源	污染物名称	内容		
			处理前浓度及产生量	排放浓度及排放量	治理效果
大气污染物	1号锅炉	烟气	烟气量(标准状况):1229084×2m³/h SO_2:2700mg/m³(3319×2kg/h) NO_x:300mg/m³(368.73×2kg/h) 烟尘:48000mg/m³(5.9×10⁴×2kg/h) 汞:0.01mg/m³(0.01×2kg/h)	烟气量(标准状况):1229084m³/h SO_2:25.3mg/m³(31.10kg/h) NO_x:42.6mg/m³(52.36kg/h) 烟尘:6.3mg/m³(7.74kg/h) 汞:0.01mg/m³(0.01kg/h)	达到超低排放标准
	2号锅炉			烟气量(标准状况):1229084m³/h SO_2:25.3mg/m³(31.10kg/h) NO_x:42.6mg/m³(52.36kg/h) 烟尘:6.3mg/m³(7.74kg/h) 汞:0.01mg/m³(0.01kg/h)	
水污染物	运营废水	脱硫废水	污水量:10m³/d SS:2800mg/L(28kg/d) Hg:0.00006mg/L(0.6kg/d)	废水经处理后全部进入复用水池回用,不外排	《污水综合排放标准》(GB 8978—1996)表1第一类污染物标准限值要求与表4一级标准限值要求,进入复用水池进行回用
		酸碱废水	污水量:40m³/d COD:100mg/L(4kg/d) SS:116mg/L(4.64kg/d)	经工业废水处理系统处理后回用	
		循环冷却水排水	废水量:137m³/d COD:15mg/L(2.1kg/d) SS:48mg/L(6.6kg/d)	作清洁下水	
固体废物	工艺过程	粉煤灰	615824t/a	70%外售作建筑材料等综合利用,余下的运至堆场进行堆放	对环境影响较小
		炉渣	280329t/a		
		脱硫石膏	50080t/a	0	
危险废物	设备润滑	废润滑油	6.24m³/a	0	定期委托有资质单位收集外运处理
噪声	施工机械噪声(大型货运车、装载机、吊车等)一般在85～95dB(A),营运期水泵、加压泵及其他机器设备产生噪声约在90dB(A)以上				

8.5.2 某垃圾焚烧发电案例

8.5.2.1 基本概况

（1）锅炉组成

焚烧炉：采用机械式炉排炉两台，单台额定垃圾处理能力为 600t/d，合计 1200t/d。设计垃圾低位热值 7100kJ/kg（1700kcal/kg）。点火及辅助燃烧器采用 0 号轻柴油作为燃料。

余热锅炉：采用卧式悬吊结构余热锅炉，余热锅炉出口过热蒸汽为 4.2MPa、405℃。

两台炉共用 1 台连续排污扩容器和 1 台定期排污扩容器。

燃烧空气系统：一、二次风机均采用单侧吸气离心式风机。一次风蒸汽/空气预热器采用两段加热方式，第 1 段采用一级抽汽将空气加热至 160℃，第 2 段采用余热锅炉出口过热蒸汽将空气加热至 220℃。直接式预热器采用燃油烟气与空气混合的方式将一次风加热至 300℃。二次风蒸汽/空气预热器采用一级抽汽将空气加热至 160℃。

（2）垃圾供应

本工程垃圾来源主要为某城市某区及周边区域的城市生活垃圾。收集的生活垃圾通过汽车运至处理厂，垃圾运输车进厂经地磅称重计量后，进入垃圾卸料大厅，将垃圾卸入垃圾贮坑贮存，并用垃圾吊车搅拌混合垃圾后再将垃圾送入焚烧炉焚烧。据实测，入炉垃圾组成及组分见表8-11、表 8-12。

表 8-11 生活垃圾组成表

垃圾组分		分析数据
物理成分	厨余类	39.98%
	纸类	24.51%
	橡塑类	14.60%
	纺织类	3.70%
	木竹类	1.72%
	灰土类	12.06%
	砖瓦陶瓷类	—
	玻璃类	2.92%
	金属类	0.51%
	其他类	—
	混合物	—
物理性质	容重	0.12t/m³
	含水率	52.23%
	可燃物	31.66%
	灰分	16.10%
	原生低位热值	5107.7MJ/kg

表 8-12　生活垃圾元素分析表

序号	名称	符号	样品分析数据
1	碳	C_{ar}	15.93
2	氢	H_{ar}	2.19
3	氧	O_{ar}	12.70
4	硫	S_{ar}	0.27
5	氮	N_{ar}	0.42
6	氯	Cl_{ar}	0.16
7	垃圾中的灰分	$A_{ar垃}$	16.10
8	垃圾中的水分	$W_{ar垃}$	52.23

（3）电厂水源及供排水方式

本工程循环水系统采用自然通风冷却塔的二次循环系统，补充水水源为周边水库。

项目生活水源由市政供水管网供给。

（4）除灰渣系统

每台焚烧炉设置 1 台液压除渣机，垃圾焚烧后炉渣通过液压除渣机排出，经过振动输送机输送至炉渣贮坑，然后用渣斗起重机将炉渣装入运输车，运至附近水泥厂综合利用。

飞灰输送采用机械输送方式，送至主厂房内固化车间，经稳定固化处理后，短时储存在厂内的固化灰块＋堆场进行养护，然后用汽车送往指定的垃圾填埋场填埋。

（5）排水

厂区生活污水、雨水采用分流制。厂内设生活污水处理设施，经处理达标后作为清洁水及绿化灌溉水利用，少量利用不完的排入工业区市政污水管网；厂区内一般雨水就近接入附近工业区雨水管网；在物料称重区地面污染较重区域，考虑设置专门冲洗水沟、雨水收集池，将场地初级雨水、冲洗水收集后送到渗滤液处理系统进行处理。生产废水集中处理，达标后回收利用。

（6）废气处理

采用 SNCR 炉内脱硝系统＋半干法烟气脱酸塔＋活性炭喷射吸附系统＋干粉喷射系统＋布袋除尘器的烟气净化工艺。SNCR 脱硝系统、干粉喷射系统、活性炭喷射吸附系统为 2 条焚烧线共用 1 套系统。

（7）储灰渣场

本工程厂内仅设底渣中转储坑，通过中转储坑及底渣抓吊汽车运输至水泥厂进行综合利用，厂内及场外区域均不设底渣堆放永久堆放场地。

本工程厂内设飞灰固化车间，固化后的飞灰在厂内经短时养护后运输至生活垃圾填埋场进行安全处置。

8.5.2.2　工艺流程

该垃圾焚烧发电厂工艺流程框图见图 8-22。

8.5.2.3　污染排放及治理措施

（1）大气污染物

① 垃圾池废气。垃圾在垃圾池发酵过程中，会产生大量臭气，主要成分为甲硫醇、氨气、硫化氢等，经一次风机负压抽至焚烧炉焚烧。

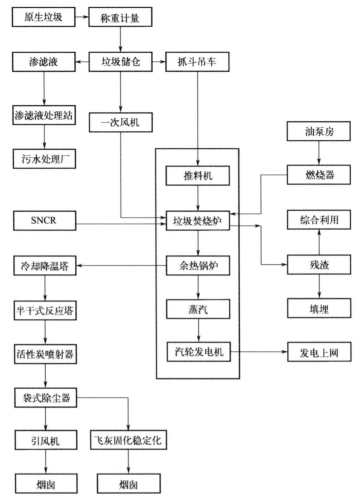

图 8-22　工艺流程图

② 焚烧炉废气。生活垃圾焚烧炉烟气中的污染物主要为颗粒物（粉尘）、酸性气体（HCl、HF、SO$_x$、NO$_x$ 等）、重金属（Hg、Pb、Cr 等）和有机剧毒性污染物（二噁英类物质等）四大类。

本工程以"环保优先"为原则，烟气排放限值取《生活垃圾焚烧污染控制标准》（GB 18485—2014）和《欧盟污染物控制标准》（2000/EC/76）中较严的限值，以满足项目所在地对环境保护日益增强的要求，详见表 8-13。

表 8-13　烟气污染物排放指标表

序号	污染物[①]	GB 18485—2014		欧盟 2000/76/EC		本工程保证值	
		日均值	小时平均	日均值	半小时100%	日均值	小时平均
1	颗粒物/(mg/m^3)	20	30	10	30	10	30
2	NO$_x$/(mg/m^3)	250	300	200	400	200	300
3	SO$_2$/(mg/m^3)	80	100	50	200	50	100

序号	污染物①	GB 18485—2014		欧盟 2000/76/EC		本工程保证值	
		日均值	小时平均	日均值	半小时100%	日均值	小时平均
4	HCl/(mg/m³)	50	60	10	60	10	60
5	HF/(mg/m³)	—	—	1	4	1	4
6	CO/(mg/m³)	80	100	50	100	50	100
7	TOC	—		10		10	
8	Hg 及其化合物/(mg/m³)	0.05		0.05		0.05	
9	Cd 及其化合物/(mg/m³)	0.1		0.05		0.05	
10	Pb 及其化合物/(mg/m³)	1		锰铅等其他重金属：0.5		0.5	
11	烟气黑度（林格曼级）	—		1		1	
12	二噁英类（TEQ)/(ng/m³)	0.1		0.1		0.1	

① 换算为标准状况下单位体积烟气中含量。

③ 大气污染物去除措施。本工程烟气净化工艺采用：SNCR 炉内脱硝系统＋半干法烟气脱酸塔＋活性炭喷射吸附系统＋布袋除尘器。

a. SNCR 系统。本工程 SNCR 系统采用氨水作为还原剂，将浓度为 20％的氨水稀释至 5％，然后喷射到焚烧炉内，除去焚烧炉内的氮氧化物。由 20％的氨水输送、储存、稀释和喷射装置等构成。

本工程两条焚烧线共设置一套氨水储存系统和软水供应系统，每条焚烧线设置一套氨水加注和分配系统，每炉设双层喷射系统。设置 1 台有效容积 50m³ 的氨水溶液储存罐，2 台流量 20m³/h，扬程 12m 的氨水卸料泵（一用一备）。20％的氨水溶液由槽罐车运到厂内，通过氨水卸料泵输送至氨水储存罐。氨水溶液喷射泵采用变频调节，根据引风机出口烟气中的 NO_x 浓度及氨逃逸浓度来供应氨水溶液。两条焚烧线 20％氨水用量为 0.19t/h。

b. 石灰浆制备及供应。石灰浆制备及输送系统主要包括石灰粉储存、石灰粉制浆及石灰浆输送等设施。本工程 2 套烟气净化系统共用 1 套石灰浆制备及输送系统，采用消石灰粉 [Ca(OH)₂] 作为制备石灰浆的原料。

为防止石灰浆在输送过程中沉淀、堵塞，输送速度一般在 1～2.5m/s，同时还要兼顾石灰浆输送量的变化对流体输送速度产生的影响，正常工况石灰浆用量与循环流量按 1：2.5～1：4 设计。每条线的消石灰消耗量约为 495kg/h。

c. 活性炭储存及输送系统。本工程两套烟气净化系统共配置 1 套活性炭储存及输送系统，共设置 1 台 20m³/h 活性炭料仓，可满足两条线 7 天以上的用量。仓顶装有袋式除尘器，仓体安装有 2 个料位计，仓斗上设有振打电机、仓壁搅拌器等设备防止物料搭桥、成拱和堵塞。

活性炭系统所有电气设备均采用防爆型，并在活性炭仓设有一套氮气保护系统，仓内设温度在线监测系统，当活性炭贮仓内温度上升到 80℃时，自动充入惰性气体，同时信号传送到中央控制室。

d. 干粉喷射系统。为在脱酸反应塔因故停用或更换而无法喷浆、脱酸反应塔单独运行无法满足排放指标要求等状态下保证一定的脱酸效率，烟气净化系统还设置 1 套烟道干粉（NaHCO₃）喷射系统，用作正常脱酸系统的辅助系统。

共设置 1 台 200m³ 的干粉料仓，贮仓顶部设有仓顶除尘器，在进料时排出空气。干粉贮仓底部设刮片破拱机，下接 2 台定量给料机，对应 2 条烟气净化线。设 3 台喷射罗茨风机（2 用 1 备，每台风机对应 1 套烟气净化系统），从喷射风机来的空气经给料装置将排出的干粉喷入半干式反应塔和袋式除尘器之间的烟道中。每条焚烧线的 NaHCO₃ 消耗量约为 820kg/h。

e. 旋转雾化脱酸反应塔。余热锅炉出口的烟气通过设在反应塔顶部的烟气分布器（蜗壳）引导烟气均匀进入装有旋转喷雾器反应塔中，石灰浆和水的雾化液滴（平均雾滴直径约为 50μm）与烟气在反应塔中充分均匀混合。细小液滴与烟气中的二氧化硫、盐酸和氢氟酸等污染物起中和反应，从而吸收烟气中 SO₂、HCl 和 HF。脱酸的同时，烟气温度从大约 190～230℃ 降至 140～150℃。由飞灰及反应产物组成的部分干性产物落入吸附塔塔体底部，排入输灰系统。

旋转雾化脱酸反应塔由旋转雾化喷雾器和塔体组成，Ca(OH)₂ 溶液在反应塔内和烟气接触产生化学反应。每条焚烧线设 1 套脱酸系统。

离心式旋转雾化器是半干法烟气净化处理的关键设备，安装于反应塔的上部中央位置。雾化器是盘式结构的高速转盘（转速达 8000～12000r/min）。碱性浆液通过喷嘴经过高压雾化而成。本工程旋转喷雾器每个塔实际安装一台，另外公共备用一台，充分保证系统在半干法模式下的正常连续运行。

反应塔上部呈圆筒状，下部呈倒锥体结构，使烟气在塔内的停留时间约为 20s，确保烟气与浆液充分反应。反应塔底部设有破拱装置，防止反应生成物黏结和成块；同时，在反应塔底部安装有破碎机，对因反应塔长时间运行或者操作异常情况下，慢慢积累的少数垢块进行破碎，防止垢块掉落对输灰设备产生不利影响。

进入旋转雾化器的石灰浆量通过设在引风机出口烟道上的烟气在线监测中 SO₂、HCl 的浓度自动调节石灰浆回流调节阀，以控制进入反应塔所需的石灰浆量。正常运行工况下，每套烟气净化系统需浓度 15% 的石灰浆量约 3000kg/h。由于喷入的石灰浆量不足以将烟气温度由 190℃ 降至 150℃，还需向反应塔内补充调温水，调温水同石灰浆一同经旋转雾化器喷入反应塔内。

在反应塔顶部设置双流体喷枪喷雾冷却系统。在旋转喷雾故障时替代使用，同时在尾部烟气温度过高时投入以降低烟气温度至约 150℃。

f. 布袋除尘器

布袋除尘器对从前段半干式脱酸塔携带的未反应的碱性吸收剂进行再利用，对酸性气体有二次脱除的效果，提高脱酸效率。布袋除尘器对微小粒状物有良好的捕集效果。理论已经证实重金属及二噁英类物质一般凝结成小于 1μm 的微小粒状物，布袋除尘器对这些毒性物质具有高清除效率。焚烧烟气中有一定数量的重金属特别是汞和铬，它们以气溶胶和气体状态出现，降温后凝结成微粒，这些有毒有害物质中一部分悬浮在烟气中，而大都吸附在其他固体粒子上，散发到空气中。减少微粒粉尘的排放就是减少重金属微粒的载体，最终是减少排烟中的重金属浓度。采用布袋除尘器，排烟中的汞和铬浓度可被有效抑制。但布袋除尘器对进入烟气的温度要求比较严格：烟温过高，滤袋损坏；烟温过低，烟气中的酸性气体冷凝成酸滴，滤料容易受腐蚀而损坏。而垃圾焚烧烟气处理中设置的半干法脱酸系统可有效地控制进入布袋除尘器的酸度和温度，从而降低了布袋除尘器损坏的可能性。

每条线设置一套布袋除尘器。布袋除尘器为双列式布置，可实现离线和在线清灰。滤袋是布袋除尘器的最关键部件之一。它直接影响除尘率。滤袋寿命的长短，对除尘器运行性能的评定起着关键的作用。本工程滤袋采用 PTFE 滤料或 PTFE 覆膜滤料。除尘滤袋定期用干燥的压缩空气脉冲进行清洁。

本工程除尘器入口正常运行工况烟气量约 105000m³/h，选型烟气量为 125000m³/h，总有效过滤面积约 4800m²，烟气过滤速度 0.79～1.0m³/(min·m²)。

为防止滤袋结露，本工程每台除尘器各设置一套循环加热风系统，此系统通过再循环风机、电加热器使循环烟气保持在一恒定的温度，在布袋除尘器启动时除尘器预热到 140℃，在事故停机时空气加热系统保持布袋除尘器温度为 140℃。

（2）水污染物

本项目废水主要为渗滤液与循环水排水，两种废水经处理后出水需满足相应回用标准后回用于生产，根据该厂渗滤液水质特点和处理要求，主要分为以下处理单元：预处理单元、厌氧处理系统、MBR 系统、膜深度处理系统（NF 和 RO）、配套污泥处理系统臭气处理系统以及其他废水处理工艺流程见图 8-23。

① 预处理单元。由于焚烧厂垃圾渗滤液含沙量大，因此设置沉沙池去除部分进水中的密度较大的泥沙，焚烧厂渗滤液水质、水量随季节变化等有较大幅度的波动，因此设置均衡池，稳定渗滤液进水水质，降低对后续处理系统的冲击。

② 厌氧处理系统。采用改进型 UASB 中温厌氧反应器，污水在厌氧状态下，通过厌氧微生物的作用，使有机污染物绝大部分分解成甲烷气体、水、氨氮、硫化氢、磷酸盐、无机盐等小分子物质，在此阶段 COD_{Cr} 得到大幅度降低，为 MBR 系统提供较好的进水条件。

③ MBR 系统。采用一级前置式反硝化、硝化后置方式，二级强化硝化反硝化处理工艺。其主要目的是去除有机物和脱氮。

反硝化池内设液下搅拌装置，经过 MBR 膜组件浓缩后的污泥回流至反硝化反应器，在反硝化反应器内利用宏观的缺氧环境和缺氧微生物的同化和异化作用将硝酸盐、亚硝酸盐还原为氮气等无污染气体排放至大气。

缺氧池出水自流进入好氧池，在好氧池内通过好氧微生物的同化和异化作用将氨态氮氧化为硝态氮从而达到去除氨氮的目的。同时在生化池内，使有机污染物最大限度消减，以减小膜系统的去除负荷与去除压力，使膜系统出水能够长期、稳定达标。

为了增强渗滤液处理系统的总氮脱除率，增加二级硝化反硝化系统，在二级反硝化池中投加碳源，以保证反硝化所需碳源，后进入二级硝化池中，将多余碳源去除。

④ NF 处理系统。纳滤膜孔径在 1nm 以上，其截留有机物质的分子量约为 200～800，截留溶解盐类的能力为 20%～98%，对可溶性单价离子的去除率低于高价离子。

浓缩超滤产水，截留其中的 COD、多价离子，产水进入 NF 产水箱，进入后续处理。浓缩液进入浓缩处理系统。

⑤ RO 系统。NF 产水经提升泵、保安过滤器及反渗透增压泵进入反渗透系统（中压反渗透膜），运行时供水泵和增压泵同时启动，然后根据中间水箱的液位进行自动运行。浓缩液在余压下进入浓水池，与循环污水处理系统来的浓盐水混合后进入减量化系统。

⑥ 配套污泥处理系统。生化池产生的剩余污泥、沉沙池泥沙以及中温厌氧反应器间歇排出的少量污泥集中收集自流进入污泥池，经提升进入离心脱水机，在经过离心脱水机的处理后形成泥饼，污泥脱水至 80%，运至垃圾池送入锅炉与生活垃圾混烧。清液自流至污泥清液池再泵回一级反硝化池。

⑦ 臭气处理系统。臭气主要来源是渗滤液处理系统，本项目包括调节池、污泥脱水机处理工段产生的臭气，其主要成分为 H_2S 和 NH_3 等。其他处理工段，如反硝化池在正常运行过程中没有臭气产生。臭气由风机通过风管集中收集后输送至垃圾坑负压区处理。

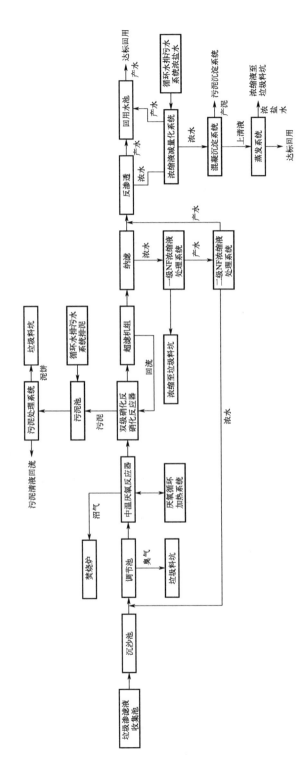

图 8-23 渗滤液处理系统工艺流程图

⑧ 其他废水处理。本项目循环排污水处理系统主要采用"超滤＋RO"处理工艺，设计安全系数 1.2。工艺流程见图 8-24。

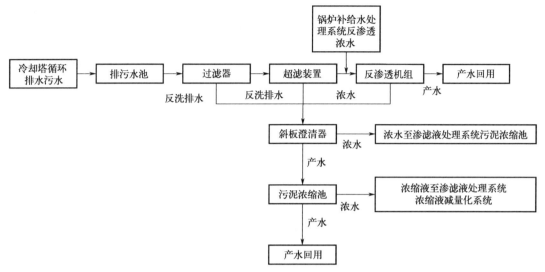

图 8-24　循环冷却水处理工艺流程图

（3）固体废弃物

本项目固废主要为炉渣与飞灰。设灰渣处理系统，主要由炉渣处理系统、飞灰输送系统及飞灰稳固化系统组成。炉渣处理系统包括焚烧炉排渣和炉排漏渣的输送、贮存及运出；飞灰输送系统从各设备灰斗排灰出口开始至飞灰贮仓进口结束；飞灰稳定化系统从飞灰贮仓进口开始至稳固后的飞灰装车运出结束。

① 炉渣处理系统。焚烧炉采用往复炉排，从炉排间隙中落下的漏渣经过炉排底部渣斗和溜管被引入炉排漏渣输送机，由该输送机送到出渣机。比炉排间隙大的炉渣大都被推到燃烬炉排，从焚烧炉的后部排出，进入出渣机。这些炉渣和漏渣由内部充满水的出渣机冷却，然后被运送到渣坑。渣坑内的炉渣被设置在渣坑上方的渣吊装入运渣车后运输至填埋场。

由于炉渣在渣坑贮存时，会有部分含水析出。故渣坑底部设有一定的坡度，以便坑内的积水排至设置在渣坑一端的沉淀池和澄清池收集，沉淀池及排污池入口处均设置过滤格栅。坑内设 2 台立式排污泵，1 用 1 备，用于将坑内的积水排出送至渗滤液处理站处理。

② 飞灰输送系统。焚烧炉产生的烟气中包含有一定的飞灰，飞灰会在锅炉设备上沉积，余热锅炉 2、3 烟道采用激波吹灰装置清除受热面上的积灰，清除下来的积灰进入垂直烟道灰斗（也称锅炉第一灰斗）。

焚烧炉烟气中的飞灰也有部分沉积在锅炉水平段。余热锅炉水平段每个灰斗下设置 1 个星形阀。每台炉灰斗下部配置 2 台刮板输送机，接受灰斗星形阀排出的灰，额定出力为 2 t/h，将飞灰运入出渣机，并最终排入渣坑。

本系统通过飞灰输送机将每台炉反应塔和袋式除尘器的飞灰各自收集后集中汇至四条焚烧线共用的输灰机、再经斗式提升机及飞灰仓顶的螺旋输送机送至飞灰贮仓存储。因飞灰有潮解性，所以本系统输送机均需要电伴热。

本工程设置 2 座钢结构的飞灰贮仓，有效容积为 200m³，能储存 4 条焚烧线不小于 3 天的飞灰储量。另外，为了防止贮仓内架桥，设置架桥破解装置。

③ 飞灰稳固化系统。由于垃圾焚烧电厂的飞灰中含有大量重金属与有毒有害有机物，属于危险废物，故需要先进行固化处理。

　　a.飞灰产量。本工程设置 2 条焚烧线，单条焚烧线处理能力 600t/d，日飞灰总产量按 48t 设计。焚烧设备连续运行，年运行时间不小于 7300h。处理能力按额定出力 7.5t/h 设计，每天工作 8h，系统总处理能力为 60t/d。

　　b.固化过程。散装水泥罐车通过气力输送将散装水泥吹送至水泥料仓；飞灰固化车间设有螯合剂稀释罐和螯合剂存储罐；各物料设电子计量秤，飞灰和水泥按设定比例称量后送至混炼机；混炼机对物料搅拌混合，并按比例均匀加入螯合剂溶液和水。水泥、螯合剂和加湿水的添加比例分别接近飞灰质量的 10%、2% 和 30%。

思考题

　　1.根据案例 8.5.2 的入炉垃圾组分，试定性推出焚烧后烟气中污染物组分。

　　2.思考中国能源结构仍将长期以火电为主的原因。

　　3.利用双膜理论解释湿法脱硫的微观发生过程。

　　4.思考不同热力发电方式（燃气、燃煤、垃圾焚烧等）大气、水污染物排放限值不同的原因。

　　5.思考城市污水厂污泥、工业污水厂污泥是否可以用来焚烧发电？给出条件，并简述理由。

　　6.思考案例中"电袋除尘"工序放在"脱硝前"或者"脱硫"之后是否可行？说明理由。

参考文献

[1] 曾抗美，李正山，巍文锟. 工业生产与污染控制[M]. 北京：化学工业出版社，2005.
[2] 杨勇平，杨志平，徐钢，等. 中国火力发电能耗状况及展望[J]. 中国电机工程学报，2013，33(23)：1-11.
[3] 佚名. 中国火力发电技术发展进程[J]. 中国电力，2009(11)：76.
[4] 梁东东，李大江，郭持皓，等. 我国烟气脱硫工艺技术发展现状和趋势[J]. 有色金属(冶炼部分)，2015(4)：69-73.
[5] 刘龙海，钟史明. 我国天然气发电近况与前景[J]. 燃气轮机技术，2016，29(3)：1-6.
[6] 樊慧，段兆芳，单卫国. 我国天然气发电发展现状与前景展望[J]. 中国能源，2015，37(2)：37-42.
[7] 康信茂. 我国水力发电的现状及发展趋势[J]. 轻工科技，2016(3)：64-65.
[8] 车德竞，孟洁，陈永辉，等. 未来 20 年我国大力发电用水情况预测分析[J]. 电力建设，2013，34(8)：17-21.
[9] 杨玉鹏，李锐，杨玲，等. 天然气烟气就地处理和利用系统：CN201760225U[P]. 2011-03-16.
[10] 胡忠文，张明锋，郑继华. 太阳能发电研究综述[J]. 能源研究与管理，2011(1)：14-16.
[11] 李科熙. 生活垃圾焚烧发电工艺及废气污染防治措施探究[J]. 技术与市场，2017，24(2)：27-28.
[12] 张志国，胡大龙，王璟，等. 燃气电厂深度节水及废水零排放方案[J]. 中国电力，2017，50(7)：127-132.
[13] 顾卫荣，周明吉，马薇. 燃煤烟气脱硝技术的研究进展[J]. 化工进展，2012，31(9)：2084-2092.
[14] 康新园. 燃煤烟气脱硫脱硝一体化技术研究进展[J]. 洁净煤技术，2014(6)：115-118.
[15] 陈冬林，吴康，曾稀. 燃煤锅炉烟气除尘技术的现状及进展[J]. 环境工程，2014，32(9)：70-73.
[16] 王凤超，徐伟，王鹏. 燃煤发电锅炉的现状及发展方向[J]. 科技视界，2012(26)：422.
[17] 胡石，丁绍峰，樊兆世. 燃煤电厂脱硫废水零排放工艺研究[J]. 洁净煤技术，2015(2)：129-133.
[18] 马双忱，于伟静，贾绍广，等. 燃煤电厂脱硫废水处理技术研究与应用进展[J]. 化工进展，2016，35(1)：255-262.
[19] 刘海洋，江澄宇，谷小兵，等. 燃煤电厂湿法脱硫废水零排放处理技术进展[J]. 环境工程，2016，34(4)：33-36.
[20] 刘海洋，夏怀祥，江澄宇，等. 燃煤电厂湿法脱硫废水处理技术研究进展[J]. 环境工程，2016，34(1)：31-35.
[21] 李亚娟，卢剑，余耀宏，等. 某电厂废水零排放系统污染分析[J]. 热力发电，2023，52(1)：177-182.
[22] 董韦汝，刘艇安，刘静，等. 中国环境科学学会 2022 年科学技术年会——环境工程技术创新与应用分会场论文集(四)[C]. 江西南昌：中国环境科学学会环境工程分会，2022.
[23] 张森，张梦泽，董勇. 燃煤电厂固废利用过程中的二次污染分析[J]. 节能技术，2014，32(1)：45-47.
[24] 葛新杰. 燃煤电厂废水零排放研究[D]. 石家庄：河北科技大学，2009.
[25] 莫华，吴来贵，周加桂. 燃煤电厂废水零排放系统开发与工程应用[J]. 合肥工业大学学报(自然科学版)，2013(11)：1368-1372.

[26] 李兵，张其龙，王学同，等. 燃煤电厂废水零排放处理技术[J]. 水处理技术，2017(6)：24-28.

[27] 刘惠永，徐旭常，姚强，等. 燃煤电厂飞灰碳含量与 PAHs 有机污染物吸附量之间相关性研究[J]. 热能动力工程，2001，16(4)：359-362.

[28] 陈姝娟，薛建明，许月阳，等. 燃煤电厂除尘设施对烟气中微量元素的减排特性分析[J]. 中国电机工程学报，2015，35(9)：2224-2230.

[29] 王树民，刘吉臻. 清洁煤电与燃气发电环保性及经济性比较研究[J]. 中国煤炭，2016，42(12)：5-13.

[30] 张强，马强. 浅谈石灰石/石膏湿法脱硫系统的关键控制参数及其测量方法[J]. 科技风，2015(24)：82-83.

[31] 徐丽丽. 某生活垃圾焚烧厂渗沥液浓缩液减量化处理设计新思路[J]. 环境卫生工程，2016，24(2)：12-14.

[32] 冀锋. 某火电厂锅炉补给水处理控制系统的设计与实现[D]. 西安：西安建筑科技大学，2016.

[33] 毛战坡，杨素珍，王亮，等. 磷素在河流生态系统中滞留的研究进展[J]. 水利学报，2015，46(5)：515-524.

[34] 全为民，严力蛟，沈新强. 磷模型在千岛湖水体污染预测中的应用研究[J]. 生物数学学报，2004，19(1)：98-102.

[35] 陈平，程建光，陈俊. 垃圾焚烧过程中的烟气污染及其控制[J]. 环境科学与管理，2006，31(5)：116-118.

[36] 冯立波. 垃圾焚烧发电技术应用过程中的研究[J]. 能源环境保护，2009，23(5)：12-15.

[37] 陈林生. 垃圾焚烧发电厂烟气污染控制及防治对策简析[J]. 中国高新技术企业，2017(11)：151-152.

[38] 彭海君. 垃圾焚烧发电厂废水零排放工艺及其环境经济效益分析[J]. 环境污染与防治，2010，32(4)：90-92.

[39] 黄伟. 火力发电厂含煤废水处理工艺的选择[J]. 华电技术，2014，36(7)：73-74.

[40] 杨倩鹏，林伟杰，王月明，等. 火力发电产业发展与前沿技术路线[J]. 中国电机工程学报，2017，37(13)：3787-3794.

[41] 宋增林，王丽萍，程璞. 火电厂锅炉烟气同时脱硫脱硝技术进展[J]. 热力发电，2005，34(2)：6-9.

[42] 黎慧红，钟启全. 火电厂锅炉水质常规化验方法分析[J]. 化工管理，2017(9)：186-186.

[43] 陈思甜. 火电厂锅炉排污的探讨[J]. 科技创业家，2013(12).

[44] 袁桂丽，杜娟，陈少梁. 火电厂锅炉给水系统性能评价[J]. 江南大学学报(自然科学版)，2014，13(6).

[45] 李志刚，陈戎. 火电厂锅炉给水加氧处理技术研究[J]. 中国电力，2004，37(11)：47-52.

[46] 刘京燕，王长安，张晓明，等. 混煤煤质及燃烧特性研究[J]. 锅炉技术，2012，43(2)：37-42.

[47] 成思. 环境规制、政治关联与绿色技术创新[D]. 内蒙古：内蒙古大学，2017.

[48] 潘广立，冯琼，冯平平. 锅炉给水系统的改造[J]. 橡塑技术与装备，2009，35(7)：28-32.

[49] 姜靖雯，黄涛. 锅炉补给水系统废水用于脱硫工艺水的尝试[J]. 广东电力，2009，22(10)：38-41.

[50] 叶小伟，华静芳. 锅炉补给水传统和膜法处理工艺的比较[J]. 华电技术，2012，34(a01)：81-82.

[51] 隋晓峰，谢正和，刘英杰，等. 规模化燃气发电系统烟气余热回收及氧化脱硝一体化技术示范应用[J]. 科学技术创新，2018(16)：41-42.

[52] 罗国衡. 关于生活垃圾焚烧发电中二噁英控制技术研究[J]. 环境与发展，2017，29(6)：110.

[53] 刘波，贺志佳，金昊. 风力发电现状与发展趋势[J]. 东北电力大学学报，2016，36(2)：7-13.

[54] 刘海涛，杨高峰，邢奕. 反渗透技术处理燃煤电厂循环冷却水的试验研究[J]. 给水排水，2008，34(增1)：228-231.

[55] 李群. 电厂锅炉补给水的技术发展趋势[J]. 化学工程与装备，2008(11)：2.

[56] 刘宇钢，罗志忠，陈刚，等. 低温省煤器及 MGGH 运行中存在典型问题分析及对策[J]. 东方电气评论，2016，30(2)：31-35.

[57] 李瑞峰，李华民. 低热值煤发电大有可为[J]. 煤炭经济研究，2013，33(8)：32-34.

[58] 周金华，靳江波，马德海. SCR 脱硝技术在燃气-蒸汽联合循环发电机组中的应用[J]. 应用能源技术，2017(4)：22-25.

[59] 林永明. 大型石灰石—石膏湿法喷淋脱硫技术研究及工程应用[D]. 杭州：浙江大学，2006.

[60] 前瞻产业研究院. 中国智能电网行业市场前瞻与投资战略规划分析报告[R]. 2021.

[61] 前瞻产业研究院. 中国电力行业市场前瞻与投资战略规划分析报告[R]. 2021.

[62] 前瞻产业研究院. 中国电力建设行业市场前瞻与投资战略规划分析报告[R]. 2021.